职业教育课程改革系列新教材

计算机应用基础

（项目式教程）

主　编　胡　莹

副主编　马海庆

参　编　王瑞宁　吴丽云　王　健

　　　　孙智勇　汤美连　李　凯

主　审　吴必尊　李桂荣

机　械　工　业　出　版　社

本书是根据当前我国职业教育课程改革的基本理念，按照教育部2009年颁布的“计算机应用基础”教学大纲的要求，以任务为引领、以行动为导向、以项目为载体进行编写的。

本书共有7个学习项目，分别是：选购与调试家用计算机、运用Windows 7高效办公、组建办公室局域网、制作“优秀学生社团”宣传片、用Word 2010处理文档、公司销售数据的管理——Excel 2010的应用和PowerPoint 2010演示文稿制作。每个学习项目中都包含了若干个学习任务和综合实训模块。每个学习任务都按照任务描述、任务学习目标、知识准备、计划与实施、教学评价等内容和顺序展开。通过各任务的学习，重点培养学生对计算机的基本操作、办公应用、网络应用、多媒体技术应用等方面的技能和利用计算机技术获取信息、处理信息、分析信息、发布信息的能力。

本书可作为职业院校的教学用书，也可作为计算机初、中级操作技能考证的培训教材。

图书在版编目（CIP）数据

计算机应用基础项目式教程/胡莹主编．—北京：机械工业出版社，2017.9（2024.1重印）
职业教育课程改革系列新教材
ISBN 978-7-111-57952-6

Ⅰ.①计… Ⅱ.①胡… Ⅲ.①电子计算机—中等专业学校—教材 Ⅳ.①TP3

中国版本图书馆CIP数据核字（2017）第220587号

机械工业出版社（北京市百万庄大街22号　邮政编码100037）
策划编辑：宋　华　　责任编辑：宋　华　陈瑞文　范成欣　徐永杰
责任校对：李　丹　　责任印制：单爱军
北京虎彩文化传播有限公司印刷
2024年1月第1版第11次印刷
184mm×260mm · 18.25印张 · 446千字
标准书号：ISBN 978-7-111-57952-6
定价：54.00元

电话服务
客服电话：010-88361066
010-88379833
010-68326294

网络服务
机　工　官　网：www.cmpbook.com
机　工　官　博：weibo.com/cmp1952
金　　书　　网：www.golden-book.com
机工教育服务网：www.cmpedu.com

计算机应用基础课程是职业院校学生必修的一门公共基础课程。本书根据教育部2009年颁发的“计算机应用基础”教学大纲中对基础模块的要求进行编写，选用 Windows7 操作系统及一些常用的应用软件，如Office 2010，覆盖全国计算机等级考试一级内容。

当前，我国职业院校的课程改革正如火如荼地进行，各地教育主管部门和职业院校正在致力于开发各类专业的项目课程。本书正是在这种形势下，充分考虑到职业教育的特点和当前课程改革的要求，针对一般教材“重知识、轻能力，重理论、轻实践”的弊端，按照“以工作任务为中心选择、组织教学内容，并以完成工作任务为主要学习方式和最终目标”的原则编写而成的。

本书的主要特点如下：

1）突出职业教育教学特色。

2）注重培养学生计算机应用基础科学文化素养。

3）注重知识技能难度梯级的分解设置。

4）体现“以学生为本”的教学原则。

5）紧跟当前计算机技术的发展步伐，以社会需求为导向，以实际应用为中心，贯穿案例驱动与项目实践教学的思想，注重操作技能训练。

本书学时可根据学生学习基础进行调整，建议安排140学时，其中机动学时为24学时。建议在机房中组织教学，上课即上机，讲授与上机合二为一。具体学时分配与教学建议详见下表。

学时分配与教学建议

<table>
<tr><th rowspan="2">项目</th><th colspan="3" rowspan="2">项目名称及内容</th><th rowspan="2">学习任务名称</th><th colspan="2">教学时数</th></tr>
<tr><th>学时</th><th>合计</th></tr>
<tr><td rowspan="8">1</td><td rowspan="8">选购与调试
家用计算机</td><td rowspan="6">学习任务</td><td>1</td><td>认识计算机硬件·填写配置清单</td><td>4</td><td rowspan="8">20</td></tr>
<tr><td>2</td><td>了解计算机软件·安装操作系统</td><td>2</td></tr>
<tr><td>3</td><td>认识病毒·安装病毒防治软件</td><td rowspan="2">2</td></tr>
<tr><td>4</td><td>制作系统的备份</td></tr>
<tr><td>5</td><td>检测计算机系统</td><td>2</td></tr>
<tr><td>6</td><td>认识和排除计算机常见故障</td><td>4</td></tr>
<tr><td colspan="2">综合实训</td><td>购置符合需求的计算机</td><td>4</td></tr>
<tr><td colspan="2">拓展阅读</td><td>了解数制与编码</td><td>2</td></tr>
<tr><td rowspan="5">2</td><td rowspan="5">运用 Windows 7
高效办公</td><td rowspan="4">学习任务</td><td>1</td><td>Windows 系统环境设置</td><td>2</td><td rowspan="5">10</td></tr>
<tr><td>2</td><td>整理公司办公资料</td><td>2</td></tr>
<tr><td>3</td><td>制订下周个人工作计划</td><td>2</td></tr>
<tr><td>4</td><td>管理与维护 Windows 7 操作系统</td><td>2</td></tr>
<tr><td colspan="2">综合实训</td><td>移交办公资料</td><td>2</td></tr>
</table>

（续）

项目	项目名称及内容			学习任务名称	教学时数	
					学时	合计
3	组建办公室局域网	学习任务	1	局域网接入互联网	4	10
			2	设置文件和打印机的共享	2	
		综合实训		构建个人网络空间	4	
4	制作“优秀学生社团”宣传片	学习任务	1	采集加工多媒体素材	6	16
			2	制作“优秀学生社团”宣传片	6	
		综合实训		制作“多彩校园生活”DV	4	
5	用 Word 2010 处理文档	学习任务	1	写求职信	2	24
			2	制作简历表	2	
			3	制作简历封面	4	
			4	制作公司组织结构图	2	
			5	制作公司制度手册	8	
			6	制作公司员工卡	2	
		综合实训		制作公司宣传手册	4	
6	公司销售数据的管理——Excel 2010 的应用	学习任务	1	创建及修饰公司部门销售业绩报表	4	24
			2	统计销售报表的数据	6	
			3	分析管理销售报表	4	
			4	制作与打印销售业绩图表	6	
		综合实训		制作与分析上市公司日报表	4	
7	PowerPoint 2010 演示文稿制作	学习任务	1	制作自我展示演示文稿	2	12
			2	制作公司入职前培训演示文稿	4	
			3	制作公司产品展示演示文稿	2	
		综合实训		制作电子杂志	4	
	机　动					24

本书由胡莹担任主编，马海庆担任副主编，吴必尊、李桂荣担任主审，参与编写的还有王瑞宁、吴丽云、王健、孙智勇、汤美连、李凯。全书由胡莹完成修改、补充、统稿定稿工作。

本书在编写过程中得到了兄弟职业院校领导和专业教师的大力支持，提出了许多宝贵意见和建议，在此一并表示诚挚的感谢！

由于编写水平有限，书中难免存在错漏之处，敬请专家及同行批评指正。

编　者

目 录

绪论

中职教育的课程改革正如火如荼地进行，不少省市和学校都已相继开发出了项目课程（或引导文课程、案例课程等），并主张把项目课程作为中职教育课程体系的主体。

为什么要开发项目课程？为什么要将项目课程作为职业教育课程体系的主体？项目课程的结构如何？如何遵循项目课程的教学规律和教学方法开展项目教学？开展项目教学到底需要树立什么样的教学理念？等等。这一系列的问题都要求每一位中职教师必须认真地进行研究、探讨，直至弄懂弄通，否则，将无法投身到中职教育的课程改革中来。

1. 中职教育课程改革的动因

传统的中职教育是一种"三段式"的课程模式，它一般由文化基础课→专业基础课→专业课和实践课所组成。这种课程模式也是一种学科体系课程模式。这种课程模式存在着"学问化"的倾向，其具体特征主要体现在"课程内容理论化，学习方式课堂化，学习结果文凭化，学校组织制度化"。其思想之源在于"技术是科学的应用"及"实践是理论的应用"这些思维范式。这些思维范式导致了"以科学的重要性取代了技术的重要性"，或者说导致了"技术相对于科学的独立性的丧失"。这种课程模式重知识、轻能力，重理论、轻实践，重结果、轻过程，是一种照搬普通教育的学问导向课程模式。这种课程模式导致了中职教育的"学生难学，学得低效；教师难教，教得低效"的局面；同时也导致了职业教育所培养出来的人才"技工缺技能、技术员缺技术"而不受企业欢迎。因此，这一课程模式已到了非改不可的境地。

目前中职教育的学生大多数是属于形象思维能力较强、逻辑思维能力相对薄弱的类型。对于这类学生，如果还按照传统的教学模式和教学方法，把他们的大多数学习时间都禁锢在教室里，浸泡在科学理论的汪洋大海之中，在"三段式""梯形课程结构"中天天"打基础"，并以评价学术型人才的逻辑思维能力的评价方式去评价（考核）他们，而对于他们的那些与职业活动紧密相关的行动知识和行动能力方面的培养却不加重视、不予加强，那么，这种课程模式的实质就是让中职学生"在黑板上学开机器""在书堆里学干职业"，理论脱离实际，纸上谈兵。可想而知，这种课程模式所培养出来的学生的职业能力是不可能符合企业需求的。姜大源教授指出，我们的这种职业教育，实质上是一种"过度教育"，"首先出发点就已经是错误的"。他把这种教育模式称之为"学校职教模式"。这种职教模式强调的是学习内容的理论性、系统性和完整性，忽视了中职学生专业学习的职业性、情境性和人本性。他强调指出：如果我们的中职教育，不跳出学科体系的藩篱，不能以实践为导向开展职业学习、重点培养学生的职业能力（包括专业能力、方法能力和社会能力），那么，我们的职业教育将不可能有较大的长进，也不可能真正向德国的双元制学习，培养出合格的应用型、技能型人才。

德国的双元制是一种校企结合的体制。这种体制强调的是学习者的能力性、行动性和需求性。它把学生的职业行动知识的掌握作为构建个体职业行动能力的基础和核心，把具有扩展基础功能的职业行动能力的培养作为教学的中心。因此，这种教育实质上是一种“技术化的教育”。对于培养应用型、技能型人才来说，“技术化的教育”正好与具有形象思维能力较强的中职学生的认知心理顺序相吻合，所以，这种教育是一种“适度教育”。因此，这种教育正是当前中职教育课程改革中所需求的并正在努力朝着这个方向发展的教育。

2. 项目课程的课程结构

（1）项目课程的内涵　当前所需要的项目课程是以行动为导向、以一系列与职业工作岗位密切联系的特定工作任务为引领的一种课程。这种课程的构成是以工作任务为中心，选择、组织教学内容，并以完成工作任务为主要学习方式和最终目标。这种课程的教学是师生通过共同实施一个完整的“教学项目”而进行的教学活动，目的是使学生在职业情境中培养出从业所需的职业能力。这种课程的教学项目，既可以是生产一件具体的、具有实际应用价值的产品，也可以是一项具体的生产（工作）任务，或是排除设备的一个故障，或是对人的一项服务。这种课程中所选择的教学项目一般必须符合以下若干条件：

1）所选项目（工作或任务）必须轮廓清晰，有明确而具体的成果展示。

2）要有完整的工作过程，可用于学习特定的教学内容。

3）可将某一教学课题的理论知识和实践技能结合在一起。

4）与企业实际生产过程或商业活动有直接的关系，具有一定的应用价值。

5）学生有独立进行计划和工作的机会，可在一定的时间范围内组织、安排自己的学习行为，以及处理在项目中出现的问题。

6）具有一定的难度，可让学生在完成工作任务的过程中，既能应用已知的知识和技能，又能在一定范围内学习新的知识和技能，解决过去从未遇到过的实际问题。

7）学习结束时，可让师生共同评价项目工作成果以及工作和学习方法。

（2）项目课程的结构模式　根据开发经验，项目课程的结构模式主要有以下几种：递进式、网络式、套筒式、分解式、并列式，如图 0-1 所示。

（3）项目课程的基本内容和构成要素　项目课程的基本内容和构成要素主要有以下几点：

1）学习（工作）任务（即项目）名称、任务描述及具体要求。学习任务就是学生要完成的工作任务。对工作任务的描述要求详细、清晰，要有具体的质量要求、安全意识和环保意识，涉及工具、设备和材料时也要交代清楚。

2）教学目标。教学目标是指学生在完成工作任务之后，期望学生在知识、技能、能力、情感和态度等方面得到发展的目标或具体要求，或学生的知识结构和行为方式的变化程度与所能达到的水平。

3）知识准备。知识准备是指学生为了顺利完成工作任务，必须准备的与本工作任务有关的知识和技能，这些知识和技能一般是与工作过程、操作方法与步骤相关的技术实践知识和技术理论知识。

4）制订完成任务的工作计划。要求学生在掌握一定知识和技能的基础上自行制订工作计划，然后与教师及其他同学一起研讨，修订自己的工作计划。为此，项目课程中最好留出空间让学生制订工作计划，但也可以不留，待教学时由任课教师另发表格让学生填写。

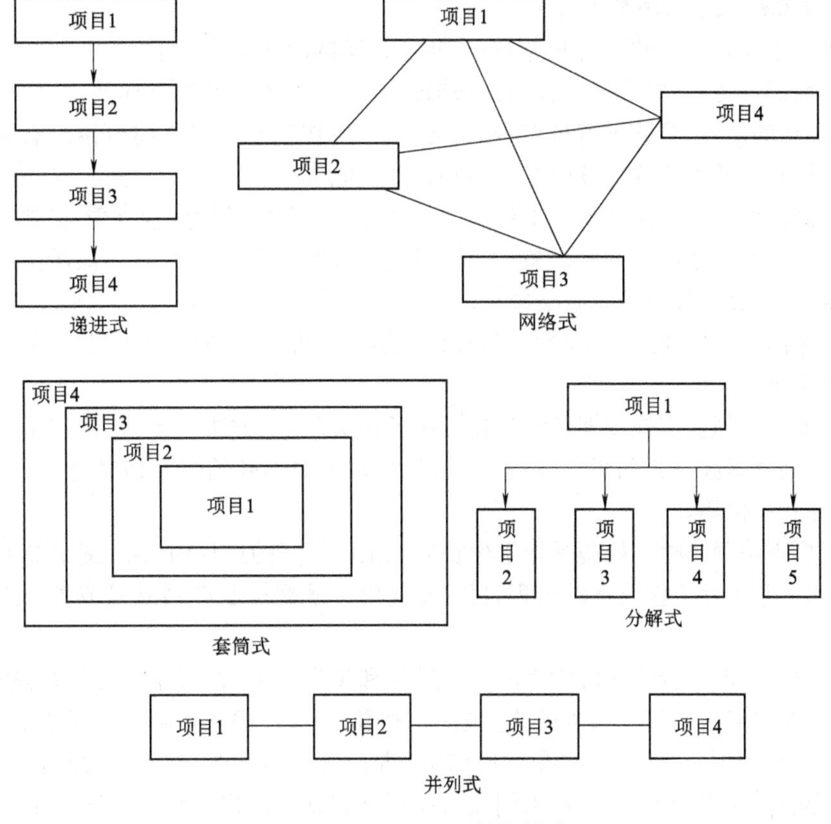

图0-1 项目课程的结构模式

5)实施工作计划。要求课程中设计一些引导性问题，指引学生弄明白完成工作任务时的方法与步骤以及需要解决的一些关键性问题。只有在弄懂方法、步骤和关键性问题之后，学生才可自行实施工作计划，逐步完成工作任务。

6)检查评估与教学评价(自评、互评、教师评价)。检查评估是指学生在完成工作任务的过程中自行控制质量的过程。教学评价是指师生共同对学生的学习过程的表现、知识与技能的掌握程度以及完成任务的质量所进行的评价，一般可采用过程性评价和成果性评价相结合的评价方法或采用能力性评价和真实性情境评价相结合的评价方法进行。一般设计有相应的评价表(含评价项目、评价标准和评价结果)。

7)练习或拓展性知识及相关学科理论知识。通过练习或引导性问题，可让学生进一步拓展视野，弄清一些与工作任务有关的探究性问题，从理论的角度提升学生的知识水平和认识水平。这一般可作选学内容，供学有余力或有兴趣的学生选修。

(4)项目课程内容的主要特征　项目课程是以工作任务为引领的，并以工作的相关性而不是以知识的相关性来组织课程内容。因此，工作任务是项目课程的核心要素，是知识与技能的载体，对其进行选择、设计与描述是项目课程开发的重要环节。要尽量避免随意选择简单的工作任务作为学习任务；要尽量避免对工作任务的描述简单化。要参照企业任务书的写法来描述项目课程中的工作任务。项目课程的课程结构要与工作结构相对应，即要从工作结构中获取项目课程的课程结构。因此，项目课程的课程内容往往是一种“理、实一体化”的课程内容，也是一种综合化、技术化、模块化、本地化的课程内容。

3. 项目课程的教学程序与方法

(1)项目课程的教学程序　一般情况下,项目课程的教学程序如下。

第1步:明确任务,获取信息。教师必须描述清楚工作任务及其具体要求,引导学生获取完成任务所需要的信息,着重讲解重点、难点问题;学生在工作开始之前可借助有关信息资料和教师的引导,独立获取完成任务所必需的知识和技能。

第2步:制订计划。工作计划是工作前的一种思考。要引导学生独立思考、制订完成工作任务的方法与步骤,包括所涉及的设备、工具与材料的准备,安全生产与环保所必须注意的事项,保证质量、按时完成任务的有效措施等。

第3步:做出决定。通过师生的共同研讨,让学生发现不足与错漏,修改已制订的工作计划,做出最后决策。

第4步:实施计划。实施计划是学生在弄懂了相关问题、方法与步骤,确定了正确的工艺流程和工作计划之后独立进行的。在这一过程中,教师要不断给学生以辅导、引导、咨询、纠正、帮助、补充和评价等。

第5步:检查控制。检查控制是指学生在完成工作任务的过程中,独立地评价自己的工作质量并及时纠正并改善工作质量的过程,目的是让学生掌握控制产品质量或工作质量的标准与方法。

第6步:评定反馈。着重评价学生的工作过程和工作成果,检查学习目标的达成程度,重点指出学生工作中存在的问题和改进的措施;可采用自评、互评和教师评3种方式进行,按评价表中的要求(评价项目、评价标准和评价结果)进行评价和反馈;可采用过程性评价与成果性评价相结合的方法进行评价,也可采用能力性评价和真实性情境评价相结合的方法进行评价。评价是教学中的一个重要环节,切不可忽视。

(2)项目课程的一般教学方法

1)项目课程的实施过程是以学生为中心的教学过程。教师要由过去的讲授者转变为指导者,让学生在自主探究、操作和讨论等活动中获得知识和技能。而教师的职责更多的是为学生的活动提供帮助,激发学生的学习兴趣,指导学生形成良好的学习习惯,为学生创设丰富的教学情境。教师要允许学生犯错。失败的经验对于学生来说也是一种宝贵的财富。

2)项目教学的最终目的是完成工作任务。通过工作任务的完成使学生掌握知识、技能和态度。要注意对工作任务的细节描述,并提醒学生把注意力放在工作任务上。

3)教师要把握好讲授的运用时机,这对于学生掌握相关理论知识,使理论与实践相结合,将起着重要作用。教师恰到好处的讲授,还对学生解决疑难问题起着引导作用。但教师在讲授时必须严格控制时间,避免长篇大论。

4)教师要学会运用各种衔接性语言,把不同的工作任务衔接起来,或把理论与实践衔接起来,或把前后不同的工作任务中出现的理论知识衔接起来,使学生能够在完成任务的过程中循序渐进而不觉零乱。这将要求教师具有网状的教学思维能力。

(3)项目课程教学过程的3个阶段与5个环节　项目课程的教学过程一般可分为3个教学阶段和5个教学环节。

3个教学阶段:

第1阶段:准备阶段(明确任务、获取信息、制订计划)。

第2阶段:展开阶段(做出决定、实施计划、检查控制)。

第 3 阶段：结束阶段（评价与反馈）。

5 个教学环节（一般情况下，上述 3 个阶段中都可包含以下 5 个环节中的若干环节，一般由教师根据内容要求而定）：

1）讨论。一般分组进行，可讨论工作计划、加工工艺流程、引导性问题或探究性问题等，由教师组织进行。

2）实地考察。目的是加深学生对与工作任务有关的事物的了解和认识。

3）表达。一般分组进行，也可在全班进行，主要是让学生谈自己制订的工作计划或工艺流程或对某引导性问题的认识等，目的是在引导学生完成工作任务的同时，培养学生的表达能力和交往能力。

4）调查。为了进一步弄清问题而进行的多方位的查证，目的是培养学生收集信息和处理信息的能力。

5）展示。一般是让学生展示自己制订的计划、加工工艺、引导性问题的答卷、每一阶段的学习成果，特别是完成工作任务之后的产品或成果，以激发学生的成就感和学习兴趣。

教师在项目教学的 3 个阶段中必须灵活运用并掌握好这 5 个教学环节，才有可能提高项目课程的教学效果。

项目1 选购与调试家用计算机

随着移动互联时代的发展,各种信息处理终端(含计算机、平板电脑、手机等)已进入了寻常百姓家,许多人早已拥有了自己的各种信息处理工具,计算机作为一种大众的信息处理工具已经普及到千家万户。随着社会的发展和技术的进步,家用计算机也由前期的市场组装计算机逐渐向更个性化、更有特色、性价比更高、服务体验更好的品牌计算机过渡。

本项目将带领学生熟悉计算机各部件的功能、种类、型号、技术指标、购买方式和使用注意事项,让学生能根据需求选购合适的计算机,并能自己动手配置计算机,安装操作系统、维护和检测操作系统,从而培养学生的计算机选购与调试能力。

项目引入

张悦同学的妈妈是一名人民教师,讲授汉语言文学专业相关的课程,计算机是她教学、备课的工具。教师节快到了,张悦准备亲自动手,选购并安装调试好一部台式计算机送给妈妈作为节日礼物。

项目任务描述

张悦要亲自动手,选购一部台式计算机,首先需要认识硬件,了解硬件的功能,了解当前主流计算机的性能和配置以及当前计算机市场和网上商城的价格及趋势,掌握了购买计算机的主要指标,再根据张悦妈妈的工作要求,选择计算机的配置,在合适的渠道购买计算机。计算机购回后,安装操作系统及硬件驱动程序,使计算机能在 Windows 7 系统下正常运行,最后安装测试软件、杀毒软件、系统备份和还原软件,方便计算机日后的管理与维护工作。

项目学习目标

通过本项目的学习,使学生达到以下学习目标:

1)了解计算机的基本硬件组成及其相应指标。

2)掌握计算机各部分硬件的搭配原则,能够根据需求制订组装方案,列出计算机硬件清单,查看用户评价,完成选购。

3)熟悉当前计算机市场的主流机型及配置,能够完成计算机硬件的简单组装和调试。

4)能安装稳定的 Windows 7 操作系统及常用软件。

5)会安装与使用防病毒软件。

6)会使用工具软件制作系统的备份。

7)能够运用软件检测并维护计算机系统。

8)会排除计算机的常见故障。

9)在选购家用计算机的过程中,体会对父母、教师的感激之情。

项目分解

本项目分解为6个学习任务与一个综合实训,除此以外,为了开阔视野,还增加了一个拓展阅读,每个学习任务的学时见表1-1。

表1-1 任务学时分配

项目分解	学习任务名称	学时
任务1	认识计算机硬件·填写配置清单	4
任务2	了解计算机软件·安装操作系统	2
任务3	认识病毒·安装病毒防治软件	2
任务4	制作系统的备份	
任务5	检测计算机系统	2
任务6	认识和排除计算机常见故障	4
综合实训	购置符合需求的计算机	4
拓展阅读	了解数制与编码	2

任务1 认识计算机硬件·填写配置清单

市面上的计算机五花八门,计算机的各种参数令人眼花缭乱,到底应该怎样选择一台合适的计算机呢?组成计算机的每个部件都有很多不同的功能和性能,应该如何确定这些部件呢?选购时要注意哪些因素?本任务将通过介绍计算机有关部件及其选购,掌握开出计算机硬件配置清单的方法。

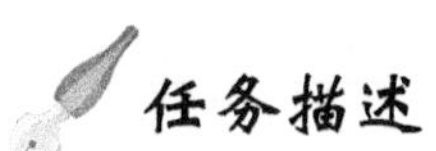

任务描述

根据张悦妈妈的工作需求,张悦选购的这台家用计算机的基本要求:第一,性价比要高,价格控制在5000元左右;第二,计算机性能配置在当前是主流配置,能让张悦妈妈可以在家里的计算机上备课、上网查资料和日常办公,感觉运行速度顺畅;第三,在以上条件的基础上增加部分外置设备,增强计算机的功能。

张悦决定逐一学习识别计算机零部件、整机相关知识及其选购技巧,列出个人计算机装机配置方案,并在合适的渠道进行购买。

任务学习目标

完成本任务后,使学生达到以下学习目标:

1）了解计算机主要部件及其作用。
2）了解计算机系统的主要技术指标及其对计算机系统性能的影响。
3）能根据用途列出计算机硬件性能清单，评价是否合理。
4）在选购家用计算机的过程中，渗透低碳、节能理念。

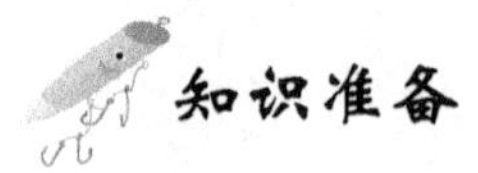

知识准备

1. 计算机硬件组成

计算机的各部件见表 1-2。

表 1-2　计算机硬件组成

部　件	说　明
CPU	也叫中央处理器，是决定主机性能的关键部件
主板	主板是系统的核心，其他各个部件都与它连接
内存	内存通常称为 RAM（随机存取存储器），暂时存放 CPU 使用的程序和数据
硬盘	是系统中最主要的存储设备，是外存的一种
光驱	高容量可移动的光驱动器
显卡	控制屏幕上显示的信息
声卡	让计算机具备了处理声音的多媒体能力
网卡	将计算机与网络连接起来，可以共享资源
电源	负责给计算机的每个部分供电
机箱	容纳主板、电源、硬盘、适配卡和系统中其他的物理部件
显示器	显示计算机运行的结果和人们向计算机输入的内容
键盘	键盘是向计算机发布命令和输入数据的重要输入设备
鼠标	鼠标是重要的输入设备，目前以光电式鼠标为主
音箱	与声卡配合使用，主要用来输出声音
打印机	与计算机主机连接，提供文档或图片打印功能
扫描仪	与计算机主机连接，提供将实物图片转变成数码图片的功能

（1）CPU　中央处理器（Central Processing Unit，CPU）是一块超大规模的集成电路，是一台计算机的运算核心和控制核心。它的功能主要是解释计算机指令以及处理计算机软件中的数据，如图 1-1 所示。CPU 对计算机的性能有非常重要的作用，但一台计算机性能的好坏还是取决于计算机各部件相互搭配后的整体情况，如内存大小、硬盘速度、显卡速度，对整个计算机的性能都起作用，因此盲目追求 CPU 的高频率其实并不可取。

图 1-1　CPU

（2）主板　如图 1-2 所示，主板是计算机中最大的一块多层印制电路板，具有 CPU 插槽及其他外设的接口电路的插槽、内存插槽；另外还有 CPU 与内存、外设数据传输的控制芯片（即所谓的主板“芯片组”），它的性能直接影响整个计算机系统的性能，同时与CPU密切相关，必须根据CPU来选购支持其芯片组的主板。

图1-2 主板

(3)内存　内存(Memory)也被称为内存储器，是计算机中重要的部件之一，其作用是用于暂时存放CPU中的运算数据，以及与硬盘等外部存储器交换的数据，如图1-3所示。只要计算机在运行中，CPU就会把需要运算的数据调到内存中进行运算，当运算完成后CPU再将结果传送出来，内存的稳定运行也决定了计算机的稳定运行。

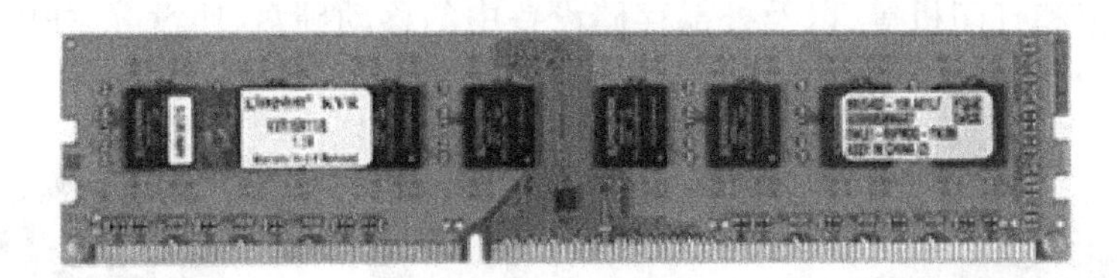

图1-3 内存

(4)硬盘　硬盘又称为外部存储器，简称外存，是计算机中主要的存储设备。它存放着用户所有的程序和数据，硬盘的稳定与否决定着用户程序和数据的稳定与否。

主流的硬盘有固态硬盘SSD与机械硬盘HDD两种，如图1-4所示。固态硬盘SSD读写速度快，性能稳定，发热少，电耗低，无噪声，因为没有机械部分，所以长时间使用出现故障的概率也较小。但缺点显而易见，即价格高，容量小，在普通硬盘前毫无性价比优势。而机械硬盘使用时会产生噪声和热量，用电量也较大，时间长了会造成机械损耗，出故障的概率要比SSD高很多。

(5)显卡　显卡全称显示接口卡，又称为显示适配器，是计算机最基本配置、最重要的配件之一，承担输出显示图形的任务，如图1-5所示。一般计算机以内置集成显卡居多，性能基本能满足日常工作和学习的要求，对于游戏玩家和高清多媒体制作者来说建议选购外置显卡。

(6)光驱　光驱是计算机用来读写光盘内容的设备。目前，光驱常用的是DVD-ROM和DVD刻录机，如图1-6所示。DVD刻录机不仅能读取DVD格式的光盘，还能将数据刻录到DVD或CD刻录光盘中。

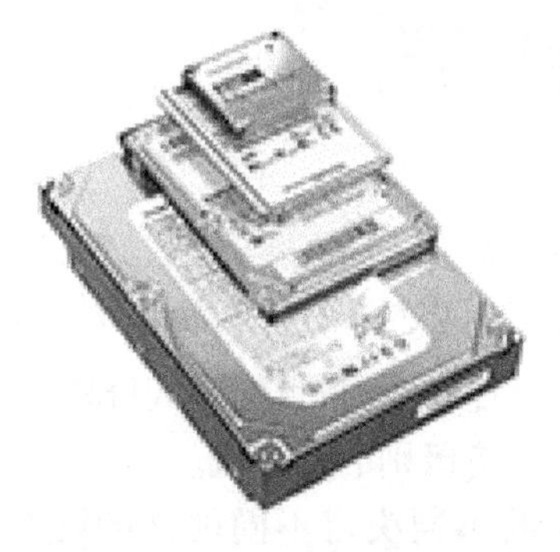

图1-4 各种硬盘对比

图1-5 显卡

图1-6 DVD刻录机

(7)电源　电源一般安装在计算机内部,负责将普通市电转换为计算机可以使用的电压,如图1-7所示。计算机的核心部件工作电压非常低,并且由于计算机的工作频率非常高,因此对电源的要求比较高。目前,计算机的电源为开关电路,将普通交流电转化为直流电,再通过斩波控制电压,将不同的电压分别输出给主板、硬盘、光驱等计算机部件。

图1-7　电源

(8)外部设备　外部设备是指连在计算机主机以外的设备,它一般分为输入设备、输出设备和外存储器等几种类型。外部设备是计算机系统中的重要组成部分,起到信息传输、转入和存储的作用。主要包括输入设备中的键盘、鼠标、扫描仪、数字照相机等,输出设备中的显示器、音箱和打印机等,以及外部存储设备中的移动硬盘、U盘等,如图1-8～图1-15所示。

图1-8　键盘和鼠标　图1-9　扫描仪　图1-10　数字照相机

图1-11　显示器　图1-12　音箱　图1-13　打印机

图1-14　移动硬盘　图1-15　U盘

2. 部件选购原则

(1)需求原则　根据用途确定硬件的配置,切勿盲目追求高性能,也勿盲目贪图低价格。

(2)预算原则　在资金预算范围内,根据资金情况决定配置相应级别的计算机。

(3)有效分配原则　在资金有限的情况下,根据需求重点的不同决定不同硬件的资金分配。

(4)趋势原则　在选购计算机前,要对市场上主流产品的性能及其价格有所了解并进行分析,观察市场行情,确定选购方案。

(5)市场原则　选购时,不能只听某个商家的推荐,要多方了解市场的实际情况,选择正规、质量好的产品,确定合理价格后再进行购买。

3. 选购部件应注意的问题

1)购买计算机的用途是什么?应按自己的实际需要来选购,例如,使用计算机是以处理文档为主,还是以娱乐、玩游戏、上网等多媒体处理为主。考虑是购买高性能的CPU来提高运算能力,还是购买高性能的显卡以满足游戏的要求,或是购买高性能的主板为以后升级留下更多空间。对一般的家用、办公、商务处理来说,如果没有较高的应用要求,则可选购一款主流产品,没有必要去选购当时最新推出的顶级产品。不同的需求有不同的配置,一定要选择符合自身要求的性能配置。

2)购买预算是多少?如果资金充裕,那么可以选择性能高、质量好的一线品牌;如果资金不足,在不愿意降低性能配置的情况下,只能选择价格相对实惠的二、三线品牌。

3)满足使用的必要功能是什么?例如,要考虑主板是否实现了必要的功能,是否带有USB 3.0、IEEE 1394、SATA 3.0接口,板载显卡、声卡、网卡是否满足要求等。

4)在性价比方面做出取舍。不同产品的价格和该产品的市场定位有着密切关系,品牌大厂商的产品往往性能和质量好一些,价格也就贵些;有的产品用料差一些,成本和价格也就低一些,用户应该按照自己的需要考察性能价格比。例如,不是超频爱好者,就不需要买提供外频组合及调节CPU核心电压功能的主板,因为这类型的主板用料质量要求严谨,以保证超频后的稳定性,所以价格也相对较高。

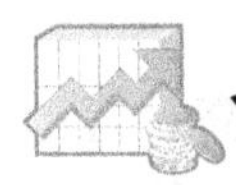

计划与实施

为了制订符合个人情况和要求的配置方案,首先需要上网搜索或咨询相关人士,获取当前主流产品的信息、报价以及典型配置方案及其配置说明。然后根据搜索获取的信息,依据个人需求制订配置方案。

> **提示:**
>
> 如果不方便上网,可以提前去计算机市场收集一些商家的广告,通常都有各种当前主流的配置方案。

要填写好装机配置清单,可参照下列方法进行:

1)写出购买计算机的用途,如家用上网型、商务办公型、图形设计型、游戏娱乐型等。

2)部件选型。上网搜索调查并咨询相关专业人士,获取当前主流产品的信息、报价以及典型配置方案及其配置说明。

①Intel的CPU在商业应用、多媒体应用、平面设计方面有优势,是全球最大的CPU制造商,而且产品质量稳定、口碑好。主流档次的第3代Intel酷睿i3系列性价比高,但已是明日黄花,不如2015年新流行的第4代Intel酷睿i5系列或Intel至强E3 V3更有前瞻性,i7价格太高,因此选择第4代Intel酷睿i5(盒装),四核3.3GHz、三级缓存6MB、22nm生产工艺、Virtualization(虚拟化)、节能高效CPU,还集成Intel HD Graphic 4600显示核心。

②选用口碑较好的一线品牌华硕的 Z87-A 主板，主板采用 ATX 大板型设计，支持 LGA 1150 接口的 i3、i5、i7 系列 CPU，无论是做工用料还是扩展性能都非常出色，结合华硕多项超频技术及丰富的 BIOS 选项，使其成为 i5 装机的完美之选。该主板还有 3 条可扩展独立显卡 PIC-E X16 插槽，支持 DDR3 1866 内存，最高 32GB，4 条 DDR3 DIMM 内存插槽，板载 Realtek 8111GR 千兆网络控制器和 Realtek ALC1150 8 声道高清晰音频编码解码器，6 个 SATA 3.0，扩展接口有键盘 PS/2、VGA、DVI、HDMI、USB 3.0、光纤音频接口等。

③内存选用威刚 XPG V1 DDR3 2133 8GB。威刚内存一直都有比较好的口碑，性价比非常高，其性能也很不错，这款内存价格合理，值得选购。

④硬盘选择希捷 Barracuda 2TB 64MB SATA 3.0，性能比 16MB 或 32MB 缓存的硬盘强很多，价格却差不多，是主流用户的好选择。

⑤显卡选购蓝宝石 R7 360 2GB D5 白金版 OC，无论性能、散热还是做工、品质都是同价位产品中的佼佼者，是目前极具性价比的游戏显卡。配置方面，白金版 OC 采用 28 纳米工艺的 Tobago 网游电竞专用核心，28 纳米工艺，性能优秀，全面支持 DX12，带来优秀的画质，标配 2GB GDDR5 显存，核心/显存频率为 1050MHz/6500MHz；采用全固态电容、铁素体电感等优质用料，保证显卡拥有更长寿命，工作更稳定，其采用了高效的散热系统设计，让显卡散热效能提高 8%，快速带走显卡热量。

⑥显示器选择三星 S24D360HL，这款显示器外观时尚、精美，视觉精细的冰醇蓝 ToC 琉晶工艺塑造了清新时尚的外观。悬浮 LOGO 设计更显科技感十足。其尺寸大小为 24in（1in = 2.54cm），分辨率达到 1920px × 1080px，动态对比度为 1000000∶1，采用 PLS 面板保证了图像的清晰与真实，灵晰高清功能令图像更加鲜活、艳丽，配有触摸式按键，拥有灵惠节能模式，具有超高性价比，购买的时候还需考虑桌面是否放得下。

⑦光驱选择三星 SE-224DB 升级版 DVD 刻录机，稳定、兼容性强，而且性价比高。蓝光刻录机由于现阶段的价格较高，性价比不高，将来价格合理的话可以考虑升级到蓝光刻录机。

⑧机箱和电源选购金河田升华零辐射版，是一款面向广大主流装机用户的机箱，采用了简洁大方的外观设计，整体使用优质镀锌钢板打造，配合边框上的多个 EMI 弹片，可以有效屏蔽内部电磁辐射，保证用户健康，同时拥有 USB 3.0 接口、SSD 硬盘位等现在主流用户所需的功能。电源可采用性能较稳定的航嘉冷静王钻石版 2.31。

⑨键盘和鼠标选择罗技 G100s 游戏键鼠套装，这款鼠键套装造型简约，鼠标内置的光学引擎是一大卖点，加入了 Delta Zero 技术后可输出强大的游戏性能。在材质方面，鼠标采用高级表面材质，具有斥水性及防指纹涂层，而键盘采用紧凑型全尺寸设计，定位更加精准可靠，手感非常贴合舒适。整体来说，是一款性价比较高的 DIY 套装。

⑩声卡已经在主板集成了，只需再购置一个音箱，选择漫步者 R1600TⅢ 2.0 音箱。漫步者 R1600TⅢ采用 19mm 丝绢膜球顶高音单元，以使高音音色更加圆润、清晰、通透，颜色搭配格外有质感。在外形上，R1600TⅢ采用了时下最流行的外型设计，发声单元与桌面形成一个小倾角，使声音传播直达人耳，适合近场聆听。此款产品不仅可以作为计算机的音箱，还可以作为一部电视音箱用以改善音质。

3）根据获取到的信息登录太平洋电脑网自助装机平台（http://mydiy.pconline.com.cn/）填写装机配置清单，如图 1-16 所示。

图1-16　太平洋电脑网自助装机平台

4）完成个人计算机装机方案，见表1-3。

表1-3　个人计算机装机方案

序　号	配　件	品 牌 型 号	备　注
1	CPU	Intel 酷睿 i5 4600	
2	主板	华硕 Z87-A	
3	内存	威刚 XPG V1 DDR3 2133 8GB	
4	硬盘	希捷 Barracuda 2TB 64M SATA 3.0	
5	显卡	集成 Intel HD Graphic 4600 显卡/蓝宝石 R7 360 2GB D5 白金版 OC	
6	显示器	三星 S24D360HL	
7	光驱	三星 SE-224DB 升级版	
8	机箱和电源	金河田升华零辐射版机箱和航嘉冷静王钻石版2.31电源	
9	键鼠套装	罗技 G100s 游戏键鼠套装	
10	声卡	集成声卡	
11	音箱	漫步者 R1600TⅢ	

策略：稳定、主流、高性能、具备升级空间、价格适中，可办公，也可玩游戏。

5）将配置清单拿到3家计算机商家，分别报价，最后选择一家进行采购。

教学评价

请按表1-4中的要求，对每位同学所完成的工作任务进行教学评价，评价的结果可分为4个等级：优、良、中、差。

表1-4 教学评价表

评价项目	评价标准	评价结果		
		自评	组评	教师评
任务完成质量	1）能写出购买计算机的用途			
	2）能获取当前主流产品的信息、报价以及典型配置方案及其配置说明			
	3）能到太平洋电脑网自助装机平台填写装机配置清单			
	4）能完成个人计算机装机方案，并写出配置策略			
任务完成速度	在规定时间内完成本项任务			
工作与学习态度	1）能积极投入到装配个人计算机任务中，认真完成本项任务			
	2）能与小组成员通力合作，有团队精神			
	3）在小组协作过程中能很好地与其他成员交流			
综合评价	评语（优缺点与改进措施）：	总评等级		

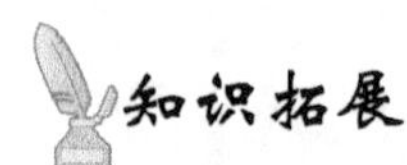

知识拓展

1. 计算机中的存储单位

计算机的世界是由0和1构成的，它模拟了自然界的开与关、通与止、阴与阳等一些现象，即“二进制”中的数据。

1）位、bit（比特）：存放一位二进制数，即0或1。

2）字节、byte（B）：1个字节由8位二进制数字组成，即1B = 8bit。字节是信息存储中的基本单位。此外，还有如下几种常见的单位，其关系如下：

1TB = 1024GB　1GB = 1024MB　1MB = 1024B。

2. 现代计算机的发展历程

第一代：电子管计算机（1945—1956），如图1-17所示。

图1-17　第1代计算机

1946年2月14日，标志现代计算机诞生的ENIAC（Electronic Numerical Intergrator and Computer）在美国费城公诸于世。ENIAC代表了计算机发展史上的里程碑，它通过不同部分之间的重新接线编程，还拥有并行计算能力。ENIAC由美国政府和宾夕法尼亚大学合作开发，使用了18000个电子管，70000个电阻器，有5000000个焊接点，耗电160kW，ENIAC是第一台普通用途计算机。

第二代:晶体管计算机(1956—1963),如图1-18所示。

1948年,晶体管的发明大大促进了计算机的发展,晶体管代替了体积庞大的电子管,电子设备的体积不断减小。1956年,晶体管在计算机中使用,晶体管和磁芯存储器导致了第二代计算机的产生。第二代计算机体积小、速度快、功耗低、性能更稳定。首先使用晶体管技术的是早期的超级计算机,主要用于原子科学的大量数据处理,这些机器价格昂贵,生产数量极少。

图1-18 第二代计算机

第三代:中小规模集成电路计算机(1963—1971),如图1-19所示。

虽然晶体管比起电子管是一个明显的进步,但晶体管会产生大量的热量,这会损害计算机内部的敏感部分。1958年,德州仪器的工程师Jack Kilby发明了集成电路IC,将3种电子元件结合到一片小小的硅片上。此后,科学家使更多的电子元件集成到单一的半导体芯片上。于是,计算机的体积变得更小,功耗更低,速度更快。这一时期的发展还包括使用了操作系统,使得计算机在中心程序的控制协调下可以同时运行许多不同的程序。

第四代:大规模集成电路计算机(1971—现在),如图1-20所示。

出现集成电路后,唯一的发展方向是扩大规模。大规模集成电路LSI可以在一个芯片上容纳几百个元件。到了20世纪80年代,超大规模集成电路VLSI在芯片上容纳了几十万个元件,后来的ULSI将数字扩充到百万级。可以在硬币大小的芯片上容纳如此数量的元件,使得计算机的体积和价格不断下降,而功能和可靠性不断增强。

图1-19 第三代计算机

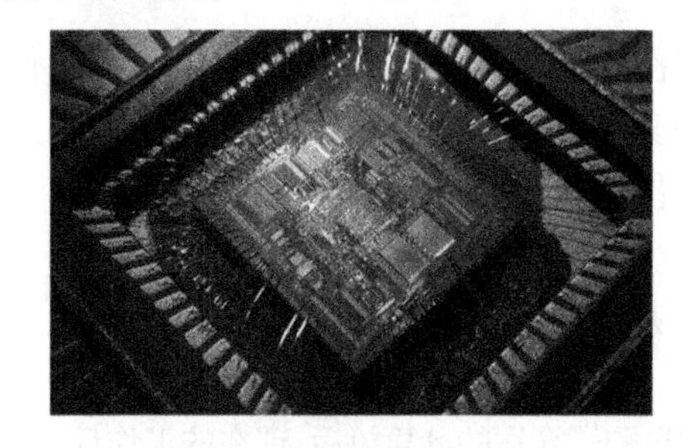

图1-20 第四代计算机

1981年,IBM推出个人计算机用于家庭、办公室和学校。20世纪80年代,个人计算机的竞争使得价格不断下跌,个人计算机的拥有量不断增加,计算机继续缩小体积,从桌上到膝上再到掌上。与IBM个人计算机竞争的APPLE Macintosh系统于1984年推出,Macintosh提供了友好的图形界面,用户可以用鼠标方便地操作。

现代计算机的发展历程见表1-5。

表1-5 现代计算机的发展历程

	起止年代	主要元件	主要元件图例	速度(次/s)	特点与应用领域
第一代	1945—1956	电子管		5000~10000次	计算机发展的初级阶段,体积巨大,运算速度较低,耗电量大,存储容量小。主要用来进行科学计算

（续）

	起止年代	主要元件	主要元件图例	速度(次/s)	特点与应用领域
第二代	1956—1963	晶体管		几万至几十万次	体积减少，耗电较少，运算速度较快，价格下降，不仅用于科学计算，还用于数据处理和事务管理，并逐渐用于工业控制
第三代	1963—1971	中小规模集成电路		几十万至几百万次	体积、功耗进一步减少，可靠性及速度进一步提高。应用领域进一步拓展到文字处理、企业管理、自动控制、城市交通管理等方面
第四代	1971—现在	大规模和超大规模集成电路		几千万至千百亿次	性能大幅度提高，价格大幅度下降，广泛应用于社会生活的各个领域，进入办公室和家庭。在办公室自动化、电子编辑排版、数据库管理、图像识别、语音识别、专家系统等领域大显身手

任务2　了解计算机软件·安装操作系统

没有操作系统的计算机是裸机，是不能运作的。使用计算机进行文件管理、文字处理、表格制作等操作，都是建立在计算机操作系统之上的。当完成计算机硬件的组装后，就可以安装计算机操作系统了。

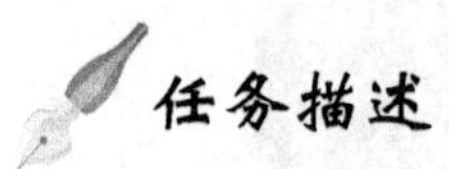

任务描述

张悦选购了合适的计算机后，现在的工作任务就是要给妈妈的计算机安装 Windows 7 professional 操作系统，为了增加系统的稳定性与安全性，还需要进行最新的系统补丁升级。系统安装完毕重启后，进行必要的硬件驱动的安装。张悦选择了用 U 盘启动系统的方法给妈妈的计算机安装 Windows 7 professional 操作系统，包含版本为 SP1 的补丁。

任务学习目标

1）了解驱动程序和应用软件的概念。

2）了解 Windows 7 professional 的安装过程。

3）会制作 U 盘启动盘。

4）会安装 Windows 7 professional 操作系统以及升级最新的系统补丁。

5）会安装计算机部件的驱动程序。

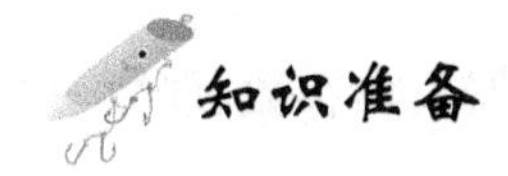

知识准备

1. 计算机系统的组成

计算机系统由计算机硬件和软件两部分组成,如图 1-21 所示。硬件包括中央处理器、存储器和外部设备等;软件是计算机的运行程序和相应的文档。计算机系统具有接收和存储信息、按程序快速计算和判断并输出处理结果等功能。常见的系统有 Windows、Linux 等。

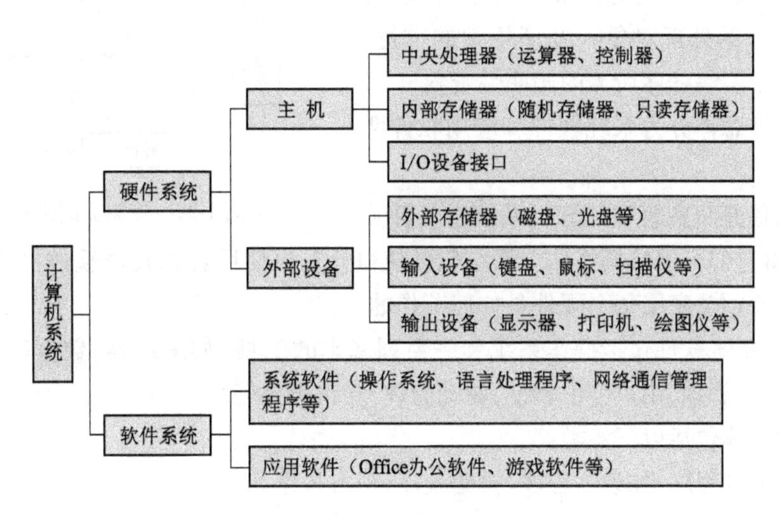

图 1-21 计算机系统的组成

(1)计算机硬件系统 计算机硬件系统主要由运算器、控制器、存储器、输入设备和输出设备等 5 部分组成。这 5 大部分相互配合,协同工作。

输入设备:将数据、程序、文字符号、图像、声音等信息输送到计算机中。常用的输入设备有键盘、鼠标、扫描仪、触摸屏、数字转换器等。

输出设备:将计算机的运算结果或者中间结果打印或显示出来。常用的输出设备有显示器、打印机、绘图仪和传真机等。

存储器:存储器将输入设备接收到的信息以二进制的数据形式存到存储器中。存储器有两种,即内存储器和外存储器。

运算器:运算器又称为算术逻辑单元。它是完成计算机对各种算术运算和逻辑运算的装置,能进行加、减、乘、除等数学运算,也能做比较、判断、查找、逻辑运算等。

控制器:控制器是计算机指挥和控制其他各部分工作的中心,其工作过程与人的大脑指挥和控制人的各器官相同。控制器是计算机的指挥中心,负责决定执行程序的顺序,给出执行指令时机器各部件需要的操作控制命令。

控制器工作原理如下:

1)由输入设备接收外界信息(程序和数据),控制器发出指令将数据送入(内)存储器。

2)向内存储器发出取指令命令。

3）在取指令命令下，程序指令逐条送入控制器。

4）控制器对指令进行译码，并根据指令的操作要求，向存储器和运算器发出存数、取数命令和运算命令。

5）经过运算器计算并把计算结果存在存储器内。

6）在控制器发出的取数和输出命令的作用下，通过输出设备输出计算结果，如图1-22所示。

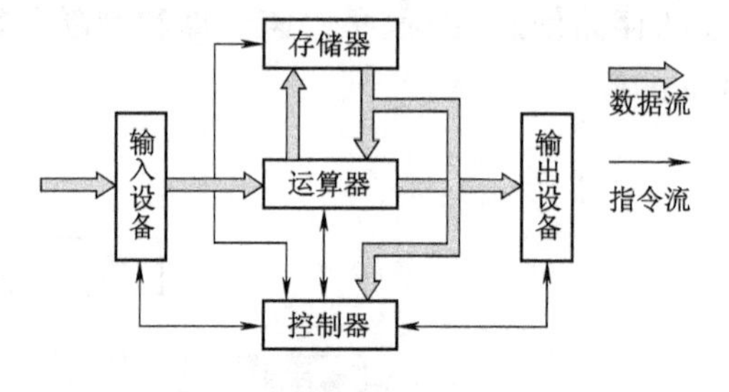

图1-22　控制器的工作原理

（2）计算机软件系统　计算机软件（Software，也称为软件）是指计算机系统中的程序及其文档，程序是计算任务的处理对象和处理规则的描述；文档是为了便于了解程序所需的阐明性资料。

计算机软件总体分为系统软件和应用软件两大类。

1）系统软件是负责管理计算机系统中各种独立的硬件，使得它们可以协调工作。系统软件使得计算机使用者和其他软件将计算机当作一个整体而不需要顾及底层每个硬件是如何工作的。

一般来讲，系统软件包括操作系统和一系列基本的工具（如编译器，数据库管理，存储器格式化，文件系统管理，用户身份验证，驱动管理，网络连接等）。

系统软件具体包括以下4类：

①各种服务性程序，如诊断程序、排错程序、练习程序等。

②语言程序，如汇编程序、编译程序、解释程序。

③操作系统。

④数据库管理系统。

2）应用软件是为了某种特定的用途而被开发的软件。它可以是一个特定的程序，如一个图像浏览器；也可以是一组功能联系紧密、可以互相协作的程序的集合，如微软的Office软件；也可以是一个由众多独立程序组成的庞大的软件系统，如数据库管理系统。常见应用软件图标如图1-23所示。

图1-23　常见的应用软件图标

较常见的应用软件有文字处理软件，如WPS、Word等；信息管理软件；辅助设计软件，如AutoCAD；实时控制软件，如极域电子教室等；教育与娱乐软件。

2. 安装Windows 7操作系统的硬件基本要求

1）1GHz 32bit或2GHz 64bit处理器。

2）1GB内存（基于32bit）或2GB内存（基于64bit）。

3）16GB可用硬盘空间（基于32bit）或20GB可用硬盘空间（基于64bit）。

4）带有WDDM 1.0或更高版本的驱动程序的DirectX 9图形设备，要求分辨率在1024×768像素及以上（低于该分辨率则无法正常显示部分功能），或可支持触摸技术的显示设备。

3. Windows 7 操作系统的 3 种常规安装方式

(1)升级安装　将覆盖原有的操作系统,升级安装可以在 Windows 98/Me/2000/XP 等操作系统中安装。

(2)全新安装　在没有任何操作系统的情况下,安装 Windows 7 操作系统。

1)通过 Windows 7 安装光盘引导系统并自动运行安装程序。

2)通过软盘、硬盘或 Windows 98 的启动光盘进行启动,然后手工运行在光盘或硬盘中的 Windows 7 安装程序。

第一种安装方式操作简单,并且可省去一个复制文件的步骤,安装速度也快得多。

提示:

第一种方式(即通过 Windows 7 安装光盘引导系统并自动运行安装程序)需要在 BIOS中将启动顺序设置为 CDROM 优先。国内现在也常用克隆安装的方式,这种安装方式更快捷、简单。

(3)多系统共享安装　指保留原有操作系统,使之与新安装的 Windows 7 共存的安装方式。安装时不覆盖原有操作系统,将新操作系统安装在另一个分区中,与原有的操作系统可分别使用,互不干扰。

4. 文件系统

文件系统是指文件命名、存储和组织管理组成的整体。Windows 的文件系统主要有 FAT16、FAT32 和 NTFS 3 种,在 Windows 7 的安装过程中,只提供了 FAT32 和 NTFS 两种选择。

FAT32 是从 FAT16 派生出来的一种文件系统,它可以使用比 FAT16 更小的簇,大大提高了磁盘空间的利用率,并且可以支持 32GB 以上的磁盘空间。FAT32 是目前使用得最为广泛的磁盘文件系统之一,除了早期的 Windows 3. X/95/NT 4. 0 之外,其他版本的 Windows 系统均能支持 FAT32。

NTFS 文件系统最早是为 Windows NT 所开发的,之后又被 Windows 2000、Windows XP 和 Windows 7 所支持。它是一个基于安全性的文件系统,在 NTFS 文件系统中可对文件进行加密、压缩,并能设置共享的权限。它使用了比 FAT32 更小的簇,从而可以比 FAT 文件系统更为有效地管理磁盘空间,最大限度地避免了磁盘空间的浪费,并且它所能支持的磁盘空间高达 2TB(即 2047GB)。

计划与实施

在安装操作系统之前,要先准备好安装系统所需的工具,现在一般都使用可启动 U 盘代替传统的光盘作为引导启动器,但市场上购买回来的 U 盘一般不具有引导启动的功能。因此需要先制作一个可启动的 U 盘作为引导启动器,然后把克隆系统所需的文件放在 U 盘启动器相应的文件夹内,最后使用 U 盘启动器进行克隆安装 Windows 7 professional SP1 操作系统。

（1）制作启动器　要给张悦的计算机安装操作系统，首先要制作一个 U 盘启动器，可参照以下方法进行：

准备一个容量为 8GB 或以上的空白 U 盘，因为一般现在的 Windows 7 professional SP1 克隆安装文件容量都超过 4GB。下载老毛桃或大白菜等 U 盘启动盘制作工具，制作 U 盘 PE 启动盘。

1）到老毛桃官网中下载最新版的老毛桃安装包到系统桌面上。

2）双击运行安装包，在“安装位置”下拉列表框中选择程序存放路径（建议默认设置安装到系统盘中），然后单击“开始安装”按钮即可，随后进行程序安装，耐心等待自动安装操作完成即可，如图 1-24 所示。

图 1-24　老毛桃 U 盘启动盘制作工具安装界面

3）安装完成后，单击“立即体验”按钮即可运行 U 盘启动盘制作程序，如图 1-25 所示。

图 1-25　安装完成界面

4）打开老毛桃 U 盘启动盘制作工具后，将 U 盘插入计算机 USB 接口，程序会自动扫描，只需在“请选择”下拉列表框中选择用于制作的 U 盘，然后单击“一键制作”按钮即可，如图 1-26所示。

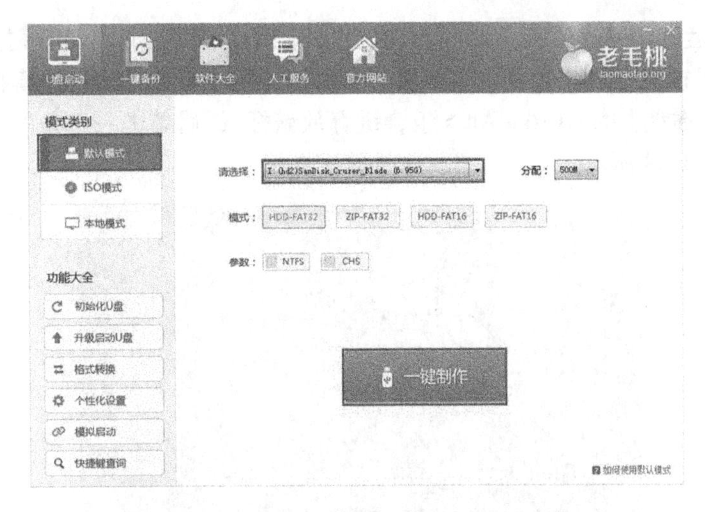

图 1-26　老毛桃 U 盘启动盘制作工具启动界面

5）此时会弹出一个警告框，提示将删除 U 盘中的所有数据。在确认已经将重要数据做好备份的情况下，单击“确定”按钮，如图 1-27 所示。

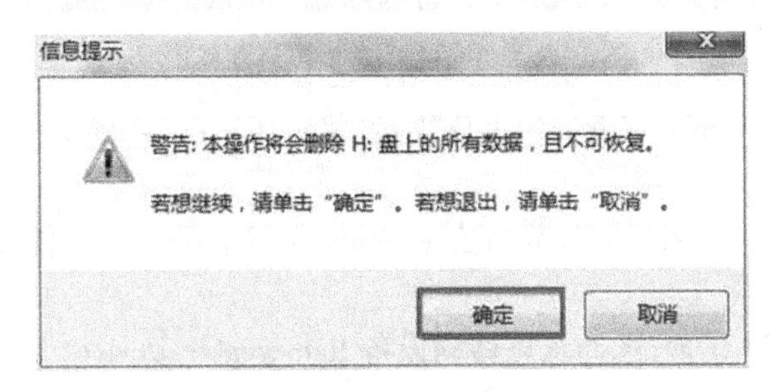

图 1-27　制作启动盘警告

6）接下来程序开始制作 U 盘启动盘，整个过程可能需要几分钟，在此期间切勿进行其他操作，如图 1-28 所示。

图 1-28　制作 U 盘启动盘

7）U 盘启动盘制作完成后，会弹出一个窗口，询问是否要启动计算机模拟器测试 U 盘启动情况，单击“是”按钮，启动“计算机模拟器”后就可以看到 U 盘启动盘在模拟环境下的正常启动界面了，按下键盘上的 < Ctrl + Alt > 组合键释放鼠标，最后单击右上角的关闭按钮退出模拟启动界面，如图 1-29 所示。

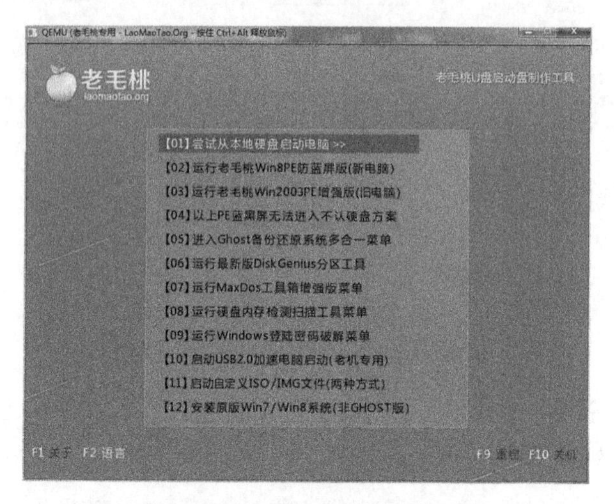

图 1-29　老毛桃 U 盘模拟启动界面

然后下载 Windows 7 SP1 克隆安装 ISO 光盘，将解压后的 GHO 文件复制到 U 盘启动盘内的 GHO 文件夹内。

（2）安装操作系统　给张悦的计算机安装 Windows 7 professional 操作系统，可参照下列方法进行：

1）进行 CMOS BIOS 设置，选择从可移动设备 Removeable Devices 启动。

将制作好的老毛桃装机版启动 U 盘插入计算机 USB 接口，然后开启计算机，按 < Delete > 键或 < F1 > 键进入 BIOS，选择从可移动设备 Removeable Devices 启动。也可以直接按快捷键选择启动设备（联想主板启动快捷键是 < F12 >，各家厂商可能有所不同），如图 1-30 所示。

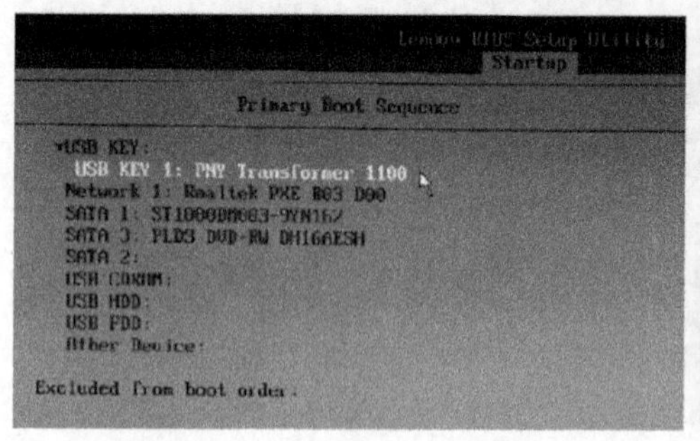

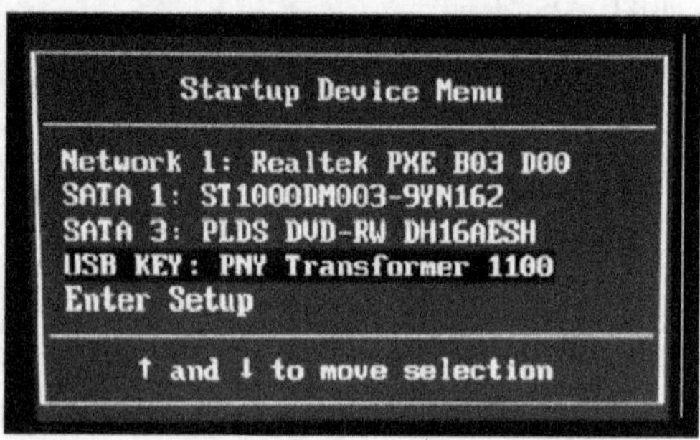

图 1-30　设定启动方式（BIOS 设置及启动快捷键设置）

2）运行老毛桃 Win8PE 防蓝屏版。

屏幕上出现启动画面后按快捷键进入到老毛桃主菜单页面，选择“【02】运行老毛桃 Win8PE 防蓝屏版（新电脑）”，按 < Enter > 键确认，如图 1-31 所示。

3）用分区工具 DiskGenius 进行快速分区。要求把硬盘分成 4 个区，其中系统分区大小要求在 20GB 或以上。

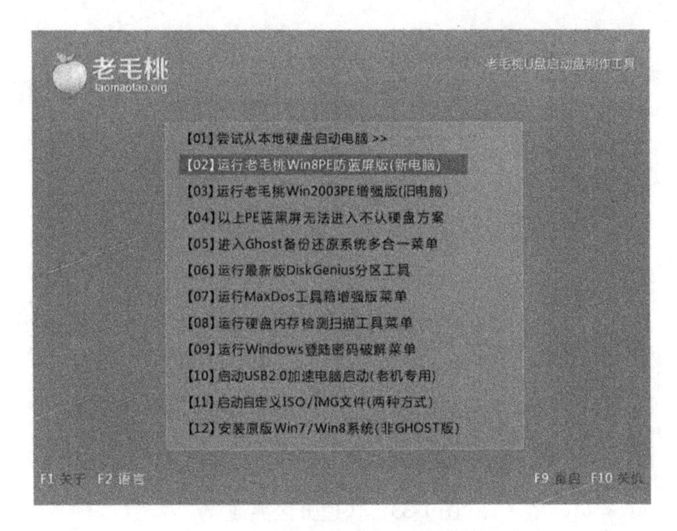

图 1-31 光盘安装启动界面

登录 PE 系统桌面后，双击打开分区工具 DiskGenius。在工具主窗口中，单击“快速分区”按钮，如图 1-32 所示。

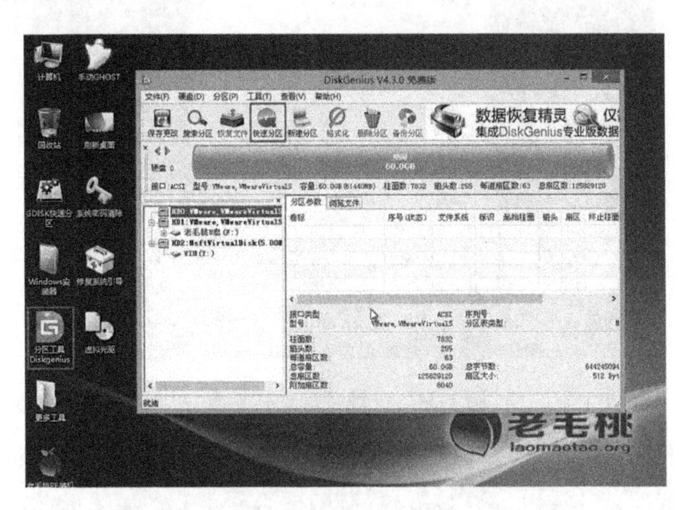

图 1-32 DiskGenius 界面

在“快速分区”窗口中，可以根据需要设置分区数目、文件系统格式、系统大小以及卷标，建议系统分区设置大小在 20GB 或以上。设置完成后，单击“确定”按钮即可，接着工具便开始格式化硬盘并进行分区，分区完成后退出 DiskGenius，如图 1-33 所示。

4）安装 Ghost Windows 7 系统及补丁 SP1。

①双击打开桌面上的老毛桃 PE 装机工具。打开工具主窗口后，单击映像文件路径后面的“浏览”按钮，如图 1-34 所示。

②单击“打开”按钮找到并选中 U 盘启动盘中的 Windows 7 系统 ISO 镜像文件，映像文件添加成功后，只需在分区列表中选择 C 盘作为系统盘，然后单击“确定”按钮即可，随后会弹出一个询问框，提示用户即将开始安装系统。确认还原分区和映像文件无误后，单击“确定”按钮，如图 1-35 所示。

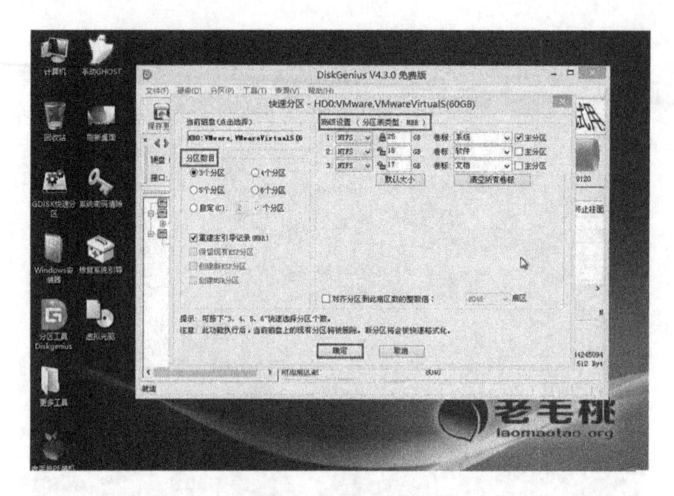

图 1-33　快速分区界面

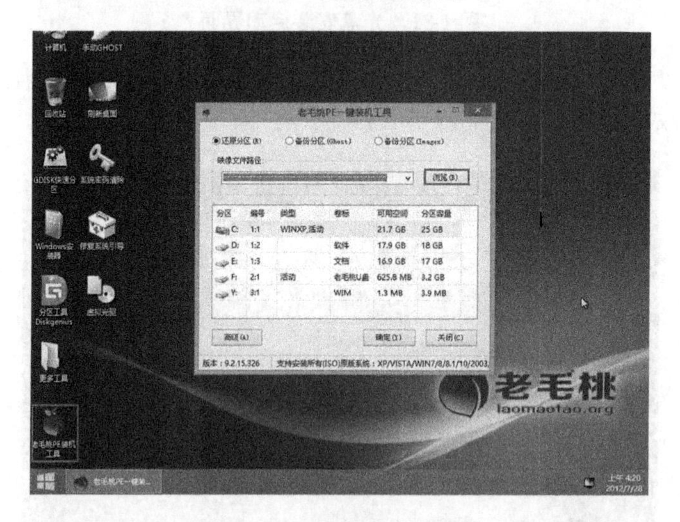

图 1-34　一键装机工具界面

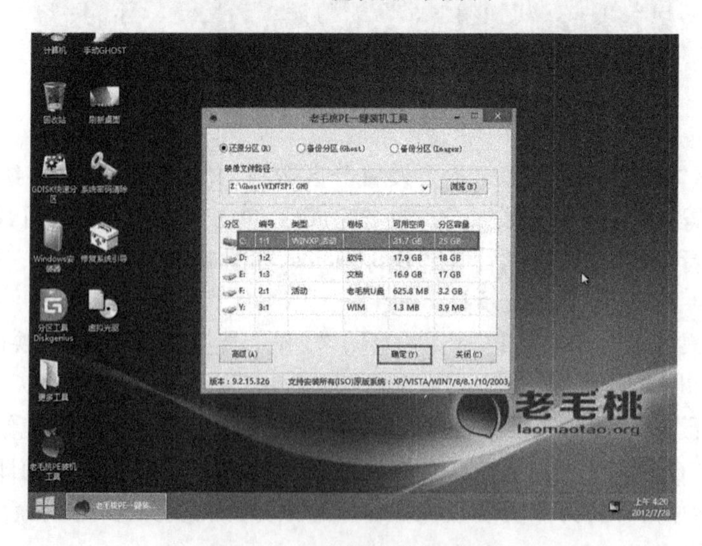

图 1-35　选择映像文件界面

③完成上述操作后，程序开始释放系统镜像文件，安装 Ghost Windows 7 系统。只需耐心等待操作完成并自动重启计算机即可，如图 1-36 所示。

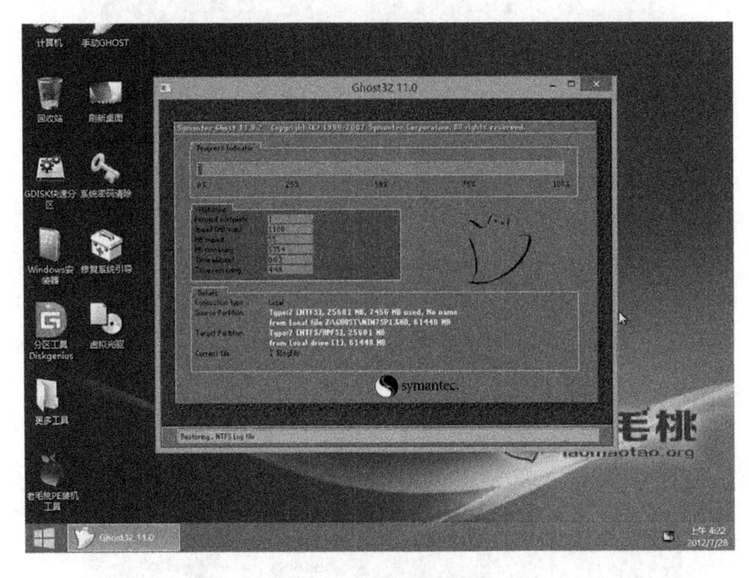

图 1-36　克隆软件复制系统

④系统复制完成后会自动重启，计算机封装部署程序会自动安装，如图 1-37 所示。

图 1-37　计算机封装部署程序会自动安装

⑤计算机封装部署程序检测主机配置，自动安装驱动程序，如图 1-38 所示。当然也可以不集成驱动，需要手动按 < Esc > 键才能不集成驱动，也可以选择集成部分驱动。

⑥驱动选好后（如果没有选择不集成驱动，则 10s 后会默认自动集成所选驱动），计算机封装部署程序自动开始安装驱动、应用系统设置、检查硬件等，过程如图 1-39 ~ 图 1-42 所示。

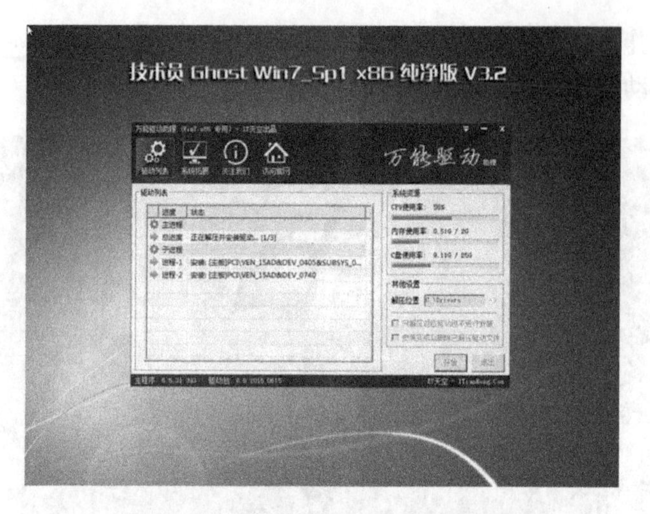

图 1-38　检测主机配置自动安装驱动程序

图 1-39　自动应用系统设置

图 1-40　自动重启继续安装

图1-41　为首次使用做准备

图1-42　完成安装

⑦计算机封装部署程序根据机器配置不同，约3～5min后完成所有安装，系统自动重启，系统安装完成。重启后Windows的启动菜单如图1-43所示。

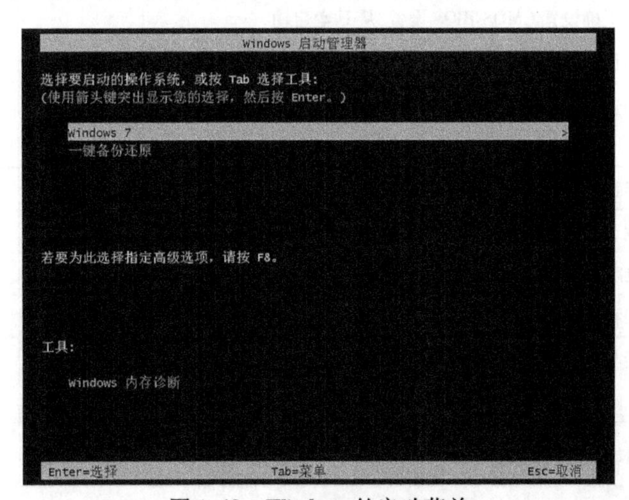

图1-43　Windows的启动菜单

⑧Windows 的启动菜单数秒归零后，操作系统自动启动，启动完成后进入 Windows 7 桌面，如图 1-44 所示。同时，配置好网络后还有可能要安装某些系统安装时不能识别的设备驱动程序及最新的系统补丁，最后 Windows 7 系统安装才能完成。

图 1-44　Windows 7 系统安装完成

5）安装相关硬件驱动程序。

教学评价

请按表 1-6 中的要求进行教学评价，评价结果可分 4 个等级：优、良、中、差。

表 1-6　教学评价表

评价项目	评 价 标 准	评价结果		
		自评	组评	教师评
任务完成质量	1）能正确制作 U 盘启动盘			
	2）能正确设置 CMOS BIOS 设置，从 U 盘启动			
	3）能正确把硬盘分成 4 个区			
	4）能正确安装 Windows 7 professional 系统到硬盘的第 1 个分区			
	5）能正确安装相关的硬件驱动程序			
	6）能正确安装应用软件 Microsoft Office 2010			
任务完成速度	在规定时间内完成本项任务			
工作与学习态度	1）能积极参与，认真完成本项任务			
	2）能与小组成员通力合作，有团队精神			
	3）在小组协作过程中能很好地与其他成员交流			
综合评价	评语（优缺点与改进措施）：	总评等级		

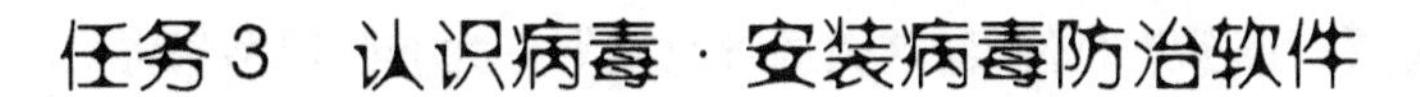

任务3 认识病毒·安装病毒防治软件

随着人们信息交流增多,特别是网络的大量信息传输,计算机病毒越来越猖獗。在计算机中安装杀毒软件是组装计算机、安装操作系统后的一项重要内容。一些软件开发公司专门生产用于计算机病毒防治的专用软件,如瑞星、金山毒霸、360 杀毒等。为了系统的安全,在完成操作系统的安装后,就应立刻安装病毒防治软件。

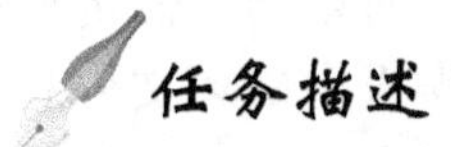

任务描述

张悦的妈妈经常用 U 盘把在家里做好的课件带到学校课室的计算机使用。有一天,张悦的妈妈突然发现 U 盘里的文件都消失了!急得妈妈赶紧找张悦来看,张悦发现 U 盘里的文件全部隐藏掉了!看来妈妈的 U 盘已经被计算机病毒感染了。为了家里计算机系统的安全,张悦决定为妈妈的计算机安装一款病毒防治软件,并对计算机进行全盘扫描查杀。

任务学习目标

1)了解病毒和杀毒软件。

2)了解计算机病毒感染后的表现和特征。

3)会安装、使用和升级杀毒软件。

4)会进行全盘查杀。

知识准备

1. 计算机病毒的概念

计算机病毒是在计算机程序中插入的破坏计算机功能或者破坏数据、影响计算机使用并且能够自我复制的一组计算机指令或者程序代码。这种计算机程序代码是恶意的,并且具有破坏性、复制性和传染性。它可以破坏系统程序,占用空间,盗取账号密码,严重地可以导致网络或系统瘫痪。

2. 计算机病毒分类

(1)按照计算机病毒存在的媒体进行分类

1)网络病毒:网络病毒通过计算机网络传播,感染网络中的可执行文件。

2)文件病毒:感染计算机中的文件(如 COM、EXE、DOC 等)。

3)引导型病毒:感染启动扇区(Boot)和硬盘的系统引导扇区(MBR)。

4)混合型病毒:如多型病毒(文件和引导型)感染文件和引导扇区两种目标,这样的病毒通常都具有复杂的算法,使用非常规的办法侵入系统,同时使用了加密和变形算法。

(2)按照计算机病毒传染的方法进行分类

1)驻留型病毒:驻留型病毒感染计算机后,把自身的内存驻留部分放在内存(RAM)中,这一部分程序挂接系统调用并合并到操作系统中,它处于激活状态,一直到关机或计算机重新启动。

2）非驻留型病毒：在得到机会激活时并不感染计算机内存，一些病毒在内存中留有小部分，但是并不通过这一部分进行传染，这类病毒也被划分为非驻留型病毒。

（3）根据病毒破坏的能力进行划分

1）无害型：除了传染时减少磁盘的可用空间外，对系统没有其他影响。

2）无危险型：这类病毒仅仅是减少内存、显示图像、发出声音及同类音响。

3）危险型：这类病毒在计算机系统操作中造成严重的错误。

4）非常危险型：这类病毒删除程序、破坏数据、清除系统内存区和操作系统中重要的信息。这些病毒对系统造成的危害，并不是本身的算法中存在危险的调用，而是当它们传染时会引起无法预料的、灾难性的破坏。由病毒引起其他的程序产生的错误也会破坏文件和扇区，这些病毒也按照它们引起的破坏能力划分。一些现在的无害型病毒也可能会对新版的 DOS、Windows 和其他操作系统造成破坏。例如，在早期的病毒中，有一个“Denzuk”病毒在 360KB 磁盘上很好地工作，不会造成任何破坏，但是在后来的高密度软盘上却能引起大量的数据丢失。

（4）根据病毒特有的算法进行划分

1）伴随型病毒：这一类病毒并不改变文件本身，它们根据算法产生 EXE 文件的伴随体，具有同样的名字和不同的扩展名（COM），例如，XCOPY. EXE 的伴随体是 XCOPY. COM。病毒把自身写入 COM 文件并不改变 EXE 文件，当 DOS 加载文件时，伴随体优先被执行到，再由伴随体加载执行原来的 EXE 文件。

2）“蠕虫”型病毒：通过计算机网络传播，不改变文件和资料信息，利用网络从一台机器的内存传播到其他机器的内存，计算网络地址，将自身的病毒通过网络发送。有时它们在系统中存在，一般除了内存不占用其他资源。

3）寄生型病毒：除了伴随型和“蠕虫”型，其他病毒均可称为寄生型病毒，它们依附在系统的引导扇区或文件中，通过系统的功能进行传播，按其算法的不同可分为练习型病毒、诡秘型病毒和变型病毒。

3. 计算机病毒的预防

一般大范围传播的病毒都会让用户在重新启动计算机的时候自动运行病毒，以实现长时间感染计算机并扩大病毒的感染能力的目的。通常，病毒感染计算机的第 1 件事情就是杀掉它们的天敌——安全软件，如卡巴斯基、360 安全卫士、NOD32 等。这样人们就不能通过使用杀毒软件的方法来处理已经感染病毒的计算机。

1）杀毒软件经常更新，以快速检测到可能入侵计算机的新病毒或者变种。

2）使用安全监视软件（和杀毒软件不同，如 360 安全卫士、瑞星卡卡）主要防止浏览器被异常修改、插入钩子、安装不安全的恶意的插件。

3）使用防火墙或者杀毒软件自带的防火墙。

4）关闭计算机自动播放（网上有）并对计算机和移动储存工具进行常见病毒免疫。

5）定时进行全盘病毒木马扫描。

6）注意网址正确性，避免进入山寨网站。

4. 远离计算机病毒的八大注意事项

1）建立良好的安全习惯。例如，对一些来历不明的邮件及附件不要打开，不要登录一些不太了解的网站、不要运行从 Internet 下载后未经杀毒处理的软件等。

2)关闭或删除系统中不需要的服务。在默认情况下,许多操作系统会安装一些辅助服务,如 FTP 客户端、Telnet 和 Web 服务器。这些服务为攻击者提供了方便,而又对用户没有太大用处,如果删除它们,就能大大降低被攻击的可能性。

3)经常升级安全补丁。据统计,有 80% 的网络病毒是通过系统安全漏洞进行传播的,如蠕虫王、冲击波、震荡波等,所以应该定期到微软网站下载最新的安全补丁,以防患于未然。

4)使用复杂的密码。有许多网络病毒就是通过猜测简单密码的方式攻击系统的,因此使用复杂的密码,将会大大提高计算机的安全系数。

5)迅速隔离受感染的计算机。当计算机发现病毒或有异常时应立刻断网,以防止计算机受到更多的感染,或者成为传播源,再次感染其他计算机。

6)了解一些病毒知识。这样就可以及时发现新病毒并采取相应措施,在关键时刻使计算机免受病毒破坏。如果能了解一些注册表知识,就可以定期看一看注册表的自启动项是否有可疑键值;如果了解一些内存知识,就可以经常看看内存中是否有可疑程序。

7)最好安装专业的杀毒软件进行全面监控。在病毒日益增多的今天,使用杀毒软件进行防毒,是越来越经济的选择。不过,用户在安装了反病毒软件之后,应该经常进行升级、将一些主要的监控经常打开(如邮件监控)、进行内存监控、遇到问题及时上报等,这样才能真正保障计算机的安全。

8)用户还应该安装个人防火墙软件进行防黑。由于网络的发展,用户计算机面临的黑客攻击问题也越来越严重,许多网络病毒都采用了黑客的方法来攻击用户计算机,因此,用户还应该安装个人防火墙软件,并将安全级别设为中、高,这样才能有效地防止网络上的黑客攻击。

计划与实施

病毒防治软件有很多,功能各种各样,使用都是大同小异的,我们要选择适合自己计算机情况的病毒防治软件,并懂得利用它做好计算机的安全防护工作。

要做好安装病毒防治软件工作,可参照下列方法进行(以快速轻巧、永久免费的 360 杀毒为例):

1)在 360 的官方网站上下载 360 安全卫士软件。

2)安装 360 安全卫士软件,并对计算机进行全面查杀。

①从 360 官方网站下载 360 杀毒软件,并运行安装程序,如图 1-45 所示。

图 1-45　启动 360 杀毒软件安装向导

②选择安装文件夹后，单击“立即安装”按钮，进入正在安装界面，如图 1-46 所示。

图 1-46　正在安装界面

③360 杀毒软件安装完成以后，最好先进行全盘扫描杀毒再使用，如图 1-47 所示。

图 1-47　进行全盘扫描杀毒

3）对系统漏洞进行修复。

360 杀毒软件扫描完成后，单击“立即处理”按钮完成系统漏洞的修复，如图 1-48 所示。

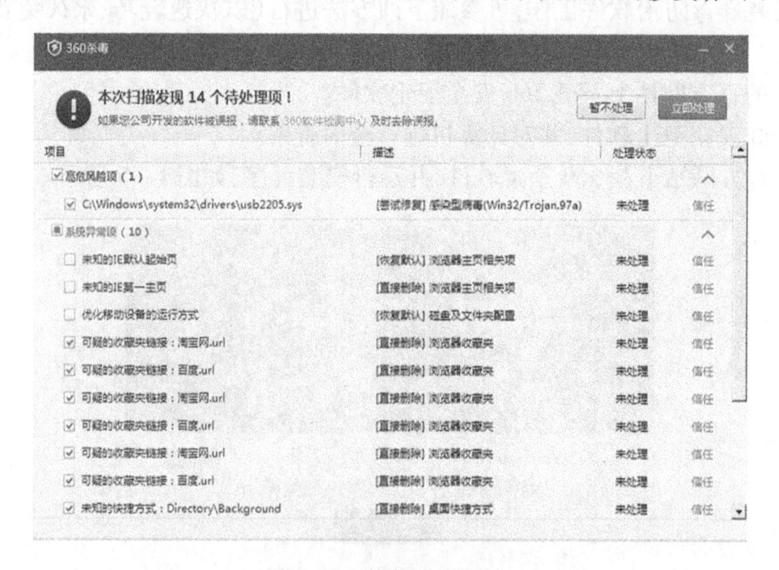

图 1-48　修复系统漏洞

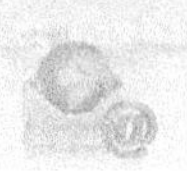

4）升级到360安全卫士软件的最新版本。

病毒在变，每天都有新病毒出现，因此必须经常升级杀毒程序。使用智能升级能及时升级到最新版本，从而可以查杀各种新病毒。方法为：在主程序界面中，选择“设置”菜单，在打开的对话框中单击“升级设置”选项卡，在“自动升级设置”选项区中选中“自动升级病毒特征库及程序”单选按钮，单击“确定”按钮，如图1-49所示。这样软件会自动检测服务器有最新版本，进行升级，在此期间不提示用户。注意，该方式必须在联网条件下才能升级成功。

图1-49　360杀毒软件升级设置

教学评价

请按表1-7中的要求进行教学评价，评价结果可分4个等级：优、良、中、差。

表1-7　教学评价表

评价项目	评价标准	评价结果		
		自评	组评	教师评
任务完成质量	1）能说出3种以上主流的病毒防治软件			
	2）能正确安装360杀毒软件			
	3）能进行全盘查杀			
	4）能正确设置智能升级			
任务完成速度	在规定时间内完成本项任务			
工作与学习态度	1）能积极参与，认真完成安装、全盘杀毒任务			
	2）能与小组成员通力合作，有团队精神			
	3）在小组协作过程中能很好地与其他成员交流			
综合评价	评语（优缺点与改进措施）：	总评等级		

任务4 制作系统的备份

为了避免用户在计算机操作中误操作，用户能够自行恢复操作系统，可以安装一键恢复工具软件。系统备份一般在安装好系统后、正常使用之前完成。

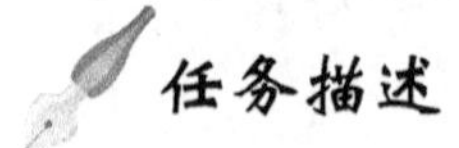

任务描述

为了能快速地恢复操作系统，张悦要为妈妈的计算机安装一键恢复工具软件，备份当前的操作系统，并将启动分区（C 盘）制作镜像文件存放到第 2 个分区（D 盘）中。

任务学习目标

1）会安装计算机系统备份与还原软件。

2）会制作计算机系统的恢复备份。

知识准备

1. Windows 7 的备份

Windows 7 在系统稳定性和安全性方面较 Windows 以前的版本有了很大的提高，但为了防止意外情况的发生，对一些重要的文件和信息建议进行备份。备份包括系统备份和数据备份。

系统备份：将操作系统文件备份生成文件保存下来，当系统出现问题时，可以将这个备份文件恢复到备份时的状态。

数据备份：对重要数据资料（如文档、数据库、记录、进度等）进行备份，生成一个备份文件放在安全的存储空间内，当发生数据破坏或丢失时，可将原备份文件恢复到备份时的状态。

一般地，备份工作用备份软件来处理。优秀的系统备份软件有 Ghost 等，优秀的数据备份软件有国内的爱数备份软件等。

2. Windows 7 操作系统的系统还原功能

Windows 7 操作系统具有系统还原功能，能自动进行智能备份，系统出现问题后，就可以把系统还原到创建还原点时的状态。首先，需要确定系统属性的“系统还原”选项卡中没有关闭系统还原，执行“开始”→“程序”→“附件”→“系统工具”→“系统还原”命令，可根据提示进行备份或还原操作。

3. Ghost 硬盘克隆工具

Ghost 是赛门铁克公司推出的一款用于系统、数据备份与恢复的极为出色的硬盘克隆工具。它可以在最短的时间内给予用户的硬盘数据以最大的保护，不但可以把一个硬盘中的全部内容完全相同地复制到另一个硬盘中，还可以将一个磁盘中的全部内容复制为一个磁盘镜像文件备份至另一个磁盘中，这样以后就能够使用该镜像文件还原系统了，最大限度地减少安装操作系统和恢复数据的时间。

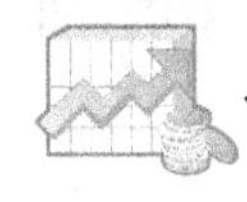

计划与实施

当计算机出现软件故障不能使用时，很多时候我们采取重装系统的方法来解决。是不是要像新机时一样，从装系统、装驱动、装应用软件开始呢？答案当然是否定的。我们可以在新安装好系统、驱动、应用软件时就备份好一个备份文件，当需要恢复系统的时候，直接用备份文件来恢复就可以了。

张悦要做好制作系统的备份工作，可参照下列方法进行：

启动计算机，在启动菜单中选择“一键备份还原”选项，将当前硬盘的系统盘C盘保存为一个镜像文件，并存放在D盘中。

如果计算机是按任务2中的方式安装系统的，那么在启动Windows的过程中，就可以利用“一键备份还原”功能快速地备份或还原系统（大部分的Ghost系统都已安装了类似的备份还原软件，如未安装，可下载相应的备份还原软件，按常规方式安装即可）。

1）在计算机启动时，选择“一键备份还原”启动菜单，如图1-50所示。

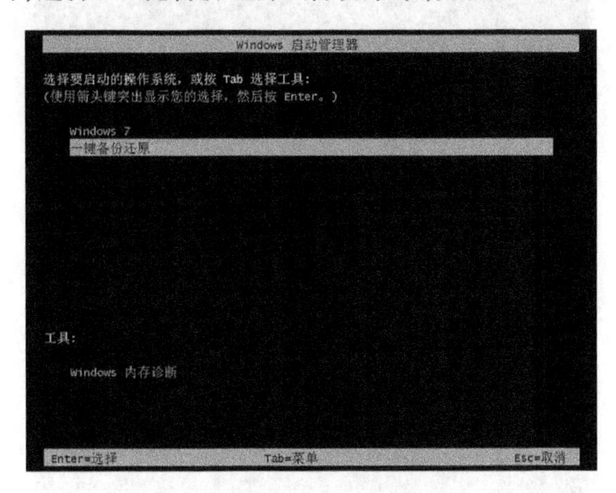

图1-50 计算机启动时的启动菜单

2）选择一键备份系统菜单，单击“一键备份系统”，如图1-51所示。

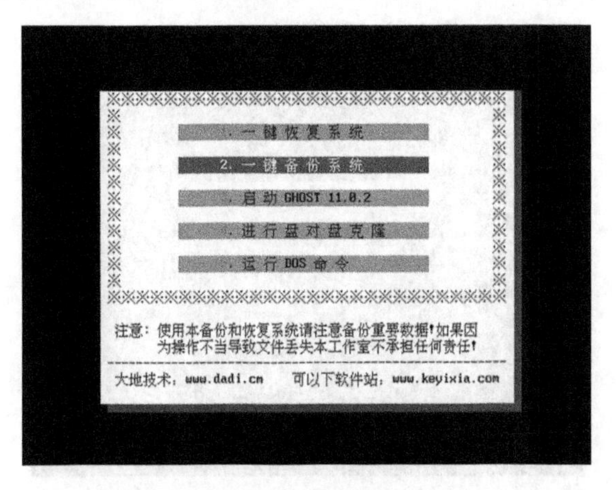

图1-51 一键备份系统菜单

3）在“一键备份系统”确认窗口中，输入“ok”并按 < Enter > 键确认开始备份系统，如图 1-52所示。注意，一旦确认备份后，立即执行，原有映像将被覆盖！

4）一键备份系统开始备份 C 盘，如图 1-53 所示。

5）根据硬盘的速度和系统性能，几分钟后就可备份成功，系统提示“一键备份 C 盘成功！”，如图 1-54 所示，系统 6s 后自动重启，当然也可以手动重启。

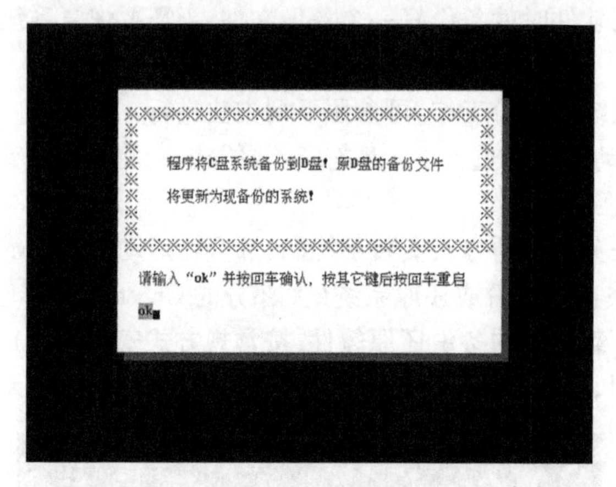

图 1-52　确认备份系统

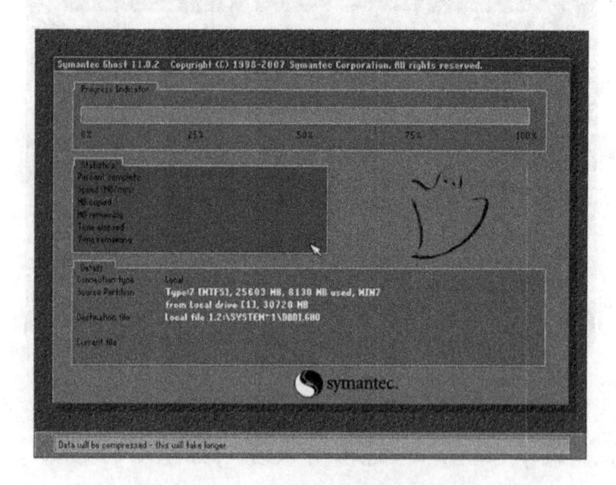

图 1-53　系统开始备份 C 盘

图 1-54　一键备份 C 盘成功

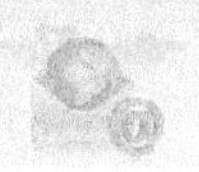

下载并安装 Ghost 软件,比较 Ghost 软件与一键备份还原的区别。使用 Ghost 软件对刚刚制作完成的 GHO 文件进行完整性验证,如图 1-55 所示。

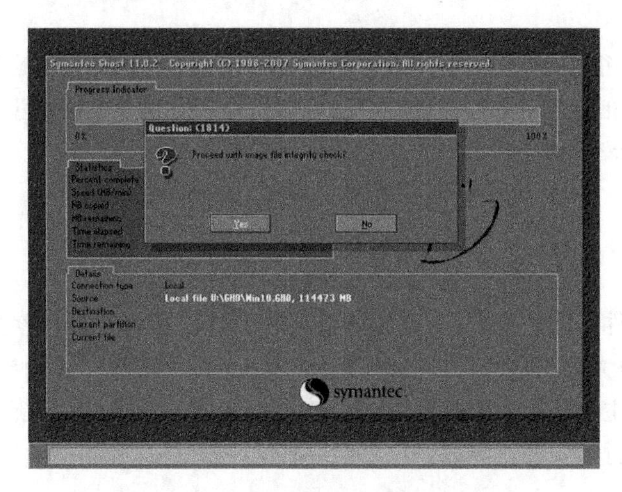

图 1-55　对 Ghost 镜像文件进行完整性检查

提示:

在菜单栏中执行"Local"→"Check"→"Image File"命令对完成的文件进行验证。

想一想:

如果计算机系统没有"一键备份还原"功能,那么应该如何利用 Ghost 软件进行系统备份工作呢?

教学评价

请按表 1-8 中的要求进行教学评价,评价结果可分 4 个等级:优、良、中、差。

表 1-8　教学评价表

评价项目	评 价 标 准	评价结果		
		自评	组评	教师评
任务完成质量	1)能正确使用一键备份还原			
	2)能正确制作计算机系统的恢复备份			
	3)能正确安装 Ghost 软件,并对镜像文件进行检测			
任务完成速度	在规定时间内完成本项任务			
工作与学习态度	1)能积极参与,认真完成安装、备份任务			
	2)能与小组成员通力合作,有团队精神			
	3)在小组协作过程中能很地与其他成员交流			
综合评价	评语(优缺点与改进措施):	总评等级		

任务5 检测计算机系统

计算机硬件发展很快,相似的硬件产品很多,面对市场上琳琅满目的配件,怎样才能不被卖家蒙蔽,买到货真价实的产品呢?有些产品可以从外观上辨认配件的型号和工艺,但有些配件只能依靠测试工具软件来辨别了。

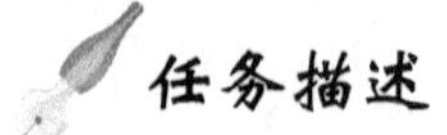

任务描述

计算机硬件、软件安装完成后,张悦想知道其选购的计算机性能与参数如何,所以安装了一款测试软件——鲁大师,鲁大师具有硬件检测、温度检测、硬件性能测试、节能省电、驱动管理、计算机优化六大主要功能。张悦利用该款软件查看硬件信息,对系统进行自动优化,清理系统中的垃圾,并进行系统性能测试。

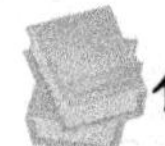

任务学习目标

通过本项目的学习,使学生达到以下学习目标:

1)了解计算机的性能参数。

2)会检测计算机的CPU、主板、内存的性能和指标。

3)会检测硬盘的性能和技术指标。

4)具有一定的正确识别硬件质量的职业技能。

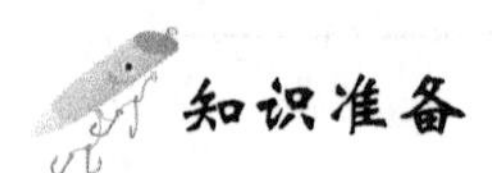

知识准备

1. 酷睿

“酷睿”是一款领先节能的新型微架构,设计的出发点是提供卓然出众的性能和能效,提高每瓦特性能,也就是所谓的能效比。早期的酷睿是基于笔记本式处理器的。

酷睿2的英文Core 2 Duo,是英特尔推出的新一代基于Core微架构的产品体系统称,于2006年7月27日发布。酷睿2是一个跨平台的构架体系,包括服务器版、桌面版、移动版三大领域。

2. 四核处理器

四核CPU实际上是将两个Conroe双核处理器封装在一起,英特尔可以借此提高处理器成品率,因为如果四核处理器中任何一个有缺陷,都能让整个处理器报废。Core 2 Extreme QX6700在Windows XP系统下被视作4个CPU,但是分属两组核心的两颗4MB的二级缓存并不能够直接互访,影响执行效率。四核处理器是企业内服务器的理想选择,因为大多数数据中心内都是多线程软件,四核可以充分发挥其优势。四核为同时运行多种任务、创建数字内容提供了很好的性能保障,但除了游戏机、高端模型机,桌面计算机几乎不需要四核。无论是Intel还是AMD都已经对笔记本式计算机发布了四核处理器。

3. CPU 主频

CPU 的主频，即 CPU 内核工作的时钟频率（CPU Clock Speed）。通常所说的某某 CPU 是多少兆赫的，这个多少兆赫就是“CPU 的主频”。主频和实际的运算速度存在一定的关系，但目前还没有一个确定的公式能够定量两者的数值关系，因为 CPU 的运算速度还要看 CPU 的流水线的各方面的性能指标（如缓存、指令集、CPU 的位数等）。由于主频并不直接代表运算速度，在一定情况下，很可能会出现主频较高的 CPU 实际运算速度较低的现象，因此主频仅是 CPU 性能表现的一个方面，而不代表 CPU 的整体性能，只有在提高主频的同时，各分系统运行速度和各分系统之间的数据传输速度都能得到提高后，计算机整体的运行速度才能真正得到提高。

4. 前端总线

微机中总线一般有内部总线、系统总线和外部总线。内部总线是微机内部各外围芯片与处理器之间的总线，用于芯片一级的互连；而系统总线是微机中各插件板与系统板之间的总线，用于插件板一级的互连；外部总线则是微机和外部设备之间的总线，微机作为一种设备，通过该总线和其他设备进行信息与数据交换，它用于设备一级的互连。

“前端总线”这个名称是由 AMD 在推出 K7 CPU 时提出的概念，但是一直以来都被大家误认为这个名词不过是外频的另一个名称。我们所说的外频指的是 CPU 与主板连接的速度，这个概念是建立在数字脉冲信号震荡速度的基础之上的，而前端总线的速度指的是数据传输的速度，数据传输最大带宽取决于所有同时传输的数据的宽度和传输频率，即数据带宽 =（总线频率 × 数据位宽）÷ 8。目前个人计算机上所能达到的前端总线频率有266MHz、333MHz、400MHz、533MHz、800MHz、1066MHz、1333MHz 几种，前端总线频率越大，代表 CPU 与内存之间的数据传输量越大，更能充分发挥出 CPU 的功能。现在的 CPU 技术发展很快，运算速度提高很快，而足够大的前端总线可以保障有足够的数据供给 CPU。较低的前端总线将无法供给足够的数据给 CPU，这样就限制了 CPU 性能的发挥，成为系统瓶颈。

前端总线的英文名字是 Front Side Bus，通常用 FSB 表示，是将 CPU 连接到北桥芯片的总线。选购主板和 CPU 时，要注意两者搭配问题，一般来说，如果 CPU 不超频，那么前端总线是由 CPU 决定的，如果主板不支持 CPU 所需要的前端总线，则系统就无法工作。也就是说，需要主板和 CPU 都支持某个前端总线，系统才能工作，只不过一个 CPU 默认的前端总线是唯一的，因此看一个系统的前端总线主要看 CPU 就可以。

外频与前端总线频率的区别：前端总线的速度指的是数据传输的速度，外频是 CPU 与主板之间同步运行的速度。也就是说，100MHz 外频特指数字脉冲信号在每秒钟震荡一千万次；而 100MHz 前端总线指的是每秒钟 CPU 可接受的数据传输量是 100MHz × 64bit = 6400Mbit/s = 800MB/s（1B = 8bit）。

5. 64 位技术

这里的 64 位技术是相对于 32 位而言的，这个位数指的是 CPU GPRs（General-Purpose Registers，通用寄存器）的数据宽度为 64 位，64 位指令集就是运行 64 位数据的指令，即处理器一次可以运行 64bit 数据。64bit 处理器并非现在才有的，在高端的 RISC（Reduced Instruction Set Computing，精简指令集计算机）中很早就有 64bit 处理器了，如 SUN 公司的UltraSparc Ⅲ、IBM 公司的 POWER5、HP 公司的 Alpha 等。

64bit 计算主要有两大优点：可以进行更大范围的整数运算；可以支持更大的内存。不能因为数字上的变化，而简单地认为 64bit 处理器的性能是 32bit 处理器性能的两倍。实际上在

32bit 应用下,32bit 处理器的性能甚至会更强,即使是 64bit 处理器,目前情况下也是在32bit应用下性能更强。所以要认清 64bit 处理器的优势,但不可迷信 64bit。

要实现真正意义上的 64 位计算,光有 64 位的处理器是不行的,还必须得有 64 位的操作系统以及 64 位的应用软件才行,三者缺一不可,缺少其中任何一种要素都无法实现 64 位计算。

6. 检测计算机系统的方法

检测计算机系统有多种方法,在没有工具的情况下,在开机自检中查看硬件配置,按键盘上的 <Pause Break> 键可暂停启动画面,查看到主板、CPU、硬盘、内存、光驱、显卡等信息。另外,可以使用设备管理器、DirectX 诊断工具或 Windows 优化大师等第三方软件查看硬件配置。

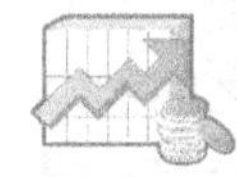

计划与实施

差不多配置的计算机,为什么有些计算机运行程序就特别慢?计算机里面的部件运行情况如何?可以优化一下,让计算机运行得顺畅些吗?我们可以借助一些软件来完成计算机的检测优化工作。

张悦要做好检测计算机系统工作,可参照下列方法进行(以“鲁大师”软件为例):

1)下载并安装检测软件“鲁大师”。

“鲁大师”提供计算机硬件信息检测技术,包含较全面的硬件信息数据库。与 Everest 相比,“鲁大师”给用户提供更加简洁的报告,而不是一大堆连很多专业级别的用户都看不懂的参数。而与 CPU-Z(主要支持 CPU 信息)、GPU-Z(主要支持显卡信息)相比,“鲁大师”提供更为全面的检测项目,并支持最新的各种 CPU、主板、显卡等硬件。“鲁大师”能定时扫描计算机的安全情况,提供安全报告和有相关资料的悬浮窗,可以显示“CPU 温度”“风扇转速”“硬盘温度”“主板温度“显卡温度”等。还会到微软官方网站下载安装最适合计算机的漏洞补丁。“鲁大师”只会安装计算机需要升级的漏洞补丁,并支持下载同时安装,所以大幅提高了补丁的安装速度,节省了热门软件推荐安装的等待时间。

“鲁大师”本身虽然需要安装,但由于其本身是一款不依赖注册表的绿色软件,因此直接把“鲁大师”所在目录(默认是 C:\Program Files \LuDaShi)复制或打包压缩即可得到“鲁大师”绿色版。也可以把“鲁大师”目录复制到 U 盘,随身携带。

2)使用“鲁大师”对计算机进行硬件体检,并修复和优化所发现的问题。

启动程序后将自动进入“硬件体检”界面,如图 1-56 所示。在此可以检测计算机软硬件、系统清理优化、硬件防护、检测硬件故障、提高硬件性能。最后检测完成,提供一键修复功能修复并优化以上问题。

3)使用“鲁大师”查看并记录主要的硬件信息。

单击“硬件检测”按钮,软件自动检测各项硬件配置,也可以单击左边的列表进行逐项浏览:处理器与主板、视频系统信息、音频系统信息、存储系统信息、网络系统信息、其他设备信息和软件信息等,也可以进行功耗估算,如图 1-57 所示。

4)使用“鲁大师”查看并记录温度、CPU 和内存占用数据情况,启动办公软件 Word 程序,再次查看并记录温度、CPU 和内存占用数据情况,比较两者的差异。

单击“温度压力测试”按钮,软件自动检测当前各硬件的温度情况,所有数据将会以图表的形式在中心区显示，同时提供实时的 CPU 和内存占用数据，如图 1-58 所示。

图 1-56　硬件体检

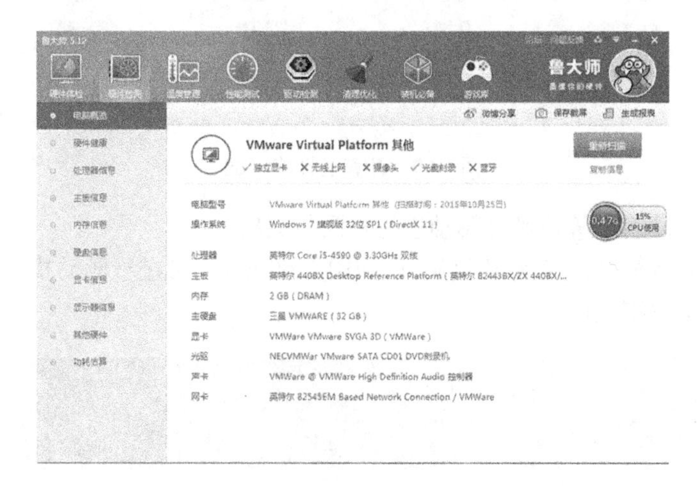

图 1-57　硬件检测

图 1-58　温度管理

5）使用“鲁大师”对计算机进行性能测试并优化。

单击“电脑性能测试”界面中的“开始测评”按钮，可在处理器性能、显卡性能、内存性能、磁盘性能 4 个方面进行测评，同时提供手机测评和各项性能排行榜功能，如图 1-59 所示。

图 1-59　计算机性能测试

6）使用“鲁大师”对计算机硬件驱动进行检测与更新。

选择驱动检测界面，系统自动检测硬件，如图 1-60 所示，可进行驱动检测、驱动更新、驱动管理、驱动门诊等功能应用。

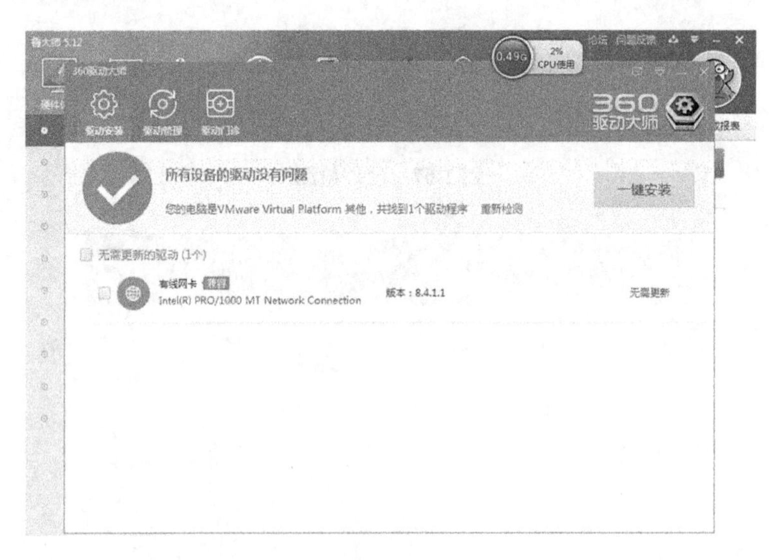

图 1-60　驱动检测

7）使用“鲁大师”对计算机系统进行清理优化。

在清理优化界面中单击“开始扫描”按钮，可进行独创硬件清理、智能系统清理、最优化方案 3 项应用，一键完成清理优化，如图 1-61 所示。

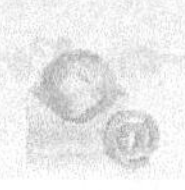

图 1-61 清理优化

教学评价

请按表 1-9 中的要求进行教学评价，评价结果可分 4 个等级：优、良、中、差。

表 1-9 教学评价表

评价项目	评 价 标 准	评价结果		
		自评	组评	教师评
任务完成质量	1）能正确安装检测软件鲁大师			
	2）能正确进行硬件体检			
	3）能正确查看硬件信息			
	4）能正确查看温度、CPU 和内存占用数据情况			
	5）能正确进行系统性能测试			
	6）能正确检测与更新硬件驱动			
	7）能正确自动优化系统			
任务完成速度	在规定时间内完成本项任务			
工作与学习态度	1）能积极参与，认真完成系统检测任务			
	2）能与小组成员通力合作，有团队精神			
	3）在小组协作过程中能很好地与其他成员交流			
综合评价	评语（优缺点与改进措施）：	总评等级		

知识拓展

几款常见计算机系统检测软件简介：

1）Windows 优化大师是一款功能强大的系统工具软件，它提供了全面有效且简便安全的系统检测、系统优化、系统清理、系统维护四大功能模块及数个附加的工具软件。使用 Windows 优化大师，能够有效地帮助用户了解自己的计算机软硬件信息；简化操作系统设置步骤；提升计算机运行效率；清理系统运行时产生的垃圾；修复系统故障及安全漏洞；维护系统的正常运转。

2）CPU、主板内存检测软件 CPU-Z。CPU-Z 就是一款著名的 CPU 检测软件，它通过 CPU 的 ID 号来检测 CPU 详细信息，提供全面的 CPU 相关信息报告，包括处理器的名称、厂商、CPU 的制造工艺、核心速度、总线速度、时钟频率、核心电压、CPU 所支持的多媒体指令集、缓存等一系列详细的性能指标，还可以检测主板、内存等信息。

3）显示卡测试软件 GPU-Z。与 CPU-Z 类似，该软件虽然体积很小，但能够准确检测显卡的各项指标。

4）专业显示器检测工具 Eizo。它是一款很不错的专业显示器检测工具，软件的测试项目较为详细，使用非常简单，只需要单击鼠标，按照屏幕提示即可完成测试。

5）测试硬盘软件 Hard Disk Sentinel，它可以测试许多硬盘参数，如温度、性能等。

任务 6　认识和排除计算机常见故障

计算机是由各个部件组装起来的，所以出现故障的原因纷繁复杂，让人难以捉摸。并且由于 Windows 操作系统的组件相对复杂，因此计算机一旦出现故障，对于普通用户来说，想要准确地找出其故障的原因几乎是不可能的。那么是否计算机出现故障的时候，就完全束手无策了呢？其实并非如此，使计算机产生故障的原因虽然有很多，但是只要细心观察，认真总结，还是可以掌握一些计算机故障的规律和处理办法的。在本任务中，就将展示一些较常见也是较典型的计算机故障的诊断和维护方法，如无法开机、开机一段时间后频繁死机等现象的处理方法，通过它就会发现解决计算机故障的方法就在身边，虽简单，但有效！

任务描述

张悦妈妈的计算机在张悦的精心管理下得以正常工作，突然有一天，张悦妈妈在写教案的时候，计算机突然蓝屏，强制关掉电源后再也无法启动了，只听到“嘀嘀嘀”的报警声音。计算机到底出现了什么故障呢？是硬件问题，还是软件问题？张悦开始查阅大量资料，学习排除计算机故障的办法，尝试修复妈妈的计算机。

任务学习目标

1）了解计算机故障维修所使用的工具。

2）会检测计算机中内存、显卡、CMOS 电池等部件的常见故障。

3）会排除计算机中内存、显卡、CMOS 电池等部件的硬件故障。

知识准备

1. 维护注意事项

1)静电可能将集成电路内部击穿造成设备损坏。在装机前为避免人体所携带的静电会对精密的电子元件或集成电路造成损伤,还要先清除身上的静电,用手触摸地板、暖气片或洗手以释放身上携带的静电,最好在装机时使用防静电工作台,或在工作台上铺设防静电桌垫并安装接地装置,在安装过程中佩戴防静电腕带(另一端应接地),释放身上携带的静电。此外,还可以戴上专门的静电环、静电手套等。

2)在维护过程中,要对计算机各个配件轻拿轻放,在不知道怎样安装的情况下要仔细查看说明书,严禁粗暴装卸配件。

3)在安装的过程中一定要注意正确的安装方法,对于不懂或不清楚的地方要仔细查阅说明书或向他人请教,不要强行安装,因为稍微用力不当就可能使配件的引脚折断或变形。对于安装需螺钉固定的配件时,在拧紧螺钉前一定要检查安装是否对位,否则容易造成板卡变形、接触不良等情况。对于安装位置不到位的设备不要强行使用螺钉固定,因为这样容易使板卡变形,日后易发生断裂或接触不良的情况。

4)在安装那些带有针脚的配件时,应注意安装是否到位,避免安装过程中针脚断裂或变形。

5)在对各个配件进行连接时,应注意插头、插座的方向,如缺口、倒角等。插接的插头一定要完全插入插座,以保证接触可靠。另外,在拔插时不要抓住连接线拔插头,以免损伤连接线。

6)防止液体进入计算机内部。不要将饮料等摆放在计算机附近,避免头上的汗水滴落,注意不要让手心的汗沾湿配件。

7)把所有零件从盒子里拿出来,但不要从防静电袋中拿出来。按照安装顺序放置,仔细查阅说明书看有没有特殊的安装需求。

8)以主板为中心,把所有东西有序放置。在把主板装进机箱前,先装上 CPU 与内存条。

9)装机时不要连接电源线。安装完毕通电后,不要触摸机箱内的部件,更不能碰触配件上的芯片。

2. 环境要求

1)防静电工作台、防静电桌垫、防静电腕带、接地线接地装置,要求可以放下计算机的配件和工具,并且周围比较宽敞,便于从不同的位置进行操作。

2)螺钉旋具,用于螺钉的安装或拆卸,如图 1-62 所示。组装计算机时,尽量选用带磁性的"十"字形螺钉旋具,这样安装螺钉时可以将其吸住,固定螺钉时可以不用手扶,在机箱狭小的空间内使用起来比较方便。即使不慎将螺钉掉入机箱,也可以用螺钉旋具的磁性吸出来。

3)镊子,如图 1-63 所示。镊子用于夹取螺钉、螺母、跳线帽等一些细小的零件。例如,在安装过程中,一颗螺钉掉入机箱内部,并且被一个地方卡住,用手又无法取出,这时镊子就派上用场了。

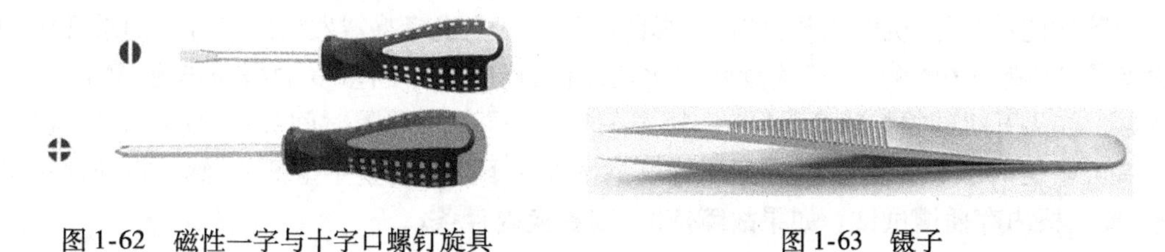

图 1-62 磁性一字与十字口螺钉旋具　　图 1-63 镊子

4)尖嘴钳,如图 1-64 所示,主要用来拆卸机箱后面的挡板或挡片。机箱后面有一排防护挡板,一般用手来回扭折几次就可使其脱落。当然,使用尖嘴钳会更加方便。但材质较硬的挡板就必须用尖嘴钳来拆卸,尖嘴钳也可用来固定主板的螺母。

5)橡皮擦,如图 1-65 所示,主要用来擦除显卡或内存条的金手指部分的灰尘或锈迹,消除接触不良引起的问题。

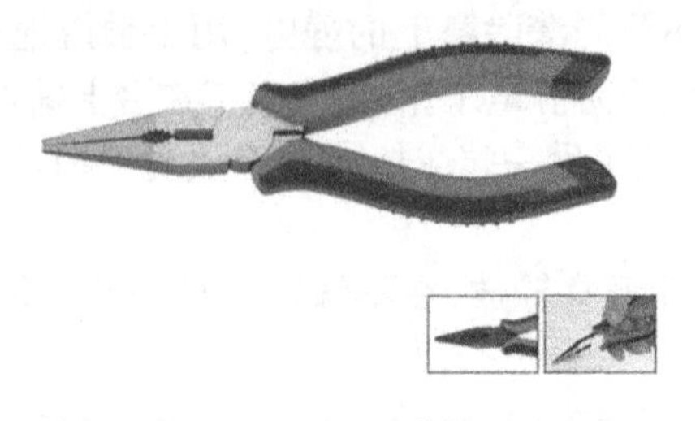

图 1-64　尖嘴钳

图 1-65　橡皮擦

计划与实施

计算机常见故障,一般指如黑屏、开不了机、频繁死机、显示器花屏、没声音等故障。这些故障往往是由于某个配件或驱动问题引发的。遇到故障后应该怎样处理呢? 下面介绍一些方法与典型案例。

1. 计算机系统故障的分析与查找方法

故障查找原则是先软后硬,先外后内。

1)软件故障:程序故障、系统故障、病毒影响。

可采用的维护方法是重装软件、重装系统、升级杀毒软件查杀病毒。

2)硬件故障:诊断程序检测、人工检测、专门仪器检测。

可采用的维护方法是插拔法、替换法。

2. 日常应用中常见的故障及处理

【故障 1】开机时机器没有任何反应(黑屏和主机发出报警声音),但冷却风扇却不转动。

故障处理:此类故障基本可以认定为电源故障。首先检查电源线和插座是否有电、主板电源插头是否连接好,再确认电源是否有故障,如图 1-66 所示,最简单的方法就是替换法,即更换一块好电源重新检测。

图 1-66　电源开关检测

【故障 2】开机时机器黑屏,但主机发出报警声音,但冷却风扇在转动。

故障处理:按下主机电源开关后,认真留心听一下主机蜂鸣器发出的声音。如果开机的报警声音是“嘀嘀……嘀嘀……”连续两声比较短促,而且是不断重复的报警声音,说明是显卡有问题。如果开机的报警声音是“……嘀……嘀……”每声间隔时间较长,而且不断重复,那么就有可能是内存条出现问题,最好用橡皮擦拭擦一下内存的金手指部分,然后重新插一下内存条,或换根内存插槽试试。如果故障依旧,则更换内存条。

【故障3】开机时机器黑屏，但主机没有发出报警声音，但冷却风扇在转动。

故障处理：首先，检查显示器的电源线和数据线是否正确连接；其次，在主板上清除 CMOS 的设置（跳线放电或拆掉主板电池短接接口的两极）后重新开机，如图 1-67 所示。

【故障4】计算机开机一段时间后频繁死机或重启。

故障处理：

1）可能是 CPU 散热器出现问题，导致 CPU 过热，需要更换 CPU 散热风扇或给散热风扇加润滑油，如图 1-68 所示。

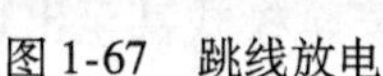

图 1-67 跳线放电

图 1-68 给散热风扇加润滑油

2）可能是显卡或内存条接触不良或内存条损坏引起的系统问题，需要用橡皮擦拭擦一下内存的金手指部分，如图 1-69 所示，然后重新插一下显卡或内存条，或换根内存插槽试试。如果故障依旧，则更换显卡或内存条。

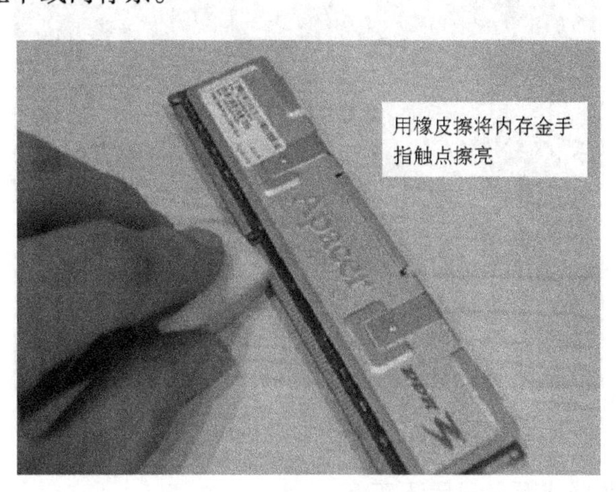

图 1-69 拭擦内存条金手指

3）可能是主板上的稳压电容出现损坏，如图 1-70 所示，需要用焊烙铁把损坏的电容进行更换或换掉整块主板。

【故障5】计算机启动时出现一些英文提示，不能启动系统。

故障处理：

1）“Keyboard Interface Error”：键盘未插好，拔下键盘、重新插入即可。

2）“HDD Controller Failure”：硬盘数据线或电源线松动或反接，重新连接即可。

图 1-70　主板电容出现爆浆

3)“Hard Disk Failure”:硬盘未正常连接或硬盘出现故障无法识别,重新连接或更换硬盘。

4)“Press F1 to Continue”:启动错误,一般是因 BIOS 信息错误或主板电池没电造成的,进入 BIOS 进行重新设置或更换 COMS 电池。

5)“CMOS Battery State Low”:CMOS 电池电压低,更换 CMOS 电池。

6)“Floppy disk(s)fail(40)”:软驱故障,重新连接数据线或更换软驱。

【故障 6】计算机自检成功,启动 Windows 系统时经常进入安全模式甚至出现蓝屏。

故障处理:此类故障一般是由于显卡接触不良、主板与内存条不兼容或内存条质量不佳引起的,需要重新插拔或更换内存条,如图 1-71 所示。

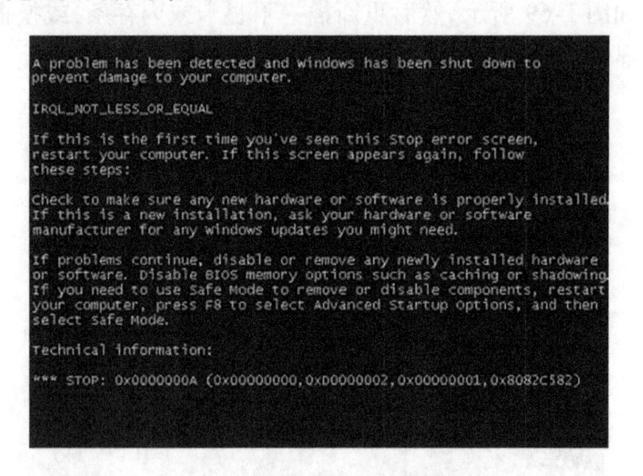

图 1-71　Windows 启动蓝屏

【故障 7】显示器花屏或颜色显示不正常。

故障处理:可能引起的原因如下。

1)显示卡与显示器信号线接触不良。

2)显示器自身故障。

3)显卡损坏或显卡驱动程序版本不对应。

此外,还有一类特殊情况,进入 Windows 时出现死机,可更换其他型号的显卡在载入其驱动程序后,插入旧显卡予以解决。如果还不能解决此类故障,则说明注册表故障,对注册表进行恢复或重新安装操作系统即可。

【故障8】播放媒体文件时没有声音且任务栏没有声音图标。

故障处理：声卡驱动程序没有安装或安装错误，重新安装声卡驱动程序。

最严重的故障是机器开机后无任何显示和报警信息，应用上述方法已无法判断故障产生的原因。这时可以采取最小系统法进行诊断，即只安装CPU、内存、显卡、主板。如果不能正常工作，则在这4个关键部件中采用替换法查找存在故障的部件。如果能正常工作，再接硬盘……以此类推，直到找出引发故障的原因。

面对层出不穷的硬件故障，只要认真观察，冷静分析，细心操作，对于大部分故障都是可以自己解决的。

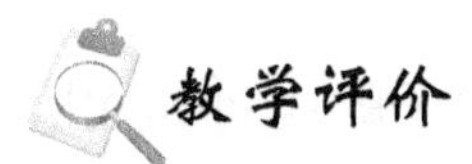

教学评价

请按表1-10中的要求进行教学评价，评价结果可分为4个等级：优、良、中、差。

表1-10 教学评价表

评价项目	评价标准	评价结果		
		自评	组评	教师评
任务完成质量	1）能熟练使用计算机故障维修的工具			
	2）能掌握计算机故障的分析与查找方法			
	3）能根据计算机故障的特点说出故障所在位置，并能了解解决的方法			
任务完成速度	在规定时间内完成本项任务			
工作与学习态度	1）能积极投入到排除计算机故障的任务中，认真完成本项任务			
	2）能与小组成员通力合作，有团队精神			
	3）在小组协作过程中能很好地与其他成员交流			
综合评价	评语（优缺点与改进措施）：	总评等级		

综合实训 购置符合需求的计算机

项目引入

计算机使用者由于工作、学习或生活环境的不同，对计算机的需求也不同，不同的需求也对选购计算机的功能和性能产生差异。下面让我们来选择一款价格合适、满足使用要求的计算机吧！

项目任务描述

利用已学过的知识和技能，填写配置清单，并完成符合需求的计算机装机方案，具体要求如下：

1）以5～6人为一个小组，选择下列一款装机配置，填写配置清单。

①用3000元配置组装一台用于工作办公使用的机器。

②用4000元配置组装一台用于网吧营业的机器。

③用5000元配置组装一台用于家庭娱乐使用的机器。

④用等同或略高的价位（5000元）推荐一款用于家庭娱乐使用的品牌机。

⑤推荐一款6000元用于移动办公的品牌笔记本式计算机。

2）每组设项目负责人1名，对小组成员分工，组织小组成员讨论配置方案，并全面负责协调项目进度及项目实施过程中出现的问题。

3）组员按分工进行调查和资料收集，整理后上交小组负责人进行汇总。

4）小组负责人对组员上交的个人材料进行整理，加工形成小组文档（电子版）。小组文档应含下列内容：

①小组简介（包括人员组成以及个人分工）。

②需求分析以及设备的初步定位。

③任务完成方式（实地调查或网上查询）。

④详细的配置清单3份（包括详细的设备名称、具体型号及价格），请根据小组的选题，说明哪部分的配件是购置的重点；配置清单之间应有一定的价差，以供用户选择。

⑤总结完成任务中所遇到的问题及解决方法。

5）将小组文档制作成演示文稿，演示文稿中需求分析应当准确，价格与配置定位清晰，能讲清重点配件的相关参数，能简单解释相关技术。演讲文稿于演讲之前上交，并提前进行试讲与调试。

6）分小组限时10min进行演讲，最后由教师进行综合讲评。

项目学习目标

通过本项目的综合训练，使学生：

1）能根据不同的需求填写配置清单。

2）能根据收集的资料制作演示文稿。

3）能根据演示文稿进行演讲。

项目分解

本项目可分解为如下几项具体任务，见表1-11。

表1-11　学习任务学时分配表

项目分解	学习任务名称	学时
任务1	填写配置清单	4
任务2	制作演示文稿	
任务3	分小组演讲	

教学评价

实训完成之后，请按表1-12中的要求进行教学评价，评价结果可分为4个等级：优、良、中、差。

表1-12 教学评价表

评价项目	评 价 标 准	评价结果		
		自评	组评	教师评
任务完成质量	1)能列出3套以上的配置清单			
	2)演示文档制作符合演讲要求			
	3)演示文稿中的需求分析准确，价格与配置定位清晰，能讲清重点配件的相关参数，能简单解释相关技术			
	4)演讲者演讲规范、流利，能口语化讲清内容，重点突出，不完全照材料宣读			
任务完成速度	1)能按时完成学习任务 2)能提前完成学习任务			
工作与学习态度	1)能认真学习，有钻研精神			
	2)能与同学协作完成任务			
	3)有创新精神和团队精神			
综合评价	评语(优缺点与改进措施)：	总评等级		

拓展阅读 了解数制与编码

1. 数制的基本概念

(1)十进制计数制 其加法规则是“逢十进一”，任意一个十进制数值都可用0、1、2、3、4、5、6、7、8、9共10个数字符号组成的字符串来表示，这些数字符号称为数码；数码处于不同的位置代表不同的数值。例如，720.30可以写成$7\times10^2+2\times10^1+0\times10^0+3\times10^{-1}+0\times10^{-2}$，此式称为按权展开表示式。

(2)R进制计数制 从十进制计数制的分析得出，任意R进制计数制同样有基数N和R^i按权展开的表示式。R可以是任意正整数，如二进制R为2。

1)基数(Radix)。

一个计数所包含的数字符号的个数称为该数的基，用R表示。例如，对二进制来说，任意一个二进制数可以用0和1两个数字符表示，其基数R等于2。

2)位值(权)。

任何一个R进制数都是由一串数码表示的，其中每一位数码所表示的实际值的大小，除了数码本身的数值外，还与它所处的位置有关，由位置决定的值就称为位值(或位权)。

位值用基数R的i次幂R^i表示。假设一个R进制数具有n位整数、m位小数，那么其位

权为 R^i,其中 $i=-m \sim n-1$。

3)数值的按权展开。

任一 R 进制数的数值都可以表示为:各个数码本身的值与其权的乘积之和。例如,二进制数 101.01 的按权展开为:

$101.01B = 1\times2^2 + 0\times2^1 + 1\times2^0 + 0\times2^{-1} + 1\times2^{-2} = 5.25D$

任意一个具有 n 位整数和 m 位小数的 R 进制数的按权展开为:

$(N)R = d_{n-1}\times R^{n-1} + d_{n-2}\times R^{n-2} + \cdots + d_2\times R^2 + d_1\times R^1 + d_0\times R^0 + d_{-1}\times R^{-1} + \cdots + d_{-m}\times R^{-m}$,其中 d_i 为 R 进制的数码。

2. 二、十、十六进制数之间的转换

1)十进制和二进制的基数分别为 10 和 2,即"逢十进一"和"逢二进一"。它们分别含有 10 个数码(0,1,2,3,4,5,6,7,8,9)和两个数码(0,1)。位权分别为 10^i 和 2^i($i=-m \sim n-1$,m 和 n 为自然数)。二进制是计算机中采用的数制,它具有简单可行、运算规则简单、适合逻辑运算的特点。

2)十六进制基数为 16,即含有 16 个数字符号:0,1,2,3,4,5,6,7,8,9,A,B,C,D,E,F。其中 A,B,C,D,E,F 分别表示数码 10,11,12,13,14,15,权为 16^i($i=-m \sim n-1$,其中 m 和 n 为自然数)。加法运算规则为"逢十六进一"。表 1-13 中列出了 0~15 这 16 个十进制数与其他 3 种数制的对应表示。

表 1-13 常用计数方式

十进制	二进制	十六进制	十进制	二进制	十六进制
0	0000	0	8	1000	8
1	0001	1	9	1001	9
2	0010	2	10	1010	A
3	0011	3	11	1011	B
4	0100	4	12	1100	C
5	0101	5	13	1101	D
6	011	6	14	1110	E
7	0111	7	15	1111	F

3)非十进制数转换成十进制数。利用按权展开的方法,可以把任一数制转换成十进制数。例如:

$$1010.101B = 1\times2^3 + 0\times2^2 + 1\times2^1 + 0\times2^0 + 1\times2^{-1} + 0\times2^{-2} + 1\times2^{-3}$$

只要掌握了数制的概念,那么将任一 R 进制数转换成十进制数的方法都是一样的。

4)十进制整数转换成二进制整数。把十进制整数转换成二进制整数,其方法是采用"除二取余"法。具体步骤是:把十进制整数除以 2 得一商数和一余数;再将所得的商除以 2,又得到一个新的商数和余数;这样不断地用 2 去除所得的商数,直到商等于 0 为止。每次相除所得的余数便是对应的二进制整数的各位数码。第一次得到的余数为最低有效位,最后一次得到的余数为最高有效位。

例如,(39)D 转换为

```
2 | 39
2 | 19 ············余1
2 |  9 ············余1
2 |  4 ············余1
2 |  2 ············余0
2 |  1 ············余0
     0 ············余1
```

则(39)D=(100111)B。

把十进制小数转换成二进制小数，方法是“乘2取整”，其结果通常是近似表示。上述方法同样适用于十进制数对十六进制数的转换，只是使用的基数不同。

5)二进制数与十六进制数间的转换。二进制数转换成十六进制数的方法是从个位数开始向左按每4位进行划分，不足4位的组以0补足，然后将每组4位二进制数代之以一位十六进制数字即可。

3. 二进制的算术运算

(1)加法运算　计算机中有加法器，两个二进制数可以直接相加，加法规则是：

$$0+0=0, 0+1=1, 1+1=10$$

例如，两个8位二进制数相加：10010011+10101001=10111100，向高位的进位为1。

(2)减法运算　计算机中无减法，减法也是通过加法器完成的，这里引入补码的概念，可以举一个例子说明：指针式钟表，假设要将时钟从5点拨到2点，有两种拨法，一种是逆时钟拨3个时格，相当于5减3等于2；另一个拨法是顺时针拨9个时格，相当于5加9等于2，这样一来对时钟这种模式为12计数制来说，9和3互补，9是3的补码，反之也是如此。对于刚才的时钟拨法可以写出如下算式：

$$5-3=5-(12-9)=5+9-12=2$$

一个n位二进制数原码N，它的补码可定义为(N)补$=2n-N$。

补码的概念是为了方便计算机做减法运算而引入的，因此二进制正数不用关心它的补码；而二进制负数的补码，为它的原码按位取反加1。

例如，8位二进制数(−1)补=(11111110+1)B=(11111111)B。

在计算机中负数是用它的补码来表示的。用补码做减法运算很方便，数A减去数B等于数A加上数B的补码，且要舍去进位。

例如，计算8位二进制数减法：

(58−39)D=(00111010−00100111)B=(00111010+11011001)B=(00010011)B=(19)D。

```
        00111010
      + 11011001
    ------------
     [1] 00010011
自动舍去 ←┘
```

4. 计算机的数据单位

在计算机中，常用的数据单位有位、字节、半字和字，微处理器根据位数的不同支持8位字节、16位半字或32位字的数据类型。

(1)位(bit)　它是一个二进制数的位，位是计算机数据的最小单位，一个位只有0和1两种状态。为了表示更多的信息，就必须将更多位组合起来使用，如两位就有00、01、10、11 4种状态，以此类推。

(2)字节(Byte)　通常将8位二进制作为一个字节，即1B＝8bit，那么一个字节就可以表示0～255种状态或一个字节或十六进制数的0～FF之间的数。8位微处理器的数据是以字节的方式存储的。

(3)半字　从偶数地址开始连续的两个字节构成一个半字，半字的数据类型为两个连续的字节，有些32位微处理器的数据是以半字方式存储的，如32位ARM微处理器支持的Thumb指令的长度就刚好是一个半字。

(4)字　以能被4整除的地址开始的连续的4个字节构成1个字，字的数据类型为4个连续的字节，32位微处理器的数据全部支持以字的方式存储的格式，如32位ARM微处理器支持的ARM指令的长度就刚好是一个字。

5. 计算机中字符的编码

(1)西文字符的编码　计算机中常用的字符编码有EBCDIC码和ASCII码。IBM系列大型机采用EBCDIC码，微型机采用的ASCII码是美国标准信息交换码，被国际化组织指定为国际标准。它有7位码和8位码两种版本。国际的7位ASCII码是用7位二进制数表示一个字符的编码，其编码范围从0000000B～1111111B，共有128个不同的编码值，相应地可以表示128个不同的编码。7位ASCII码表见表1-14。

表1-14　7位ASCII码表

十进制	十六进制	字符	十进制	十六进制	字符	十进制	十六进制	字符	十进制	十六进制	字符
0	00	NUT	20	14	DC4	40	28	(	60	3C	
1	01	SOH	21	15	NAK	41	29	)	61	3D	
2	02	STX	22	16	SYN	42	2A	*	62	3E	
3	03	ETX	23	17	ETB	43	2B	+	63	3F	
4	04	EOT	24	18	CNA	44	2C	,	64	40	@
5	05	ENQ	25	19	EM	45	2D	-	65	41	A
6	06	ACK	26	1A	SUB	46	2E	.	66	42	B
7	07	BEL	27	1B	ESC	47	2F	/	67	43	C
8	08	BS	28	1C	FS	48	30	0	68	44	D
9	09	HT	29	1D	GS	49	31	1	69	45	E
10	0A	LF	30	1E	RS	50	32	2	70	46	F
11	0B	VT	31	1F	US	51	33	3	71	47	G
12	0C	FF	32	20	SP	52	34	4	72	48	H
13	0D	CR	33	21	!	53	35	5	73	49	I
14	0E	SO	34	22	"	54	36	6	74	4A	J
15	0F	SI	35	23	#	55	37	7	75	4B	K
16	10	DLE	36	24	$	56	38	8	76	4C	L
17	11	DC1	37	25	%	57	39	9	77	4D	M
18	12	DC2	38	26	&	58	3A		78	4e	N
19	13	DC3	39	27	’	59	3B		79	4F	O

（续）

十进制	十六进制	字符	十进制	十六进制	字符	十进制	十六进制	字符	十进制	十六进制	字符
80	50	P	92	5C	\	104	68	h	116	74	t
81	51	Q	93	5D	]	105	69	i	117	75	u
82	52	R	94	5E		106	6A	j	118	76	v
83	53	S	95	5F	–	107	6B	k	119	77	w
84	54	T	96	60	‘	108	6C	l	120	78	x
85	55	U	97	61	a	109	6D	m	121	79	y
86	56	V	98	62	b	110	63	n	122	7A	z
87	57	W	99	63	c	111	6F	o	123	7B	{
88	58	X	100	64	d	112	70	p	124	7C	|
89	59	Y	101	65	e	113	71	q	125	7D	}
90	5A	Z	102	66	f	114	72	r	126	7E	~
91	5B	[	102	67	g	115	73	s	127	7F	DEL

（2）汉字的编码

1）汉字信息的交换码。汉字信息交换码简称交换码，也叫国标码。规定了7445个字符编码，其中有682个非汉字图形符和6763个汉字的代码。有一级常用字3755个，二级常用字3008个。两个字节存储一个国标码。国标码的编码范围为121H～7E7EH。区位码和国标码之间的转换方法是将一个汉字的十进制区号和十进制位号分别转换成十六进制数，然后再分别加上20H，就成为此汉字的国标码：

汉字国标码＝区号（十六进制数）＋20H 位号（十六进制数）＋20H

而得到汉字的国标码之后，就可以使用以下公式计算汉字的机内码：

汉字机内码＝汉字国标码＋8080H

2）汉字输入码。汉字输入码也叫外码，都是由键盘上的字符和数字组成的。目前流行的编码方案有全拼输入法、双拼输入法、自然码输入法和五笔输入法等。

3）汉字内码。汉字内码是在计算机内部对汉字进行存储、处理的汉字代码，它应能满足存储、处理和传输的要求。一个汉字输入计算机后就转换为内码。内码需要两个字节存储，每个字节以最高位置“1”作为内码的标识。

4）汉字字型码。汉字字型码也叫字模或汉字输出码。在计算机中，8个二进制位组成一个字节，它是度量空间的基本单位，可见一个16×16点阵的字型码需要16×16÷8＝32个字节的存储空间。

汉字字型通常分为通用型和精密型两类。

5）汉字地址码。汉字地址码是指汉字库中存储汉字字型信息的逻辑地址码。它与汉字内码有着简单的对应关系，以简化内码到地址码的转换。

6）各种汉字代码之间的关系。汉字的输入、处理和输出的过程，实际上是汉字的各种代码之间的转换过程。图 1-72 所示即表示了这些汉字代码在汉字信息处理系统中的位置及它们之间的关系。

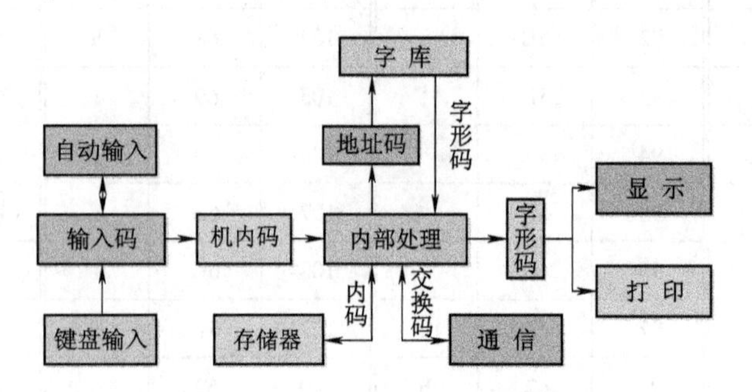

图 1-72　各种汉字代码之间的关系

项目2 运用Windows 7高效办公

计算机操作系统(Operating System,简称OS)是计算机系统中最主要、最基本的软件,它是直接管理计算机硬件和软件资源,合理地组织计算机工作流程、控制程序运行,提供人机交互界面并为应用软件提供使用平台的一种系统软件。目前常用的计算机操作系统有Windows XP、Windows Vista、Windows 7、Windows 8、Windows 10 、Mac OS、UNIX、Linux等。Windows 7是由微软公司(Microsoft)开发的操作系统,内核版本号为Windows NT 6.1。Windows 7可供家庭及商业工作环境、笔记本式计算机、平板电脑、多媒体中心等使用。Windows 7延续了Windows Vista的Aero风格,并且又增添了些许功能。它具有界面美观友好、使用方便容易、运行稳定可靠、通信快捷安全、资源丰富共享和兼容性能超群等特点。

项目引入

为了提高专业技能,直接感受专业的工作环境和要求,积累实践经验,张悦同学来到了某信息科技有限公司参加企业实习。

公司领导安排张悦在经理办公室做文员,并为其配置了一台新的计算机,以满足现代化办公的需要。张悦在实习期间将使用这台计算机来处理公司日常事务,包括公司文件资料的收集和整理,个人工作计划的制订等。同时,为了符合个人操作习惯,提高系统的稳定性,进而提高工作效率,张悦还需定制个性化的Windows 7操作环境,定期对计算机系统进行管理和维护。

项目任务描述

张悦首先要将Windows 7桌面背景、主题、屏幕分辨率、桌面小工具等设置为实用、个性的符合办公要求和办公室环境的状态,以提高工作效率,符合个人的操作习惯;其次,需要将收集到的公司文件资料进行分类和整理,方便日后查找和使用。同时,需要定期对办公用计算机进行管理和维护,以保证计算机运行稳定、数据安全。按照公司规定,张悦每周都要制订个人工作计划,以增强工作的主动性,减少盲目性,使工作可以有条不紊地进行。

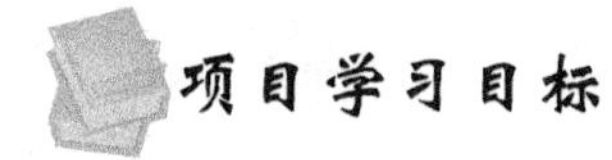

通过本项目的学习,使学生达到以下学习目标:

1)通过基本操作,理解操作系统在计算机系统中的作用。

2)能够熟练使用Windows 7操作系统处理文件和资料,并能熟练对计算机系统进行常规的设置、维护和管理。

3）养成正确使用计算机的良好习惯。

项目分解

本项目分为4个学习任务和一个综合实训，每个学习任务的学时安排见表2-1。

表2-1 任务学时分配

项目分解	学习任务名称	学 时
任务1	Windows 系统环境设置	2
任务2	整理公司办公资料	2
任务3	制订下周个人工作计划	2
任务4	管理与维护 Windows 7 操作系统	2
综合实训	移交办公资料	2

任务1 Windows 系统环境设置

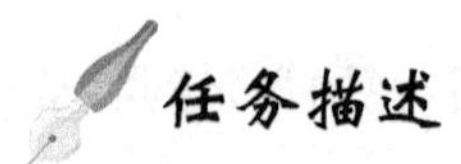

任务描述

为展示公司形象，公司领导要求每位员工将印有公司 Logo 的图片设置为 Windows 7 桌面背景。为了提高工作效率，符合自己使用 Windows 7 的习惯，张悦决定设置 Windows 7 的"显示"属性、"任务栏"和"开始"菜单等属性，使 Windows7 操作环境更实用、更具个性。

任务学习目标

1）通过对 Windows 7 的基本操作，了解 Windows 7 操作系统的内涵，理解操作系统在计算机系统中的作用。

2）掌握定制个性化操作环境的途径和方法，能够熟练地进行个性化 Windows 7 操作环境的设置。

3）通过个性化 Windows 7 操作环境的设置，提高职业意识和创新意识。

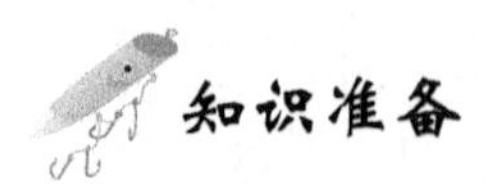

知识准备

1. 认识 Windows 7 的桌面

计算机成功启动后，显示器将显示 Windows 7 操作系统的画面，称为"桌面"，如图2-1所示，它也是 Windows 7 默认设置的桌面背景。

桌面就是工作区，用户可以在上面自由地放置图标，任意打开多个窗口，并且可以在桌面上随意移动窗口的位置或调整窗口的大小。Windows XP 操作系统的桌面由“开始”菜单、任务栏、桌面背景和桌面图标组成，如图 2-2 所示。

图 2-1 Windows 7 桌面

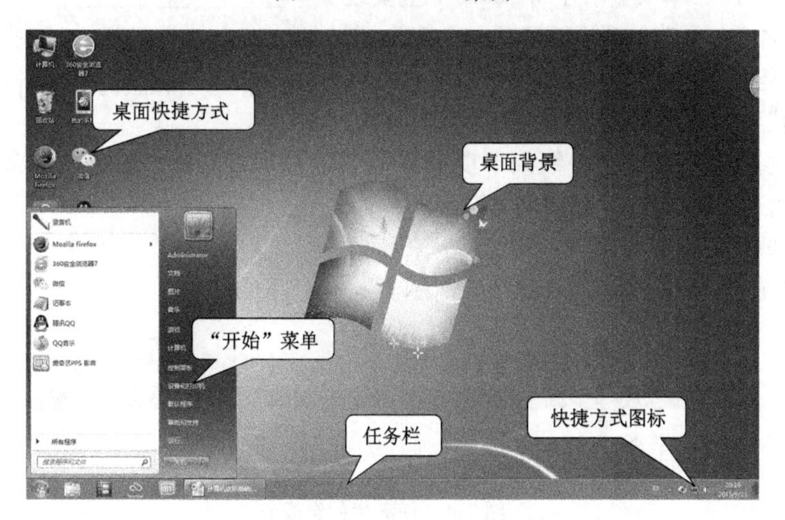

图 2-2 Windows XP 桌面的组成

（1）“开始”菜单 Windows 7 程序的“集中营”，通过“开始”菜单可以执行或打开几乎所有的命令和程序，查看计算机中已保存的文档，快速查找所需的文件和文件夹，方便地访问 Internet和收发 E-mail 以及注销用户和关闭计算机。

（2）任务栏 Windows 7 操作系统的重要工具之一。由用户启动并执行的应用程序及其所操作的文件，都以按钮的形式出现在任务栏内。通过任务栏，可以在不同的程序窗口之间切换；通过快速启动栏，可以直接启动常用程序；通过通知栏，显示活动和紧急的通知图标，向用户提示系统信息和重要操作，例如，网络连接状态、移动设备的接入、输入法设置、系统日期和时间等。

（3）桌面背景 用户可以随时更改桌面背景，营造不同的背景环境。

（4）桌面图标 也称为快捷方式图标。每个图标表示一个应用程序或一个文件夹，通过双击桌面图标，可以执行相应的程序或打开文件。

2. 认识“开始”菜单

单击桌面左下方的“开始”按钮，弹出“开始”菜单，如图 2-3 所示。“开始”菜单由以下几部分组成：

1)“开始”菜单右侧顶部显示当前登录 Windows 7 的用户，由用户图像和用户名称组成，具体内容是可以更改的。

2)“开始”菜单左侧顶部显示当前用户经常使用的程序，可以通过右键选择“从列表中删除”命令来删除快捷方式。

3)“开始”菜单右侧显示常用应用程序的快捷启动项，根据内容的不同，中间有分组线进行分类。通过快捷启动项，可以快速启动应用程序。右侧显示 Windows 7 控制工具菜单，如“计算机”“文档”“控制面板”和“运行”等选项，通过这些菜单项可以实现对计算机的操作、设置和管理。

4)“所有程序”菜单项显示在 Windows 7 上安装的全部应用软件。如果菜单项后面还有一个箭头，则表示该项菜单还有下一级菜单项。

图 2-3　Windows 7 的“开始”菜单

5)“开始”菜单的底部是计算机控制菜单区域，显示“关机”按钮，在按钮的下一级菜单项中有“切换用户”“注销”“锁定”“重新启动”和“睡眠”命令，在此进行注销和关闭计算机等操作。

3. 认识任务栏

任务栏中包含“开始”菜单，如图 2-4 所示。

图 2-4　任务栏的组成

通过单击任务栏中的按钮，可以在不同的正在运行的程序间切换，可以任意调整任务栏的大小和位置，或者通过其他方法自定义任务栏。任务栏由以下几个部分组成。

1)“开始”菜单按钮：执行或打开几乎所有的命令和程序。

2)快速启动栏：放置快速启动程序图标，默认情况下，包括库图标、IE 浏览器图标等。

3)应用程序按钮栏：用户启动并执行应用程序而打开一个窗口后，以按钮的形式出现在任务栏内，此时称这个正在执行的应用程序为一个“任务”。当按钮呈现向下凹陷的状态时，表明当前程序正在被使用；当把程序窗口最小化后，按钮则向上凸起。

4)语言栏：可以选择各种语言输入法。

5)通知栏：显示活动和紧急的通知图标，向用户提示系统信息和重要操作。

4. 设置“个性化”桌面

(1)设置 Windows 7 主题　在 Windows 操作系统中，“主题”特指 Windows 的视觉外观。Windows 主题决定整个系统的视觉样式，包括背景、声音、图标以及一些可以进行个性化设置的元素。Windows 7 的默认显示主题是“Windows 7”。

1）在桌面任意空白处单击鼠标右键，在弹出的快捷菜单中选择“个性化”命令，打开“个性化”窗口，如图 2-5 所示。

图 2-5 “个性化”窗口

2）有很多种不同类型的主题，根据主题类型进行分组。

3）如果需要改变主题，只需选择要设置的主题，单击即可。

（2）更改桌面图标 图 2-1 所示的桌面非常简洁，没有“我的电脑”和“Internet Explorer”等频繁使用到的图标，使用起来非常不方便。

1）以同样的方法打开“个性化”窗口。

2）在窗口的左侧，单击“更改桌面图标”选项卡，弹出“桌面图标设置”对话框，如图 2-6 所示。

图 2-6 “桌面图标设置”对话框

3)在“桌面图标”选项区中勾选“计算机”“回收站”“用户的文件”“控制面板”和“网络”5个复选框,则显示对应的桌面图标,取消勾选则不显示。

4)选择某个图标后,单击“更改图标”按钮,在弹出的“更改图标”对话框中,选择恰当的图标,单击“确定”按钮,继续单击“确定”按钮,关闭对话框,设置完成。

(3)更改鼠标指针　可以设置个性化的鼠标显示,方法如下。

1)以同样的方法打开“个性化”窗口。

2)在窗口的左侧,单击“更改鼠标指针”选项卡,弹出“鼠标属性”对话框。

3)在对话框中,可以设置鼠标键、指针、指针选项、滑轮、硬件等。

(4)更改账户图片　可以设置个性化的账户图片,方法如下。

1)以同样的方法打开“个性化”窗口。

2)在窗口的左侧,单击“更改账户图片”选项卡,弹出“更改图片”窗口。

3)在窗口中,可以选择个性的新图片,单击“更改图片”按钮即可。

(5)设置 Windows 7 桌面背景

1)以同样的方法打开“个性化”窗口。

2)单击“桌面背景”按钮,出现“桌面背景”窗口,可以在列表框中选择一幅喜欢的背景图片,在选项卡的显示器中将显示该图片作为背景图片的效果。也可以单击“浏览”按钮,在本地磁盘或网络中选择图片作为桌面背景。

试一试:

在“图片位置”下拉列表中有填充、适应、拉伸、平铺和居中5个选项,可以调整背景图片在桌面上的位置。如果想让所选的图片进行不断更新,可以选择多张背景图片,然后在“更改图片时间间隔”列表中选择时间间隔选项,单击“保存修改”按钮即可。

(6)设置 Windows 7 屏幕保护　在使用计算机的过程中,如果屏幕显示画面长时间停留在一个内容固定不变,则有可能造成显示器屏幕的损坏,所以如果在一段时间内不用计算机,则可以设置屏幕保护程序自动启动,使屏幕显示动态画面,以保护屏幕不受损坏。同时为了计算机在这段时间内更节能,可以设置电源选项。

1)以同样的方法打开“个性化”窗口。

2)单击“屏幕保护程序”按钮,打开“序幕保护程序设置”对话框,如图2-7所示。

图 2-7　“屏幕保护程序设置”对话框

3)在“屏幕保护程序”选项区中的下拉列表中选择一种屏幕保护程序,在选项卡的显示器中即可浏览该屏幕保护程序的显示效果。单击“设置”按钮,可以对该屏幕保护程序进行具体设置;单击“预览”按钮,可以预览该屏幕保护程序的效果,移动鼠标或操作键盘即可退出该屏幕保护程序;在

“等待”数值框中，通过输入或者微调按钮来确定计算机多长时间无人使用时启动该屏幕保护程序。

试一试：

为了防范别人窥视存放在计算机上的一些隐私，可以在“屏幕保护程序”设置中，勾选“在恢复时显示登录屏幕”复选框，然后单击“电源”按钮，在“电源选项属性”对话框中选择“高级”选项卡，并勾选“在计算机从待机状态恢复时，提示输入密码”复选框即可。这样，当别人试图用你的计算机时，会弹出密码输入框，密码输入不正确，则无法进入桌面，从而保护个人隐私。同时，在“电源选项属性”对话框中，可以设置计算机的休眠模式或者待机模式，当计算机处于休眠模式或者待机模式时，电源消耗降低，节省了电能，降低了计算机的能耗。

5. 自定义“开始”菜单

(1)将程序添加到“开始”菜单　单击“开始”按钮，单击“所有程序”，选择需要添加到“开始”菜单中的程序，右键选择“附到[开始]菜单”命令，如图 2-8 所示。

(2)将“开始”菜单中的程序删除　单击“开始”按钮，单击选择“开始”菜单中需要删除的程序，右键选择“从列表中删除”命令，如图 2-9 所示。

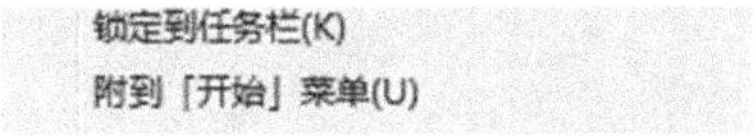

锁定到任务栏(K)
附到「开始」菜单(U)

图 2-8　“附到[开始]菜单”命令

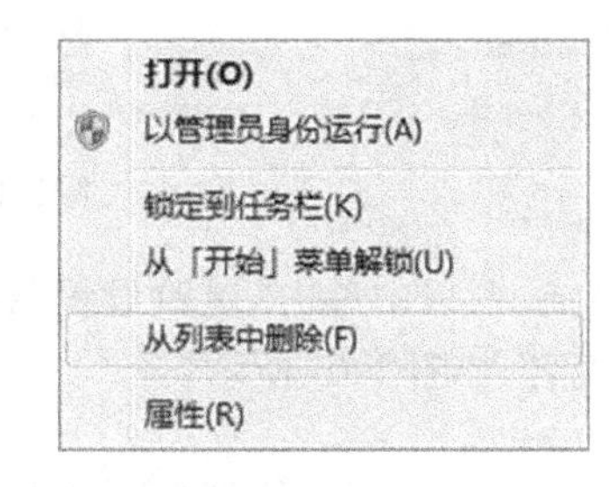

图 2-9　删除“开始”菜单中的程序

6. 调整任务栏

Windows 7 的任务栏有以下 3 点改进：

1)将应用程序固定在任务栏中，以便快速启动。

2)在一个由多个窗口覆盖的桌面上，可以使用新的“航空浏览”功能从分组的任务栏程序中预览各个窗口，甚至可以通过缩略图关闭各个窗口。

3)在任务栏的最右边，有一个永久性的“显示桌面”按钮。

(1)将程序锁定到“任务栏”菜单　单击“开始”按钮，单击“所有程序”，选择需要添加到“任务栏”菜单中的程序，右键选择“锁定到任务栏”命令，如图 2-10 所示。

(2)将“任务栏”中的程序解除锁定　单击选择“任务栏”中需要解除锁定的程序，右键选择“将此程序从任务栏解锁”命令，如图 2-11 所示。

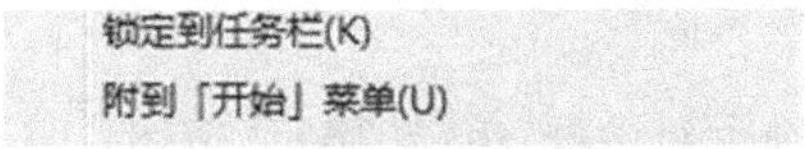

锁定到任务栏(K)
附到「开始」菜单(U)

图 2-10　“锁定到任务栏”命令

图 2-11　“任务栏”中的程序解除锁定

7. 修改主机名

每台计算机都有“计算机名”，以便在众多的计算机中可以方便地分辨彼此。

1）右键单击“计算机”，在弹出的快捷菜单中选择“属性”命令，打开“系统”窗口。

2）在“系统”窗口中选择“更改设置”选项卡，如图 2-12 所示。

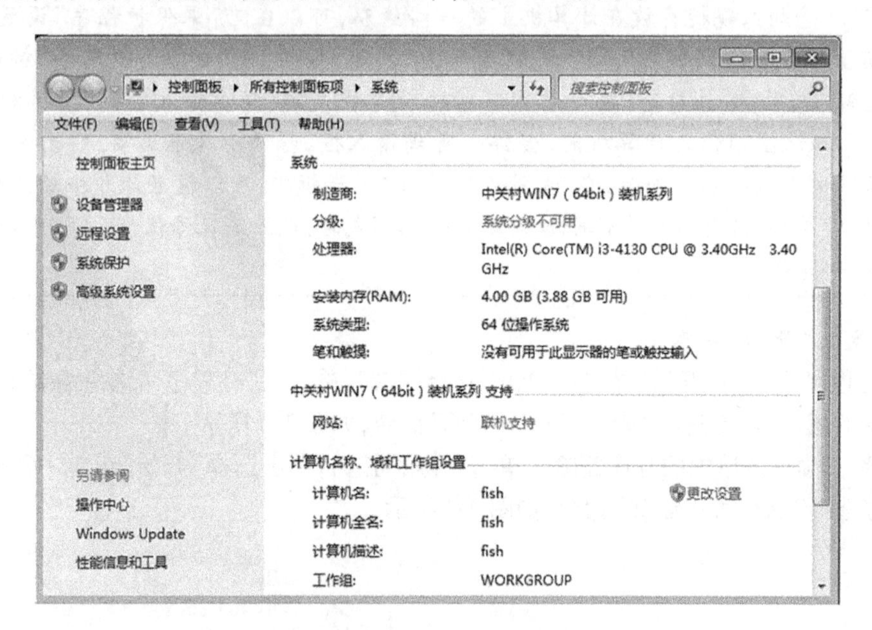

图 2-12 “系统”窗口

3）在“系统”窗口中单击“更改设置”链接，在弹出的对话框的“计算机名”文本框中输入合理的计算机名，如图 2-13 所示。

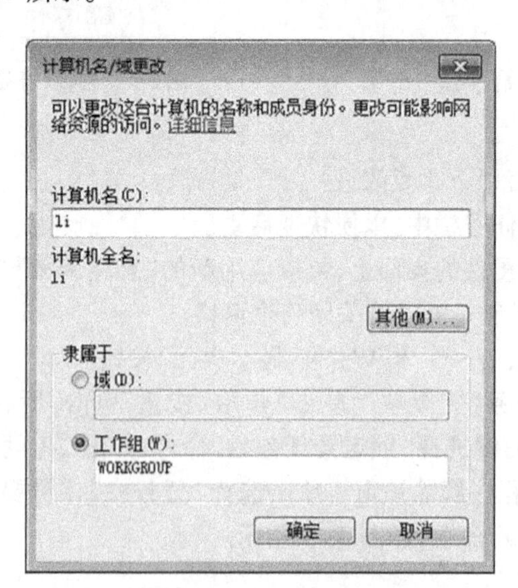

图 2-13 “计算机名/域更改”对话框

4）单击“确定”按钮，系统会弹出如图 2-14 所示的提示对话框，单击“确定”按钮。

5）返回“属性”对话框，单击“确定”按钮后关闭“属性”对话框。

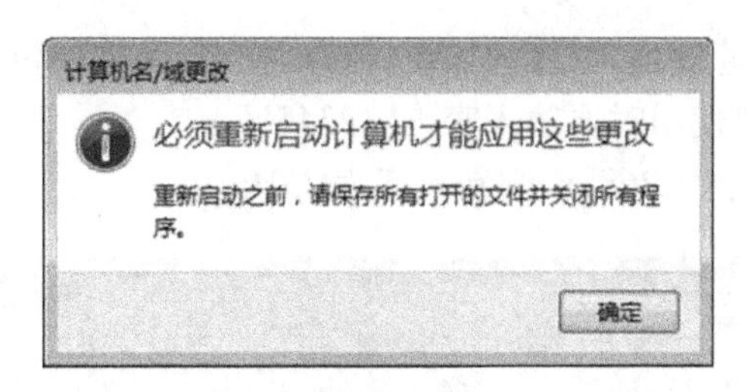

图 2-14 设置生效的提示对话框

试一试：

同样的设置，还可以通过"控制面板"来实现。依次单击"开始"→"控制面板"→"系统"，打开如图 2-12 所示的"系统"窗口。

8. 桌面小工具的使用

在 Windows 7 中，系统对小工具的功能有了改进，在该系统中可以根据需要将这些小工具随意放置到桌面的任意地方。操作时，在桌面空白处单击鼠标右键，在弹出的快捷菜单中选择"小工具"命令，在打开的小工具库列表中将需要添加到桌面上的小工具拖曳到桌面上的任意地方即可，添加到桌面的小工具可利用鼠标随意在桌面上进行拖动，如图 2-15 所示。

图 2-15 桌面小工具

计划与实施

个性化的 Windows 7 操作环境设置步骤和要求如下：

1）设置主题，打开如图 2-5 所示的窗口，将 Windows 7 的显示主题设置为"自然"。

2）设置桌面，打开如图 2-5 所示的窗口，将印有公司 Logo 的图片设置为桌面背景，如图 2-16所示。

3）设置屏保，将屏幕保护程序设置为"字幕"，字幕内容为"计算机正在运行中……"，背景颜色为天蓝色，位置随机，速度慢，字体为加粗、楷体、初号，字体颜色为蓝色，当计算机8min无人使用时启动该屏保，恢复使用时要输入密码“123456”。

4）设置分辨率为1024px×768px，刷新频率为75Hz。

图2-16　印有公司Logo的图片

5）将IE程序添加到“开始”菜单中。

6）使用“任务栏”中的“显示桌面”按钮，显示桌面。

7）将“任务栏”中的所有程序解锁。

8）在控制面板中将桌面背景更改为“纯色”选项中的最后一个颜色。

9）为“附件”菜单中的“截图工具”创建桌面快捷方式。

10）在控制面板中向桌面添加小工具“CPU”仪表盘，并设置其始终“前端显示”。

11）设置桌面上已添加的“幻灯片放映”小工具中每张图片显示的时间为10s，图片转换方式为“旋转”。

12）在语言栏中添加“微软拼音-简捷2010”输入法。

13）删除语言栏中的“微软拼音-新体验2010”输入法。

14）在控制面板中将桌面上“回收站满”的图标更改为自己喜欢的图片。

15）进入操作系统后，进行“切换用户”操作。

教学评价

请按表2-2中的要求，对每位同学所完成的工作任务进行教学评价，评价的结果可分为4个等级：优、良、中、差。

表2-2　教学评价表

评价项目	评价标准	评价结果		
		自评	组评	教师评
任务完成质量	1）掌握定制个性化Windows 7操作环境的方法和途径			
	2）能够熟练地设置“显示”属性			

（续）

评价项目	评 价 标 准	评价结果		
		自评	组评	教师评
任务完成质量	3）能够熟练地自定义“开始”菜单和任务栏			
	4）能够熟练地修改计算机名称，了解硬件设置			
任务完成速度	在规定时间内完成本项任务			
工作与学习态度	1）通过学习，养成正确使用计算机的良好习惯			
	2）能与小组成员通力合作，认真完成任务			
	3）在小组协作过程中能很好地与其他成员交流			
综合评价	评语（优缺点与改进措施）：	总评等级		

任务2　整理公司办公资料

任务描述

张悦实习期间的一项重要工作就是保管种类繁多的公司文件资料，如公司规章管理制度、公司产品资料和客户资料等。这些文件在计算机中都可以表现成不同的文件类型，每种文件类型都有各自的特征。如果这些文件都凌乱地存储在硬盘中，无疑会给查找、使用和维护带来麻烦。为了避免这些问题，张悦要将文件资料分类存放，并通过创建文件夹来存放具有“共性”的文件。

任务学习目标

1）了解 Windows 7 资源管理器的结构。
2）理解文件和文件夹相关的概念。
3）能够熟练地利用资源管理器进行文件和文件夹的操作。
4）通过资料整理，养成正确使用计算机的良好习惯。

知识准备

1.“计算机”窗口的组成

在桌面中双击“计算机”图标，观察弹出的窗口，如图 2-17 所示。

（1）标题栏　标题栏位于窗口顶部，由 3 部分组成：最左边的 是窗口的控制菜单按钮，单击会弹出一个菜单，如图 2-18 所示，菜单中的命令用于控制窗口的状态； 分别是最小化、最大化/还原和关闭按钮，用于执行相应的操作。

（2）菜单栏　菜单栏由多个菜单项组成，每个菜单名后有一个用括号括起来的带下画线

的字母，表示该菜单的快捷键。例如，菜单栏中的“文件(F)”，同时按下 <Alt> 键和 <F> 键，即可打开“文件”菜单。

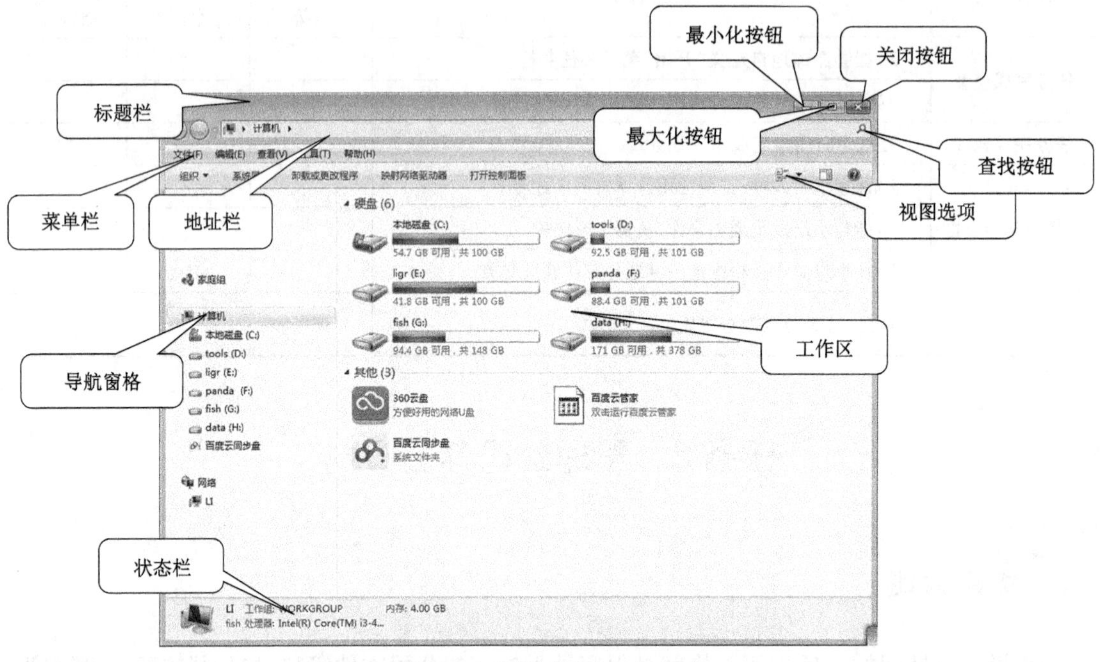

图 2-17 “计算机”窗口的组成

(3)查找按钮　查找按钮是提供查找文件或者文件夹的按钮，搜索栏里的图标，是一个放大镜的图标。想要查找计算机中的一个文件，可以使用系统自带的搜索功能。在 Windows 7 中，搜索功能得到进一步的提升，不仅搜索速度快，还能实现即输即显的效果。

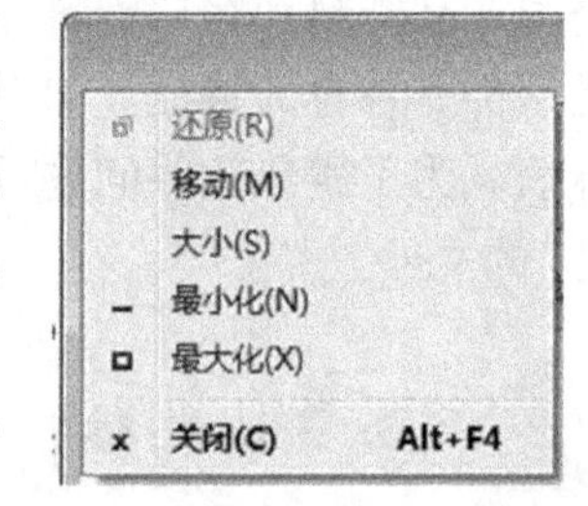

图 2-18 窗口控制快捷菜单

(4)地址栏　地址栏用于显示对象所在的地址(路径)，又可以输入地址找到相应的对象。单击地址栏右侧的下拉按钮可以弹出下拉列表，列出相关地址和一些已经访问过的地址。

(5)工作区　工作区包括窗口中对象的图标。

(6)滚动条　当窗口尺寸太小，工作区不能容纳要显示的内容时，工作区的右边或底部会出现滚动条，分别称为垂直滚动条和水平滚动条。每个滚动条两端都有一个滚动按钮，两个滚动按钮之间有一个滚动块，移动滚动块(单击或按住滚动按钮、单击滚动条的空白区域、拖曳滚动块)可以使工作区内容滚动，显示隐藏部分的内容。Windows 7 操作系统中所有可能会出现滚动条的地方，使用方法相同。

(7)视图选项　Windows 7 提供了很多个性化的视图设置，可以根据不同的文件夹选择不同的视图，视图类型有超大图标、大图标、中等图标、小图标、列表、详细信息、平铺和内容，如图 2-19所示。

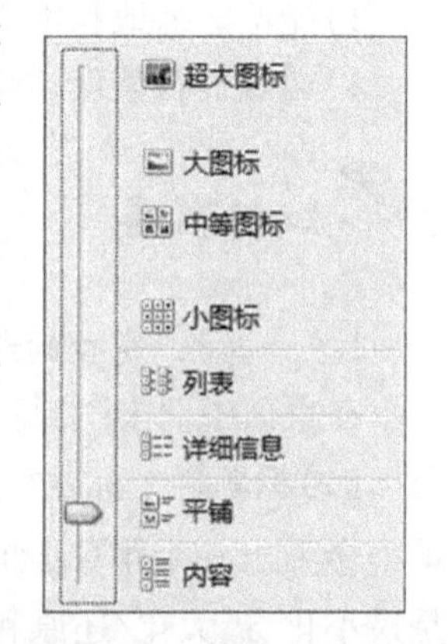

图 2-19 “视图选项”列表

(8)导航窗格　可以使用导航窗格(左窗格)来查找文件和文件

夹。可以在导航窗格中将项目直接移动或复制到目标位置。

(9)状态栏　状态栏在窗口的底部,显示工作区中对象的状态信息。

2.“资源管理器”窗口的组成

“资源管理器”是 Windows 7 操作系统的重要组成部分,是对连接在计算机上的全部外存储设备、外部设备、网络服务(包括局域网和国际互联网络)资源和计算机配置系统进行管理的集成工具。

打开“资源管理器”窗口的常见方法有以下 4 种:

1)依次单击“开始”→“所有程序”→“附件”→“Windows 资源管理器”,打开“资源管理器”窗口。

2)按 <Win + E> 快捷键,直接启动“资源管理器”。

3)在桌面找到“开始”图标,单击鼠标右键,在弹出的快捷菜单中选择“打开 Windows 资源管理器”命令。

4)在快速启动栏中,单击资源管理器的图标,即可打开。

在 Windows 资源管理器中,可以利用文件夹窗格改变当前磁盘和文件夹,方便地实现浏览、查看、复制和移动文件和文件夹等操作,并且不用打开多个窗口,只在一个窗口即可操作所有的磁盘和文件(夹)。如果在文件夹的左侧有一个符号,表示该文件夹有子文件未显示出来。单击或者单击该文件夹名,将展开该文件夹中的子文件夹,表示当前已经显示出该文件夹中的内容。如果单击或单击该文件夹名,那么子文件夹将被收回。通过“资源管理器”窗口“文件夹”窗格区域里的树形结构可以很清楚地看出各个驱动器中文件夹之间的从属关系。

3. 文件

文件是存储于存储器上的、被命名的相关信息的集合。各种程序、数据、文本、图形和影音资料等都以文件的形式存放在计算机的外部存储器中。操作系统在操作和管理文件时,以文件名来区分文件,并且不同类型的文件图标也不相同。

4. 文件夹

文件夹也称为目录,用来存放文件和文件夹。在 Windows 7 中,文件一般都存放在文件夹中,文件夹又可以存储在其他文件夹中……这样形成层次结构。Windows 7 以文件夹形式组织文件。通过盘符、文件夹名和文件名查找到文件夹或文件所在的位置,这种存储位置的表示方法称为文件的“路径”。这些路径形成树状的目录结构,如图 2-20 所示。因此要把一个文件的位置表示清楚,可以使用“路径 + 文件名”的形式,例如,“D 盘”中“images”文件夹下的“man. jpg”文件就可以表示为“D:\images \man. jpg”,在窗口的地址栏中输入该文件名后,按 <Enter> 键,可以直接打开该文件。

5. 文件和文件夹的命名

文件名一般由两部分组成,即文件名和扩展名。扩展名表示该文件的类型,位于文件名之后,与文件名之间用“. ”分开。例如,“2010 年公司工作计划 . doc”文件,“2010 年公司工作计划”是文件名,“. doc”是扩展名,表示该文件是由 Word 程序创建的文档。

在 Windows 7 中,文件和文件夹的命名规则如下:

1)文件和文件夹名尽量既能方便记忆又能表达该文件或文件夹的内容,以方便使用和管理,并且不能超过 255 个字符(包括空格,一个汉字相当于两个字符),不能使用斜线(/)、反斜

线(\)、竖线(|)、冒号(:)、问号(?)、双引号(")、星号(*)、小于号(<)和大于号(>)等特殊字符。

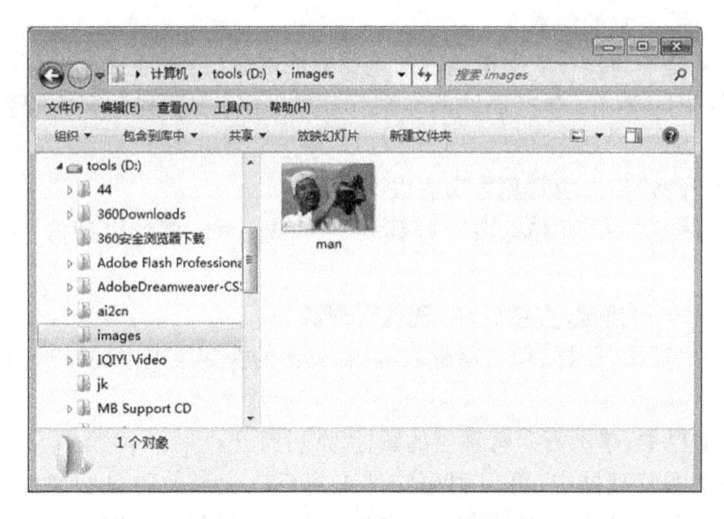

图 2-20　Windows 7 树形结构目录

2)文件名和文件夹名不区分英文字母大小写,例如,MyPhoto. Jpg 和 myphoto. jpg 表示同一文件。

3)通常文件夹没有扩展名,而且不要随意修改文件的扩展名。

4)在不同的文件夹中,文件或文件夹名可以相同,在同一文件夹中不能有同名的文件或文件夹(文件名和扩展名都相同)。

5)可以使用多分隔符的文件名,例如,MyPhoto. Jpg. Htm,但该文件的类型是最后一个分隔符所确定的,也就是说,示例文件表示是一个 htm 网页文档。文件命名过程中应尽量避免使用这种方法。

6. 常用文件扩展名、图标及类型

Windows 7 中常用文件扩展名、图标及类型见表 2-3。

表 2-3　常用文件扩展名、图标及类型

扩展名	图标	文件类型	扩展名	图标	文件类型
. txt		文本文件	. rar		压缩文件
. docx		Word 文档文件	. sys		系统文件
. xlsx		Excel 文档文件	. ini		配置文件
. bmp/. jpg/. gif		常用图像文件	. tmp		临时文件

（续）

扩展名	图标	文件类型	扩展名	图标	文件类型
. wmv		常用视频文件	. bat		批处理文件
. wma/. mp3/. wav		常用音频文件	. hlp		帮助文件
. exe		可执行文件	. dll		动态链接库文件
. htm		网页文档文件			

文件的类型很多，如文本、图像、声音和视频等。不同的文件有不同的文件类型，分别采用不同的应用程序打开。单纯从文件图标来简单地区分不同类型的文件是不科学的，如何能够具体区分出不同的文件类型呢？文件的类型是由文件的扩展名来决定的，所以相同扩展名的文件肯定表示同一类型文件，具有相同的文件图标。那么，怎样显示隐藏了的文件扩展名呢？方法如下：

1）依次单击“资源管理器”窗口的菜单栏中的“工具”→“文件夹选项”。

2）在弹出的“文件夹选项”对话框中，选择“查看”选项卡，在“高级设置”选项区中，取消勾选“隐藏已知文件类型的扩展名”复选框，单击“确定”按钮，返回“资源管理器”窗口，此时可以看到工作区文件图标的显示效果。

试一试：

同样的设置，可以通过依次单击“开始”→“控制面板”→“外观和主题”→“文件夹选项”，打开“文件夹选项”对话框，然后完成设置。

7. 通配符

在 Windows XP 中查找和显示文件名时，可以使用星号“ * ”和问号“？”，这两个符号被称为“通配符”。它们可以代替其他任何字符，其中“ * ”代表所有字符，“？”代表一个字符。

使用通配符查找文件非常方便，只要记得文件名的一部分，甚至只记得文件内容中包含的几处字符，就可以在磁盘中快速找到目标文件。例如，输入“ * A * . doc”（不包含引号），即可将主文件名中包含字母 A，并以 . doc 为扩展名的所有文件查找出来；输入“A?? . doc”（不包含引号），将查找所有主文件名为 3 个字符，并以 A 开头（后两个字符任意）的 . doc 文件。

注意，通配符“ * ”和“？”必须是英文字符，不能是中文的标点。但是，通配符既可以代表英文字符也可以代表汉字。

8. 盘符

盘符是 Windows 操作系统对于磁盘存储设备的标识符，一般使用 26 个英文字符加上一个冒号（:）来标识。由于历史的原因，早期的计算机一般安装有两个软盘驱动器，所以“A:”和“B:”两个盘符就用来表示软驱，硬盘设备是从“C:”开始到“Z:”，光驱的盘符为最后一个盘符

后面的字母。硬盘在使用之前一般都要进行分区,分区是逻辑上独立的存储区,也可以用不同的盘符表示,因此盘符不一定对应物理上的独立驱动器。

9. 创建文件夹

打开“资源管理器”窗口,在工作区中任意空白处单击鼠标右键,在弹出的快捷菜单中依次单击“新建”→“文件夹”,当工作区中出现一个名为“新建文件夹”的文件夹时,其名称会以高亮状态显示,此时可以修改文件夹名称,输入名称后按<Enter>键即可。若不更改名称,则新建的文件夹会以“新建文件夹”的名称命名。如果再依此方法继续创建多个文件夹,并且不修改名称,则这些文件夹自动会以“新建文件夹(2)”“新建文件夹(3)”等命名。

试一试:

同样的操作,可以通过依次单击“资源管理器”窗口中的“文件”→“新建”→“文件夹”完成。

10. 选择文件和文件夹

(1)选中单个文件　将鼠标指针移动到准备选择的文件或文件夹上,单击鼠标左键,选中的文件或文件夹会以高亮显示,若取消选择,则直接在工作区任意空白处单击鼠标左键即可。

选中某个文件或文件夹后,可以使用键盘上的上、下、左、右4个方向键来定位其他文件或文件夹。在键盘上按下文件名的首字母,就可以快速选中以该字母为首字符命名的文件或文件夹,如果以该字母为首字符命名的文件或文件夹有多个,那么每按一次按键会依次选中它们。

(2)选中相邻的多个文件　在准备选中的第一个文件或文件夹附件的工作区空白处按住鼠标左键,拖曳鼠标指针直到选中所有的目标文件或文件夹为止,松开鼠标,完成选中操作。也可以先选中第一个目标文件或文件夹,然后按住键盘上的<Shift>键,再单击最后一个目标文件或文件夹。

(3)选中不相邻的多个文件　按住键盘上的<Ctrl>键,再依次用鼠标选中每个目标文件和文件夹即可。

(4)选中全部文件　依次单击“资源管理器”窗口菜单栏中的“编辑”→“全部选定”命令,即可选中当前文件夹中的全部文件和文件夹。此操作也可以使用快捷键<Ctrl + A>来完成。

11. 复制、移动文件和文件夹

(1)复制文件和文件夹　将文件和文件夹复制一份,存放到其他目录。执行复制命令后,原目录和目标目录中均有该文件或文件夹。

(2)移动文件和文件夹　将文件和文件夹转移到其他目录。执行移动命令后,该文件或文件夹在原目录中被删除,目标目录中存储被复制的文件或文件夹。

(3)复制文件或文件夹的操作方法

1)选中准备复制的文件或文件夹。

2)右键单击被选中的文件或文件夹,在弹出的快捷菜单中选择“复制”命令。

3)选择目标目录。通过“资源管理器”窗口中的“文件夹”窗格展开各个文件夹,选中目标文件夹。

4)依次单击菜单栏中的“编辑”→“粘贴”,或者直接在目标文件夹上单击鼠标右键,再或者在右侧工作区空白处单击鼠标右键,在弹出的快捷菜单中选择“粘贴”命令。

5）单击地址栏上的文件夹，返回到上一级（或上几级）文件夹，发现刚才复制的文件仍然在初始目录文件夹中。如果不再需要这些文件，选中这些文件后，单击鼠标右键，在弹出的快捷菜单中选择“删除”命令。

（4）移动文件或文件夹的操作方法

1）选中准备移动的文件或文件夹。

2）依次单击菜单栏中的“编辑”菜单→“移动到文件夹”，打开“移动项目”对话框。

3）在“移动项目”对话框中，展开对话框中的树形文件夹结构，选中目标文件夹后，单击“移动”按钮即可。

试一试：

同样的效果的操作，还可以这样去完成：

1）选中准备复制或移动的文件（夹），将鼠标指针移动到某一选中的文件上，按住鼠标右键，拖曳到目标文件夹中。此时目标文件夹会以高亮显示，松开鼠标右键，弹出快捷菜单，选择“复制到当前位置”或“移动到当前位置”命令。

2）选中准备移动的文件（夹），将鼠标指针移动到某一选中的文件上，按住鼠标左键，拖曳到目标文件夹中。此时目标文件夹会以高亮显示，松开鼠标左键即可。

3）选中准备移动的文件（夹），依次单击菜单栏中的“编辑”→“剪切”，然后选中目标文件夹，此时目标文件夹会以高亮显示，依次单击菜单栏中的“编辑”→“粘贴”即可。

4）为提高操作速度，在选中文件或文件夹以后，可以使用快捷键进行复制、移动和粘贴，

① <Ctrl + C>复制文件或文件夹。

② <Ctrl + X>剪切文件或文件夹。

③ <Ctrl + V>粘贴文件或文件夹。

12. 重命名文件或文件夹

（1）重命名文件夹的操作方法

1）选中准备重命名的文件夹。

2）单击鼠标右键，在弹出的快捷菜单中选择“重命名”命令。

3）当文件夹的名称处于可编辑状态时，直接输入新的名称，按<Enter>键完成重命名操作。

（2）重命名文件的操作方法　在Windows 7默认系统设置下，文件的扩展名被隐藏，是不会显示的，所以按照重命名文件夹的方法也可以实现对文件名的重命名。但是如果系统被设置为显示文件的扩展名，则修改文件的扩展名会导致文件类型改变而造成文件无法使用，此时系统会弹出警告提示信息，如图2-21所示。因此在修改文件名时，避免修改扩展名，只修改主文件名即可。

值得注意的是，如果在对文件或文件夹进行重命名时，与现有的文件或文件夹重名，此时系统会弹出错误提示信息，如图2-22所示，如果单击“是”按钮，则文件命名为系统提示的文件名，单击“否”按钮，则重新命名文件。因此，在同一个文件夹里，不能出现两个名字完全相同的文件或两个名字完全相同的文件夹。同时，文件在被某个程序正在编辑或使用时，也不能进行重命名，必须关闭程序才能操作，如图2-23所示。

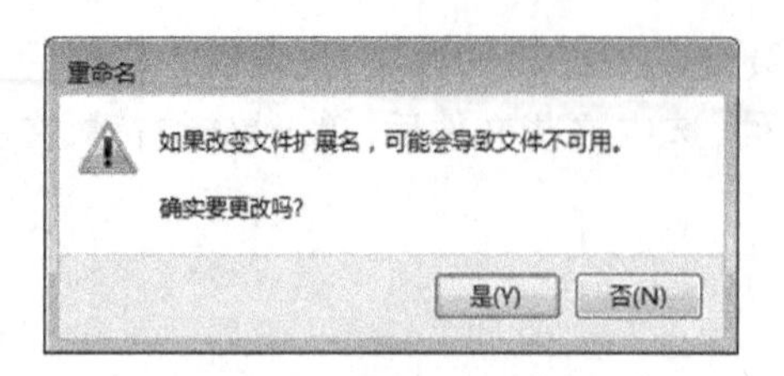

图 2-21　警告提示信息

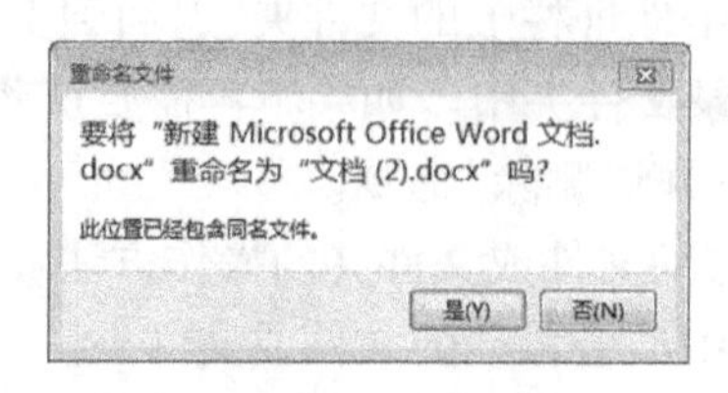

图 2-22　错误提示信息 1

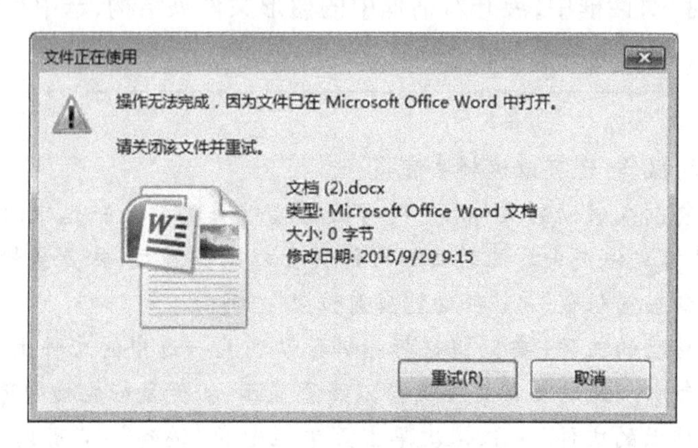

图 2-23　错误提示信息 2

试一试：

重命名操作，还可以这样去完成：

1）选定文件或文件夹以后，可以使用快捷键 <F2> 重命名文件或文件夹。

2）单击准备重命名的文件或文件夹，隔几秒钟后再次单击文件或文件夹，文件名会变成编辑状态，输入新的名称，按 <Enter> 键确定输入即可。

13. 删除文件或文件夹

（1）临时删除文件或文件夹的操作方法

1）选中单个或多个要准备删除的文件或文件夹。

2）依次单击“资源管理器”窗口菜单栏中的“文件”→“删除”，或者单击鼠标右键，在弹出的快捷菜单中选择“删除”命令。

3）在弹出的“确认文件删除”对话框中，如果确认要删除该文件或文件夹，那么单击“是”按钮，否则单击“否”按钮。

（2）从回收站恢复删除文件的操作方法　上述删除文件的操作是将删除的文件存放到桌面上的“回收站”中。顾名思义，“回收站”中的文件还有回收利用的可能。实际上“回收站”是一个特殊的文件夹，Windows 7 将删除的文件暂时存放到这里。所以误删除的文件，还可以把它再“捡”回来，方法如下：

1）双击鼠标左键，打开“回收站”窗口。

2）在“回收站”窗口中找到误删除的文件。选中该文件，然后单击窗口左侧的任务窗格中的“还原此项目”，或者右键单击该文件，在弹出的快捷菜单中选择“还原”命令即可。

（3）彻底删除　被（误）删除的文件或文件夹放在回收站中，仍然存在恢复的可能。实际上只是一种文件和文件夹的移动操作，并没有真正释放存储空间，如果回收站中文件过多，长期不清理，那么容易造成自由磁盘空间被大量垃圾文件占用的情况。所以在确定文件或文件夹确实没用的情况下，可以通过"清空回收站"来彻底删除它们。

在"回收站"窗口中，单击左侧任务窗格中的"清空回收站"选项，在弹出的确认对话框中单击"是"按钮，即可彻底删除回收站内的所有文件和文件夹，文件所占用的磁盘空间相继也被释放。如果只想删除某些文件，选中这些文件后单击鼠标右键，在弹出的快捷菜单中选择"删除"命令即可。

试一试：

选择准备删除的文件或文件夹，如果要临时删除文件，那么可以按键盘上的 < Del > 快捷键；如果要彻底删除文件，那么可以按 < Shift + Del > 快捷键。

14. 排列文件和文件夹

怎样能让文件有规律地显示呢？Windows 7 提供的文件排列功能，通过更改文件的排列方式，使得文件浏览更加方便。

Windows 7 提供了 4 种排列方式：分别是按名称、大小、类型和修改时间进行排列，方式有递增和递减两种。

（1）名称　按照文件名中首英文字母的先后顺序排列文件。

（2）大小　按照文件所占用的磁盘存储空间的大小排列文件。

（3）类型　按照文件的不同类型排列文件图标。

（4）修改时间　按照文件的最后修改时间的先后顺序排列文件图标。

在"资源管理器"窗口中工作区的任意空白处，单击鼠标右键，在弹出的快捷菜单中选择"排列图标"命令，单击不同的下级菜单文件即按不同的方式进行排列。

试一试：

当文件的"查看方式"为"详细信息"时，单击"资源管理器"窗口中工作区顶端的文件属性按钮，常用的有"名称""大小""类型"和"修改时间"等按钮。如果要使文件以修改时间排列，那么直接右键选择"排列方式"下的"修改时间"即可。右键选择"排列方式"下的"递增"，查看文件排列是否根据时间的由早到晚排列；右键选择"排列方式"下的"递减"，查看文件排列是否根据时间的由晚到早排列。

15. 改变关联程序

默认情况下，每一类文件都有特定的关联程序。例如，以 doc 为扩展名的文件，其关联程序是 Word 文字处理程序。有些类别文件的关联程序不是唯一的，可以根据需要改变。例如，将位图（bitmap/bmp）文件的关联程序更改为"画图"程序，方法如下。

1）启动资源管理器，选择包含位图文件的文件夹为当前文件夹。

2）右键单击窗口中的位图文件，在弹出的快捷菜单中选择"属性"命令，打开"属性"对话框。

3）单击"打开方式"设置项的"更改"按钮，打开"打开方式"对话框，如图 2-24 所示。在"推荐的程序"选项区中单击"画图"程序，如果所需的程序不在列表中，可单击"浏览"按钮查找相应的程序，或者单击对话框底部的"在 Web 上寻找适当的程序"进行查找。

图 2-24 “打开方式”对话框

4）单击“确定”按钮，关闭“打开方式”对话框，返回到“属性”对话框。

5）单击“属性”对话框中的“应用”按钮，再单击“确定”按钮关闭对话框。

这样，以后打开任意的位图文件时，“画图”程序就会同时打开。

试一试：

右键单击选中的位图文件，在弹出的快捷菜单中依次选择“打开方式”→“选择程序”命令也可打开“打开方式”对话框。

16. 设置快捷方式图标

为方便使用，可以在桌面上放置或删除经常使用的应用软件或文件夹图标。

1）右键单击桌面空白处，在弹出的快捷菜单中依次选择“新建”→“快捷方式”命令，如图 2-25所示，打开“创建快捷方式”对话框，如图 2-26 所示。

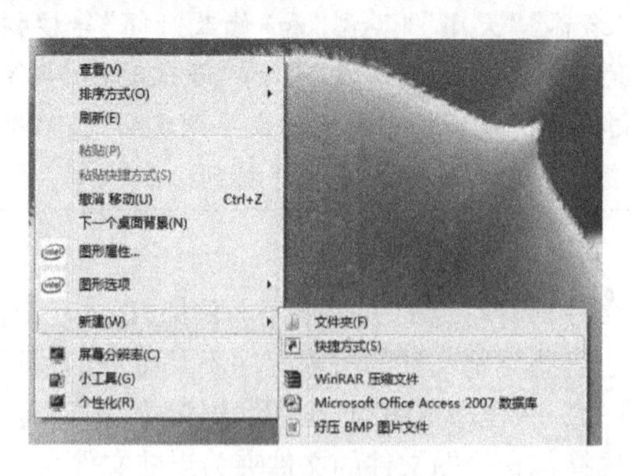

图 2-25 快捷菜单

2）在“创建快捷方式”对话框中，单击“浏览”按钮，查找到需要创建快捷方式的应用程序或文件夹，单击“确定”按钮，此时所选定的应用程序或文件夹名称出现在对话框的“请键入对象的位置”文本框内，如图 2-27 所示，单击“下一步”按钮，弹出“选择程序标题”对话框，输入该快捷方式的名称，默认输入为上一步所选定应用程序或文件夹的名称，然后单击“完成”按

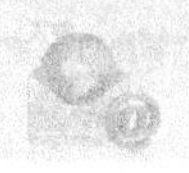

钮即可完成快捷方式的创建。

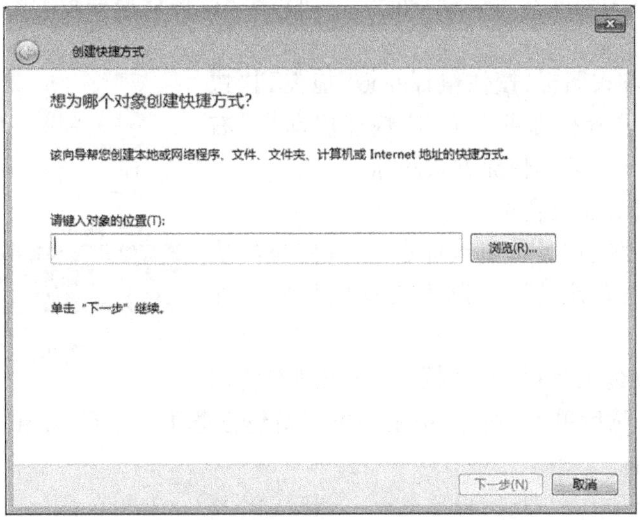

创建快捷方式
想为哪个对象创建快捷方式?
该向导帮您创建本地或网络程序、文件、文件夹、计算机或 Internet 地址的快捷方式。
请键入对象的位置(T):
浏览(R)...
单击"下一步"继续。
下一步(N)
取消

图 2-26 "创建快捷方式"对话框

创建快捷方式
想为哪个对象创建快捷方式?
该向导帮您创建本地或网络程序、文件、文件夹、计算机或 Internet 地址的快捷方式。
请键入对象的位置(T):
D:\ai2cn\AI2CN.exe
浏览(R)...
单击"下一步"继续。
下一步(N)
取消

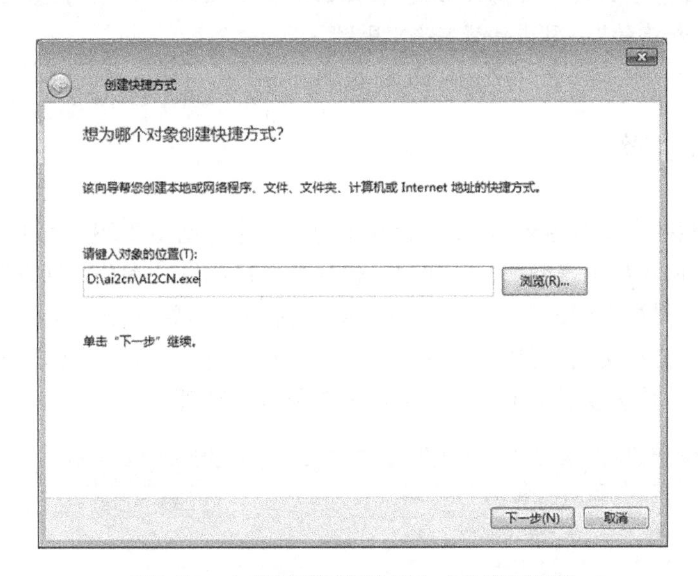

图 2-27 查找到要创建快捷方式的应用程序

试一试：

创建桌面快捷方式，还可以这样去完成：

在"资源管理器"窗口中找到准备创建桌面快捷方式的应用软件或文件夹。

方法 1：选定该应用软件或文件夹后，单击鼠标右键，在弹出的快捷菜单中依次选择"发送到"→"桌面快捷方式"命令。

方法 2：选定该应用软件或文件夹后，按住鼠标右键，将该文件夹图标拖曳到桌面上，然后松开鼠标右键，在弹出的快捷菜单中选择"在当前位置上创建快捷方式"命令。

17. 设置任务栏以快速访问文件夹

（1）将快捷方式图标放入“快速启动栏”　通过单击“快速启动栏”中的快捷方式图标，即可迅速打开文件。

选定桌面快捷方式图标，按住鼠标左键，拖曳到“快速启动栏”，然后松开鼠标即可。单击“快速启动栏”右侧的按钮，即可显示更多的快捷方式图标。

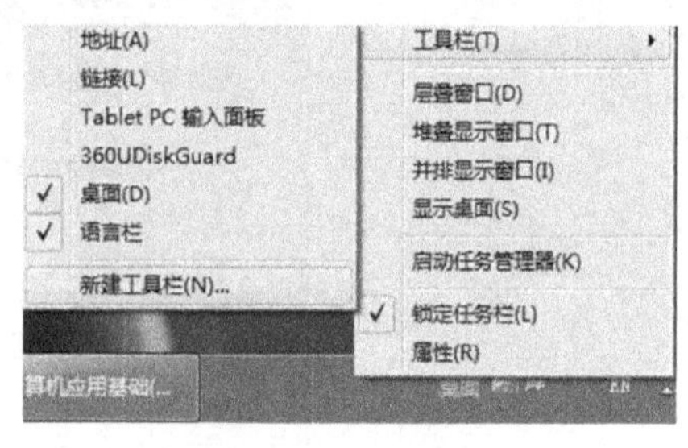

图 2-28　快捷菜单

（2）创建新的任务工具栏

1）在任务栏任意空白处单击鼠标右键，在弹出的快捷菜单中依次选择“工具栏”→“新建工具栏”命令，如图 2-28所示。

2）在弹出的“新建工具栏”对话框中，查找到准备创建工具栏的文件夹，然后单击“确定”按钮即可。新建任务工具栏后，单击右侧的按钮，可以展开下一级子文件夹。

试一试：

在任务栏任意空白处单击鼠标右键，在弹出的快捷菜单中取消勾选“公司文件资料”选项，即可删除新建的“公司文件资料”工具栏。

计划与实施

张悦根据假期社会实践的经历，浏览公司的办公资料（见图 2-29）后，总结出公司的文件大致分为文字、图片和视频等类别。图片中又包括公司产品图片和公司活动图片等；文字资料包括公司公文和公司规章管理制度等；视频资料包括公司形象宣传影片和产品宣传影片等。这些资料都归属于公司文档，有别于张悦的个人文档。张悦对“D 盘”的“我的文档”做了如图 2-29所示的规划，并按以下步骤对有关文件和资料进行整理：

图 2-29　“我的文档”中的文件

1)打开"资源管理器"窗口,根据如图 2-30 所示的文件夹结构在"我的文档"中创建文件夹。

2)设置"文件夹选项",显示已知文件类型的扩展名,并以"大图标"方式显示"资源管理器"窗口中的所有文件和文件夹图标,并以文件的不同类型排列文件图标。

3)删除"2015 年员工社保申请表 . xlsx"和"新建文件夹",其余各个文件(夹),分别移动到"公司文件资料"相应的文件夹中。

4)共享"公司拓展集训照片"文件夹。

5)创建"公司文件资料"的任务工具栏。

6)将"公司宣传手册 . docx"文件设置为只读属性。

7)删除快速启动栏中的 Outlook Express 图标,在桌面上创建 Windows Media Player 的快捷方式图标,并将其放在快速启动栏中。

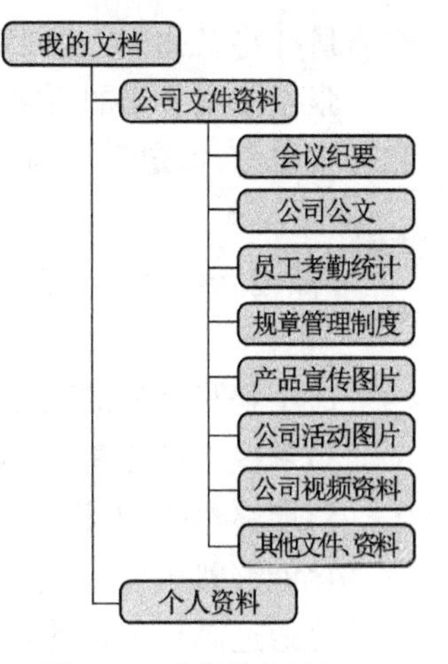

图 2-30 "我的文档"文件夹的结构

教学评价

请按表 2-4 中的要求,对每位同学所完成的工作任务进行教学评价,评价的结果可分为 4 个等级:优、良、中、差。

表 2-4 教学评价表

评价项目	评价标准	评价结果		
		自评	组评	教师评
任务完成质量	1)熟悉 Windows 7 资源管理器的结构			
	2)理解与文件和文件夹相关的概念			
	3)熟练地利用资源管理器进行文件和文件夹的操作			
任务完成速度	在规定时间内完成本项任务			
工作与学习态度	1)通过学习,养成正确使用计算机的良好习惯			
	2)能与小组成员通力合作,认真完成任务			
	3)在小组协作过程中能很好地与其他成员交流			
综合评价	评语(优缺点与改进措施):	总评等级		

任务3 制订下周个人工作计划

任务描述

公司规定每位员工都要在每周五下班前拟定好下一周的个人工作计划,以增强员工的时间观念和对工作的主动性与责任感;公司还强调将按个人工作计划检查员工的工作进度和工作质量并将以此作为员工月度、季度和年度的考核内容。

张悦按照公司的要求和制度，根据当前公司的工作事务和自己的实际工作情况，分清主次和轻重缓急，拟定下周的个人工作计划，将它输入计算机，并打印出来。

任务学习目标

1）了解写字板的工作界面。

2）掌握文件创建、编辑、保存、关闭的方法。

3）能够熟练的设置输入法。

4）能够熟练输入、编辑、查找、替换文字，设置页面及打印文档。

5）通过制订工作计划，培养学生养成良好的工作习惯和职业意识。

知识准备

1. 写字板

“写字板”是 Windows 7 操作系统自带的一个小型文字处理软件，用户利用它可以进行日常工作中文件的编辑。它不仅可以进行中英文文档的编辑，而且还可以进行图文混排，插入图片、声音、视频剪辑等多媒体资料。写字板的操作界面和使用方法与专用的文字处理软件 Word 有许多相似之处，且生成的文件可以直接保存为 Word 文档格式，但是写字板的功能远不如 Word 全面和强大。学习写字板的操作方法可以为以后学习 Word 打下良好的基础。

2. 启动写字板程序

依次单击“开始”→“所有程序”→“附件”→“写字板”，即可打开写字板程序窗口。观察写字板程序窗口的标题栏，显示的内容是“文档-写字板”，表示写字板程序编辑的文档还没有保存命名，暂时以“文档”命名。如果再按照上述方法打开另一个写字板程序，则新弹出的写字板程序窗口中的标题栏仍然显示“文档-写字板”。

试一试：

依次单击“开始”→“运行”，打开“运行”对话框，在“打开”文本框中输入写字板程序的名称 wordpad. exe，单击“确定”按钮即可打开写字板程序。同样的方法，如果输入 notepad. exe 即可打开记事本程序，输入 calc. exe 打开计算器程序，输入 mspaint. exe 打开画图程序。因为这些程序都在 Windows 7 的安装目录下，所以不用指定其具体的路径。如果要打开其他的文件、文件夹或 Internet 资源，则必须要输入其路径。

3. 写字板程序的窗口组成（见图 2-31）

4. 启用中文输入法

计算机键盘上的按键都是英文字母或者数字，在默认情况下，Windows 7 处于英文输入状态，用户只能在文档中输入英文字母或数字。如果要在文档中输入中文汉字，就必须调用相应的中文输入法。

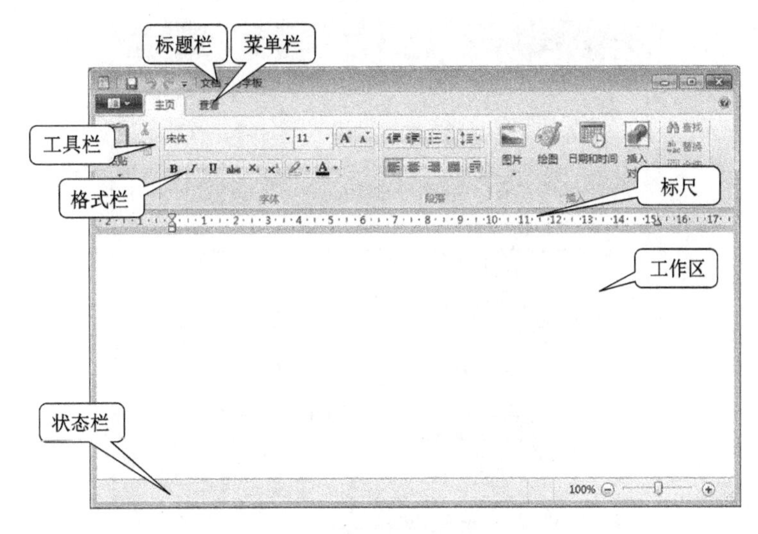

图 2-31 写字板程序的窗口组成

目前 Windows 7 系统的中文输入法主要有汉语拼音输入法和五笔字型输入法。其中,汉语拼音输入法是最简单的一种中文输入方法,只要会汉语拼音就能使用。启用中文输入法,只需将鼠标指针移动到语言栏中,单击输入法指示器图标,在弹出的输入法菜单中选择需要的输入法即可,如图 2-32 所示。当选择某种输入法以后,语言栏中的输入法指示器图标也将发生相应变化,表示该输入法已被启用。

5. 切换输入法

在文档输入过程中,需要更改不同的输入法来输入中文或英文字符。如果用鼠标指针单击输入法指示器图标,在弹出的输入法菜单中来回选择相应的输入法则稍显麻烦。那么可以使用快捷键 <Ctrl + Shift> 在不同的输入法之间进行切换。每按下一次该快捷键就会切换一次输入法,当显示需要的输入法时,停止切换即可。如果使用快捷键 <Ctrl + 空格>,就可以在当前的中文输入方法和英文输入方法之间切换,如图 2-33 所示。

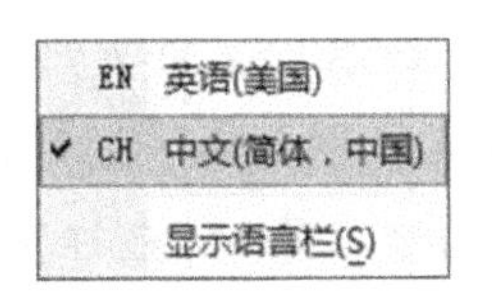

图 2-32 输入法菜单

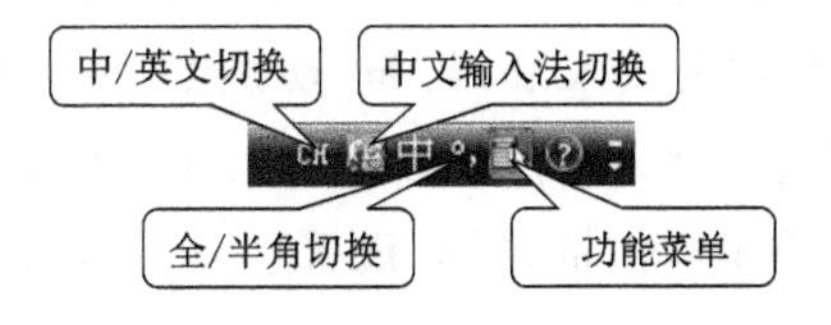

图 2-33 智能 ABC 输入法的状态栏

6. 添加或删除中文输入法

1)依次单击“开始”→“控制面板”→“更改键盘或其他输入法”→“键盘和语言”→“更改键盘”,打开“文本服务和输入语言”对话框。

2)在“文本服务和输入语言”对话框中选择“语言栏”选项卡,可以选择语言栏的显示位置。

3)在“文本服务和输入语言”对话框中选择“常规”选项卡,在“默认输入语言”选项区中,选择最常用的中文输入法;在“已安装的服务”选项区中,选择不常用的中文输入法,然后单击“删除”按钮,如图 2-34 所示。

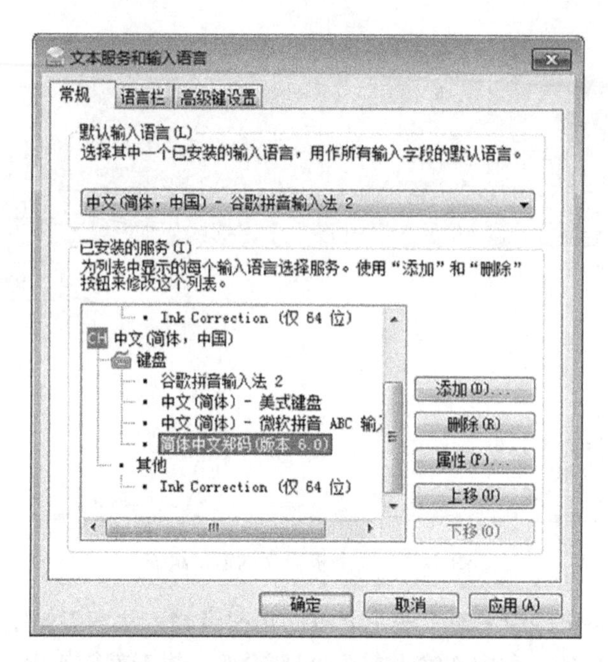

图 2-34 “文字服务和输入语言”对话框

4)单击“确定”按钮,关闭“文字服务和输入语言”对话框,然后依次单击“确定”按钮,即可完成设置。

试一试:

若语言栏显示在桌面上,则在语言栏上单击鼠标右键,在弹出的快捷菜单中选择“设置”命令,即可打开“文字服务和输入语言”对话框。

试一试:

为常用输入法指定一个热键(快捷键),也可实现快速切换常用中文输入法。

进入到如图 2-34 所示的对话框,选择“高级键设置”选项卡。在该选项卡中选择需要设置快捷键的输入法,例如,切换至“中文(简体)-简体中文郑码”,再单击“更改按键顺序”按钮,在弹出的“更改按键顺序”对话框中,单击选择快捷键组合,依次单击“确定”按钮,关闭对话框,完成设置。以后要使用简体中文郑码输入法时,直接按下该快捷键即可。

7. 复制、剪切和粘贴文档

1)选中文档。将光标(文档操作过程中,工作区中一条一直闪烁的小竖线,以显示当前要输入文字的位置,称为“光标”。)定位到要进行复制的文档的开始位置,按住鼠标左键拖动鼠标指针至文档结束位置,松开鼠标,被选中文档以蓝色底纹显示。

2)复制文档。依次单击菜单栏中“编辑”→“复制”,或者直接按快捷键 <Ctrl + C> 完成复制。

3)移动光标。将鼠标指针移动至要粘贴文档的位置,单击鼠标左键即可。

4)粘贴文档。依次单击菜单栏中“编辑”→“粘贴”,或者直接按快捷键 <Ctrl + V>,再或

者在要粘贴文档位置处单击鼠标右键，在弹出的快捷菜单中选择“粘贴”命令。

试一试：

选中所要复制的文档，按住键盘上的<Ctrl>键，并按住鼠标左键不放，拖曳光标至要粘贴文档的位置松开键盘按键和鼠标，即可实现复制粘贴功能。

8. 输入特殊字符

有些符号不能直接通过键盘按键去输入，此时可以利用中文输入法中的软键盘来输入这些特殊的字符。

软键盘主要用于输入各种特殊符号。单击中文输入法状态栏最右侧的按钮，即可打开软键盘，如图2-35所示。当单击软键盘的按钮时，即可关闭软键盘。在Windows 7中提供了如图2-36所示的13种软键盘布局。

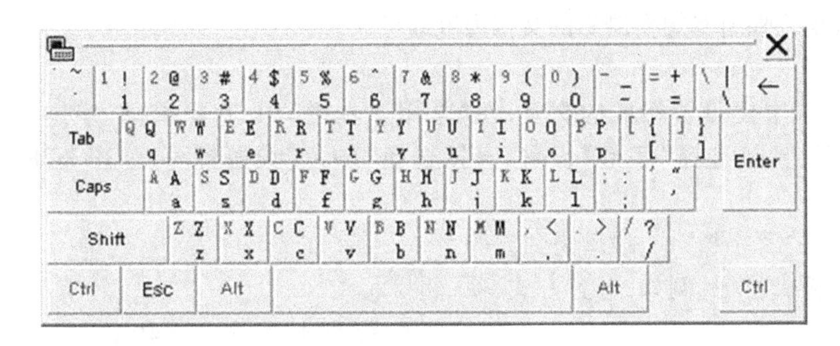

图2-35 软键盘

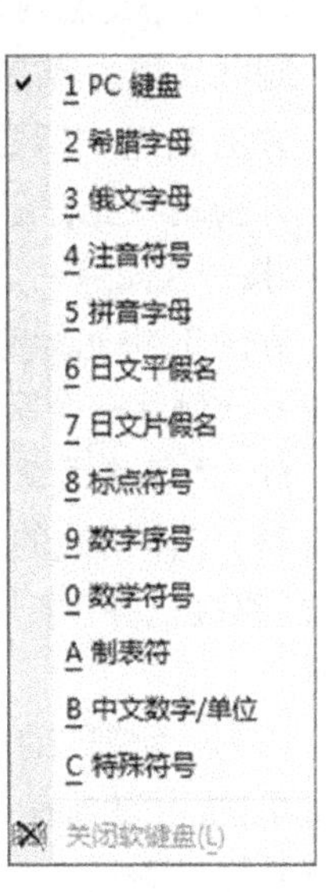

图2-36 13种软键盘布局

1）右键单击中文输入法状态栏最右侧的按钮，显示如图2-36所示的菜单。

2）选择菜单中“特殊符号”选项，弹出“特殊符号”软键盘，如图2-37所示。

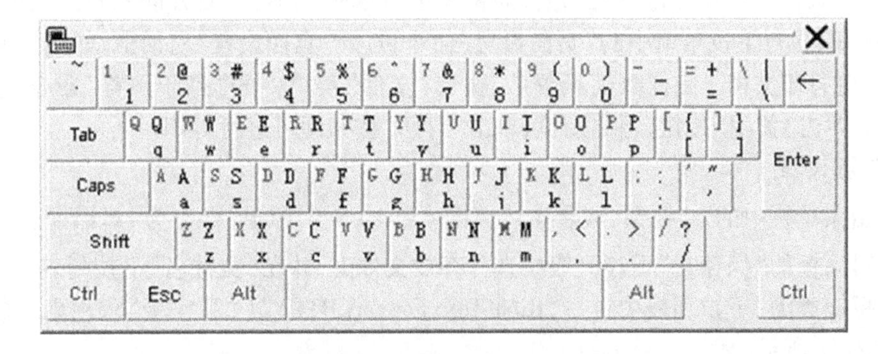

图2-37 “特殊符号”软键盘

3）将光标移动至要插入特殊字符的位置，然后单击软键盘上的相应按钮，即可输入特殊字符。

9. 查找、替换文字

（1）查找文字

1）依次单击菜单栏中的“编辑”→“查找”，弹出“查找”对话框。

2）在“查找内容”文本框中输入要查找的文字，单击“查找下一个”按钮，如果在文档内容中找到相应的文字，光标会自动移动到文字所在的位置，并选中文字。

3）再次单击“查找下一个”按钮，将继续向下查找文字。

（2）替换文字

1）依次单击菜单栏中的“编辑”→“替换”，弹出“替换”对话框。

2）在“查找内容”文本框中输入要查找的文字，在“替换为”文本框中输入替换文字，单击“替换”按钮即可。

10. 删除文档内容

删除文档内容有3种方法，可任选其一。

方法1：选中所要删除的文档内容，依次单击菜单栏中的“编辑”→“删除”。

方法2：将光标定位到所要删除的文档内容的最后一个字符后面，按键盘上的 <Backspace> 键，每按一次删除一个字符，直至删除所有想要删除的文档内容即可。

方法3：将光标定位到所要删除的文档内容的第一个字符前面，按键盘上的 <Delete> 键，每按一次删除一个字符，直至删除所有想要删除的文档内容即可。

11. 文档格式设置

（1）字体格式的设置　选中要设置格式的文字，在“常用工具栏”中，直接选择“字体”设置、直接选择“字号”设置、直接选择“字形”设置，直接选择“颜色”设置即可，如图2-38所示。

（2）段落格式的设置　在“写字板”中，段落是独立的信息单位，可以具有自身的格式特征，例如，对齐方式、项目符号样式等。

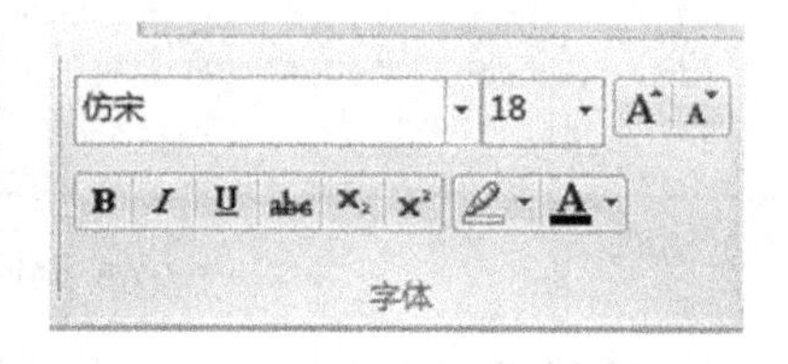

图2-38　设置“字体”

选中要设置格式的段落，在右键菜单中选择“段落”命令，打开“段落”对话框，设置段落缩进的距离等，最后单击“确定”按钮即可，如图2-39所示。

（3）文档页面的设置　打印文档前，通常要进行纸张大小、页面方向和页边距的调整，单击按钮，执行下拉菜单中的“页面设置”命令，打开“页面设置”对话框，如图2-40所示。

（4）预览打印文档　完成页面设置后，执行“文件”菜单中的“打印预览”命令，进行打印效果预览。单击“关闭”按钮，退出预览；单击“打印”按钮即可进行打印。

12. 保存文档

1）单击菜单栏中的按钮，或者按快捷键 <Ctrl + S>，弹出“保存为”对话框。

2）在对话框的“保存在”下拉列表中选择存放文件夹，并在“文件名”下拉列表中输入文件名称，在“保存类型”下拉列表中选择“Rich Text Format（RTF）”（“写字板”程序默认的存储格式），如图2-41所示。

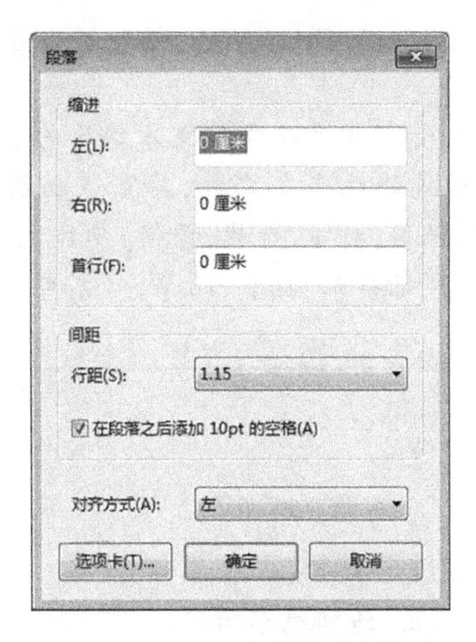

图 2-39 设置“段落”对话框

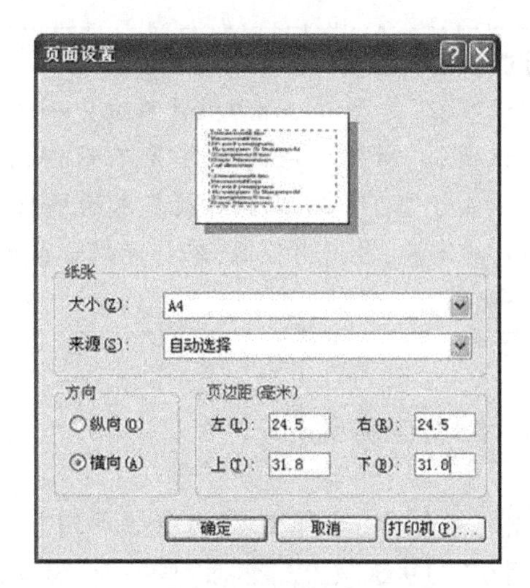

图 2-40 “页面设置”对话框

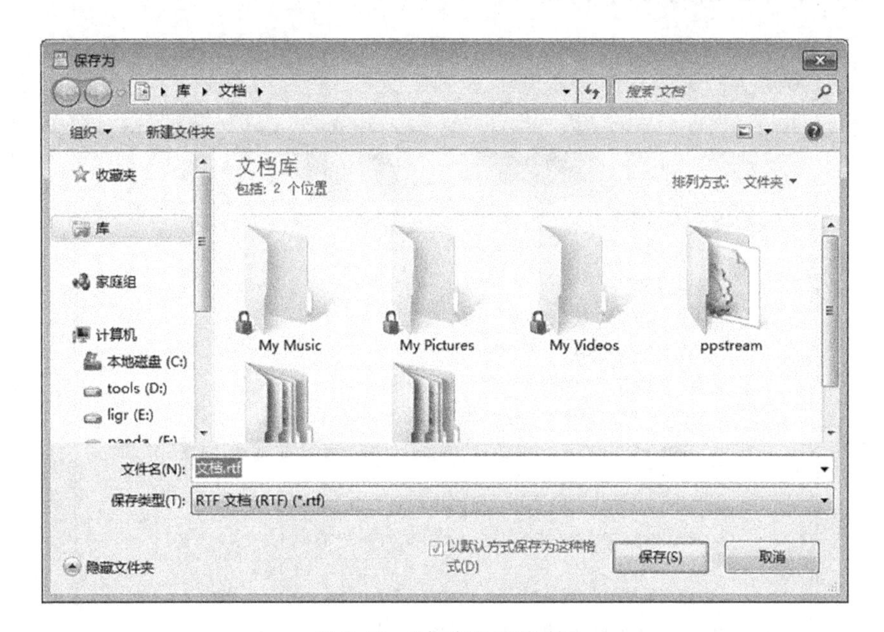

图 2-41 “保存为”对话框

3)单击“保存”按钮,关闭“保存为”对话框。

13. 退出写字板程序

退出写字板程序有 3 种方法,可任选其一。

方法 1:单击菜单栏中的按钮,选择“退出”命令。

方法 2:单击写字板程序窗口标题栏最右侧的关闭按钮。

方法 3:使用快捷键 <Alt + F4>。

如果在退出写字板程序时,还没有保存当前文档,则会弹出提示对话框。单击“是”按钮,保存文件;单击“否”按钮,不保存文件并退出写字板程序;单击“取消”按钮,不保存文件,并重新回到写字板程序。

试一试：

“记事本”是 Windows 7 操作系统中一个简单的、专门用于小型纯文本编辑的应用程序。“记事本”所能处理的文件为不带任何排版格式的纯文本文件，其默认扩展名为“.txt”。由于“记事本”只具备最基本的编辑（新建，保存，打印，查找，替换）功能，因此体积小巧，启动快，占用内存低，容易使用。这也是只有“记事本”拥有，而 Word 不可能拥有的一个优点。

计划与实施

根据任务 3 的内容和要求，可参照下列方法和步骤进行操作：

1）启动“写字板”程序，熟悉“写字板”窗口的操作界面、理解基本概念。

2）录入下周个人工作计划内容，如图 2-42 所示。

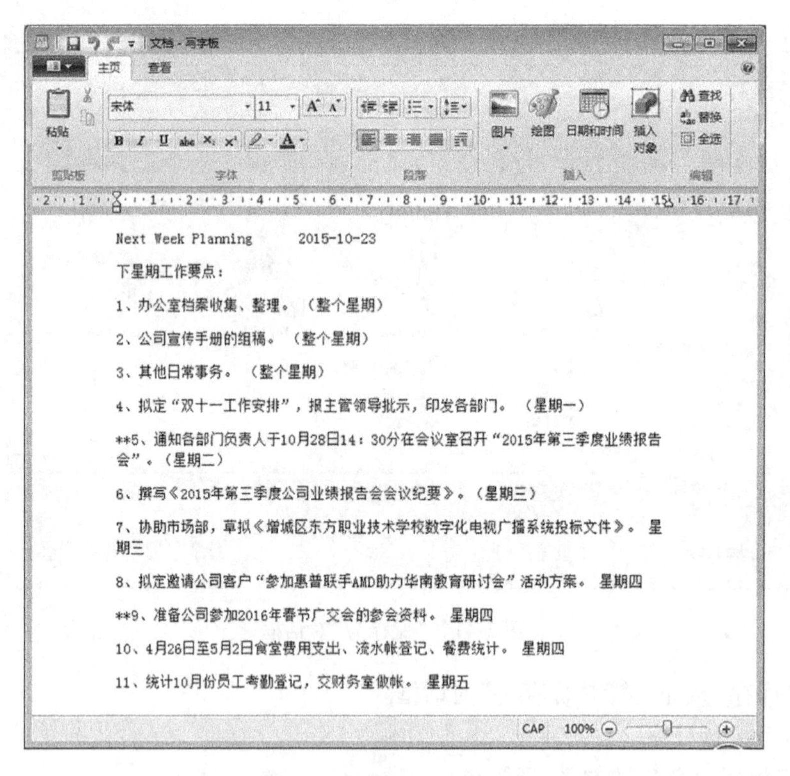

图 2-42 下周个人工作计划

3）查找个人工作计划中的“周”字，替换为“星期”。

4）设置字体。标题行字体为华文中宋，字号为 20，颜色为鲜蓝色，居中对齐；正文字体为楷体，字号为 14。

5）设置段落缩进。除第 5、9 段（行）以外，均左缩进 0.5cm。

6）页面设置。纸张大小为 A4、页面方向为横向。

排好版的下周个人工作计划如图 2-43 所示。

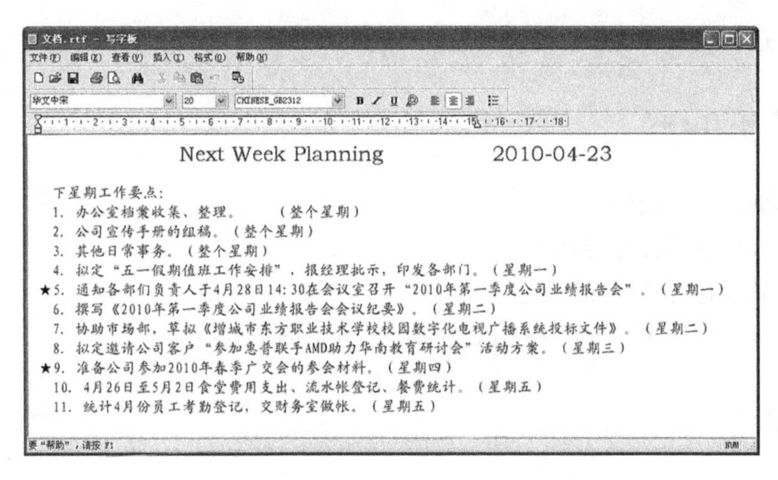

图 2-43　排好版的下周工作计划

7)保存文档。将文档以“下周个人工作计划.rtf”命名,保存在库的“文档”中。

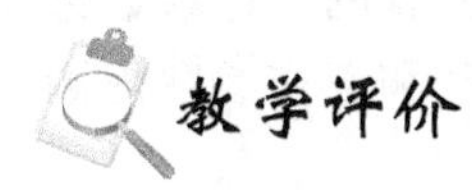

教学评价

请按表 2-5 中的要求,对每位同学所完成的工作任务进行教学评价,评价的结果可分为 4 个等级:优、良、中、差。

表 2-5　教学评价表

评价项目	评 价 标 准	评价结果		
		自评	组评	教师评
任务完成质量	1)掌握文件创建、编辑、保存、关闭的方法			
	2)能够熟练地设置输入法			
	3)能够熟练地输入、编辑、查找、替换文字、设置页面			
任务完成速度	在规定时间内完成本项任务			
工作与学习态度	1)通过学习,养成良好的工作习惯和职业意识			
	2)能与小组成员通力合作,认真完成任务			
	3)在小组协作过程中能很好地与其他成员交流			
综合评价	评语(优缺点与改进措施):	总评等级		

任务 4　管理与维护 Windows 7 操作系统

任务描述

张悦在经过了一段时间的实习后发现,计算机系统的稳定和安全,对于个人办公乃至公司的数据安全都非常重要,所以决定定期进行硬盘维护、数据备份、病毒防范等系统维护工作,以保证系统正常运行以及系统和数据的安全。

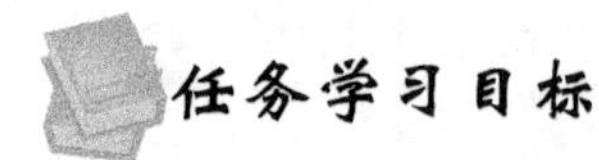

任务学习目标

1）了解控制面板的功能。

2）能够使用控制面板配置系统。

3）能够对磁盘进行整理和维护。

4）通过管理和维护 Windows，养成正确使用计算机的良好习惯。

知识准备

1. 控制面板

控制面板是调整计算机系统硬件设置和系统软件环境的系统工具。控制面板可以对窗口、鼠标、系统时间、打印机、网卡、串并行接口等硬软件设备的工作环境和配套的工作参数进行设置和修改，也可以添加和删除应用程序。在不了解上述设备的工作原理和工作参数内涵的情况下，避免盲目地使用控制面板。

打开控制面板的方法为：依次单击“开始”→“控制面板”即可打开“控制面板”窗口，如图 2-44所示。

图 2-44 “控制面板”窗口

Windows 7 提供 3 种控制面板显示视图，即分类视图、大图标和小图标，默认为分类视图。如果要切换视图，可在窗口右上方的“查看方式”的“类别”下拉菜单中选择。

2. 设置系统日期和时间

1）依次单击“开始”→“控制面板”→“时钟、语言和区域”→“日期和时间”，打开“日期和时间”对话框，如图 2-45 所示。

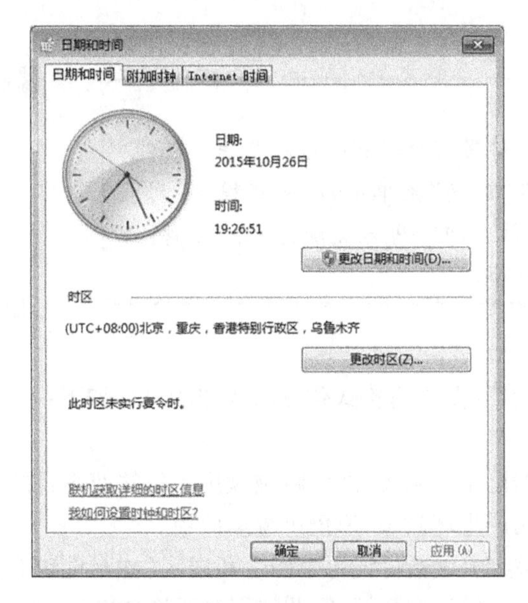

图 2-45 “日期和时间”对话框

2)单击“更改日期和时间”按钮，在相应的选项区中分别单击年、月、日进行日期设置；在“时间”选项区中分别双击时、分、秒进行时间设置。

3)单击“确定”按钮，再单击“确定”按钮，关闭对话框。

3. 删除应用软件

1)依次单击“开始”→“控制面板”→“程序”，打开“卸载程序”窗口，如图 2-46 所示。

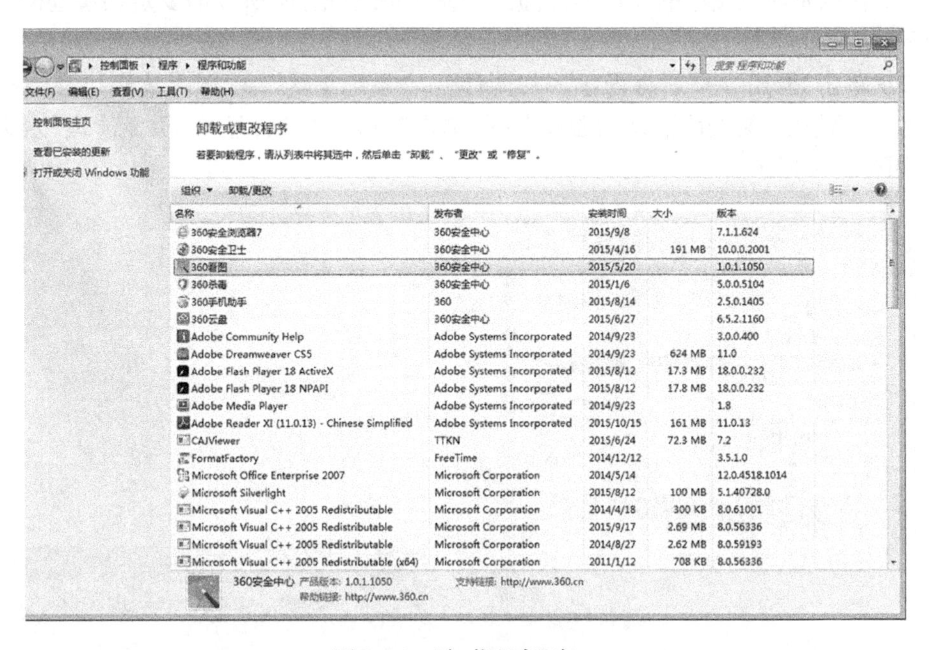

图 2-46 “卸载程序”窗口

2)在主要窗体中，选择准备卸载的软件，如“360 看图”程序。

3)单击主窗体上方的“卸载/更改”按钮，弹出卸载确认对话框，单击“确定”按钮，如

图2-47所示。

试一试:

有些软件在安装时都带有自动删除或卸载程序功能,该类程序一般会出现在"开始"菜单中的"所有程序"列表下的该程序菜单项中,单击即可进入删除过程。注意,正在使用的程序不能被删除。

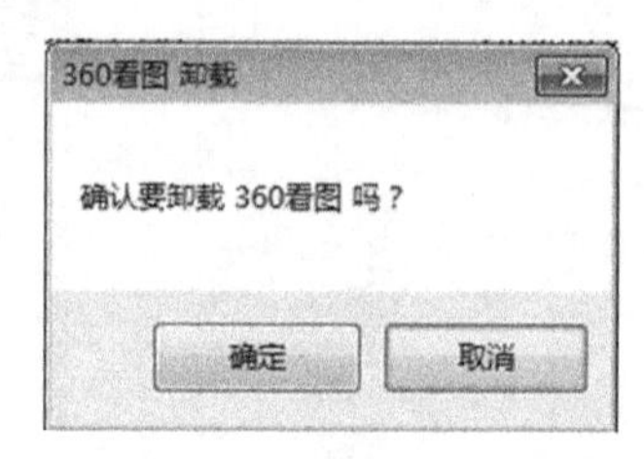

图2-47　卸载确认对话框

4. 磁盘管理

(1)格式化磁盘　通常需要进行格式化磁盘操作的原因如下:

1)新出厂的磁盘。

2)磁盘上的全部数据已不再需要,准备将磁盘用于新的使用目的。

3)磁盘因某种原因而产生坏磁道,但仍可继续使用。

格式化磁盘就是在磁盘上重新标记每个磁道和扇区(磁盘能够自动识别磁道的好坏),所以必然会破坏存放在磁盘上的所有数据,因此使用时要格外谨慎。

启动"资源管理器",在左侧窗格中右键单击需要进行格式化操作的盘符,在弹出的快捷菜单中选择"格式化"命令,打开"格式化磁盘"对话框。选择或输入信息后单击"开始"按钮,开始格式化磁盘。格式化磁盘操作完成后,在弹出的"格式化完毕"对话框中单击"确定"按钮,结束格式化磁盘操作。

(2)磁盘清理　在使用计算机过程中,Internet浏览过程中的临时文件、运行应用软件时存储的临时文件以及回收站中的文件等,占据了大量的磁盘空间,所以需要定期清理硬盘空间,方法如下。

1)依次单击"开始"→"所有程序"→"附件"→"系统工具"→"磁盘清理",在弹出的"选择驱动器"对话框中,勾选待清理的磁盘分区,单击"确定"按钮,显示"磁盘清理"对话框,如图2-48和图2-49所示。

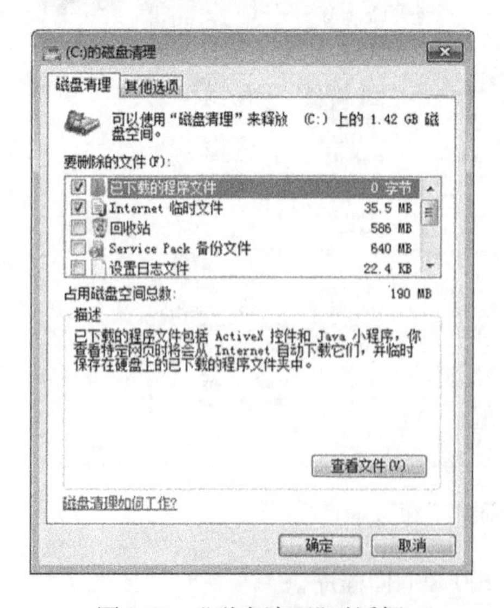

图2-48　"磁盘清理"对话框

图2-49　"磁盘清理"扫描过程

2）在“要删除的文件”列表框中选择要删除的文件类型，单击“确定”按钮，然后在弹出的确认磁盘清理对话框中单击“删除文件”按钮。

3）再次打开“磁盘清理”对话框，选择“其他选项”选项卡，如图2-50所示。

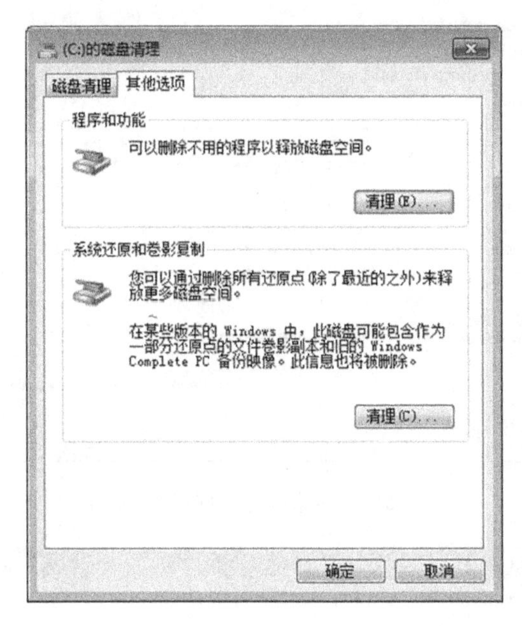

图2-50 “其他选项”选项卡

①单击“程序和功能”选项区中的“清理”按钮，将打开“卸载或更改程序”窗口，在此窗口中，可以卸载一些不用的系统组件来释放硬盘存储空间。

②单击“系统还原和卷影复制”选项区中的“清理”按钮，将删除系统上保留的一些还原点，从而释放硬盘存储空间。

（3）碎片整理 在使用计算机过程中所看到的每个文件，其内容都是连续的，并没有出现几个文件内容相互掺杂在一起的情况。为了提高磁盘存储的灵活性，提高磁盘空间的利用率，文件在磁盘上的实际物理存放位置是不连续的。如果修改、删除或存放新文件后，文件在磁盘上会被分成几块不连续的碎片，这些碎片在逻辑上连接在一起，并不妨碍文件的读写。可是如果碎片越来越多，几乎所有文件都是由若干的碎片拼凑而成，那么系统在读写文件时就忙于在磁盘的不同位置读写这些碎片，从而降低了系统运行速度。

Windows 7中的“磁盘碎片整理程序”是一个解决磁盘文件碎片问题的系统工具，可将文件碎片紧凑地组织在一起，使系统性能提高。

1）依次单击“开始”→“所有程序”→“附件”→“系统工具”→“磁盘碎片整理程序”，打开“磁盘碎片整理程序”窗口，如图2-51所示。

2）在弹出的“磁盘碎片整理程序”窗口中，选择待整理的磁盘分区，单击“分析磁盘”按钮，系统开始分析所选的分区，分析完会提示有多少碎片，一般碎片超过10%则需要进行磁盘碎片整理，单击“磁盘碎片整理”按钮，进行磁盘碎片整理时会有进度显示，如图2-52所示。

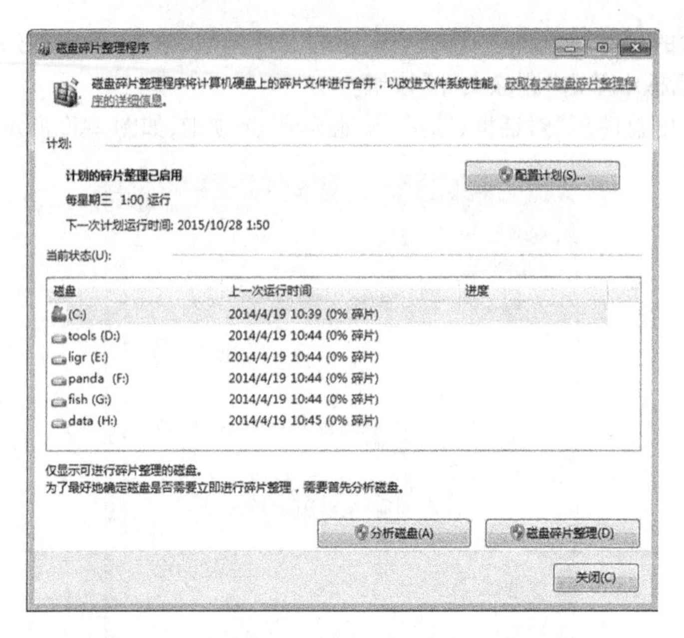

图 2-51 “磁盘碎片整理程序”窗口

图 2-52 磁盘碎片整理进度显示

5. 解决系统“死机”问题

“死机”是指计算机在使用过程中，出现了鼠标指针不能移动或者某应用程序操作无反应的情况。当出现这种情况时，可以通过以下方法尝试解决。

（1）利用任务管理器结束任务　计算机出现“死机”现象时，但是鼠标指针还能够移动，则可以执行以下操作：

1）同时按住键盘上 <Ctrl>、<Alt>和<Delete>3 个键，在弹出的窗口中选择“启动任务管理器”选项，弹出“Windows 任务管理器”窗口，选择“应用程序”选项卡，如图 2-53 所示。

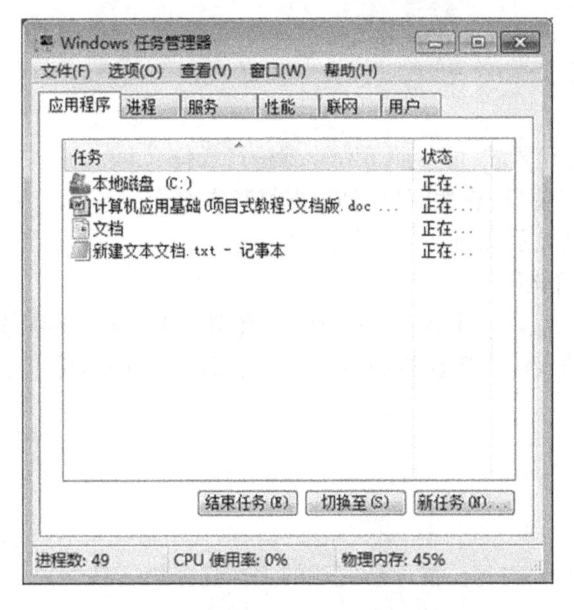

图 2-53 "Windows 任务管理器"窗口

2)选中准备关闭的程序,然后单击"结束任务"按钮,即可结束该任务。

试一试:

在"Windows 任务管理器"窗口中,单击"用户"选项卡,在下拉列表中选择相应的用户,可完成断开、注销等操作。

(2)注销 如果利用任务管理器无法结束任务,那么还可以通过注销功能结束当前运行的应用程序。

1)单击"开始"按钮,选择"关机"选项中的"注销"项。

2)在弹出的"注销 Windows"对话框中,单击"注销"按钮,即可重新登录 Windows 7。

试一试:

如果"死机"现象较严重,鼠标和键盘操作都无反应,那么在这种情况下,可以按主机箱面板上的"Reset(重启)"按钮,计算机会重新启动。如果没有"Reset"按钮,可以按住主机箱面板上的"Power(电源开关)"4~5s,强行关机。由于"死机"可能会导致正在运行的文档数据丢失,因此要养成及时保存文档的好习惯。

6. 启用 Windows 防火墙

1)依次单击"开始"→"控制面板"→"系统和安全"→"Windows 防火墙",打开"Windows 防火墙"设置对话框。

2)在窗口的左侧列表中单击"打开或关闭 Windows 防火墙"选项,可以根据网络位置的不同来设置 Windows 防火墙。若选中"关闭(不推荐)"选项,则关闭 Windows 防火墙。

3)在窗口的左侧列表中单击"还原默认设置"选项,则系统将进行默认设置。

4)在窗口的左侧列表中单击"高级"选项,可以为本地计算机进行高级安全 Windows 防火墙设置,分为入站规则、出站规则、连接安全规则和监视 4 个项目。

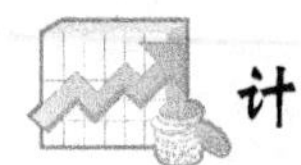

计划与实施

根据任务 4 的内容和要求，可参照下列步骤进行操作：

1）打开“控制面板”窗口，熟悉窗口组成，理解基本概念。

2）设置控制面板的显示视图为“小图标”视图。

3）安装 Winrar 压缩软件。

4）检查本地磁盘 D 盘是否需要进行磁盘碎片整理，如果需要请整理碎片。

5）启动 Windows 防火墙和自动更新，设置防火墙阻止腾讯 QQ 上网的入站规则，并测试 QQ 是否还能上网。

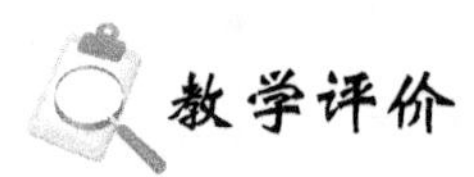

教学评价

请按表 2-6 中的要求，对每位同学所完成的工作任务进行教学评价，评价的结果可分为 4 个等级：优、良、中、差。

表 2-6　教学评价表

评价项目	评 价 标 准	评价结果		
		自评	组评	教师评
任务完成质量	1）了解控制面板的功能，能够使用控制面板配置系统			
	2）能够对磁盘进行格式化			
	3　能够进行磁盘清理和磁盘碎片整理			
任务完成速度	在规定时间内完成本项任务			
工作与学习态度	1）通过学习，养成正确使用计算机的良好习惯			
	2）能与小组成员通力合作，认真完成任务			
	3）在小组协作过程中能很好地与其他成员交流			
综合评价	评语（优缺点与改进措施）：	总评等级		

综合实训　移交办公资料

项目引入

张悦圆满完成了实习任务，即将返回学校和全班同学交流实习心得。实习期间，张悦表现出良好的职业素养和专业技能，给公司留下了深刻的印象。临走时，张悦向办公室小李移交了手头的工作和资料，并感谢公司给她提供了实习机会。

项目任务描述

张悦即将完成实习任务，着手撰写实习总结，并且把办公计算机个性化的操作环境设置为Windows初始的状态，还将经手的公司文件移交给办公室的小李。具体要求如下：

1）将当前Windows 7的主题恢复为默认显示主题Windows 7，取消屏幕保护程序。

2）删除所有桌面的小工具。

3）删除“公司文件资料”的任务工具栏。

4）显示“资源管理器”窗口中的所有文件和文件夹。

5）将“我的文档”中的文件分别存放到“公司文件资料”相应的文件夹中。

6）将“公司文件资料”文件夹打包成 .rar压缩文件，并设置成只读形式，将个人资料保存在U盘中。

7）清空回收站。

8）撰写实习总结，新建写字板文档，以“实习总结 . rtf”命名，保存在自己的U盘中。

9）快速准确地输入实习总结内容，如图2-54所示。

10）设置字体格式：标题行为黑体、加粗、16号、居中对齐；正文为宋体、14号。

11）预览打印效果。

实习总结

张悦

社会实习的这段经历让我受益非浅。在实践中了解社会，把平日里所学的知识很好地运用在工作实践中，锻炼了自己，也为今后的工作打下了坚实的基础。按照老师的安排，我制订了相应的实习计划，注重在实习期间对所学的理论知识进一步巩固和提高，以期达到理论指导实践的目的，收到了良好的效果。

在信息科技有限公司实习期间，我主要负责办公室文秘工作，包括公文的撰拟、组织会议；收集、处理信息；接待来访、联络协调等秘书的日常事务与管理。另外，注重重办公自动化的运用和操作。

1、公文撰拟方面。我的实习计划的第一步就是练习公文写作，强化应用文写作能力。在公司里，主要写一些会议、事项性通知，通报、会议纪要等常用公文。从文书的起草到正式发文，对公文语言进行反复的推敲、修改，力求达到篇幅简短、文笔朴实、内涵明晓、行文通畅的要求。

2、会议管理方面。实习期间我参与的会议工作是按照公司的安排，在召开的各种专题和办公会议中，认真做好各项准备工作。做到了合理安排会场、及时通知与会人员、做好会议记录，按照领导安排对重要会议下达会议纪要，使得会议精神和要领能及时传达到各部门。同时，对下发到各部门的文件进行打印和校对，确保各项工作准确高效进行。

3、办公自动化的操作方面。办公自动化是办公室人员必备的素质。我比较注意自己在办公自动化方面的锻炼。目前，我能够熟练操作计算机，用以传递信息、检索资料、编辑文稿等。

通过社会实习，让我对文秘工作有了更深层的了解，让我学会了更多的知识，在强化了专业知识和技能的同时，丰富了实践经验。作为一名在校学生，我还要不断提高专业知识和技能，注意各方面能力和素养的培养。认真学习，了解和领会工作部署策略，强化表达、办事、应变、社交和办公自动化的操作能力，努力提高自身素质，争取成为一名优秀的毕业生。

图2-54 实习总结

项目学习目标

通过本项目的综合训练，进一步使学生：

1）掌握 Windows 7 的个性化操作环境设置的方法和途径。

2）能够熟练地操作和管理文件和文件夹。

3）能够在写字板中快速、熟练、准确地输入文字，并对文档进行编辑、排版。

4）提高计算机操作水平，养成正确使用计算机的良好习惯。

项目分解

本项目可分解为表 2-7 所示的几项具体任务。

表 2-7　学习任务学时分配表

项目分解	学习任务名称	学时
任务 1	还原 Windows 设置	2
任务 2	移交办公资料	
任务 3	撰写实习总结	

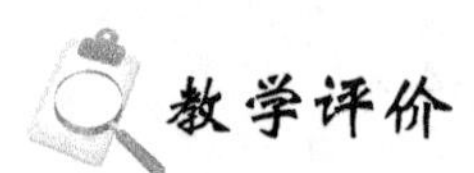

教学评价

请按表 2-8 中的要求，对每位同学所完成的工作任务进行教学评价，评价的结果可分为 4 个等级：优、良、中、差。

表 2-8　教学评价表

评价项目	评 价 标 准	评价结果		
		自评	组评	教师评
任务完成质量	1）能够还原 Windows XP 的默认设置			
	2）能够熟练操作和管理文件和文件夹			
	3）能够在写字板中快速、熟练、准确地输入文字，并对文档进行编辑、排版			
任务完成速度	在规定时间内完成本项任务			
工作与学习态度	1）通过学习，养成正确使用计算机的良好习惯			
	2）能与同学协作完成任务，有团队精神			
	3）在小组协作过程中能很好地与其他成员交流			
综合评价	评语（优缺点与改进措施）：	总评等级		

项目3 组建办公室局域网

项目引入

Internet 作为新兴的信息传播媒体，有着传统媒体无法比拟的优势。人们可以通过 Internet 搜索资料，上传和下载图文、音像文件，收发电子邮件，即时聊天和传递信息等。网络技术提供了一个新的生活方式，并为人们提供了资源（包括硬件、软件和数据资源）共享和数据传输的平台。

项目任务描述

张悦在实习期间的工作经常要做网络资源访问和网络打印工作，这就需要将计算机连接到因特网上。公司已经配备了一台服务器和交换机，办公室也配备了一台打印机。只要将张悦的计算机、公司服务器和办公室打印机及交换机进行互联，就可以实现访问网络资源和网络打印的目的。

项目学习目标

通过本项目的综合训练，使学生达到以下学习目标：

1）了解因特网的基本概念及提供的服务。

2）了解因特网的常用接入方式及相关设备。

3）会配置、连接并检测计算机网络。

4）会设置和检测计算机的 IP 地址。

5）会安装个人防火墙。

6）会下载并安装共享软件。

7）会设置文件和设备的共享。

8）了解 3D 打印技术和物联网技术。

项目分解

本项目分解为两个任务和一个综合实训，学时安排见表 3-1。

表3-1　任务学时分配

项目分解	学习任务名称	学时
任务1	局域网接入互联网	4
任务2	设置文件和打印机的共享	2
综合实训	构建个人网络空间	4

任务1　局域网接入互联网

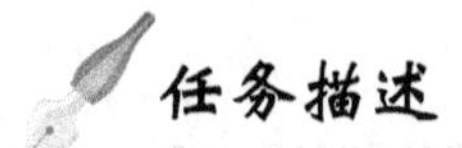

任务描述

将张悦的计算机用网线（非屏蔽、超五类双绞线）连接到公司的办公网络上，并安装个人防火墙，设置张悦的计算机在公司的IP地址、子网掩码、默认网关和DNS以接入互联网，最后安装网络软件，以便查阅互联网资料。

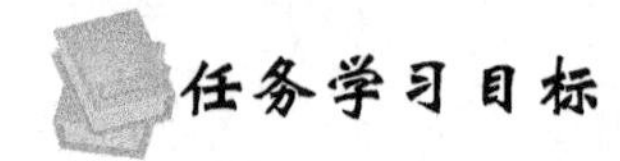

任务学习目标

1）了解因特网的基本概念及提供的服务。

2）了解因特网的常用接入方式及相关设备。

3）熟练安装个人防火墙。

4）会配置、连接并检测计算机网络。

5）会设置和检测计算机的IP地址。

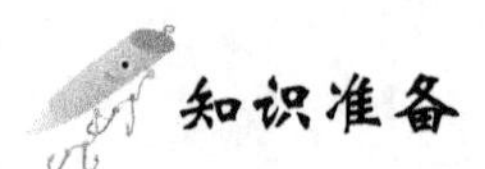

知识准备

1. 双绞线

双绞线即通常使用的最普遍的一种网线，非屏蔽、超五类的。双绞线的线序有两种标准，即T568A标准和T568B标准。T568A标准的线序是：白绿、绿、白橙、蓝、白蓝、橙、白棕、棕。T568B标准的线序是：白橙、橙、白绿、蓝、白蓝、绿、白棕、棕。

2. 直通网线

网线两端的线序都是同一个标准。

3. IP地址

IPv4是Internet Protocol version 4的缩写，表示IP的第4个版本，其中Internet Protocol译为“互联网协议”。现在互联网上绝大多数的通信流量都是以IPv4数据包的格式封装的。按照TCP/IP的规定，每个连接在Internet上的主机都会分配到一个32位的二进制数地址，这个地址是唯一的。32位地址分为4段，每段8位二进制数，可以用十进制数字表示，每段数字范围为0～255，段与段之间用句点隔开，如192.168.1.1。TCP/IP需要针对不同的网络进行不同的设置，每个结点除需要一个“IP地址”外还需要一个“子网掩码”和一个“默认网关”。

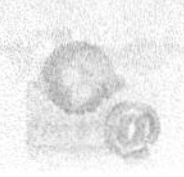

IPv6 是 Internet Protocol version 6 的缩写。IPv6 是 IETF(Internet Engineering Task Force,互联网工程任务组)设计的用于替代现行版本 IP(IPv4)的下一代 IP。目前 IP 的版本号是 4(简称为 IPv4),它的下一个版本就是 IPv6。

4. DNS

DNS 是 Domain Name System(域名系统)的缩写。在 Internet 上,域名与 IP 地址之间是一对一(或者多对一)的,域名虽然便于人们记忆,但机器之间只能互相认识 IP 地址,它们之间的转换工作称为域名解析,域名解析需要由专门的域名解析服务器来完成,DNS 就是进行域名解析的服务器。DNS 命名用于 Internet 等 TCP/IP 网络中,通过用户名称查找计算机和服务。当用户在应用程序中输入 DNS 名称时,DNS 服务可以将此名称解析为与之相关的其他信息,如 IP 地址。因为,用户在上网时输入的网址,是通过域名解析系统解析找到了相对应的 IP 地址,这样才能上网。其实,域名的最终指向是 IP。

5. 因特网(Internet)

因特网是 Internet 的中文译名,是一组全球信息资源的总汇,它的前身是美国国防部高级研究计划局(ARPA)主持研制的 ARPAnet。Internet 以相互交流信息资源为目的,使用传输控制协议和互联协议进行通信,它是一个信息资源和资源共享的集合。

6. ADSL

ADSL(Asymmetric Digital Subscriber Line,非对称数字用户环路)是一种新的数据传输方式,是现在家庭最普遍的互联网宽带接入方式。它因为上行和下行带宽不对称,所以称为非对称数字用户线环路。它采用频分复用技术把普通的电话线分成了电话、上行和下行 3 个相对独立的信道,从而避免了相互之间的干扰。即使边打电话边上网,也不会发生上网速率和通话质量下降的情况。通常 ADSL 在不影响正常电话通信的情况下可以提供最高 3. 5Mbit/s 的上行速度和最高 24Mbit/s 的下行速度。

7. Wi-Fi

Wi-Fi 俗称无线宽带,是一种可以将个人计算机、手持设备(如 PDA、手机)等终端以无线方式互相连接的技术,它为用户提供了无线的宽带互联网访问。同时,它也是在家里、办公室或在旅途中上网的快速、便捷的途径。

8. 热点

能够访问 Wi-Fi 网络的地方被称为热点。

9. WLAN

WLAN 是 Wireless Local Area Network(无线局域网)的缩写,它是一种基于 802. 11n/b/g/a 标准,利用 Wi-Fi 等无线通信技术将个人计算机等设备连接起来,构成可以互相通信、实现资源共享的网络。

10. 3G

“3G”是第 3 代移动通信技术的简称,是指支持高速数据传输的蜂窝移动通信技术。3G 服务能够同时传送声音(通话)及数据信息(电子邮件、即时通信等)。相对于第 1 代模拟制式手机(1G)和第 2 代 GSM、CDMA 等数字手机(2G)。第 3 代手机(3G)一般是指将无线通信与国际互联网等多媒体通信结合的新一代移动通信系统。目前 3G 存在 4 种标准:CDMA2000(如中国电信),WCDMA(如中国联通),TD-SCDMA(如中国移动),WiMAX(国外较多)。

11. 4G

4G 即第 4 代移动电话行动通信标准，指的是第 4 代移动通信技术。该技术包括 TD-LTE 和 FDD-LTE 两种制式(严格意义上来讲，LTE 只是 3.9G，尽管被宣传为 4G 无线标准，但它其实并未被 3GPP 认可为国际电信联盟所描述的下一代无线通信标准 IMT-Advanced，因此在严格意义上其还未达到 4G 的标准。只有升级版的 LTE Advanced 才满足国际电信联盟对 4G 的要求)。4G 集 3G 与 WLAN 于一体，并能够快速传输数据、音频、视频和图像等。4G 能够以 100Mbit/s 以上的速度下载，比目前的家用宽带 ADSL(4MB)快 25 倍，并能够满足几乎所有用户对于无线服务的要求。此外，4G 可以在 DSL 和有线电视调制解调器没有覆盖的地方部署，然后再扩展到整个地区。很明显，4G 有着不可比拟的优越性。

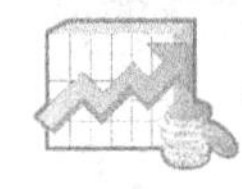

计划与实施

要将张悦的计算机由局域网接入互联网，可参照下列方法进行：

1. 安装瑞星个人防火墙

1)百度搜索“瑞星个人防火墙”，下载软件如图 3-1 所示。

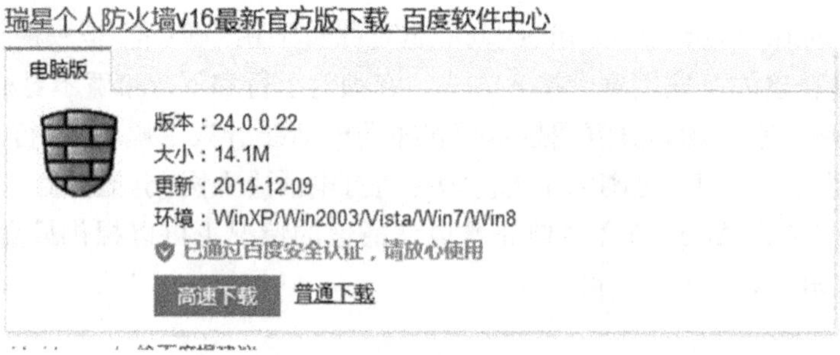

瑞星个人防火墙v16最新官方版下载_百度软件中心

电脑版

版本：24.0.0.22
大小：14.1M
更新：2014-12-09
环境：WinXP/Win2003/Vista/Win7/Win8
已通过百度安全认证，请放心使用
高速下载 普通下载

图 3-1　下载瑞星个人防火墙

2)双击安装软件，在弹出的安装向导窗口中选择“中文简体”选项，然后单击“确定”按钮，如图 3-2 所示。

3)瑞星个人防火墙安装过程如图 3-3 所示。

图 3-2　软件语言设置

图 3-3　安装过程

4）根据提示完成安装。

5）完成安装，运行“瑞星个人防火墙”，单击主程序运行界面中右上角的“设置”按钮，可以详细地设置防火墙的相关参数，从而保证网络通信的安全，如图3-4所示。

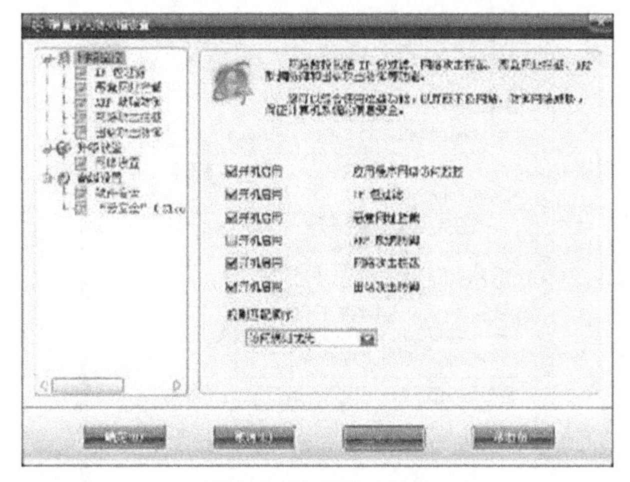

图3-4　启动运行程序

2. 设置和检测计算机的IP地址

（1）张悦用公司的网线将自己的计算机与交换机连接起来（见图3-5）。

（2）设置张悦的计算机

1）在桌面上单击“计算机”图标，在打开的窗口中单击“网络”，打开“网络”窗口，单击“网络和共享中心”，打开的窗口如图3-6所示。

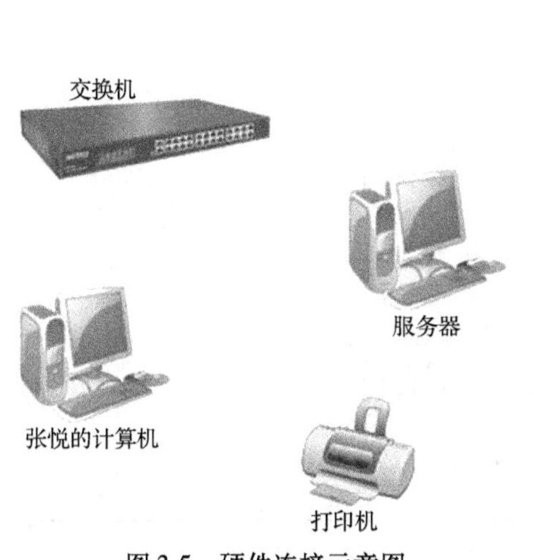

图3-5　硬件连接示意图

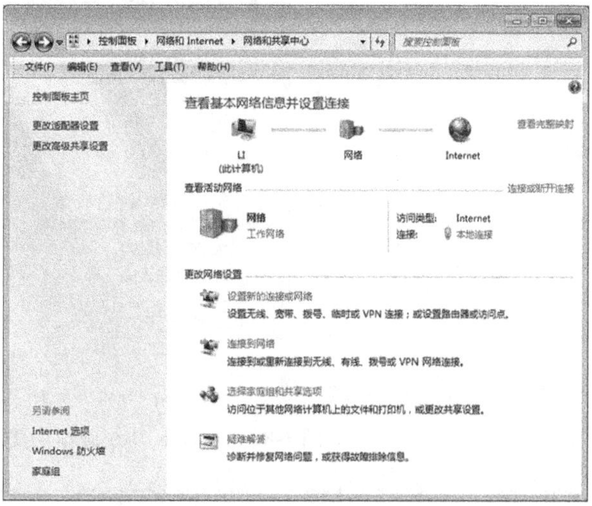

图3-6　网络连接窗口

2）在窗口中，单击“本地连接”，在弹出的快捷菜单中选择“属性”命令，打开“本地连接属性”对话框，如图3-7所示。

3）在“本地连接　属性”对话框的“此连接使用下列项目”选项区中，勾选“Internet协议版本4（TCP/IPv4）”复选框，然后单击“属性”按钮，在弹出的“Internet协议版本4（TCP/IPv4）属性”对话框中填写相应信息，最后单击“确定”按钮，如图3-8所示。

（3）设置服务器　重复上述过程，完成服务器端的设置。将服务器的IP地址设置为192.168.1.254，将服务器名改为Office-Server，并设置为工作网络。

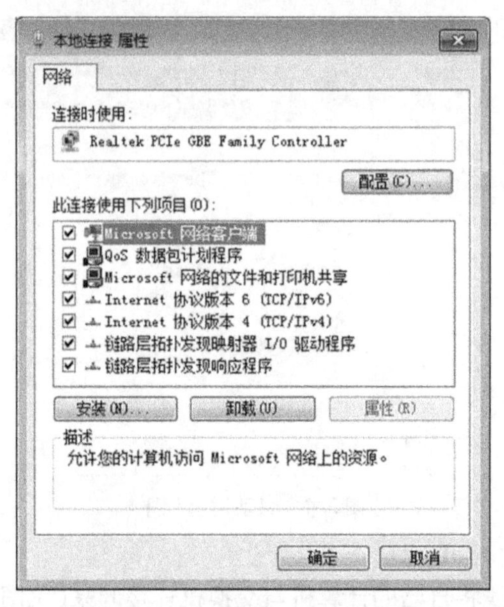

图3-7　“本地连接　属性”对话框

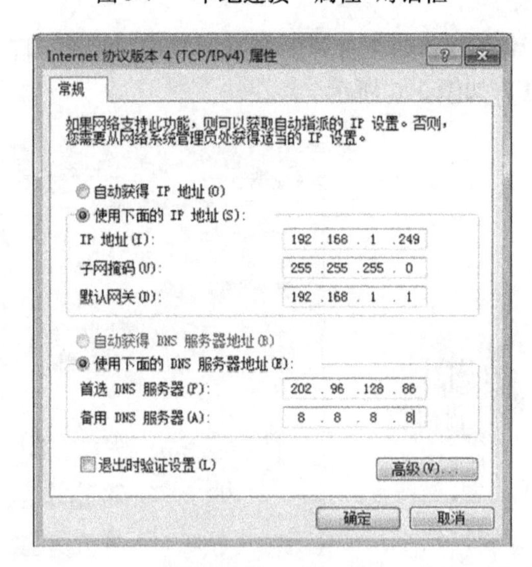

图3-8　“Internet协议版本4(TCP/IPv4)属性”对话框

提示：

服务器和计算机的IP地址都是唯一的，即网络上的计算机的IP地址都不能相同。

3. 测试张悦的计算机与服务器Office-Server的网络连通性

1）在张悦的计算机上进行如下操作：依次单击“开始”→“运行”，打开“运行”对话框，在“打开”下拉列表框中输入“cmd”命令，然后单击“确定”按钮，如图3-9所示。

图 3-9　运行 cmd 命令

2）在打开的命令提示符窗口中，输入“ping 192. 168. 1. 254”，如果显示如图 3-10 所示的界面，那么网络是连通的。如果显示如图 3-11 所示的界面，则网络是不连通的。

```
管理员: C:\Windows\system32\cmd.exe
正在 Ping 192.168.1.254 具有 32 字节的数据:
来自 192.168.1.254 的回复: 字节=32 时间=122ms TTL=64
来自 192.168.1.254 的回复: 字节=32 时间=1ms TTL=64
来自 192.168.1.254 的回复: 字节=32 时间=1ms TTL=64
来自 192.168.1.254 的回复: 字节=32 时间=3ms TTL=64

192.168.1.254 的 Ping 统计信息:
    数据包: 已发送 = 4, 已接收 = 4, 丢失 = 0 (0% 丢失),
往返行程的估计时间(以毫秒为单位):
    最短 = 1ms, 最长 = 122ms, 平均 = 31ms

C:\Users\Administrator.ZGC-20140413XOP>ping 192.168.1.254

正在 Ping 192.168.1.254 具有 32 字节的数据:
来自 192.168.1.254 的回复: 字节=32 时间=2ms TTL=64
来自 192.168.1.254 的回复: 字节=32 时间=4ms TTL=64
来自 192.168.1.254 的回复: 字节=32 时间=4ms TTL=64
来自 192.168.1.254 的回复: 字节=32 时间=2ms TTL=64

192.168.1.254 的 Ping 统计信息:
    数据包: 已发送 = 4, 已接收 = 4, 丢失 = 0 (0% 丢失),
往返行程的估计时间(以毫秒为单位):
    最短 = 2ms, 最长 = 4ms, 平均 = 3ms

C:\Users\Administrator.ZGC-20140413XOP>_
```

图 3-10　网络接通测试通过

```
管理员: C:\Windows\system32\cmd.exe
   子网掩码 . . . . . . . . . . . . : 255.255.255.0
   默认网关. . . . . . . . . . . . . : 192.168.1.1

隧道适配器 isatap.{299407D0-7F61-473E-A519-9859D3B66ED8}:

   媒体状态 . . . . . . . . . . . . : 媒体已断开
   连接特定的 DNS 后缀 . . . . . . . :

隧道适配器 本地连接*:

   媒体状态 . . . . . . . . . . . . : 媒体已断开
   连接特定的 DNS 后缀 . . . . . . . :

C:\Users\Administrator.ZGC-20140413XOP>ping 192.168.1.254

正在 Ping 192.168.1.254 具有 32 字节的数据:
来自 192.168.1.103 的回复: 无法访问目标主机。
来自 192.168.1.103 的回复: 无法访问目标主机。
来自 192.168.1.103 的回复: 无法访问目标主机。
来自 192.168.1.103 的回复: 无法访问目标主机。

192.168.1.254 的 Ping 统计信息:
    数据包: 已发送 = 4, 已接收 = 4, 丢失 = 0 (0% 丢失),

C:\Users\Administrator.ZGC-20140413XOP>
```

图 3-11　网络接通测试不通过

4. 安装360安全卫士

“360安全卫士”是当前功能较强、效果较好、较受用户欢迎的上网必备安全软件，不但永久免费，还独家提供多款著名杀毒软件的免费版，使用方便，查杀速度快、查杀能力强、内存占用小、用户口碑好，在杀木马、防盗号、保护网银和游戏的账号及密码安全、防止计算机变“肉鸡”等方面表现出色。360安全卫士同时还可以优化系统性能，大大提高计算机的运行速度。

登录“360安全中心”网站 http://www.360.cn/，下载并安装“360安全卫士”。运行“360安全卫士”，如图3-12所示，在主窗口中单击“软件管家”按钮，弹出“360软件管家”界面，如图3-13所示，选择需要的程序，单击“下载”按钮即可。

图3-12　360安全卫士

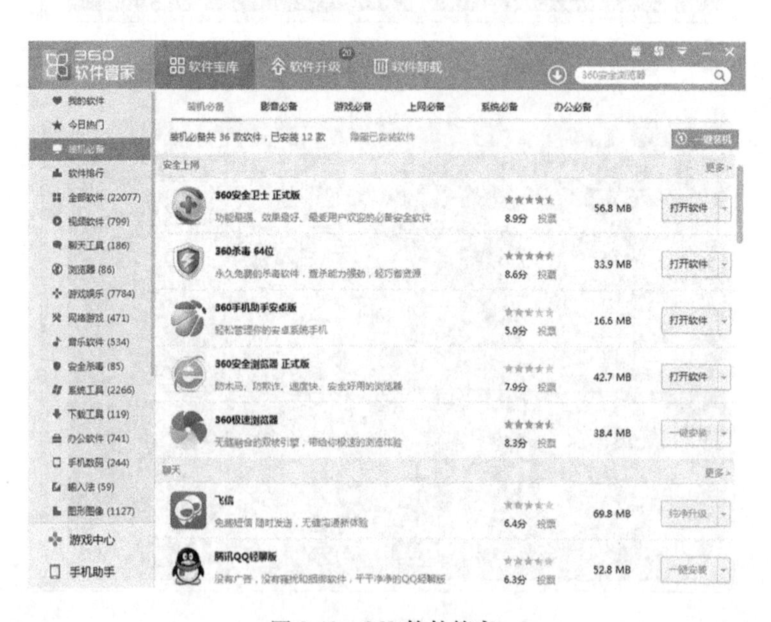

图3-13　360软件管家

知识拓展：

物联网是新一代信息技术的重要组成部分，也是“信息化”时代的重要发展阶段，其英文名称是“Internet of Things(IoT)”。顾名思义，物联网就是物物相连的互联网。这有两层意思：其一，物联网的核心和基础仍然是互联网，是在互联网的基础上延伸和扩展的网络；其二，其用户端延伸和扩展到了任何物品与物品之间，进行信息交换和通信，即物物相息。物联网通过智能感知、识别技术与普适计算等通信感知技术，广泛应用于网络的融合中，因此也被称为继计算机、互联网之后世界信息产业发展的第3次浪潮。物联网是互联网的应用拓展，与其说物联网是网络，不如说物联网是业务和应用。因此，应用创新是物联网发展的核心，以用户体验为核心的创新2.0是物联网发展的灵魂。

教学评价

请按表3-2中的要求，对每位同学所完成的工作任务进行教学评价，评价的结果可分为4个等级：优、良、中、差。

表3-2 教学评价表

评价项目	评价标准	评价结果		
		自评	组评	教师评
任务完成质量	1)会安装瑞星个人防火墙			
	2)会设置和检测计算机的IP地址			
	3)会测试计算机与服务器的网络连通性			
	4)会安装360安全卫士			
任务完成速度	在规定时间内完成本项任务			
工作与学习态度	1)养成正确使用计算机的良好习惯			
	2)能与小组成员通力合作，认真完成任务			
	3)在小组协作过程中能很好地与其他成员交流			
综合评价	评语(优缺点与改进措施)：	总评等级		

任务2 设置文件和打印机的共享

任务描述

张悦要设置Windows 7文件和打印机设备的共享，以便与各位同事共享公司的文件和打印机。

任务学习目标

1)了解Windows 7文件和打印机设备的共享方法。

2）会设置 Windows 7 文件的共享及权限。

3）会添加 Windows 7 打印机。

4）会设置 Windows 7 打印机设备的共享及权限。

5）会设置 Windows 7 的网络打印机。

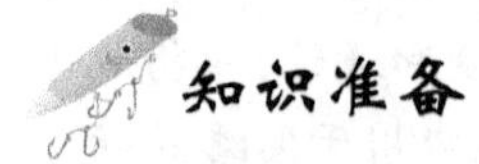

知识准备

1. 文件共享

文件共享是指在网络环境下，文件、文件夹、某个硬盘分区使用时的一种设置属性，一般指多个用户可以同时打开或使用同一个文件或数据。

2. 共享打印

需要有一台计算机作为打印服务器，随时为其他客户端准备打印服务。

3. 网络打印

不需要另外配置一台计算机作为打印服务器，只需具有网络端口的打印机，将其中一端插入打印机，另一端插入交换机即可。

计划与实施

1. 设置张悦计算机上的文件共享

1）右键单击想要设置为共享的文件夹“产品宣传图片”，在弹出的对话框中选择“共享”选项卡，如图 3-14 所示。

2）单击“高级共享”按钮，在弹出的对话框中勾选“共享此文件夹”复选框，输入共享名称，单击“确定”按钮即可共享文件夹，如图 3-15 所示。

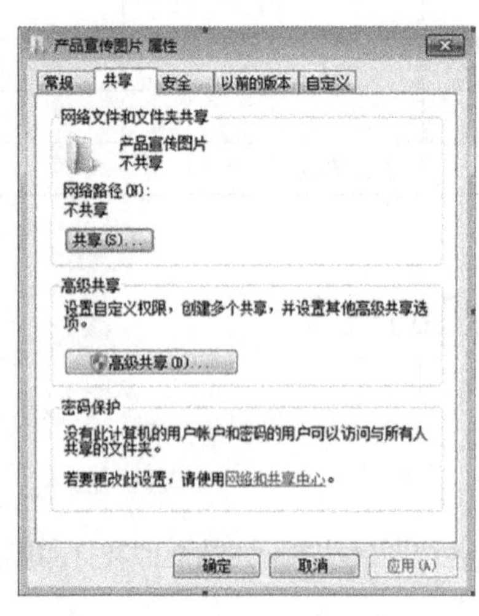

图 3-14　属性对话框

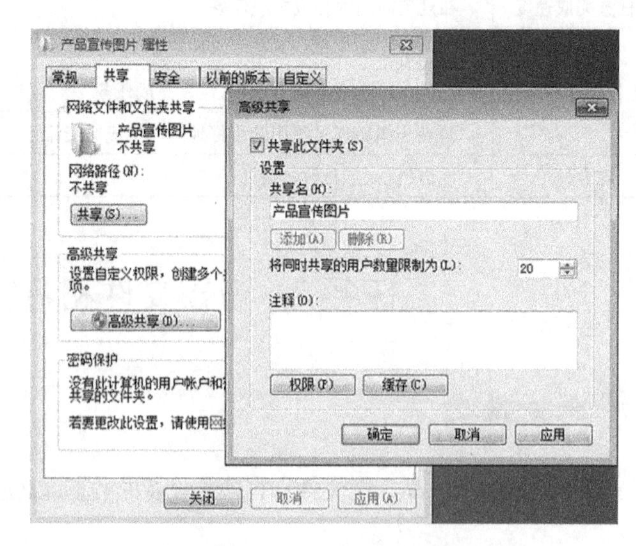

图 3-15　“高级共享”对话框

2. 设置服务器端文件共享

1）右键单击想要设置共享的文件夹，在弹出的快捷菜单中选择“属性”命令。

2）在打开的属性对话框中选择“共享”选项卡，然后单击“高级共享”按钮，输入共享名称。

3）单击“权限”按钮，在弹出的对话框中设置共享文件夹的权限，默认为“读取”权限，如图3-16所示。在如图3-17所示的对话框中选择“安全”选项卡，可以设置用户对共享文件夹进行操作的高级权限。

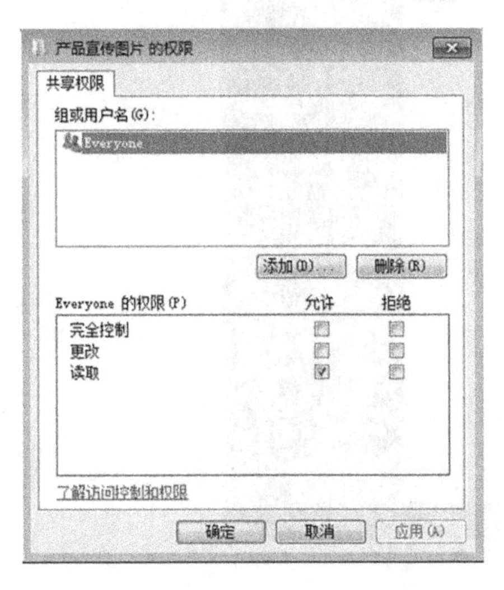

图3-16　设置访问权限对话框

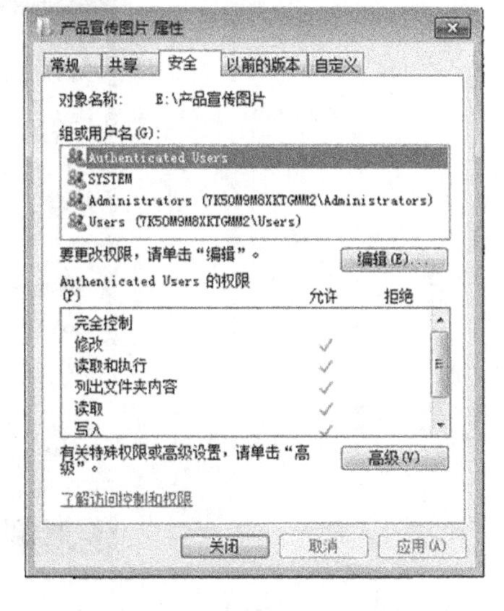

图3-17　设置高级访问权限对话框

提示：

只有分区采用NTFS格式时，才会有“安全”选项卡。而分区采用FAT32格式，没有“安全”选项卡。

4）在张悦的计算机上，双击桌面上的“网络”图标，在打开的窗口中双击共享的计算机图标，即可访问服务器上设置为共享的文件，如图3-18所示。

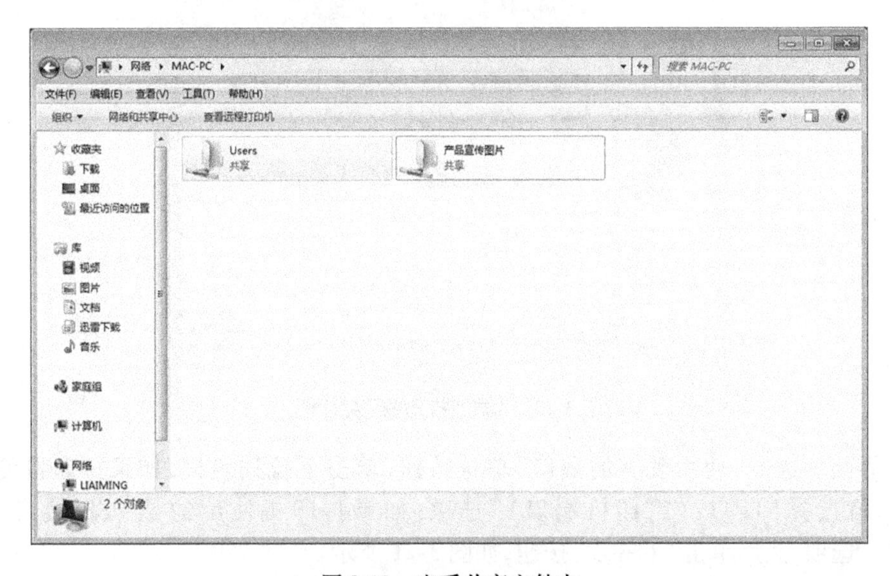

图3-18　查看共享文件夹

3. 设置打印机共享

设置服务器端共享打印机：依次单击“开始”→“设备和打印机”，如图 3-19 所示，打开“设备和打印机”窗口，选择“添加打印机”。

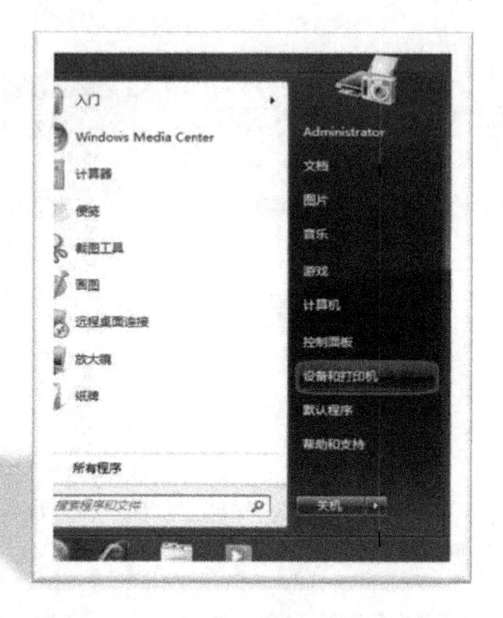

图 3-19　设置打印机共享

在弹出的“添加打印机”对话框中，选择“添加本地打印机”，单击“下一步”按钮，如图 3-20所示。

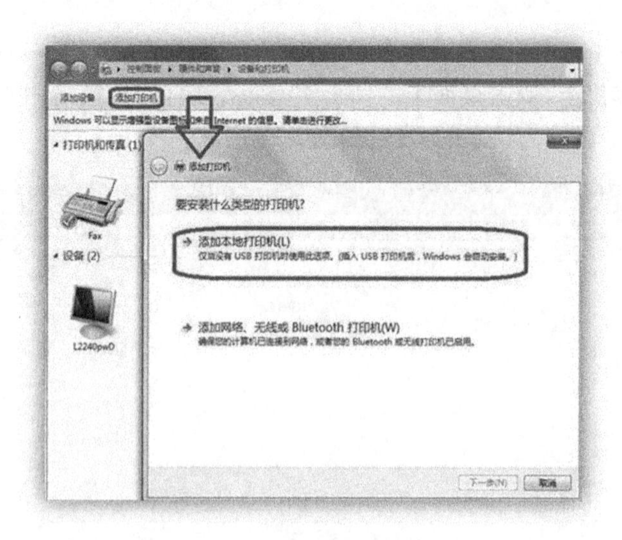

图 3-20　“添加打印机”对话框

在新界面中选中“使用现有的端口”单选按钮，单击下拉列表框，如果打印机使用的是 LPT 接口，就选择“LPT1：（打印机端口）”选项；如果打印机使用的是 USB 接口，就选择“USB001：”选项，然后单击“下一步”按钮，如图 3-21 所示。

图 3-21　选择本地打印机

在新界面中选择打印机的厂商和型号，如“Canon Inkjet MP530 FAX”打印机，如图 3-22 所示。如果列表中没有要安装的打印机型号，那么将打印机驱动程序光盘放入光驱中，单击“从磁盘安装”，在弹出的“从磁盘安装”对话框中，单击“浏览”按钮，在“查找文件”对话框中选定打印机驱动程序在光盘中的目录。

图 3-22　选定打印机制造商和型号

完成打印机制造商和型号的选定后单击“下一步”按钮，进入正在安装界面，如图 3-23 所示。在新界面中设置打印机的名称，默认为打印机的厂商和型号“Canon Inkjet MP530 FAX”，然后单击“下一步”按钮，如图 3-24 所示。

在新界面中设置打印机共享，选中“共享此打印机以便网络中的其他用户可以找到并使用它”单选按钮，并设置共享的名称为“Canon”，然后单击“下一步”按钮，如图 3-25 所示。

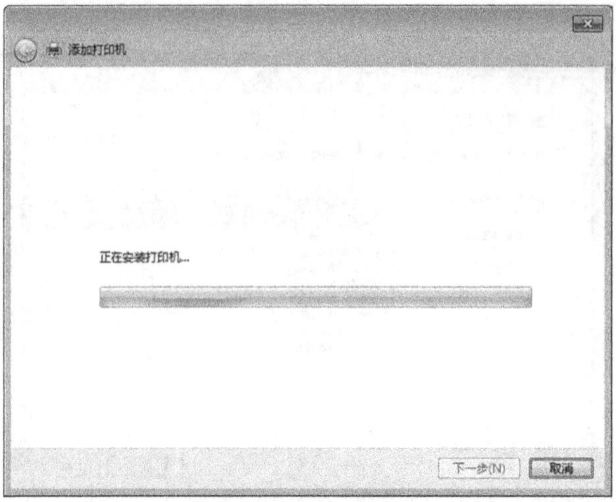

添加打印机

正在安装打印机...

下一步(N)　取消

图 3-23　安装界面

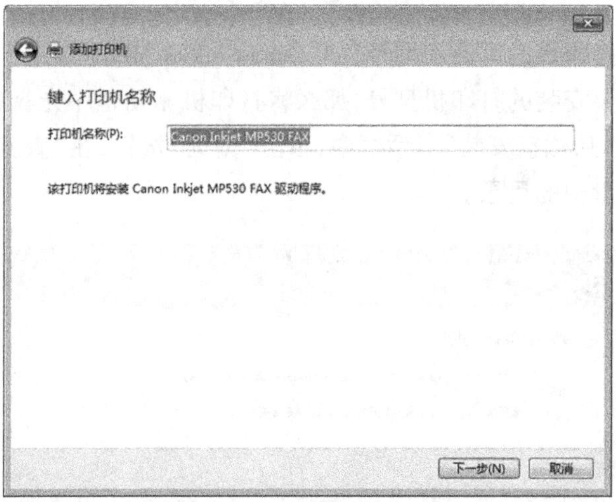

添加打印机

键入打印机名称

打印机名称(P):　Canon Inkjet MP530 FAX

该打印机将安装 Canon Inkjet MP530 FAX 驱动程序。

下一步(N)　取消

图 3-24　设置打印机的名称

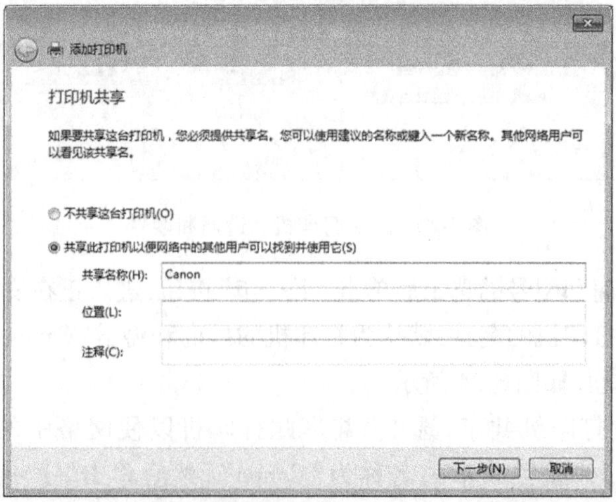

添加打印机

打印机共享

如果要共享这台打印机，您必须提供共享名。您可以使用建议的名称或键入一个新名称。其他网络用户可以看见该共享名。

不共享这台打印机(O)

共享此打印机以便网络中的其他用户可以找到并使用它(S)

共享名称(H):　Canon

位置(L):

注释(C):

下一步(N)　取消

图 3-25　命名共享打印机

在新界面中进行打印测试页操作，然后单击“完成”按钮，完成打印机安装，如图 3-26 所示。

图 3-26　完成打印机安装

最后单击“完成”按钮完成设置，在“设备和打印机”窗口中出现新添加的共享打印机，如图 3-27 所示。

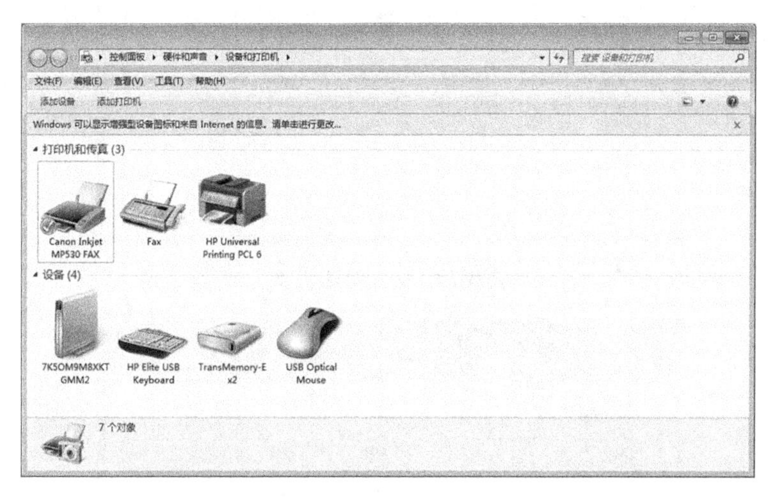

图 3-27　打印机安装完成后的“设备和打印机”窗口

4. 张悦将自己的计算机连接到共享打印机上

依次单击“开始”→“设备和打印机”，打开“设备和打印机”窗口，单击“添加打印机”，如图 3-28 所示。

在弹出的对话框中选择“添加网络、无线或 Bluetooth 打印机”选项，然后单击“下一步”按钮，如图 3-29 所示。

等待系统搜索出共享打印机后，只需按提示操作即可。若系统找不到所需的打印机，也可以单击“我需要的打印机不在列表中”选项，然后单击“下一步”按钮，如图 3-30 所示。

图 3-28　添加打印机 1

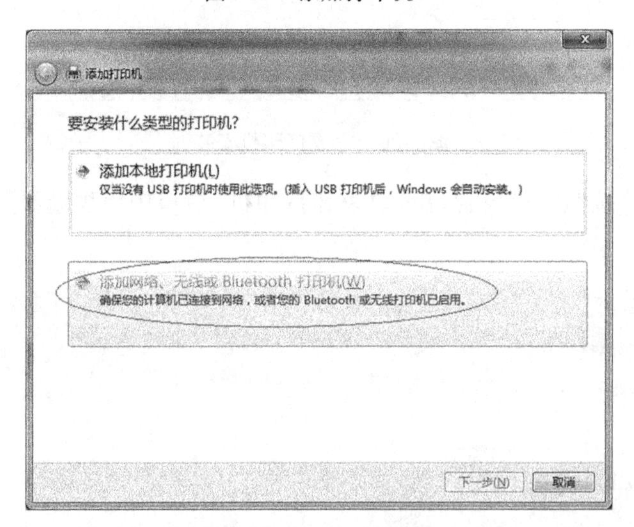

图 3-29　添加打印机 2

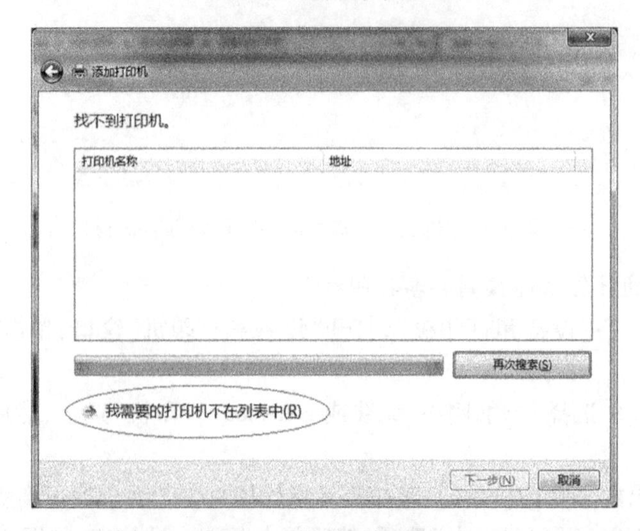

图 3-30　找不到打印机

在新界面中选中“浏览打印机”单选按钮,找到共享打印机的名字,进行连接即可;或者选中“按名称选择共享打印机”单选按钮,并在文本框中输入共享计算机的名字与网络打印机的名称,然后单击“下一步”按钮,如图 3-31 和图 3-32 所示。

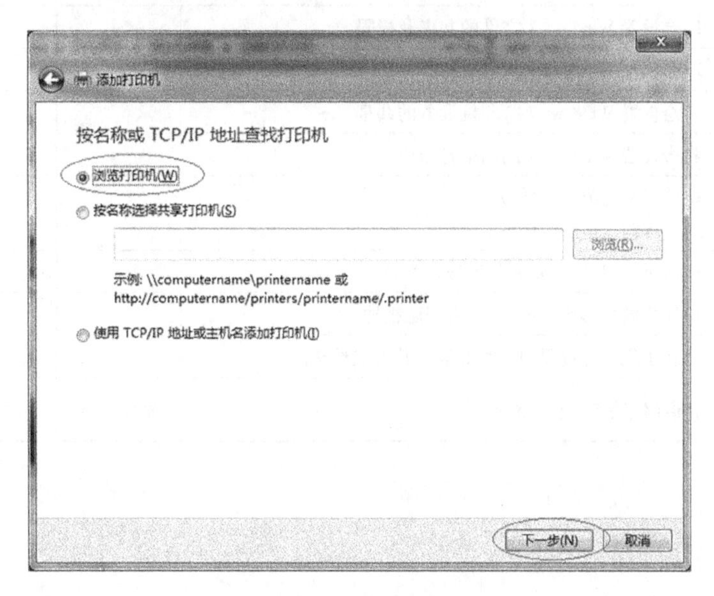

图 3-31　查找打印机

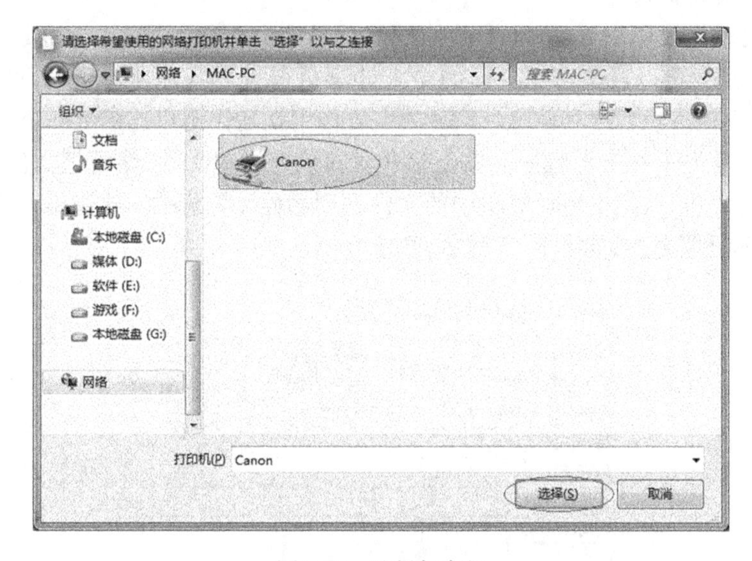

图 3-32　选择打印机

弹出正在完成添加打印机向导界面,完成安装即可。

教学评价

请按表 3-3 中的要求,对每位同学所完成的工作任务进行教学评价,评价的结果可分为 4 个等级:优、良、中、差。

表 3-3 教学评价表

评价项目	评 价 标 准	评价结果		
		自评	组评	教师评
任务完成质量	1)会设置 Windows 7 文件的共享及权限			
	2)会添加 Windows 7 打印机			
	3)会设置 Windows 7 打印机设备的共享			
	4)会设置 Windows 7 的网络打印机			
任务完成速度	1)能按时完成学习任务 2)能提前完成学习任务			
工作与学习态度	1)通过学习,增强职业资源分享意识			
	2)能与同学协作完成任务,有团队精神			
	3)在小组协作过程中能很好地与其他成员交流			
综合评价	评语(优缺点与改进措施):	总评等级		

知识拓展

1. FTP 文件传输协议

FTP 文件传输协议用于 Internet 上的控制文件的双向传输。同时,它也是一个应用程序(Application)。用户可以通过它把自己的个人计算机与世界各地所有运行 FTP 的服务器相连,访问服务器上的大量程序和信息。FTP 的主要作用就是让用户连接上一个远程计算机(这些计算机上运行着 FTP 服务器程序),查看远程计算机有哪些文件,然后把文件从远程计算机上复制到本地计算机,或把本地计算机中的文件送到远程计算机中。这里推荐大小只有 76KB 的 20CN MINI FTP 服务器,如图 3-33 所示,简单方便且好用。

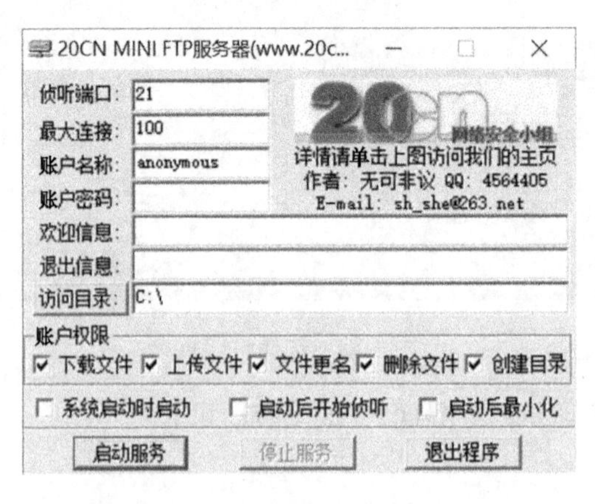

图 3-33 20CN MINI FTP 服务器

2. 无线办公网络

企业办公网络建设需要考虑经济性、高效率,并考虑企业员工自由工作的需求。无线办公网络是高效率、符合员工自由需求的强经济性的企业网络解决方案。首先,Wi-Fi 无线网络本身最大的特点就是淘汰了传统有线网络中复杂的布线,并且无须对环境布置进行严格安排。

综合实训 构建个人网络空间

项目引入

随着网络的普及,Internet 为人们提供的服务也越来越多,拥有个人网络空间已经成为时尚一族的新宠。在个人网络空间里,人们可以将自己喜欢的照片上传到网络相册里,可以将自己的心情以网络日记的形式发表到个人的博客中,可以将自己喜欢的音乐添加到音乐收藏夹中,可以装扮自己的网上家园。

项目任务描述

在 Internet 上,利用已学过的知识和技能,在网易 http://www.163.com 上申请属于自己的电子邮箱,并利用这个电子邮箱申请即时聊天工具——QQ 账号,利用 IE 浏览器或 360 软件管家下载安装 QQ 软件,并利用 QQ 与同事加为好友,整理素材,构筑自己的 QQ 空间,在自己的空间里写日志和心情,上传照片,分享美文,利用网络硬盘上传和下载自己的资料,给其他好友发 QQ 邮件,维护自己的空间。具体要求如下:

1)在网易网站上申请属于自己的免费电子邮箱。

2)在 http://www.qq.com 上申请属于自己的 QQ 账号。

3)在 IE 浏览器中下载 QQ 软件,并安装在计算机中。

4)登录自己的 QQ 账号,与同事加为好友。

5)整理素材,构筑自己的 QQ 空间。

6)在自己的空间里写工作、学习日志和即时心情。

7)在自己的空间里上传照片。

8)在自己的空间里与好友共享美文。

9)在自己的空间里与好友收藏共享好听的音乐。

10)给其他访问自己空间的好友发邮件,感谢他们。

11)访问好友空间并留言。

12)利用网络硬盘上传和下载自己的资料。

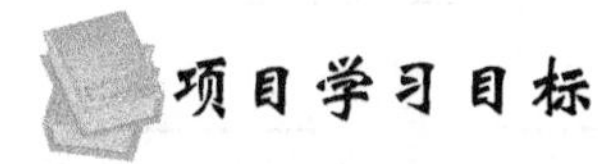

项目学习目标

通过本项目的综合训练,使学生:

1)能熟练使用电子邮箱收发电子邮件。

2)能熟练使用即时聊天工具——QQ。

3)能建设自己的网上家园——QQ 空间。

4）能熟练在 QQ 空间里上传照片。

5）能熟练在 QQ 空间里发表日志和心情。

6）能熟练在 QQ 空间里共享美文。

7）能熟练添加、删除 QQ 好友。

8）能熟练使用 IE 访问其他人的空间，并留言。

9）具有一定的创新意识、职业意识和审美能力。

项目分解

本项目可分解为以下几项具体任务，见表 3-4。

表 3-4　学习任务学时分配表

项目分解	学习任务名称	学时
任务 1	申请电子邮箱和 QQ 账号	4
任务 2	使用 QQ	
任务 3	构建自己的个人空间	
任务 4	访问好友的空间	

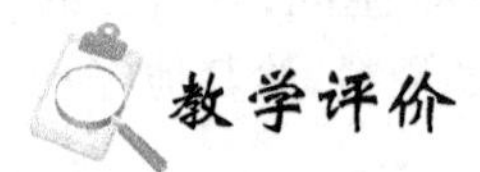

教学评价

实训完成后，请按表 3-5 中的要求进行教学评价，评价结果可分为 4 个等级：优、良、中、差。

表 3-5　教学评价表

评价项目	评价标准	评价结果		
		自评	组评	教师评
任务完成质量	1）能按具体要求完成学习任务			
	2）个人空间有新意，有特色			
任务完成速度	1）能按时完成学习任务 2）能提前完成学习任务			
工作与学习态度	1）能认真学习，有钻研精神			
	2）能与同学协作完成任务			
	3）有创新精神和团队精神			
综合评价	评语（优缺点与改进措施）：	总评等级		

项目4 制作“优秀学生社团”宣传片

随着计算机技术的迅猛发展，多媒体技术的应用也以迅雷不及掩耳之势广泛渗透到现代人类的学习、工作和生活的每一个角落，尤其是在教育、科研、广告、宣传、视频、通信、影视、广播等方面，更是显现出了多媒体技术无比的魅力，使现代人的生活变得更加丰富多彩，有声有色。因此，学习和掌握多媒体技术已经成为我们学习、工作和生活不可或缺的内容。

项目引入

张悦同学所在的学校正如火如荼地开展“优秀学生社团”活动。学校要求她们为所在学生社团制作一个“优秀学生社团”宣传片。希望通过这个宣传片，一方面展示学校丰富多彩的校园活动，另一方面也想借此号召更多的师生积极地参与各类校园活动，并从中选出最优秀的宣传片参加全市“优秀学生社团”的评选活动。

项目任务描述

要制作好这个宣传片，张悦和同学们首先要根据这个活动的主题，为自己所在的学生社团“醒狮社”准备好制作短片所需要的各种素材，其中包括文字、图片、音乐、视频等信息资料的收集与制作，具体见表4-1。

表4-1 素材要求

素材类型	数量	要　求	备　注
文字	3	1)短片片头 2)短片结尾 3)部分图片及视频中的文字说明	用于对图片、视频的介绍
图片	3~4	JPG格式，分辨率大于(640×480)dpi	能够展示社团活动
音乐	1	音乐，1min，WAV格式	用于整个视频的背景音乐
视频	1~2	分辨率大于(640×480)dpi	

然后，利用多媒体软件，对这些素材进行必要的处理、加工和合成，最后合成为一个精彩的多媒体宣传片。

项目学习目标

通过本项目的学习，使学生达到以下学习目标：

1）了解多媒体技术的特点和发展，以及在人类学习、工作、生活中的作用。

2）通过实践和操作，体验多媒体信息的采集过程，提高信息和资料的采集能力，以提高运用多媒体软件制作多媒体作品的能力。

3）培养学生尊重和保护知识产权的意识。

项目分解

本项目分为两个学习任务和一个综合实训，学时安排见表4-2。

表4-2　任务学时分配

项目分解	学习任务名称	学时
任务1	采集加工多媒体素材	6
任务2	制作“优秀学生社团”宣传片	6
综合实训	制作“多彩校园生活”DV	4

任务1　采集加工多媒体素材

“巧妇难为无米之炊”，多媒体作品的创作需要许多素材。围绕“优秀学生社团”的主题，张悦和同学们进行了仔细的分析，确定了制作所需的内容，其中包括文字、图片、音乐、音频、视频等多种素材。在采集素材时，我们基本可以直接用智能手机来采集，同时还需要用各种软件，如Photoshop、美图秀秀、GoldWave、Format Factory等，对所采集的素材进行处理。

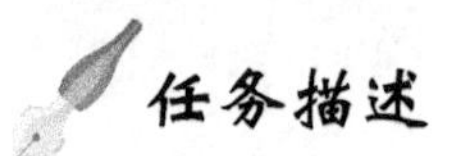

任务描述

“优秀学生社团”宣传片的素材，需要通过照片扫描、录制、网络下载、数码拍摄、截取屏幕图像等多种途径获取各种图文视音频素材，并进行处理加工，以符合宣传片主题的要求。

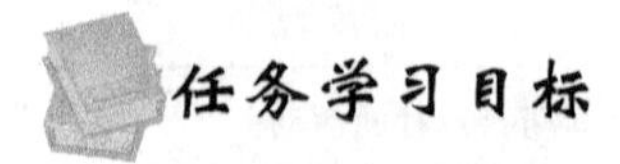

任务学习目标

1）了解多媒体的基本概念及其发展。

2）了解常见的图像文件格式及特点。

3）了解常见的音频、视频文件格式。

4）掌握常用图像工具软件的使用方法。

5）熟悉获取文本、图像、音频、视频等常用多媒体素材的方法。

6）掌握使用软件对音频、视频文件进行格式转换的方法。

7)使用软件对音频、视频文件进行简单的编辑加工。

8)体验创作的成就感,培养学生基本的审美素养。

9)素材采集过程中,培养学生的法律意识、版权意识和职业道德。

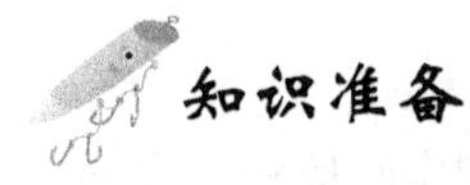

知识准备

1. 媒体与多媒体的概念

(1)媒体　这里所说的“媒体”(Media)是指用以表达信息的载体,如文本、声音、图像、图形、动画、视频等。

(2)多媒体　英文单词是 Multimedia,一般理解为多种媒体的综合。

现在通常说的多媒体,常常被当作多媒体技术的同义词,一般是指能够同时获取、处理、编辑、存储和展示两个以上不同类型信息媒体的技术,这些信息媒体包括文字、图形、图像、动画、声音、视频等。

2. 常见的多媒体素材采集设备

在开始素材采集之前,张悦和同学们首先认识了一下常见的多媒体素材采集设备,如扫描仪、数码照相机、数码摄像机等,如图 4-1 所示。

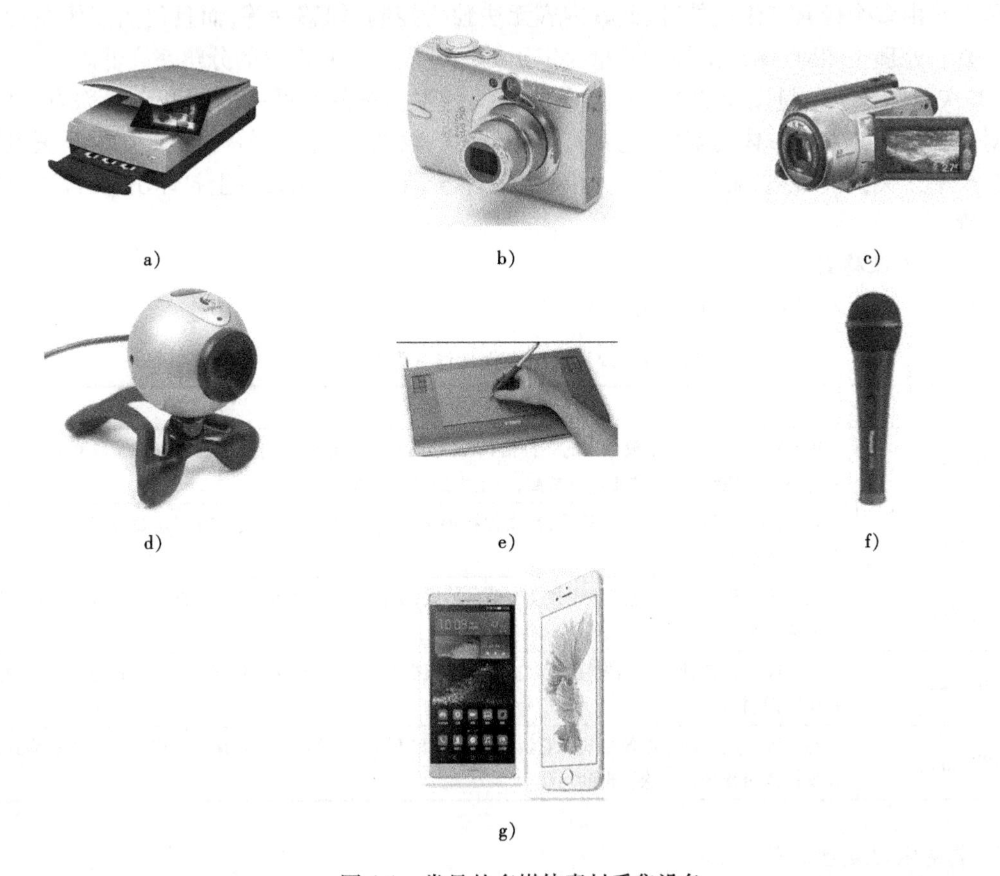

图 4-1　常见的多媒体素材采集设备

a)扫描仪　b)数码照相机　c)数码摄像机　d)摄像头　e)手写板　f)麦克风　g)智能手机

(1)扫描仪　扫描仪是一种计算机图像采集设备,可以将照片、图纸、文稿等平面素材扫描输入到计算机中,并通过扫描仪专用软件将扫描的信息保存为图片文件。

(2)数码照相机　数码相机能够进行照片拍摄并通过内部处理把拍摄到的影像转换为数字图像进行保存。

(3)数码摄像机　数码摄像机能够拍摄动态影像并以数字格式存放。

(4)摄像头　摄像头是一种视频输入设备,被广泛地运用于视频会议和实时监控等方面。

(5)手写板　手写板(绘图板)是一种手绘式输入设备,通常会配备专用的手绘笔。人们用手绘笔在绘图板的特定区域内绘画或书写,计算机系统会将绘画轨迹记录下来。

(6)麦克风　麦克风学名为传声器,是一种将声音转化为电信号的能量转换设备。

(7)智能手机　智能手机是指像个人计算机一样,具有独立的操作系统和独立的运行空间,可以由用户自行安装第三方服务商提供的程序,并可以通过移动通信网络来实现无线网络接入手机类型的总称。常用的智能手机操作系统有谷歌 Android 和苹果 iOS。

智能手机基本可以实现以上设备的功能。

3. 数字化图像的基本类型

数字化的图像大致可以分为两种类型:位图图像和矢量图像。

(1)位图图像　位图也称为像素图像或点阵图像,是由多个点组成的,这些点称为像素。由于位图是由多个像素点组成的,因此其内容无法独立控制,如移动等,而且位图图像在缩放时会失真。处理位图时,输出图像的质量决定于处理过程开始时设置的分辨率高低。

(2)矢量图像　矢量图像的内容以线条和色块为主。矢量文件中的图形元素称为对象。每个对象都是一个自成一体的实体,它具有颜色、形状、轮廓、大小和屏幕位置等属性。矢量图形与分辨率无关,可以将它缩放到任意大小和以任意分辨率在输出设备上打印出来,都不会影响清晰度。

4. 常见图像格式

常见的图像文件格式和特点见表4-3。

表4-3　常见的图像文件格式及特点

文件格式	特　点
BMP 格式	Windows 操作系统中较常用的一种格式,几乎所有与图形图像有关的软件都支持这种格式;一般是不进行压缩的,图像质量非常高;不足之处是数据量大
JPEG 格式	是网络上比较流行的一种格式,其文件扩展名为 . jpg 或 . jpeg。使用有损压缩方案,文件占据存储空间非常小
GIF 格式	使用无损压缩,同时支持静态和动态两种形式,文件体积比较小;最多只能处理 256 种色彩,支持透明背景
TIFF 格式	是 Mac 中广泛使用的图像格式。它的特点是图像格式复杂、存储信息多, 很多地方将 TIFF 格式用于印刷
PNG 格式	是一种新兴的网络图像格式。它汲取了 GIF 和 JPG 二者的优点,兼有 GIF 和 JPG 的色彩模式,并支持透明背景和消除锯齿的功能

5. 常见图像处理软件

(1)简易型图像工具软件　如画图、ACDSee、Picasa、美图秀秀、光影魔术手等。

(2)专业型图像处理软件　如 Photoshop、AutoCAD、CorelDraw 等。

6. 图像处理基本术语

(1)亮度/明度　指图像的亮度或图像的明暗程度。

(2)对比度　指不同颜色之间的差异。调整对比度即调整颜色之间的差异。

(3)色彩平衡　指图像整体色彩的相对强度。色彩平衡可使图像的色调更趋自然。

(4)饱和度　指色彩的纯度，饱和度越高，色彩越浓。

(5)色相　指色彩空间的某特征颜色，即一种颜色区别于其他颜色最显著的特性。

(6)锐度　指图像细节的清晰程度。

7. 常见的音频文件格式

常用的声音文件格式有 CD 格式、WAV 格式、MP3 格式和 MIDI 格式。

(1)CD 格式　CD 唱片中的音乐文件常用 CDA 格式保存，一般为 44kHz，16bit 立体声音频质量，这是目前存储效率比较低的一种形式。

(2)WAV 格式　无损音频格式。WAV 格式是多媒体教学软件中常用的声音文件格式，它的兼容性非常好，但文件较大。WAV 格式的声音属性，如采样频率、采样位数、声道数，直接影响 WAV 格式文件的大小。

(3)MP3 格式　有损压缩音频格式，是一种经过压缩的文件格式，播放时需要专门的 MP3 播放器，占用磁盘空间较小。

(4)MIDI 格式　MIDI 音频是通过合成获取的，是电子乐器声音文件格式，即将电子乐器演奏的音乐的过程用一种专门的语言描述并以 MIDI 文件(.mid)的格式保存起来。MIDI 文件本身只是一些数字信号，占用磁盘空间较小，常作为多媒体教学软件的背景音乐文件。

(5)流式音频　如 Windows Media Audio(WMA)、RealMedia(RA/RM/RAM)、QuickTime(MOV)。

8. 常见的视频文件格式

常见的视频格式主要有以下几种：

(1)AVI 格式　AVI(Audio Video Interleave)即为音频视频交叉存取格式。在 AVI 文件中，按交替方式组织音频和视像数据，使得读取视频数据流时能更有效地从存储媒介得到连续的信息。它最直接的优点是兼容好、调用方便而且图像质量好，因此也常常与 DVD 相并称。

(2)MPEG 格式　MPEG 不是简单的一种文件格式，而是编码方案。MPEG 文件又分为 MPEG-1、MPEG-2、MPEG-3、MPEG-4。MPEG-1 主要应用于 VCD，几乎所有 VCD 都是使用 MPGE-1 格式压缩的(.dat 格式的文件)；MPEG-2 多用于 DVD 的制作(.vob 格式的文件)，同时也在一些 HDTV 高清晰电视广播和一些高要求视频编辑和处理中有相当多的应用；MPEG-4 是一种新的压缩算法，常见的如 Divx、Xvid 等。

(3)RM/RMVB 格式　RM 是主要用于在低速率的网上实时传输视频的压缩格式，它是 Real 公司对多媒体世界的一大贡献。它具有小体积且又比较清晰的特点。这类文件可以实现即时播放，即在数据传输过程中“边传边播”，避免了用户必须等待整个文件全部下载完毕才能观看的缺点，因而特别适合在线观看影视。

(4)ASF/WMV 格式　这是微软的流媒体视频格式，也是 WindowsMedia 的核心。ASF (Advanced Stream Format)是一种数据格式，音频、视频等多媒体信息通过这种格式，以网络数据包的形式传输，实现流式多媒体内容发布。ASF 支持任意的压缩/解压缩编码方式，并可以使用任何一种底层网络传输协议，具有很大的灵活性。WMV 是在 ASF 格式的基础上升级延伸而来，在同等视频质量下，WMV格式的体积非常小，很适合在网上播放和传输。

（5）MOV格式　即QuickTime影片格式，它是Apple公司开发的音视频文件格式。QuickTime具有跨平台、存储空间要求小的技术特点，采用了有损压缩的MOV格式，画面效果较AVI格式要稍微好一些。

9. 常用的视音频播放、处理软件

1）常用的视音频播放软件有RealPlayer、千千静听、暴风影音、超级解霸、QuickTime等。

2）常用的音频处理软件有GoldWave、Sound Forge、CoolEdit、CakeWalk、Adobe Audition等。

3）常用的视频处理软件有会声会影、Premiere、After Effects等。

10. 获取多媒体素材的途径

（1）通过网络途径获取多媒体素材　互联网上的资源浩如烟海，可以充分利用互联网来收集各类素材，如从网络上下载图片素材和视频素材等，但要特别注意版权问题。具体步骤如下：

1）启动IE浏览器，在IE地址栏中输入百度地址“http://www.baidu.com”，如图4-2所示。

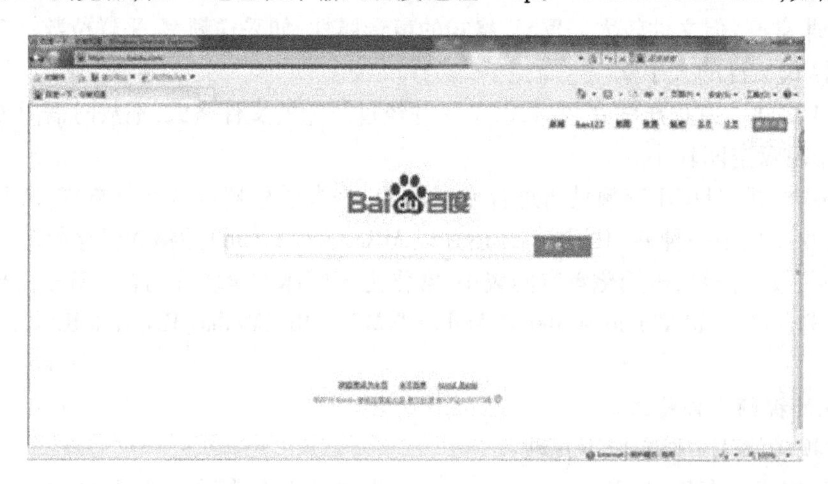

图4-2　百度网站

2）在搜索框中输入关键词“醒狮”，单击“百度一下”按钮，就会列出关于“醒狮”的链接信息，如图4-3所示。

图4-3　搜索“醒狮”相关信息

3)单击搜索结果链接信息,就能访问相应的网页,收集相关资料。

小提示:

在搜索图片、音频、视频等不同格式的素材时,可以相应地单击搜索框上方的图片、视频选项卡,以使搜索更快捷、更准确。

(2)使用智能手机和扫描全能王软件获取文字素材　张悦从学校图书馆收集到了一些有关社团的资料,这些纸质材料里面的很多文字内容都很好,张悦想把这些文字素材采集下来,但文字内容很多,手工录入会浪费许多时间。张悦想到了利用扫描全能王扫描文字图像,对文字图像识别转化,使图像格式转化成文本格式,从而提高工作效率。具体步骤如下:

1)手机下载软件到桌面,点击图标,如图4-4所示。

2)进入后点击相机图像,对文章进行拍照,如图4-5所示。

图4-4　下载并打开扫描全能王软件

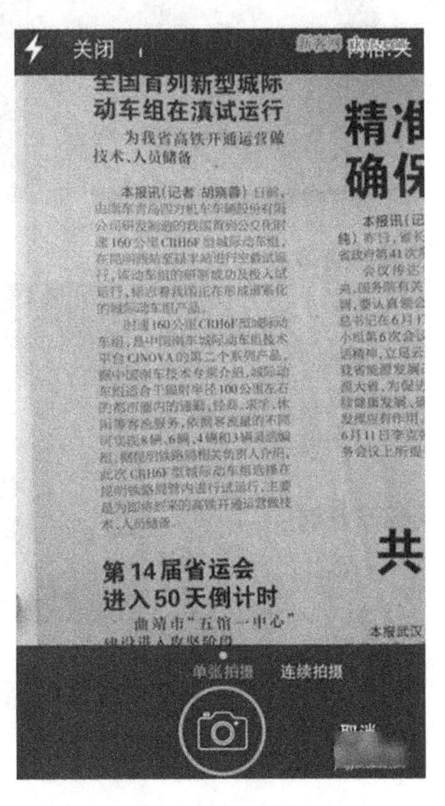

图4-5　对文章拍照

3)进入选择页面后,用手拖拉选择放框,选择自己需要的章段后点击确定,如图4-6所示。

4)进入文章识别页面后点击“识别”,就会对文章进行识别,如图4-7所示。

5)在文本识别中,将图片中的文字进行识别,点击确定,下一步就会出现文字识别结果页面,如果内容无误,则可以点击分享,如图4-8所示。

6)分享页面出现后,就可以发到你所分享的地方了。

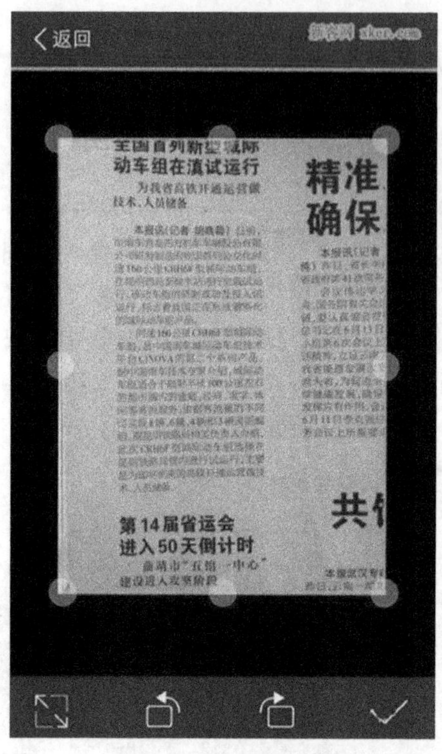

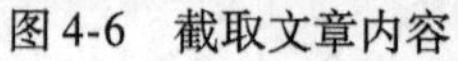
图4-6　截取文章内容

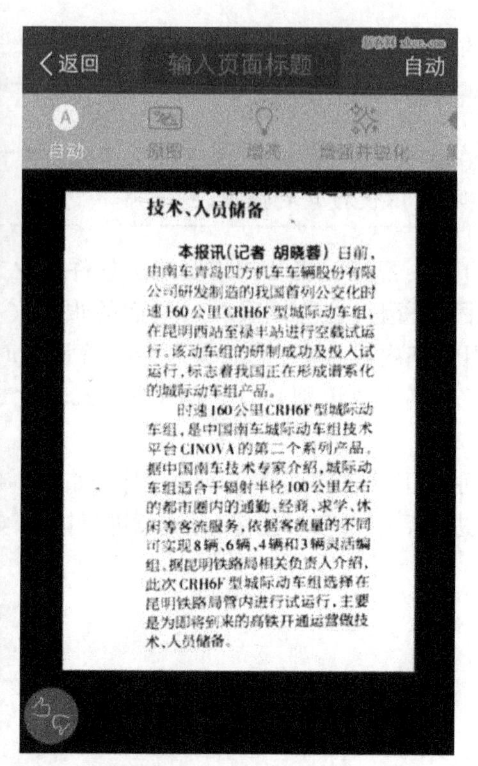

技术、人员储备

本报讯（记者 胡晓蓉）日前，由南车青岛四方机车车辆股份有限公司研发制造的我国首列公交化时速160公里CRH6F型城际动车组，在昆明西站至禄丰站进行空载试运行，该动车组的研制成功及投入试运行，标志着我国正在形成谱系化的城际动车组产品。

时速160公里CRH6F型城际动车组，是中国南车城际动车组技术平台CINOVA的第二个系列产品。据中国南车技术专家介绍，城际动车组适合于辐射半径100公里左右的都市圈内的通勤、经商、求学、休闲等客流服务，依据客流量的不同可实现8辆、6辆、4辆和3辆灵活编组。据昆明铁路局相关负责人介绍，此次CRH6F型城际动车组选择在昆明铁路局管内进行试运行，主要是为即将到来的高铁开通运营做技术、人员储备。

图4-7　文章识别

图4-8　分享结果

补充:采集文本素材

在文字内容不多的情况下,可以采用计算机键盘直接输入文字的方式,这是最常用的方式;也可以借助手写板、语音输入等间接输入方式获取文字素材。

(3)用截图软件截取图像　HyperSnap-DX 是个屏幕抓图工具,它不仅能抓住标准桌面程序,还能抓取 DirectX, 3Dfx Glide 游戏和视频或 DVD 屏幕图。它能以 20 多种图形格式(包括 BMP, GIF, JPEG, TIFF, PCX 格式等)保存并阅读图片,用户可以利用它截取各种素材的图像。具体步骤如下:

1)运行 HyperSnap 6,启动后的界面如图 4-9 所示。

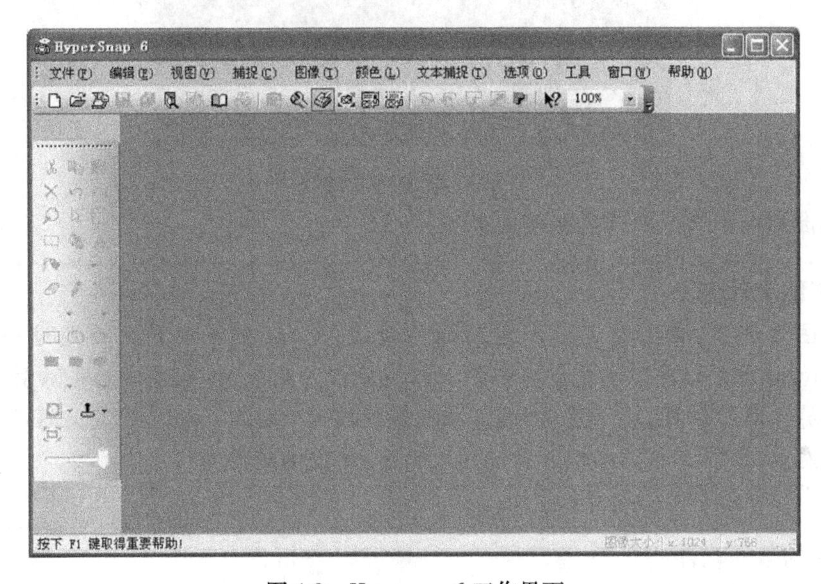

图 4-9　Hypersnap 6 工作界面

2)执行“捕捉”→“捕捉设置”命令,可以进行捕捉前的相关设置,如图 4-10 所示,这里设置捕捉区域为椭圆。

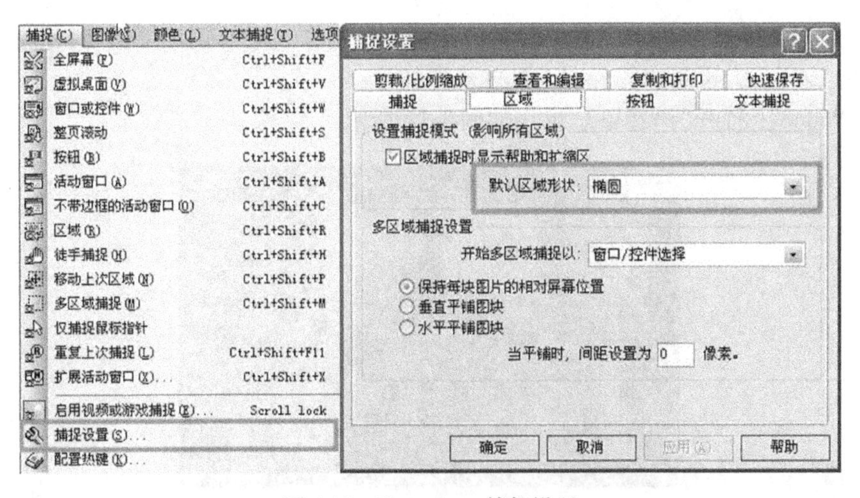

图 4-10　HyperSnap 捕捉设置

3)执行“捕捉”菜单下的相应命令即可对当前屏幕内容进行捕捉。如图 4-11 所示为捕捉“区域”命令所得到的图像。

图 4-11　HyperSnap 捕捉图像

4)将捕捉到的图像选择合适的格式存储。

小提示:抓取滚动窗口

在抓图过程中,常常会遇到一些特殊的情况,例如,要抓取的画面超过一屏,利用 HyperSnap的抓取滚动窗口功能就可以很轻松地完成。此时,将垂直滚动条放置在希望开始自动滚屏抓取的位置,按下整页卷动(捕捉快捷键为 < Ctrl + Shift + S >),然后在窗口中单击鼠标左键,屏幕会向下移动并自动捕捉画面,单击右键结束。

补充:常用的截图软件

截取屏幕图像最常用的就是 Windows 操作系统自带的截图功能,按下 < Print Screen sysrq >键,然后打开画图软件粘贴,就可以对所截图片进行编辑了。

常用的截图软件还有 SnagIt、红蜻蜓抓图精灵、屏幕截图能手、QQ 截屏工具等。

(4)使用智能手机“录音机”软件录制声音　为使制作出来的短片更生动、完整,可以给宣传片配上用“录音机”录制的解说词。具体步骤如下:

1)在 iPhone 上打开“语音备忘录”,如图 4-12 所示。

图 4-12　打开“语音备忘录”

2）按一下红色按钮就可以进行录音，如图 4-13 所示。

3）录音完成后，点击“完成”，编辑语音备忘录的名称并保存文件，如图 4-14 所示。

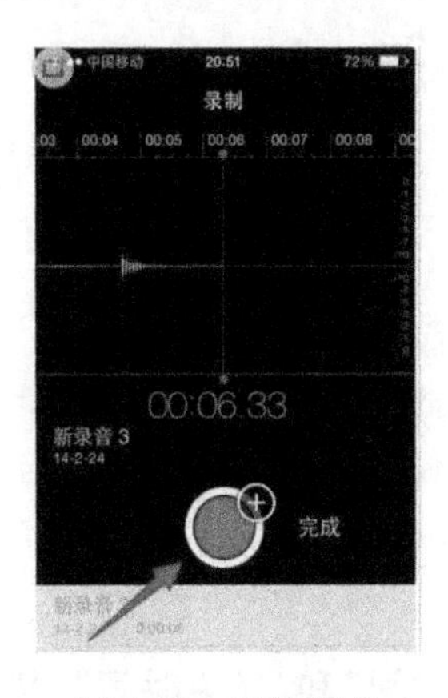

图 4-13 开始录音

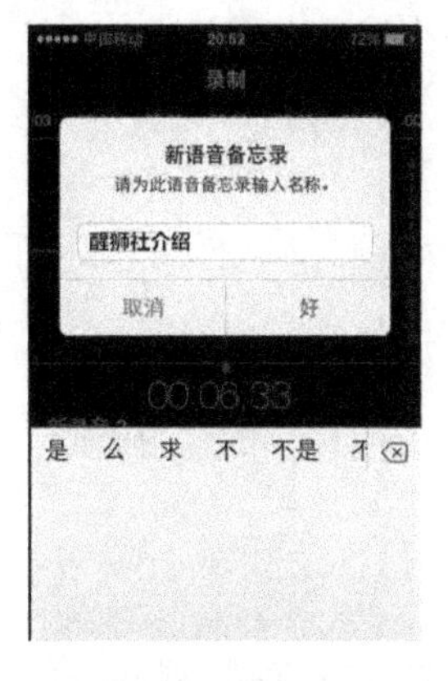

图 4-14 保存录音

小提示：

还可以用其他设备和软件进行录制声音，如采用数码录音笔、GoldWave、SoundForge 等。

（5）用“格式工厂”获取视频片段 格式工厂是一种多媒体格式转换软件。它提供以下功能：将所有类型的视频转成 MP4、3GP、MPG、AVI、WMV、FLV、SWF 格式；将所有类型的音频转成 MP3、WMA、AMR、OGG、AAC、WAV 格式；所有类型的图片转成 JPG、BMP、PNG、TIF、ICO、GIF、TGA 格式；抓取 DVD 到视频文件，抓取音乐 CD 到音频文件；MP4 文件支持 iPod、iPhone、PSP、黑莓、安卓 HTC 等指定格式。

学校摄像师用数码摄像机拍摄了一系列学校醒狮社活动的视频，但张悦只需要其中的片段，可以用“格式工厂”截取下来，用到自己的作品中。具体步骤如下：

1）打开“格式工厂”，单击“视频”按钮，选择想要输出的格式，可以转换格式，也可以和原来的视频格式一致，如图 4-15 所示。

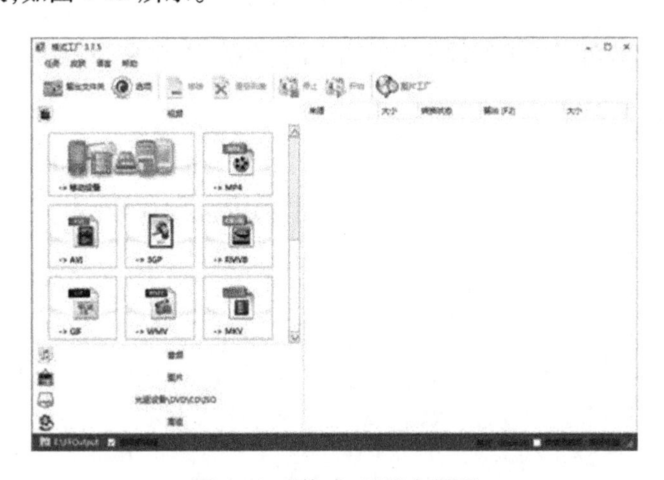

图 4-15 “格式工厂”主界面

2）单击“添加文件”按钮，添加需要截取的视频，单击“确定”按钮，如图 4-16 所示。

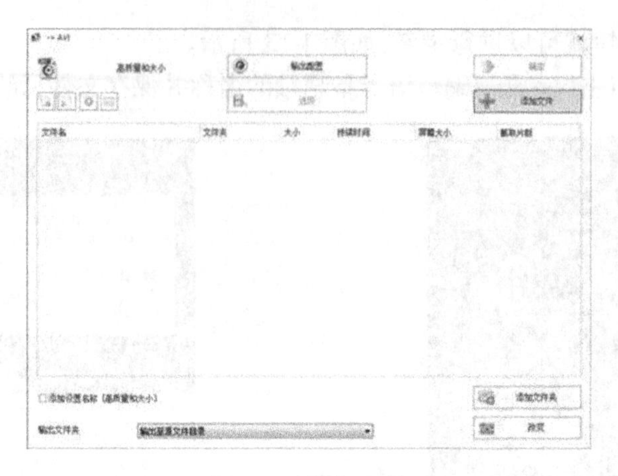

图 4-16　添加文件

3）添加后，单击“选项”，视频开始播放，选择“开始时间”和“结束时间”，然后单击“确定”按钮，如图 4-17 所示。

图 4-17　截取片段

4）此时可以看到截取视频的时间点，然后再单击“确定”按钮，如图 4-18 所示。

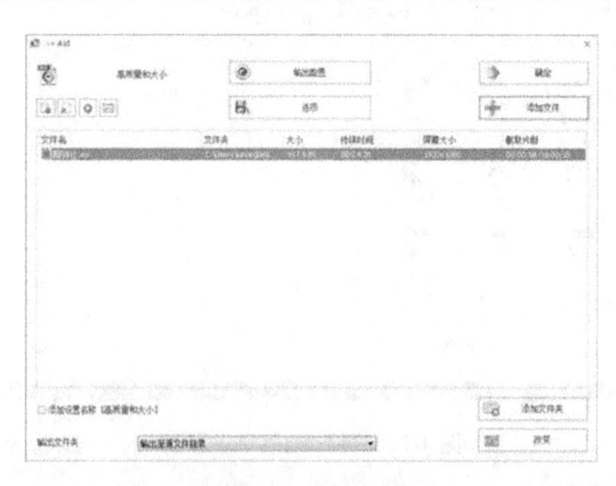

图 4-18　截取时间

5）在主界面单击“开始”按钮，等待截取结束，可以在输出文件夹中看到刚才截取好的视频，如图4-19所示。

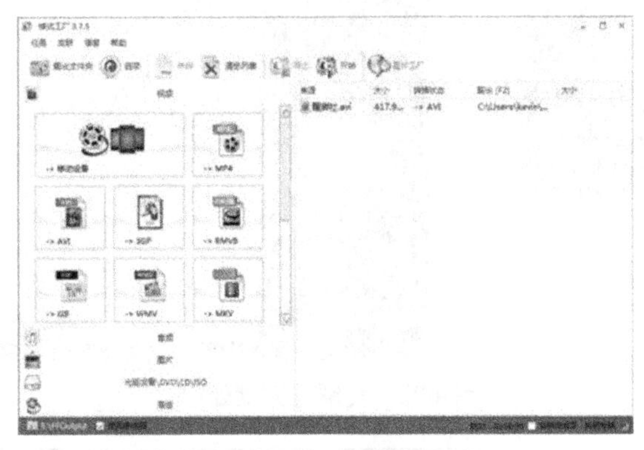

图4-19 完成截取

（6）美图秀秀　美图秀秀是一款很好用的免费图片处理软件，不用学习就会使用，比Photoshop软件简单很多。它能够一键式轻松打造各种影楼、LOMO等艺术照；强大的人像美容，可祛斑祛痘、美白等；非主流炫酷、个性照随意处理。加上每天更新的精选素材，可以让使用者1min做出影楼级照片，可以轻松地将作品一键分享到新浪微博、人人网等。

用美图秀秀进行简单处理的过程如下：

1）裁剪图片。使用美图秀秀打开图片文件，单击“裁剪”按钮，如图4-20所示。拖动图像周围的控制点，对图像进行裁剪，也可直接选择“常用比例”和“形状”。

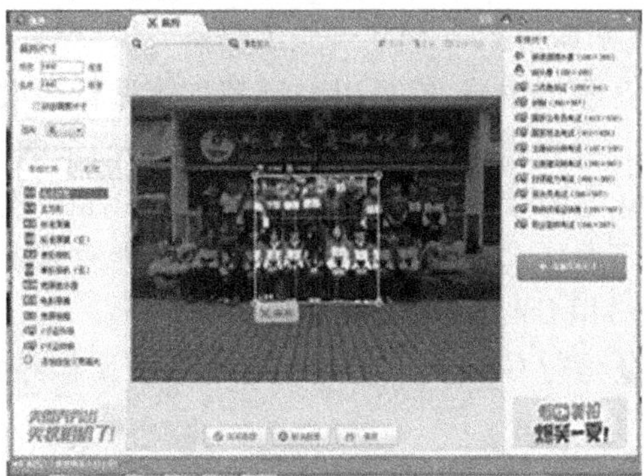

图4-20 裁剪图片

2）调整图像亮度。使用美图秀秀打开图4-20所示的图片文件，在界面左侧可以调整图片亮度和对比度等设置，如图4-21所示。

另外，美图秀秀还可以批处理图片，具体步骤如下：

1）在计算机上打开美图秀秀批处理软件，这是美图秀秀的一个附加软件。在批处理软件界面中也可以对图片进行一键美化、基础调整等操作，如图4-22所示。

2）单击“添加多张图片”按钮，在弹出的“打开图片”窗口中选择要批量修改的图片，在界面左侧的添加框中就会出现刚才添加进来的图片，可以对这些图片进行删除或继续添加等操作，在界面的右侧有可以

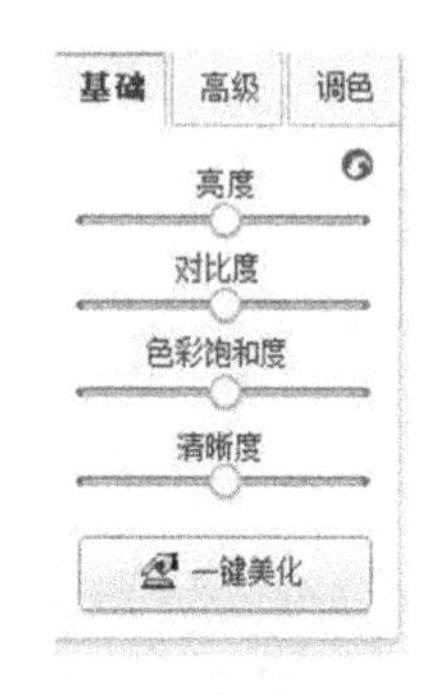

图4-21 亮度等调整

批量修改的内容，如修改尺寸、重命名、基础调整等，如图 4-23 所示。

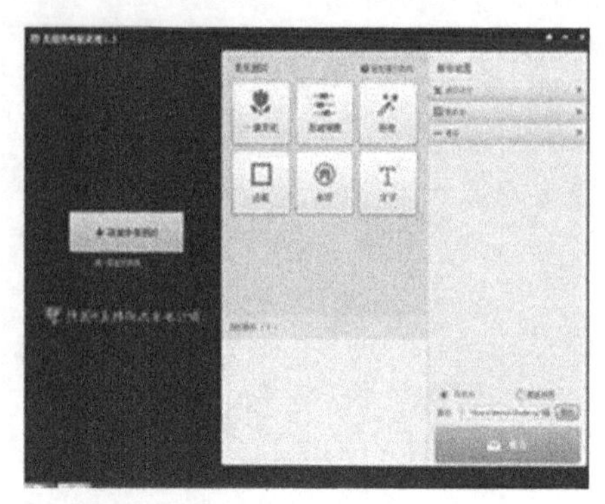

图 4-22　美图秀秀批处理

图 4-23　批处理修改内容

3）设置完成后单击“保存”按钮，如图 4-24 所示，保存格式可以选择 JPG 和 PNG，保存方式可以选择“另存为”或“覆盖原图”。

图 4-24　保存图片

（7）GoldWave 数字音乐编辑器　GoldWave 是一个功能强大的数字音乐编辑器，它可以对音频内容进行播放、录制、编辑以及转换格式等处理，功能非常强大，支持相当多的音频文件格式，并且内含丰富的音频处理特效。利用 GoldWave 软件可以将收集到的很多不同格式的音频文件进行音频文件的播放和格式转换。

1）用 GoldWave 转换音频文件。

①运行 GoldWave 软件，GoldWave 工作界面如图 4-25 所示。

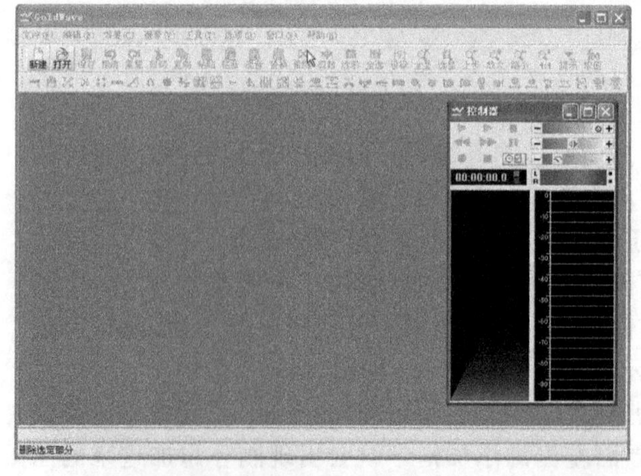

图 4-25　GoldWave 工作界面

②打开文件。执行“文件”→“打开”命令,打开“背景音乐.wav”文件,出现如图4-26所示的工作窗口。当有文件被打开时,在GoldWave主窗口内出现文件窗口。在文件窗口内有绿色和红色两条波形图,绿色的代表左声道,红色的代表右声道。

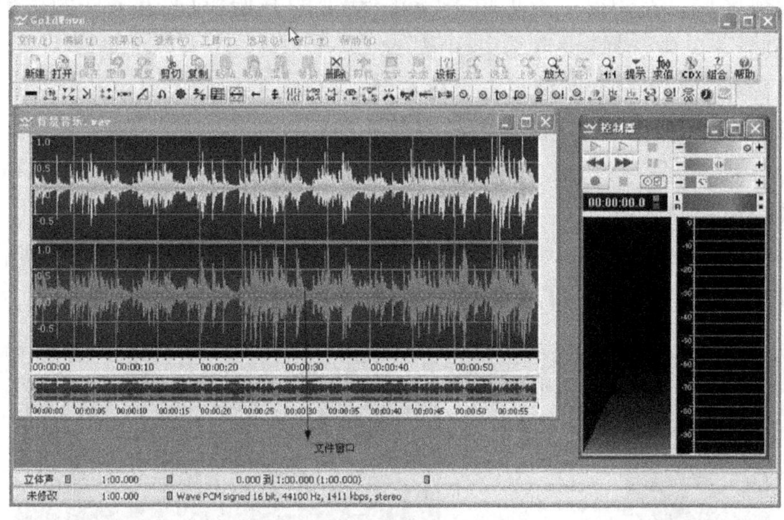

图4-26 GoldWave工作窗口

③播放文件。单击设备控制面板上的按钮,可以进行文件的播放。播放声音文件时,在GoldWave窗口中会看到一条白色的指示线,表示当前播放所在的位置。与此同时,在设备控制面板中可以看到具体的波形及左右声道的音量等信息,如图4-27所示。

④转换格式。执行“文件”→“另存为”命令,弹出“保存声音为”对话框,在保存类型中选择“.mp3”格式,单击“保存”按钮,这样就完成了从“.wav”格式到“.mp3”格式的转换,如图4-28所示。

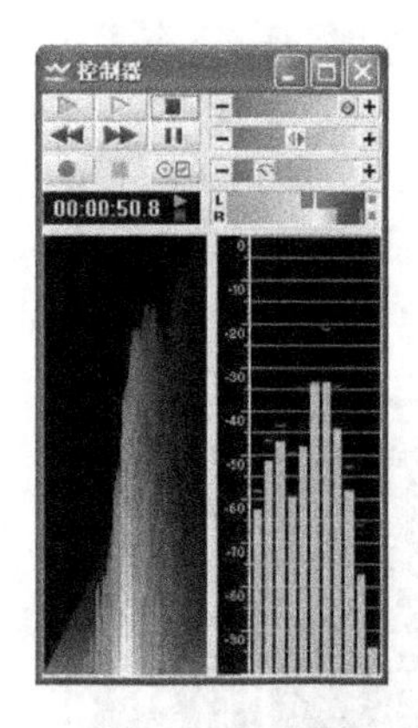

图4-27 设备控制窗口

图4-28 格式转换设置

小提示:

GoldWave软件还提供了批量格式转换的功能。执行“文件”→“批处理”命令,在“批处理”对话框中添加需要处理的文件,选择格式转换类型,即可进行批量转换。

2)用 GoldWave 处理声音。

声音剪截的步骤如下：

①打开声音文件“背景音乐 2. wma”，该声音文件的波形即可显示在主窗口中。

②选定裁剪区域。在 10s 位置上单击，确定裁剪的开始标记，在 60s 的位置单击鼠标右键，在弹出的快捷菜单中选择“设定结束标记”命令。

③进行声音剪裁。在选定区域单击鼠标右键，在弹出的快捷菜单中选择“编辑”→“剪裁”命令，如图 4-29 所示，即可将选定区域内容剪裁下来。

④执行“文件”→“另存为”命令，保存剪裁后的声音文件为“背景音乐 2. 1. wma”。

声音降噪的步骤如下：

①打开声音文件“录音 1. wav”。执行“效果”→“滤波器”→“降噪”命令，如图 4-30 所示，弹出如图 4-31 所示的“降噪”窗口。

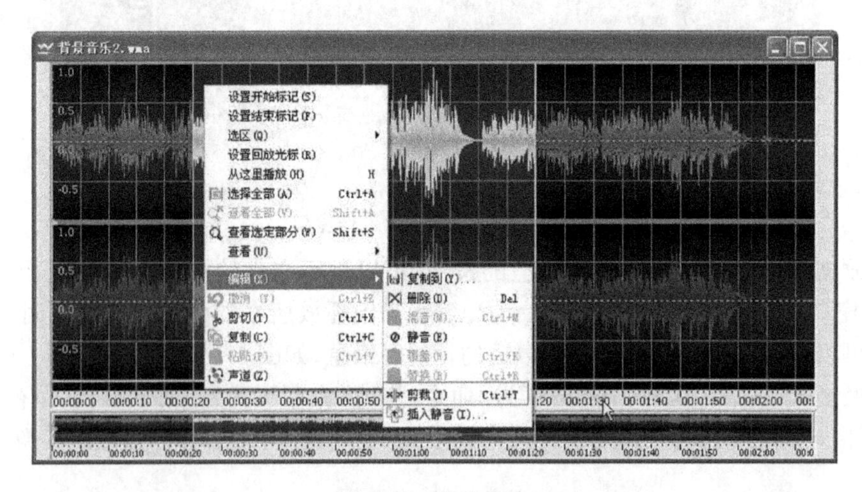

图 4-29　声音裁剪

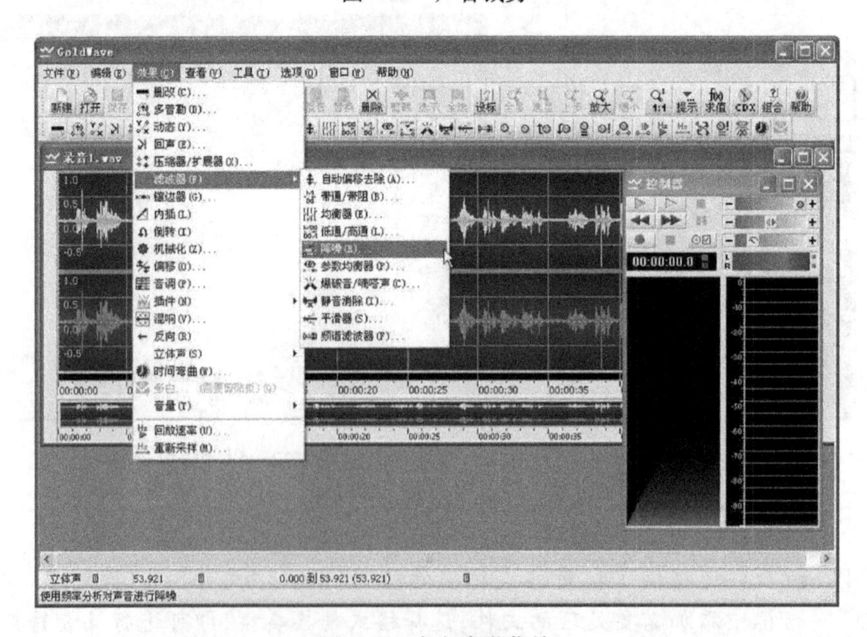

图 4-30　声音降噪菜单

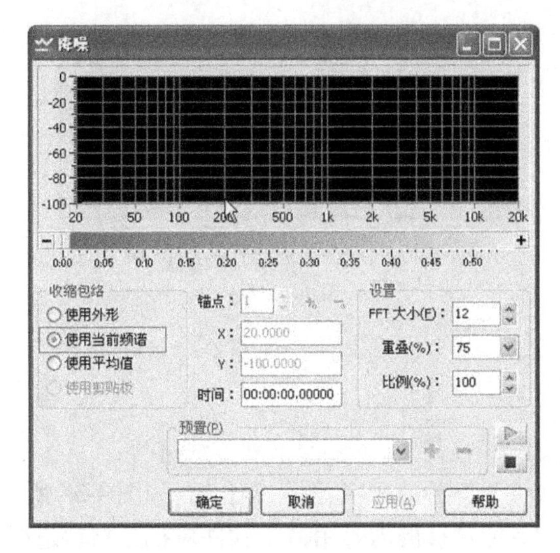

图4-31　声音降噪设置

②在“收缩包络”选项区中，选中“使用当前频谱”单选按钮，设置相应选项，即可进行一定的降噪效果处理。

③执行“文件”→“另存为”命令，保存降噪处理后的声音文件为“录音1. 1. wma”。

声音混合的步骤如下：

①打开要混合声音的两个文件：“录音1. 1. wav”和“背景音乐2. 1. wma”。

②在“录音1. 1. wav”文件的波形窗口中，单击鼠标右键，在弹出的快捷菜单中选择“复制”命令，将“录音1. 1. wav”文件的全部波形复制到剪贴板中。

③在“背景音乐2. 1. wma”窗口中，将时间定位到开始处，执行“编辑”→“混音”命令，如图4-32所示，弹出“混音”对话框，如图4-33所示，在其中可以调节混音时间、音量对比等内容，单击窗口中的绿色三角按钮可以进行混音效果试听。

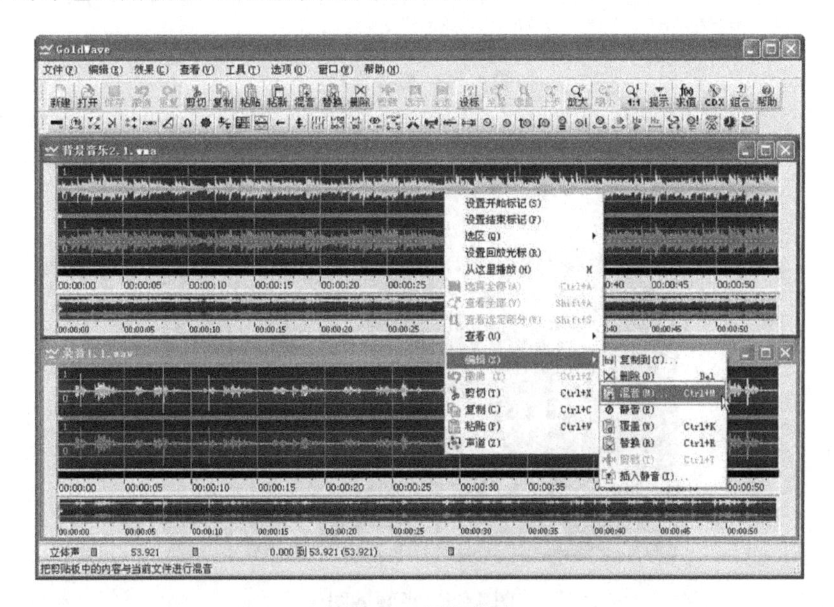

图4-32　混音菜单

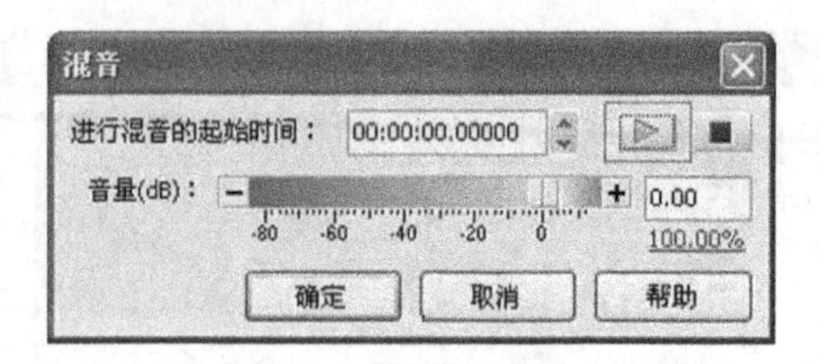

图 4-33 “混音”对话框

 计划与实施

制作一个“优秀学生社团”宣传片，可参照下列方法进行：

1）从网络上获取一些关于舞狮的文字、图片等介绍，如图 4-34 所示。

2）将学校以前活动中有醒狮社的内容用截图软件对视频材料进行截取，如图 4-35 所示。

醒狮是融武术、舞蹈、音乐等为一体的汉族民俗文化。表演时，锣鼓擂响，舞狮人先打一阵南拳，这称为"开桩"，然后由两人扮演一头狮子耍舞，另一人头戴笑面"大头佛"，手执大葵扇引狮登场。

舞狮人动作多以**南拳马步**为主，狮子动作有"睁眼"、"洗须"、"舔身"、"抖毛"等。

主要套路有"采青"、"高台饮水"、"狮子吐球"、"踩梅花桩"等。

其中"采青"是醒狮的精髓，有**起、承、转、合**等过程，具戏剧性和故事性。"采青"历经变化，派生出多种套路，广泛流传。

醒狮

遂溪醒狮在表演上从传统的地狮逐步发展到**凳狮**，由凳狮又发展到**高台狮、高竿狮**，由高竿狮又发展到**桩狮**。桩狮的难度也在不断增大，如增加了走钢丝、腾空跳等表演类。最高的桩接近3米，跨度最大达3.7米，充分体现了"新、高、难、险"的特色，被誉为"中华一绝"。

广州市的**沙坑醒狮**的道具造型特点是：狮头额高而窄，眼大而能转动，口阔带笔，背宽、鼻塌、面颊饱满，牙齿能隐能露。表演分文狮、舞狮和少狮三大类。通过在地面或桩阵上腾、挪、闪、扑、回旋、飞跃等高难度动作演绎狮子喜、怒、哀、乐、动、静、惊、疑八态，表现狮子的威猛与刚劲。

20世纪80年代以来，几乎乡乡都有自己的醒狮队，一年四季，开张庆典锣鼓声不断，逢年过节，狮队便上街采青、巡演。各镇、乡村群众性的狮艺普及也盛况空前。广东醒狮已成为全国知名的为广东特有的民间舞品牌。醒狮活动也广泛流传于海外华人社区，成为海外同胞认祖归宗的文化桥梁，其文化价值和意义十分深远。

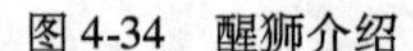

图 4-34 醒狮介绍

图 4-35 视频截图

3)张悦同学觉得已有的照片和视频资料不够全面,需要补充拍摄一些社团活动的素材,于是尝试用手机拍摄相关的两张照片及1段视频,如图4-36所示。

图4-36 醒狮社补充素材

4)张悦同学发现刚才拍摄的照片不太合适,将其中一张照片用美图秀秀软件进行裁剪并调整了图片亮度。

5)对于刚才拍摄的醒狮社活动视频,张悦只需要其中的片段,所以用“格式工厂”软件进行截取。

6)最后同学们建议整个社团介绍的视频背景音乐用歌曲“男儿当自强”,张悦同学在网络上下载了此歌曲,用GoldWave软件截取了大约1min的长度。

至此,张悦同学准备了2段文字素材、4张图片、1首背景音乐以及2段视频,可用于接下来的社团宣传片制作。

教学评价

请按表4-4中的要求,对每位同学所完成的工作任务进行教学评价,评价的结果可分为4个等级:优、良、中、差。

表4-4 教学评价表

评价项目	评价标准	评价结果		
		自评	组评	教师评
任务完成质量	1)能通过互联网查找资料			
	2)能通过智能手机扫描文字素材			
	3)能通过截图软件截取图像			
	4)能通过智能手机拍摄图片及视频			
	5)能通过录音机录制音频文件			
	6)能通过美图秀秀批量处理图片			
	7)能通过美图秀秀处理图像			
	8)能通过GoldWave软件编辑声音			
	9)能通过Format Factory软件截取及格式转换视频			

（续）

评价项目	评 价 标 准	评价结果		
		自评	组评	教师评
任务完成速度	在6学时内通过多样途径采集到尽量多的素材			
工作与学习态度	1）上课认真，没有违纪现象			
	2）能积极参与各项学习活动，具有团队协作意识，并乐于表达自己的意见，在小组协作过程中能很好地与其他成员交流			
	3）能根据老师的指引和要求，认真完成学习内容，具有创新精神和职业意识			
综合评价	评语（优缺点与改进措施）：	总评等级		

任务2　制作“优秀学生社团”宣传片

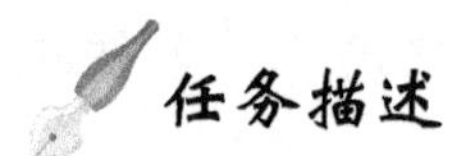

任务描述

“万事俱备，只欠东风”。通过前面的准备，张悦和同学们一起完成了各种多媒体素材的采集和加工处理工作。现在她们要做的就是利用后期制作处理软件，将众多的素材有机地组合起来，并添加一定的效果，完成具有个性魅力的“优秀学生社团”宣传片的制作。

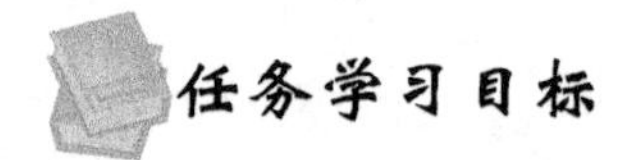

任务学习目标

1）了解多媒体作品的合成流程。

2）会使用会声会影软件为影片添加简单效果、制作简单的片头和片尾，并进行影片的合成与输出。

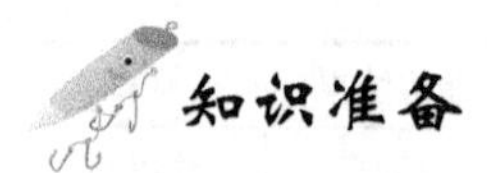

知识准备

1. 视频编辑常用术语

（1）捕捉　捕捉就是将视频设备中的视频素材保存到计算机中以编辑使用。在使用模拟视频设备的时候，计算机获取视频的内容需要使用一个叫捕捉卡的高速DA转换设备来完成。

（2）场景　一个场景也可以称为一个镜头，这是视频作品的基本元素。大多数情况下是指摄像机一次所拍摄的一小段内容。

（3）导入与导出　导入在视频编辑中一般是指将捕捉到计算机中的视频素材添加到视频编辑软件中。导出是将视频编辑软件制作好的影片以一种格式输出，以便在计算机或电视中观看。

(4)转场　转场是将两个镜头组合起来，上一个镜头过渡到下一个镜头时的切换效果。这样两个镜头在过渡时就不会显得突兀。

(5)渲染　渲染在视频编辑中是生成影片的意思。在生成影片时，将后添加的素材或效果融合到影片中，使之成为影片的最终画面，这个过程就是渲染。

(6)覆叠　覆叠是指在已有的素材上叠加视频或图像素材的操作。

(7)关键帧　素材中的特定帧，标记为进行特殊的编辑或其他操作，以便控制完成的动画的流、回放或其他特性。例如，应用视频滤镜时，对开始帧和结束帧指定不同的效果级别，可以在视频素材从开始到结束的过程中展现视频的显示变化。

2. 会声会影10介绍

会声会影是ULED(友立)公司出品的一款易学易用的视音频编辑软件，它具有专业级的效果，但其操作界面非常简单、人性化，十分适合初学者。

(1)会声会影10界面　会声会影10主界面如图4-37所示，主要包括以下组成部分。

1)菜单栏：包含不同命令集合的菜单。

2)选项面板：包含控制选项和其他信息，用来对选定素材进行设置。

3)预览窗口：显示当前的素材、视频、滤镜、效果或标题。

4)步骤面板：包含一行很显眼的工具栏，通过它就可以知道编辑视频的操作流程了。

5)时间轴：显示项目内所有的素材、标题及特效。

6)浏览面板：提供播放和精确修剪素材的按钮。

7)素材库：保存、整理所有的媒体素材，用户可以向素材库添加素材，也可以将素材库中的素材拖曳到时间轴上。

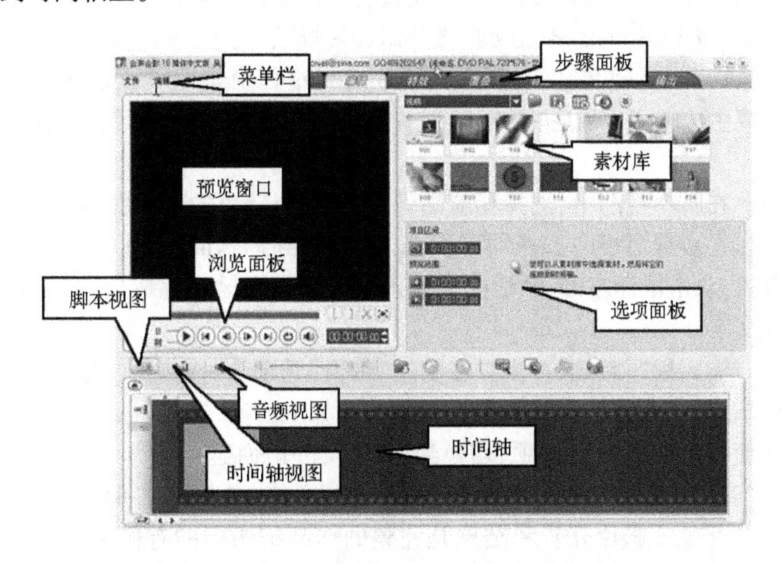

图4-37　会声会影10主界面

(2)导入素材　操作步骤如下：

1)启动“会声会影10”，执行“文件”→“新建项目”命令，新建一个项目，接着执行“文件”→“保存”命令，将项目保存为“学生社团.vsp”

2)执行“文件”→“将媒体文件插入到素材库”命令，向素材库中插入视频、图像、音频等素材，如图 4-38 所示。

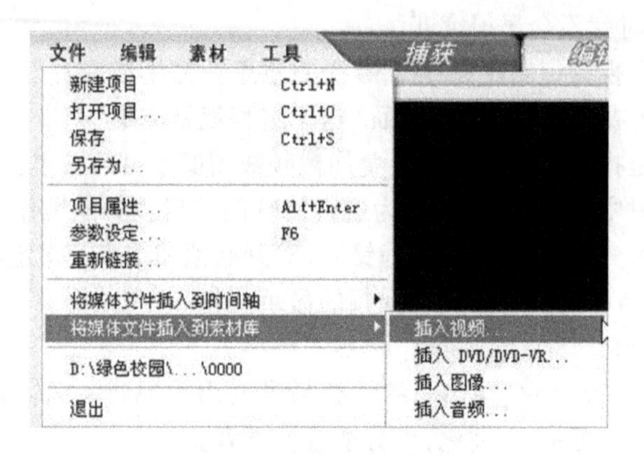

图 4-38　插入素材到素材库

3）在素材库中选择相应的素材，拖动到时间轴上，根据作品的设计构思，调整各个素材的顺序。

（3）添加转场效果　在时间轴上整理好素材后，准备在一些素材之间增加一些转场效果。通过添加转场效果，可以使一些单独的素材之间产生一定的平滑衔接，使得影片更自然、流畅。操作步骤如下：

1）在素材库中展开“图像”下拉列表，选择“转场”→“3D”选项，切换到三维转场素材库，单击选择“对开门”转场缩略图。

2）将选择的转场效果拖曳到时间轴上需要转场效果的两个素材之间。

3）采用相同的方法为其他图像或视频之间添加转场效果。

（4）添加标题文字　标题文字的应用，在影片剪辑过程中是不可或缺的。会声会影可以在预览窗口中直接生成文字标题，并套用动画效果，将整个影片修饰得更加灵活、丰富。操作步骤如下：

1）选择图像。在脚本视图中，选择相应图像，此时它以蓝色的高亮度显示。

2）输入文字。在步骤面板中选择“标题”选项，切换到标题面板，此时在预览窗口中将显示一个标题的模板，双击鼠标左键，激活光标输入标题。文字输入完成后，在时间轴视图标题轨上可以看到该文字。

3）文字设置。输入标题后，通过窗口右侧的“编辑”选项卡可以对文字进行设置。

（5）插入背景音乐　为影片插入背景音乐的步骤如下：

1）单击步骤面板中的“音频”选项，切换到“音频”工作面板。

2）在打开的“音频”素材库面板中选择所需的音频文件，拖曳到时间轴中，如图 4-39所示。

（6）制作片头、片尾　影片开头和结尾是完整的作品结构中的有机组成部分。为了使整个影片更完整，通常为影片制作简单的片头和片尾效果。操作步骤如下：

1）切换到“视频”素材库面板，在“视频”素材库中选择“V01. avi ”文件，拖曳到时间轴的最开始处，即可完成简单的片头效果制作，如图 4-40 所示。

2）同上一步操作，选择“V05. avi ”文件，拖曳至时间轴中结束处，以此文件作为片尾视频。

3）选择上面的片尾视频，为其加上标题文字，单击右边的“动画”选项卡，为标题文字加上“飞翔”的动画效果，影片片尾效果即制作完成，如图 4-41 所示。

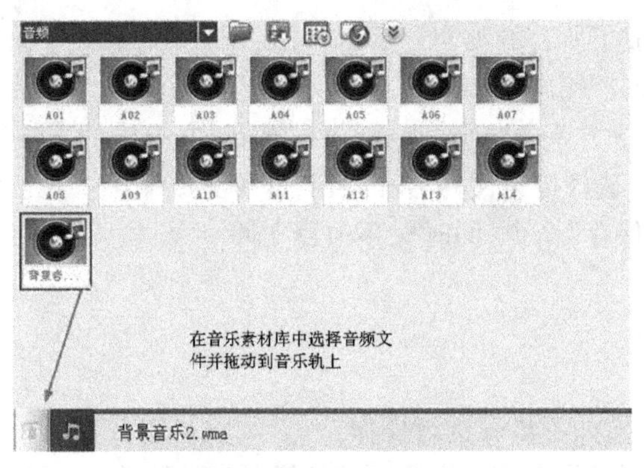

图 4-39　插入背景音乐

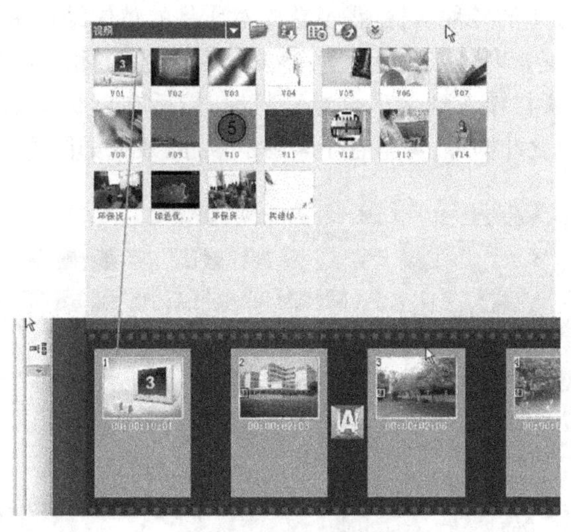

图 4-40　插入片头视频

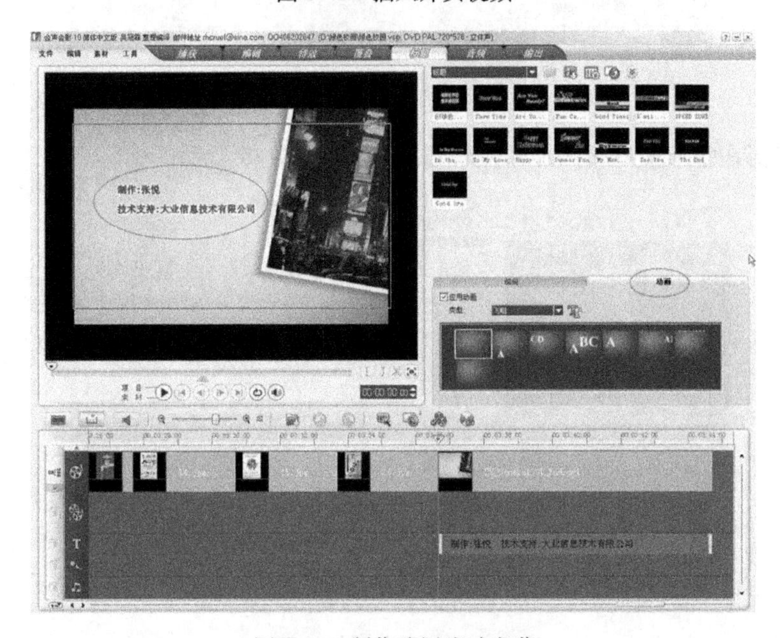

图 4-41　制作片尾滚动字幕

(7)保存输出　完成了所有的编辑之后，就可以开始保存输出了。操作步骤如下：

1)在步骤面板上单击“输出”选项，切换到“输出”面板。

2)在预览窗口的右下方单击“创建视频文件”按钮，在弹出的下拉菜单中选择合适的输出格式，在弹出的对话框中选择指定文件名和路径，即可完成输出。

3)执行“文件”→“保存”命令，同时保存项目文件。

计划与实施

要完成任务2，可以按如下步骤进行操作：

1)规划设计影片。了解了会声会影的界面和基本功能后，张悦开始着手进行宣传片的后期合成与制作工作。根据整理的各种素材，张悦首先对作品的整体结构进行了规划和设计。经过仔细构思，她将影片主体场景内容结构设计为：舞狮介绍、舞狮社团活动展示、社团获奖情况。

2)将之前所准备的素材导入到会声会影素材库，然后在素材库中选择相应的素材，拖动到时间轴上，根据作品的设计构思，调整各个素材的顺序，效果如图4-42所示。

图4-42　拖动素材至时间轴

3)根据需要在每个素材间添加随机转场效果，如图4-43所示。

图4-43　添加转场效果

4)在“图片 1. jpg”中添加标题文字“醒狮社”,字体格式设置如图 4-44 所示,完成效果如图 4-45 所示。

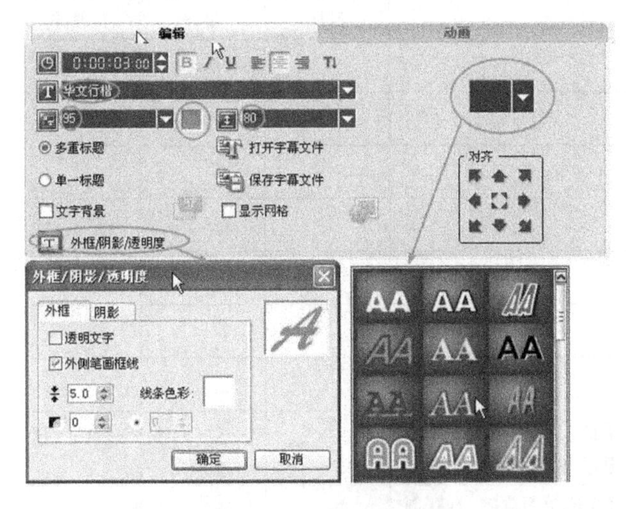

图 4-44 文字格式设置

图 4-45 文字效果

5)根据设计需要对整个视频插入约 1min 的背景音乐“男儿当自强”。

6)保存输出,输出格式选择“WMV(352 ×288,30 fps)”,如图 4-46 所示。

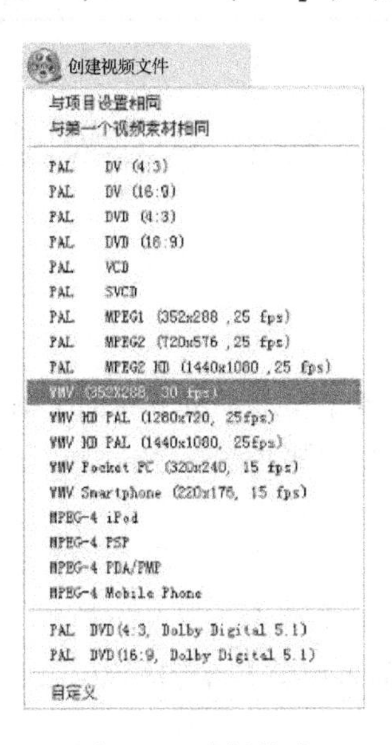

图 4-46 选择格式

至此,张悦就完成了“优秀学生社团”宣传片的制作。

教学评价

请按表 4-5 中的要求,对每位同学所完成的工作任务进行教学评价,评价的结果可分为 4 个等级:优、良、中、差。

表 4-5 教学评价表

评价项目	评价标准	评价结果		
		自评	组评	教师评
任务完成质量	1)能整体规划设计影片			
	2)能导入各类影片素材			
	3)能添加影片转场效果			
	4)能添加标题文字和背景音乐			
	5)能保存输出影片			
任务完成速度	在6学时内完成影片合成输出任务			
工作与学习态度	1)上课认真,没有违纪现象			
	2)能积极参与各项学习活动,具有团队协作意识,并乐于表达自己的意见,在小组协作过程中能很好地与其他成员交流			
	3)能根据老师的指引和要求,认真完成学习内容,具有创新精神和职业意识			
综合评价	评语(优缺点与改进措施):	总评等级		

综合实训 制作“多彩校园生活”DV

项目引入

多彩校园,青春激扬。校园的各个角落都留下我们生活的倩影。让我们拿起手中的DV,记录下我们在教室里、课堂上和球场中那些多彩多姿的学习和生活片断。

项目任务描述

本项目要求同学们利用所学的多媒体技术和知识,以“多彩校园生活”为主题,制作一个DV短片。具体要求如下:

1)设计作品之前,必须先进行初步构思,设计编写脚本。

2)根据脚本计划,有针对性地获取素材(包括文字、图片、视频等)。

3)使用视音频软件合理处理素材。

4)影片中需要添加片头主题和制作视频的相关片尾信息。

5)为多段视频和图片间设置视频过渡效果,使之过渡切换更自然、流畅。

6)插入旁白或文字说明以增强作品的表现力。

项目学习目标

通过本项目的综合训练,使学生:

1)能根据作品主题,进行 DV 制作的简单前期策划。

2)能熟练采用恰当的方法获取音频、视频素材。

3)能利用软件对音频、视频素材进行简单的编辑处理。

4)能进行简单的影片效果设置,完成影片的合成输出。

5)具有策划作品和解决问题的能力。

项目分解

本项目可分为 4 个具体任务,学时安排见表 4-6。

表 4-6 学习任务学时分配表

项目分解	学习任务名称	学　　时
任务 1	脚本设计	4
任务 2	获取素材	
任务 3	音频、视频素材编辑处理	
任务 4	影片合成输出	

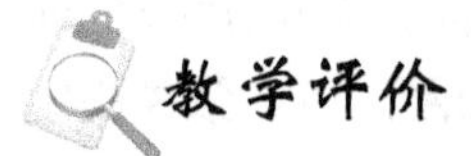

教学评价

请按表 4-7 中的要求进行教学评价,评价结果可分为 4 个等级:优、良、中、差。

表 4-7 教学评价表

评价项目	评 价 标 准	评价结果		
		自评	组评	教师评
任务完成质量	1)能按要求完成每个任务			
	2)能设计构思精良、结构严密的环节			
	3)能制作剪辑精美、效果良好的视频			
	4)能完成有创意、有特色的作品			
任务完成速度	能在 4 学时内完成学习任务			
工作与学习态度	1)上课认真,没有违纪现象			
	2)能积极参与各项学习活动,具有团队协作意识,并乐于表达自己的意见			
	3)能根据老师的指引和要求,认真完成学习内容,具有创新精神和职业意识			
综合评价	评语(优缺点与改进措施):	总评等级		

项目5 用Word 2010处理文档

项目引入

Word 2010 是 Microsoft Office 2010 办公室软件系列的核心组件之一，是一个通用的图、文、表处理应用软件，可以用于制作各种文档，如信函、书刊、公文、简历等。Word 2010 具有 Windows友好的图形界面，集文字编辑、排版、图片、表格等为一体。其功能强大，操作简单，是人们最喜爱的专业文档处理软件之一。为了让学生更好地理解、掌握和运用 Word 2010 软件，掌握其中必要的知识和技能，本项目要求每一位学生认真完成以下一系列工作任务。

项目任务描述

张悦同学是某职业院校三年级的学生，目前她正面临着毕业和找工作的问题。经过查阅招聘信息，她觉得自己比较适合到广州市大业信息科技有限公司当一名文员。为此，她决定向这家公司求职。制作一份美观大方的个人简历是每一位求职者必不可少的敲门砖。张悦决定用 Word 2010 文字处理软件为自己量身定做一份完整的个人简历，简历中包含简历封面、简历表和求职信等几项内容。

张悦同学制作的个人简历很快就被广州市大业信息科技有限公司的王经理看中，王经理立刻通知张悦前来应试。经过复杂的笔试和面试之后，张悦终于成功地进入了广州市大业信息科技有限公司担任文秘一职。王经理为了考验张悦，交给她 3 项工作任务：一是制作一份公司组织结构图，让来访者可以通过这个结构图了解公司的组织结构；二是制作一份公司制度手册，让每位员工牢记公司的各项规章制度；三是制作公司员工卡，让公司里每一位员工都持卡上班。接到这些工作任务之后，张悦同学想到了 Word 2010 文字处理软件的强大功能，决定运用该软件来完成经理交给她的几项任务。

项目学习目标

本项目的学习目标如下：

1）了解求职信的内容和格式要求。

2）熟练操作 Word 2010 文字处理软件。

3）掌握图、文、表综合运用的操作方法。

4）具有一定的办公文员职业意识和职业道德。

项目分解

本项目分为6个学习任务和1个综合实训,每个学习任务的学时分配见表5-1。

表5-1 任务学时分配表

项目分解	学习任务名称	学 时
任务1	写求职信	2
任务2	制作简历表	2
任务3	制作简历封面	4
任务4	制作公司组织结构图	2
任务5	制作公司制度手册	8
任务6	制作公司员工卡	2
综合实训	制作公司宣传手册	4

任务1 写求职信

任务描述

要写好一封求职信,首先必须了解求职信的格式、内容和要求,然后将写好的内容录入到Word 2010文档内,最后运用Word 2010文字校对及排版功能对求职信进行校对和排版。

任务学习目标

1)熟悉Word 2010的工作界面。
2)掌握创建、保存Word文档的基本操作方法。
3)能熟练对文档中的字体、字号、字形、对齐方式、段落、间距等格式进行设置。
4)培养学生的职业道德和职业意识,以及提高学生的文字表达能力。

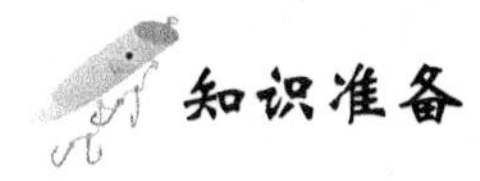

知识准备

Word 2010是一个文字处理程序,具有丰富的文字处理功能,易学易用。利用它可以编写专业化的报告、各种图文并茂的文章、一张报纸、一本书、一份报表或者一张网页等。

1. Word 2010的启动

单击Windows桌面左下角的"开始"按钮,执行"所有程序"→"Microsoft Office"→"Microsoft Word 2010"命令。

2. Word 2010的退出

执行"文件"→"退出"命令,即可退出Word 2010。

在退出Word时,如果有未关闭的文档,则Word将先关闭它。

3. Word 2010 的用户界面

启动 Word 2010 后，屏幕上就会出现 Word 2010 的用户界面，如图 5-1 所示。下面介绍 Word 2010 用户界面各部分的名称及相关操作。

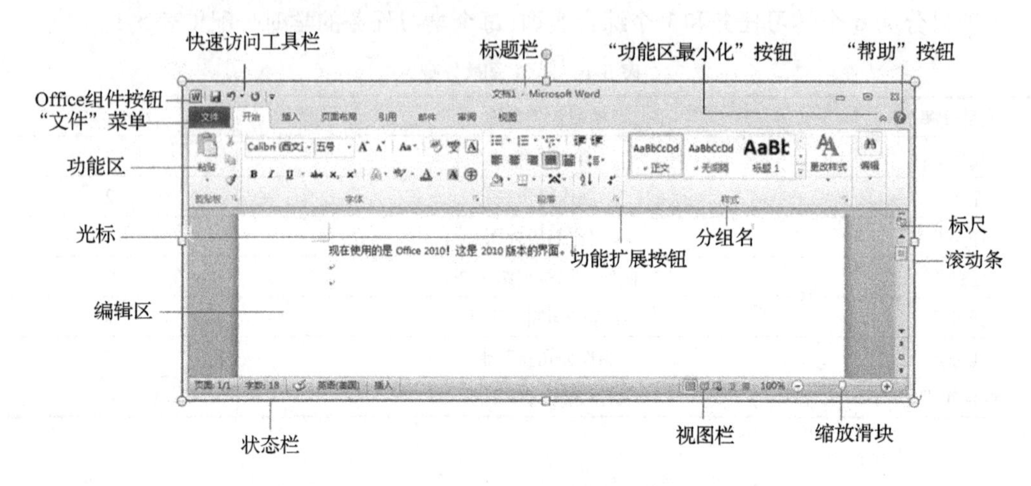

图 5-1　Word 2010 用户界面

(1)标题栏　标题栏位于窗口的最上端，它的作用是用来显示当前运行的程序和正在编辑的文档的名称等，如图 5-1 所示。

(2)"文件"菜单　"文件"菜单中有"新建""打开""关闭""另存为"和"打印"命令。

(3)快速访问工具栏　常用命令位于此处，如"保存"和"撤销"。用户也可以添加个人常用命令。

(4)功能区　工作时需要用到的命令位于此处。它与其他软件中的"菜单"或"工具栏"类似。功能区是水平区域，就像一条带子，启动 Word 后分布在 Office 软件的顶部。各种所需的命令将分组在一起，且位于选项卡中，如"开始"和"插入"。可以通过单击选项卡来切换显示的命令集。

(5)标尺　标尺上有数字、刻度和各种标记，单位通常是 cm，如图 5-2 所示。标尺在排版、制表和定位上起着重要的作用。注意，在 Word 2010 中，若无显示标尺数字刻度，则直接单击图 5-1 中的标尺位置即可。

图 5-2　标尺

(6)编辑区　新建或打开的文档内容就显示在编辑区中。新建一个空白文档时就如在编辑区里打开一张白纸，用户输入的字符、绘制的表格和图形、插入的图片对象等，以及编辑和排版的结果就出现在这张白纸上面。编辑区也称为工作区。

(7)滚动条在编辑区的右方和下方，分别为垂直滚动条和水平滚动条。单击滚动条中的滚动箭头，可以使屏幕向上、向下、向左、向右滚动一行或一列；单击滚动条的空白处，可以使屏幕上下、左右滚动一屏；拖动滚动条中的滑块，可迅速到达显示的位置。

(8)光标　在文档文本区域中不断闪烁的黑色竖线被称为光标，其所在的位置称为定位插入点，提示用户当前输入字符或插入对象的位置。

(9)状态栏　状态栏位于 Word 程序窗口的最下端,用来显示文档的编辑状态信息或操作提示信息,如当前插入点光标在文档的第几页等。双击状态栏上不同区域可切换编辑状态或打开与编辑相关的对话框,如双击显示灰色“改写”两字的区域即可切换到“改写”状态,如图 5-3 所示。

页面: 5/74 | 字数: 40/26,087 | 中文(中国) | 插入

图 5-3　状态栏

(10)缩放滑块　缩放滑块可用于更改正在编辑的文档的显示比例设置。

(11)视图栏　单击不同的视图按钮,可用于更改正在编辑的文档的显示模式以符合用户的要求。

4. 文档的创建

启动 Word 2010 后,自动新建一个名称为“文档 1”的空白文档。当然,还有以下几种新建空白文档的方法:

1)单击快速访问工具栏上的“新建”按钮或按 < Ctrl + N > 组合键。第一次使用 Word 2010 时,要单击快速访问工具栏最后的自定义工具栏按钮,将“新建”按钮调出来。

2)执行“文件”→“新建”命令,打开“新建”对话框,单击“空白文档”按钮。

Word 按新建文档的顺序,依次将文档临时命名为“文档 1”“文档 2”“文档 3”等。Word 2010 给每一个新建的文档都相应打开一个独立的窗口,同时在任务栏中也有相应的按钮,可单击相应的按钮进行文档间的切换。

5. 文档的保存

1)单击快速访问工具栏上的“保存”按钮或按 < Ctrl + S > 组合键,或执行“文件”→“另存为”命令,打开“另存为”对话框,如图 5-4 所示。

图 5-4　“另存为”对话框

2）在“保存位置”下拉列表框中确认保存文件夹路径。

3）在“文件名”文本框中输入新文档的名称，默认名称为“Doc1. doc”“Doc2. doc”“Doc3. doc”等。

4）单击“保存”按钮。

6. 文档的关闭

文档的关闭有以下几种方法：

1）执行“文件”→“关闭”命令即可关闭当前文档。

2）单击标题栏右端的“关闭”按钮即可关闭当前文档。

3）执行窗口控制菜单中的“关闭”命令或双击 Word 程序图标，或按 <Alt + F4> 组合键都可以关闭当前文档，相应地，当前的 Word 2010 窗口也关闭。

7. 文档的打开

1）单击“打开”按钮或按 <Ctrl + O> 组合键，或执行“文件”→“打开”命令，弹出“打开”对话框，如图 5-5 所示。

图 5-5 “打开”对话框

2）如果要打开的文档保存在另一个文件夹下，则找到并打开该文件夹。

3）双击要打开的文档。

8. 文档的输入与编辑

（1）文档的输入　打开 Word 2010 文档，可以看到在编辑区的左上方有不断闪烁的定位光标，可以在此处输入文字。当要输入下一段内容时，按 <Enter> 键即可。按一下 <Enter> 键，就会出现一个段落标记，即输入一个段落标记符，同时定位光标和原来的段落标记一起转到下一行的左边，即另起一个新段，接下来，就可以输入新段的内容了。

（2）插入符号　像 kg、‰、㊣、©、§、☺、♀、♠、♪ 等这些符号或特殊字符一般不能从键盘直接输入，操作步骤如下：

1)将插入点光标置于要插入符号的位置。

2)执行“插入”→“符号”命令，此时直接显示的是一些常用符号，如果没有要输入的符号，再单击“其他符号”命令，打开“符号”对话框，如图5-6所示。

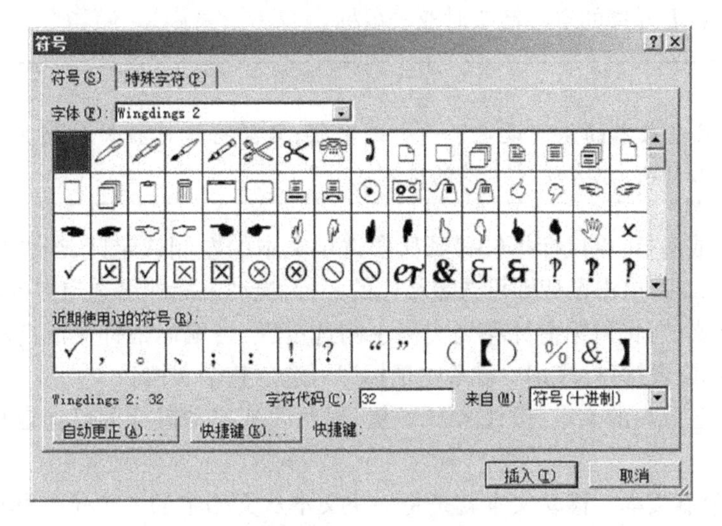

图5-6 “符号”对话框

3)在“符号”或“特殊字符”选项卡中选择要输入的符号或特殊字符，单击“插入”按钮或双击被选择到的符号或特殊字符即可将其输入到当前光标位置。插入一个字符后，对话框中的“取消”按钮变成“关闭”按钮。在不关闭该对话框的情况下，还可以对文档进行编辑，可以继续多次插入符号或特殊字符。

4)当插入完符号或特殊字符后，单击“关闭”按钮，关闭“符号”对话框。

9. 拼写错误检查

Word具有拼写错误检查的功能。自动检查拼写和语法时，红色波形下画线表示可能有拼写错误，绿色波形下画线表示可能有语法错误。用鼠标右键单击红色波形下画线上的文字，Word将给出更正建议。出现绿色下画线时，可直接进行修改或忽略，也可以单击“审阅”，在功能区的“拼写和语法”中选择“忽略”或“全部忽略”命令，这样就不会再提示这些错误，或者根据对话框给出的建议进行更改。无论是红色的波形下画线还是绿色的波形下画线，都不影响文档的处理，也不会打印输出波形下画线。输入文字时，要注意这些波形下画线，及时检查和校对。

10. 文档的编辑

(1)文本的选定　文本被选定后呈反相显示。要取消选定，可以用鼠标单击文档的任一位置或按键盘上的任一方向键。可以选定任意大小范围内的文本，可以选定一个字符、一个单词或词组、一个句子、一行或多行、一个或多个段落，甚至是文档的全部，还可以选定矩形区域内的文本。

1)选定任意大小范围内的文本：在文档的文本区域某处单击并往后或往前拖动鼠标，即可选定被拖动过的文本。另一种方法是，在文本区域某处单击后，按住<Shift>键，再在另一处单击(必要时利用滚动条)，即可选定这两次单击位置之间的文本。利用这两种方法，最小可以选定一个字符，最大可以选定整篇文档。

2)选定一个单词或词组:双击即可。

3)选定一个句子:按住 < Ctrl > 键,再单击该句子中的任一位置。

4)选定一个段落:在该段任一位置处三击鼠标。或者将鼠标指针移到该段落的左侧,当鼠标指针变成向右上方指的空心箭头时双击鼠标。

提示:

其实,Word 在文本的左侧设定了一个选定区,只要将鼠标指针移到其中就会变成向右上方指的空心箭头,以方便对文本的选定。

5)选定一行或多行:将鼠标指针移到所要选定文本的左侧选定区,当鼠标指针变成向右上方指的空心箭头时,单击鼠标即可选定相应的一行,拖动鼠标即可选定多行。

6)选定整个文档:将鼠标指针移到文档左侧选定区,当鼠标指针变成向右上方指的空心箭头时,三击鼠标或者按住 < Ctrl > 键单击鼠标即可选定整个文档。

7)选定矩形区域内的文本:按住 < Alt > 键,对角线地拖动鼠标即可选定相应矩形区域内的文本。

(2)移动与复制文本　移动文本就是将一块文本从文档中的一个位置移动到另一个位置(原位置没有这块文本了,后面的文本往前移,把移动文本后留下的空位填上),而复制文本是将一块文本复制一份到另一个位置(原位置仍有这块文本,后面的文本位置不动)。移动与复制文本的操作步骤如下:

1)选定要移动/复制的文本。

2)单击“开始”菜单或右键快捷菜单中的“剪切”或“复制”命令,或者单击工具栏中的“剪切”或“复制”按钮,或者按 < Ctrl + X > 或 < Ctrl + C > 组合键,此时所选定的文本被剪切/复制,并临时保存在剪贴板中。

3)将插入点移到该文本要移动/复制到的新位置(新位置可以是在当前文档中,也可以在另一个文档中)。

4)单击“开始”菜单或右键快捷菜单中的“粘贴”命令,或者单击工具栏中的“粘贴”按钮,或者按 < Ctrl + V > 组合键,完成选定文本的移动/复制。

(3)删除文本　先选定要删除的文本,然后按 < Delete > 键即可,也可以单击“开始”菜单或右键快捷菜单中的“剪切”按钮。如果将插入点移到某字符的右边或左边,按 < Backspace > 键删除插入点前面的一个字符,按 < Delete > 键删除插入点后面的字符。

删除文本后,后面的文本往前移,不会留下空白。

(4)查找、替换、定位　在文档的输入过程中,经常需要找到输入的位置,或者找到要修改的字符或字符串,或者要将某些用语进行修改等,因此,Word 提供了查找、替换、定位功能。在文档中查找或替换指定字符或字符串(文本)的操作步骤如下:

1)执行“开始”→“编辑”→“替换”命令或者按 < Ctrl + H > 组合键,打开“查找和替换”对话框。

2)在“查找内容”文本框中输入要查找的字符或字符串(文本),单击“查找下一处”按钮,Word 就从当前插入点处往后查找,如果找到,则将找到的字符或字符串(文本)反相显示,如图 5-7 所示。

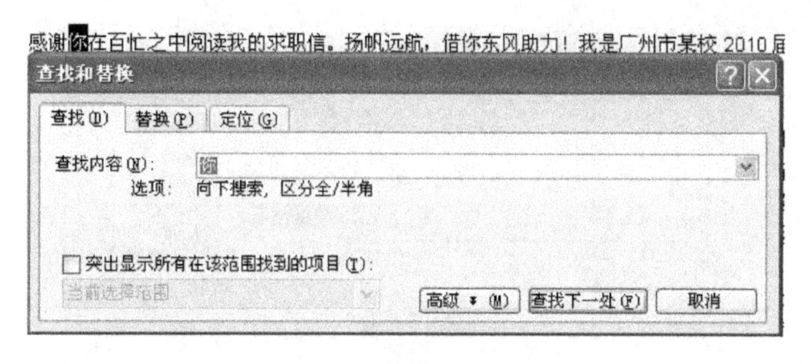

图 5-7 “查找”选项卡

3）选择“替换”选项卡，在“替换为”文本框中输入替换后的字符或字符串（文本），单击“替换”或“全部替换”按钮，如图 5-8 所示。

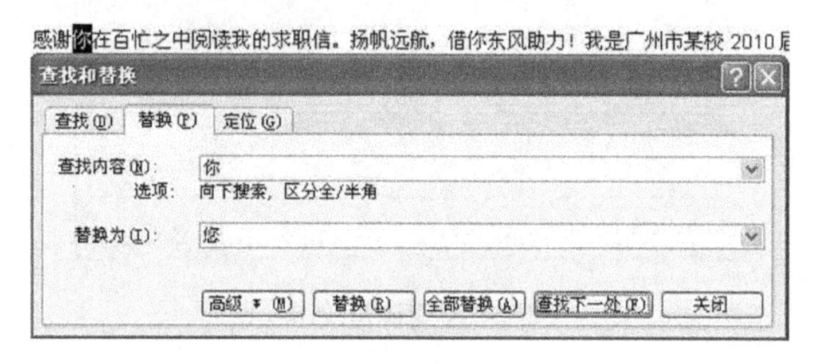

图 5-8 “替换”选项卡

提示：

在“查找和替换”对话框中单击“高级”按钮，对话框将向下拉大，显示更多的选项和按键。

可以使用这些高级选项和按钮进行更具体、更灵活、符合各种条件的查找。例如，单击“格式”按钮，可以对查找内容进行格式设置，即查找满足一定格式的文本内容；单击“特殊字符”按钮，选择段落标记作为查找内容，即可查找到各段落末尾的段落标记。

11. 文档的排版

（1）字符格式的设置　字符是文字和符号的统称，文档中的文本是由字符组成的。字符格式的设置有以下两种操作方法。

1）单击“开始”功能区的“字体”选项区右边的下拉按钮或者按 <Ctrl + D> 组合键，打开“字体”对话框，如图 5-9 所示。

2）直接单击工具栏上的各字符格式设置按钮。

（2）段落格式的设置　在 Word 2010 中，段落是独立的信息单位，具有自身的格式特征，如对齐方式、间距和样式，每个段落的结尾处都有一个段落标记“↵”。段落格式设置的方法有以下两种：

1）选定要设置格式的段落，单击“开始”功能区的“段落”选项区右边的扩展按钮，打开“段落”对话框，如图 5-10 所示。

2）直接使用功能区中的“段落”选项区中的各段落格式设置按钮。

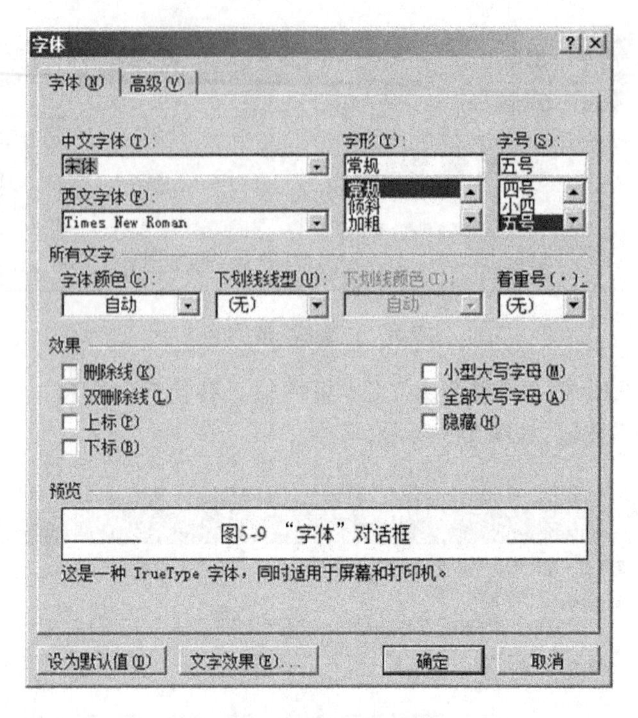

图 5-9 “字体”对话框

(3)文档页面的设置　打印文档前，通常要进行纸张大小和输出位置的调整，执行“页面布局”→“页面设置”命令，弹出如图 5-11 所示的对话框。

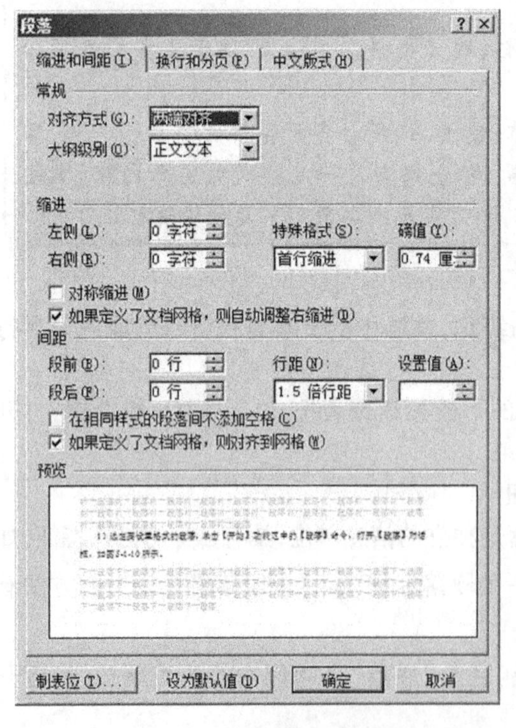

图 5-10 “段落”对话框

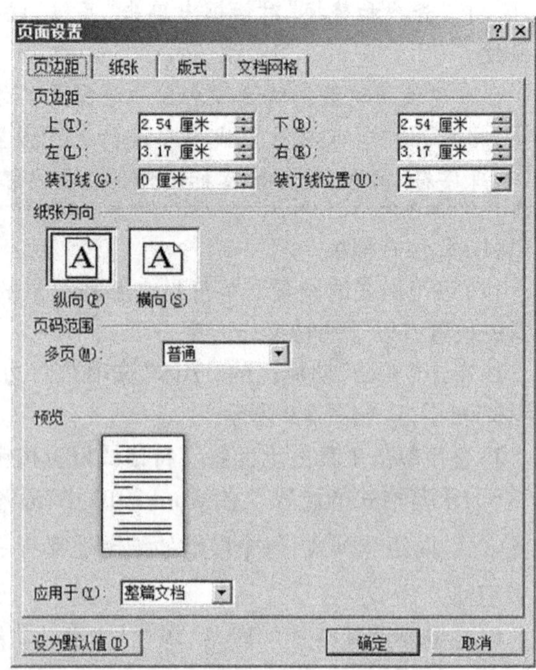

图 5-11 “页面设置”对话框

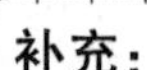

补充：

1. 浏览文档的不同方法

Word 2010 提供了多种浏览文档的方法，单击“视图”菜单栏，可以看到“草稿”“Web版式”“页面”“阅读版式”和“大纲”5 种浏览方式。其中“页面”是最常用的浏览方式，“大纲式”是用于插入目录时的浏览方式。

2. 文档的打印

单击快速工具栏上的“打印预览和打印”按钮，或者执行“文件”→“打印”命令，或者按 <Ctrl + P> 组合键，弹出“打印”对话框，可以选择打印范围、打印份数等项目，然后单击“确定”按钮即可。

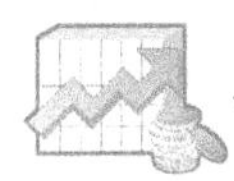

计划与实施

要写好求职信，可参照下列方法进行：

1）了解求职信的格式、内容和要求。求职信一般包括自我介绍、自我推荐和个人期望等几项内容。它应重点突出个人的背景、履历、工作能力和与未来雇主之间密切关联的内容。求职信的篇幅通常为 A4 纸一页左右，内容一般分为开头、中间和结尾三大块，开头应首先介绍自己的身份和写信的目的，中间应介绍或推销自己的优势、长处或能力，结尾应提出自己的期望或建议。

动笔之前，一般需要考虑以下几个问题：公司、企业或雇主是干什么的？他们需要的是什么？我的目标是什么？我的优点或优势又是什么？如何把我的履历和能力与公司、企业或雇主所提供的职位挂钩……当考虑好这些问题之后，就可以开始写求职信了。

2）熟悉 Word 2010 的操作界面并理解其中的基本概念。

3）录入求职信的具体内容（见图 5-12）。

尊敬的贵公司领导：

您好！

感谢你在百忙之中阅读我的求职信。扬帆远航，借你东风助力！我是广州市某校2010届毕业生，即将面临就业的选择，我十分想到贵公司任职，希望与贵公司的同事们携手并肩，共扬希望之帆，共创事来辉煌。

“宝剑锋从磨砺出，梅花香自苦寒来。”经过三年的专业学习和校园生活的磨炼，进校时天真、幼稚的我现已变得沉着和冷静。为了立足社会，为了自己的事业成功，三年中我一直努力学习，不论是基础课，还是专业课，都取得了较好的成绩。在校期间，我考取了计算机等级证书及专业等级证书，熟悉Windows操作系统，熟练掌握Office 2003办公软件，能熟练运用Photoshop、CorelDRAW等制图软件。

学习固然重要，但能力培养也必不可少。在校期间，我积极从事学生会工作及各种校园社团活动。在学生会工作期间，我协助老师管理班级及全校同学的日常学习生活秩序，认真负责对待每一项工作，深得老师同学的好评。我加入了学校的外联社，经常去外校交流，不仅提高了自己的自信心，还锻炼了较强的表达能力和组织能力。

经过十多年的寒窗苦读，现在的我已豪情满怀、信心十足。我恳请贵单位给我一个机会，让我有幸成为你们中的一员，我将以百倍的热情和勤奋踏实的工作来回报你的知遇之恩。

期盼能得到你的回音！

此致

敬礼！

求职人：张悦

图 5-12 求职信

4）对录入的求职信内容进行拼写和语法检查。在录入的求职信文档中，如果有些文字的下面出现了红色波形下画线或绿色波形下画线，则说明这些文字出现了拼写错误或语法错误。执行“审阅”→“拼写与语法”命令，会弹出如图5-13所示的对话框。可根据对话框的提示，将求职信中的拼写错误与语法错误全部更改过来，直至没有红色波形下画线及绿色波形下画线为止。

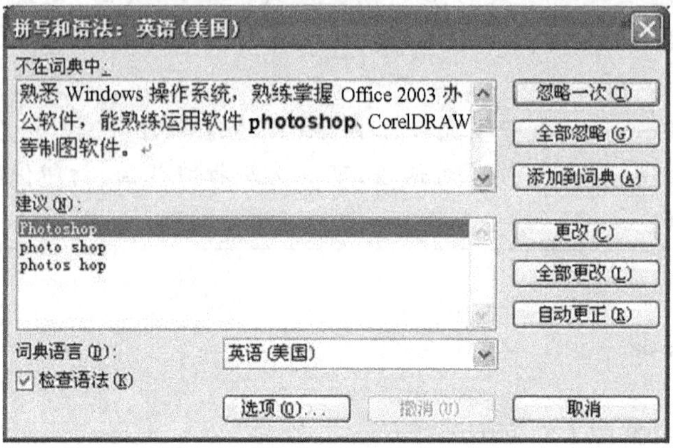

拼写和语法：英语（美国）

不在词典中：

熟悉 Windows 操作系统，熟练掌握 Office 2003 办公软件，能熟练运用软件 **photoshop**、CorelDRAW 等制图软件。

忽略一次（I） 全部忽略（G） 添加到词典（A）

建议（N）：

Photoshop
photo shop
photos hop

更改（C） 全部更改（L） 自动更正（R）

词典语言（D）： 英语（美国）

☑检查语法（K）

选项（O）... 撤消（U） 取消

图5-13 “拼写和语法”对话框

5）对录入的求职信内容进行文字替换。对于求职信中多处出现“你”的表述，张悦觉得有欠礼貌，于是将文中所有的“你”字更改为“您”字。经过校对后的文章如图5-14所示。

尊敬的贵公司领导：

您好！

感谢您在百忙之中阅读我的求职信。扬帆远航，借你东风助力！我是广州市某校2010届毕业生，即将面临就业的选择，我十分想到贵公司任职。希望与贵公司的同事们携手并肩，共扬希望之帆，共创事来辉煌。

“宝剑锋从磨砺出，梅花香自苦寒来。”经过三年的专业学习和校园生活的磨炼，进校时天真、幼稚的我现已变得沉着和冷静。为了立足社会，为了自己的事业成功，三年中我一直努力学习，不论是基础课，还是专业课，都取得了较好的成绩。在校期间考取了计算机等级证书及专业等级证书，熟悉Windows操作系统，熟练掌握Office 2003办公软件，能熟练运用Photoshop、CorelDraw等制图软件。

学习固然重要，但能力培养也必不可少。在校期间，我积极从事学生会工作及各种校园社团活动。在学生会工作期间，我协助老师管理班级及全校同学的日常学习生活秩序，认真负责对待每一项工作，深得老师同学的好评。我加入了学校的外联社，经常去外校交流，不仅提高了自己的自信心，还锻炼了较强的表达能力和组织能力。

经过十多年的寒窗苦读，现在的我已豪情满怀、信心十足。我恳请贵单位给我一个机会，让我有幸成为你们中的一员，我将以百倍的热情和勤奋踏实的工作来回报你的知遇之恩。

期盼能得到您的回音！

此致

敬礼！

求职人：张悦

图5-14 求职信

6）对求职信进行排版，全文字体设置为宋体。

7）字号设置：全文字号设置为小四。

8）对齐方式设置：第2行居中，最后一行右对齐。

9）段落缩进设置：第3、4、5、6、7、8段首行缩进2字符，第10段左缩进2字符。

10）段落（行）间距设置：全文行距为1.5倍行距。

11）页面设置：左右2厘米，上下3厘米。

排版好的“求职信”文档如图5-15所示。

尊敬的贵公司领导：

您好！

感谢您在百忙之中阅读我的求职信。扬帆远航，借你东风助力！我是广州市某校2010届毕业生，即将面临就业的选择，我十分想到贵公司任职。希望与贵公司的同事们携手并肩，共扬希望之帆，共创事来辉煌。

“宝剑锋从磨砺出，梅花香自苦寒来。”经过三年的专业学习和校园生活的磨炼，进校时天真、幼稚的我现已变得沉着和冷静。为了立足社会，为了自己的事业成功，三年中我一直努力学习，不论是基础课，还是专业课，都取得了较好的成绩。在校期间考取了计算机等级证书及专业等级证书，熟悉Windows操作系统，熟练掌握Office 2003办公软件，能熟练运用Photoshop、CorelDraw等制图软件。

学习固然重要，但能力培养也必不可少。在校期间，我积极从事学生会工作及各种校园社团活动。在学生会工作期间，我协助老师管理班级及全校同学的日常学习生活秩序，认真负责对待每一项工作，深得老师同学的好评。我加入了学校的外联社，经常去外校交流，不仅提高了自己的自信心，还锻炼了较强的表达能力和组织能力。

经过十多年的寒窗苦读，现在的我已豪情满怀、信心十足。我恳请贵单位给我一个机会，让我有幸成为你们中的一员，我将以百倍的热情和勤奋踏实的工作来回报你的知遇之恩。

期盼能得到您的回音！

感谢您在百忙之中抽暇审批这份材料。

此致

敬礼！

求职人：张悦

图5-15　求职信

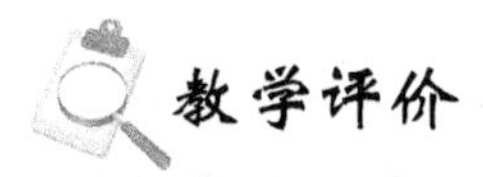

教学评价

请按表5-2中的要求，对每位同学所完成的工作任务进行教学评价，评价的结果可分为4个等级：优、良、中、差。

表5-2　教学评价表

评价项目	评价标准	评价结果		
		自评	组评	教师评
任务完成质量	1）能将求职信的内容全部录入Word文档中			
	2）能对求职信进行校对，正确率达100%			
	3）能对求职信进行排版			

(续)

评价项目	评价标准	评价结果		
		自评	组评	教师评
任务完成速度	在规定的时间内完成本项任务			
工作与学习态度	1)通过写求职信,树立了正确的职业观			
	2)能与小组成员通力合作,按时完成任务			
	3)在小组协作过程中能很好地与其他成员进行交流			
综合评价	评语(优缺点与改进措施):	总评等级		

任务2　制作简历表

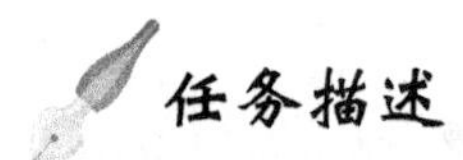

任务描述

张悦写好求职信后,觉得很满意,便开始设计简历表了。设计简历表之前,张悦首先要明确简历表的内容和格式,然后再使用 Word 2010 的表格功能对简历表进行编辑和美化。

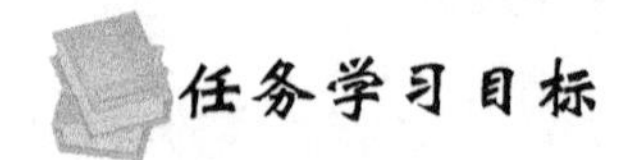

任务学习目标

1)了解简历表的内容及格式要求。
2)掌握 Word 表格的创建及编辑方法。
3)能熟练对 Word 表格进行格式化。
4)提高学生的文档审美意识。

知识准备

在我们的日常生活中,会经常使用到表格。表格是日常办公文档常用的形式,因为表格简洁明了,是一种最能说明问题的表达形式。例如,我们制作通讯录、课程表、报名表等就必须使用表格。Word 2010 提供了表格的制作工具,可以制作出满足各种要求的复杂报表。

1. 创建表格

创建表格的操作步骤如下:

1)将插入点移到需要插入表格的位置。
2)执行“插入”→“表格”→“插入表格”命令,打开“插入表格”对话框,如图 5-16 所示。
3)在“插入表格”对话框中设置所需的行数和列数(如 2 行和 5 列)。

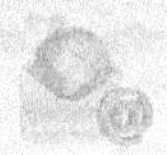

4）单击“确定”按钮，就会在当前插入点位置插入一个 2 行 5 列的表格。

2. 表格的编辑

（1）选定表格

1）选定一行或多行：将鼠标指针移到表格左侧，当指针变成右向黑色箭头指针时，单击可选定相应的一行，拖动可以选定连续多行。

2）选定一列或多列：将鼠标指针移到表格某列的顶端，当指针变成向下的黑色粗箭头指针时，单击左键可选定该列，拖动可选定连续多列。

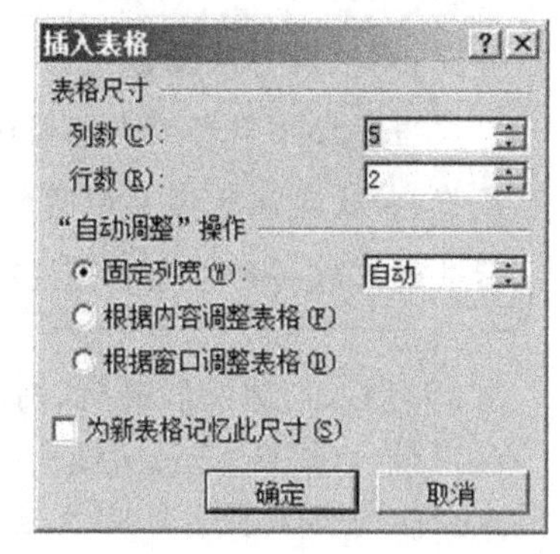

图 5-16 “插入表格”对话框

3）选定一个或多个单元格：将鼠标指针移到单元格左内侧，当指针变成右上黑色粗箭头指针时，单击左键可选定该单元格，拖动鼠标可选定连续多个单元格。先将插入点移到某一单元格内，然后按住 <Shift> 键再单击另一单元格，即可选定以这两个单元格为对角点的多个单元格。

4）选定整个表格：单击表格内任一处后，表格左上角外出现一个内有花十字形的小方框，此时单击它就可选定整个表格。或者选定表格所有的行也等于选定了整个表格。

（2）调整表格的列宽和行高　操作步骤如下：

1）选定要调整的列或行。

2）执行“表格工具”→“布局”→“表”→“属性”，命令或直接单击鼠标右键，在弹出的快捷菜单中选择“表格属性”命令，打开“表格属性”对话框。

3）选择“行”或“列”选项卡，可以对各行的高度或各列的宽度进行精确的设置，如图 5-17 所示。

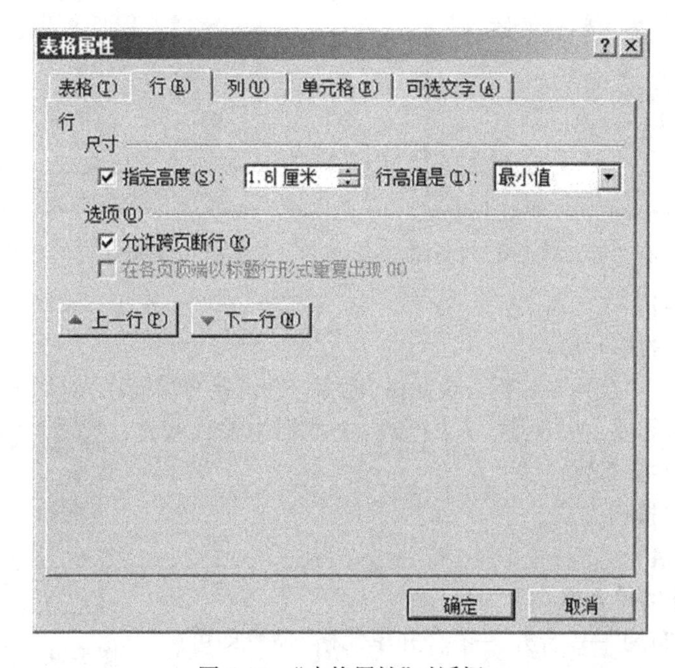

图 5-17 “表格属性”对话框

4)单击“确定”按钮。

补充:用鼠标方法调整

当鼠标指针移到表格竖线上时,会变成带左右双向箭头的双竖线,这时水平拖动鼠标,将改变该竖线前后两列的宽度。当鼠标指针移到表格横线上时,会变成带上下双向箭头的双线,这时垂直拖动鼠标,将改变该横线上边一行的高度。

(3)插入与删除表格行、列、单元格

1)插入行/列:先选定插入行/列的位置(若一次插入一行/一列,则可选定一行/一列,或将插入点移到该行/列任一单元格内;若一次插入多行/多列,则可选定多行/多列),然后执行“页面布局”→“行和列”→“行(在下方)/列(在右侧)”或“行(在上方)/列(在左侧)”命令即可。

将插入点移到某表格行结尾的段落标记前,然后按 < Enter > 键即可在下方插入一行/一列。

2)删除行/列:先选定要删除的行/列(若一次删除一行/一列,则可选定一行/一列,或将插入点移到该行/列任一单元格内;若一次删除多行/多列,则可选定多行/多列),然后执行“页面布局”→“删除”→“行/列”命令即可。

3)插入/删除单元格:先选定插入/删除单元格的位置(若一次插入/删除一个单元格,则可选定一个单元格或将插入点移到该单元格内;若一次插入/删除多个单元格,则可选定多个单元格)。若插入单元格,则单击“页面布局”功能区中的“行和列”最右边的小箭头按钮,打开“插入单元格”对话框,在该对话框中选择一种插入方式,然后单击“确定”按钮即可,如图 5-18 所示。若删除单元格,则执行“页面布局”→“删除”→“单元格”命令,在弹出的“删除单元格”对话框中选择一种删除方式,然后单击“确定”按钮,如图 5-19 所示。

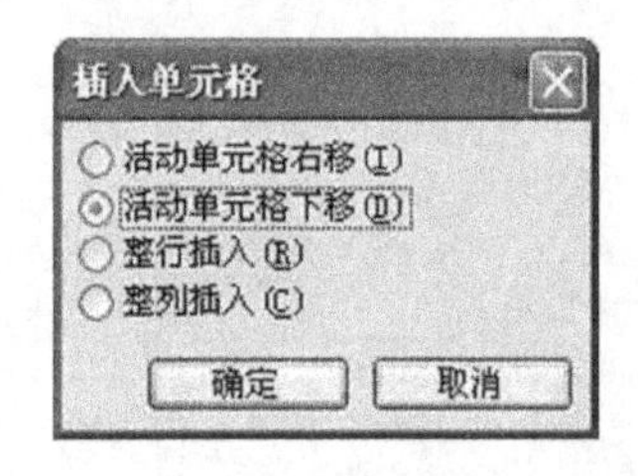

图 5-18 “插入单元格”对话框

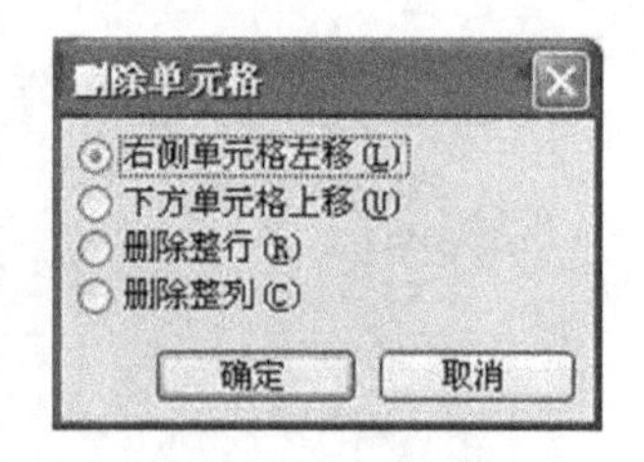

图 5-19 “删除单元格”对话框

(4)拆分单元格

1)选定要拆分的单元格。

2)执行“布局”→“合并”→“拆分单元格”命令,打开“拆分单元格”对话框,如图 5-20 所示。

3)根据拆分的需要,在“列数”和“行数”文本框中输入或选择相应的数值(如 1 行 2 列)。

4)单击“确定”按钮完成。

(5)合并单元格

1)选定要合并的单元格。

2)执行“页面布局”→“合并”→“合并单元格”命令即可。

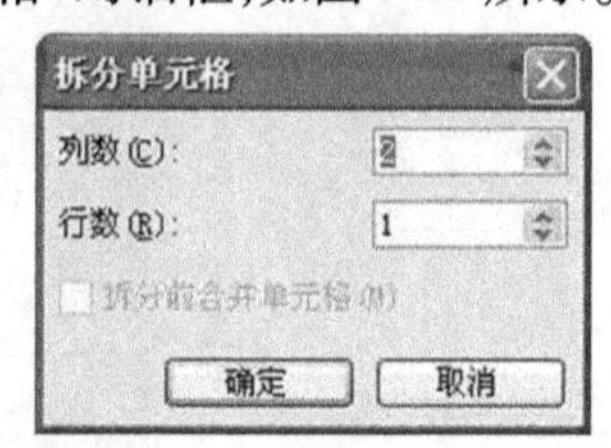

图 5-20 “拆分单元格”对话框

3. 表格的格式化

(1)改变表格的对齐方式、尺寸、文字环绕和位置

1)选定整个表格,或者将插入点移到表格内的任意位置。

2)执行“页面布局”→“属性”→“表格属性”命令,或单击鼠标右键,在弹出的快捷菜单中选择“表格属性”命令,打开“表格属性”对话框,如图5-21所示。

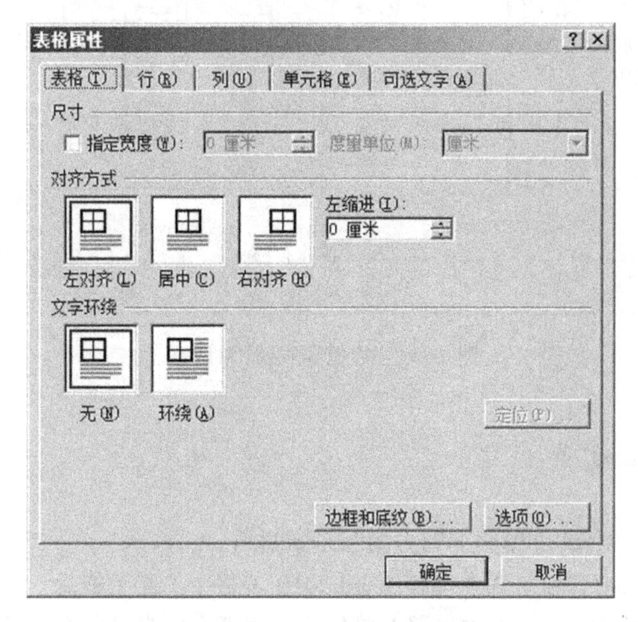

图5-21 “表格属性”对话框

3)在“表格”选项卡中设置表格的宽度、对齐方式、文字环绕等。

(2)设置单元格的对齐方式 单元格的对齐方式是指单元格内的文本相对于单元格的对齐方式。

设置单元格的对齐方式的操作步骤如下:

1)选定要设置对齐方式的单元格。

2)用鼠标右键单击选定的单元格,在弹出的快捷菜单中单击“单元格对齐方式”下的对齐方式按钮,如图5-22所示。

图5-22 “单元格对齐方式”按钮

(3)设置表格/单元格的边框和底纹 默认情况下,表格和单元格的所有框线都是0.5磅宽自动(色)的单实线,无底纹。

设置表格/单元格的边框和底纹的操作步骤如下:

1)选定整个表格或要改变框线和添加底纹的单元格。

2)执行“表格工具”→“设计”→“边框”或“底纹”命令,选择边框或底纹的样式,再选择“设计”功能区的“绘图边框”选项区中的具体框线的粗细和框线颜色。还可以单击右键快捷菜单中的“边框和底纹”按钮,打开“边框和底纹”对话框,如图5-23所示。

3)具体设置方法与给文字或段落添加边框和底纹的方法相同,只是“应用于”下拉列表中的选项换成了“表格”或“单元格”。

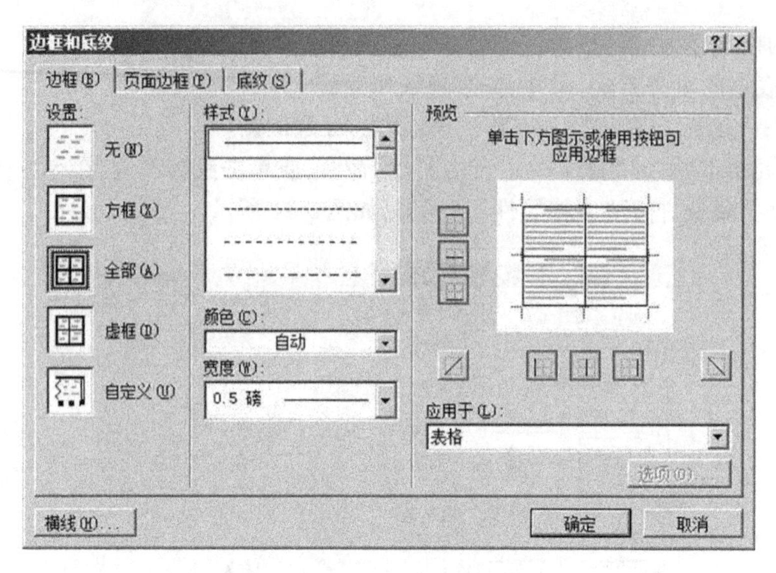

图 5-23 “边框和底纹”对话框

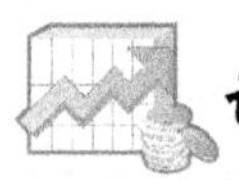

计划与实施

要完成简历表的制作，可参照下列方法和步骤进行：

1）了解简历表的内容和格式并理解 Word 2010 表格中的相关概念。

简历是应聘者用最简洁的方式向用人单位或招聘者介绍自己的个人信息、学历、工作经历的一种形式，通常以表格（即简历表）的形式出现。一份完整的简历表应包含以下内容：姓名，性别，籍贯，出生日期；学历，专业，毕业学校；通信地址、联系电话；教育经历，技能特长；工作经历，获奖情况及自我评价等。

2）创建一个 8 列 12 行的表格，并将简历内容录入表格中，如图 5-24 所示。

姓名		性别		籍贯		出生日期	
学历		专业		毕业学校			
通信地址						邮编	
联系电话				电子邮件			
语言水平				计算机水平		求职意向	
技能特长							
教育经历							
获奖情况							
工作经历							
自我评价							

图 5-24 简历表 1

3)插入/删除表格的行、列:在最后一列右侧插入一列,用于放照片;最后两行是不需要的,将其删除。

4)合并单元格:将“通信地址”“联系电话”“电子邮件”“语言水平”“计算机水平”“技能特长”“教育经历”“获奖情况”“工作经历”“自我评价”“贴照片处”等对应的单元格分别进行合并,并将具体个人情况内容录入对应的单元格中。

5)调整表格的行高和列宽:第1~6行的行高为1.5cm,其余行的行高为2.5cm。编辑后的表格如图5-25所示。

<table>
<tr><td>姓名</td><td>张悦</td><td>性别</td><td>女</td><td>籍贯</td><td>广东</td><td>出生日期</td><td>1992年</td><td rowspan="3">贴照片处</td></tr>
<tr><td>学历</td><td>中专</td><td>专业</td><td>文秘</td><td>毕业学校</td><td colspan="3">广东省××职业技术学校</td></tr>
<tr><td>通信地址</td><td colspan="5">广州省广州市天河区××路12号</td><td>邮编</td><td>510600</td></tr>
<tr><td>联系电话</td><td colspan="3">13512345678</td><td>电子邮件</td><td colspan="4">Zhangyue1992@126.com</td></tr>
<tr><td>语言水平</td><td colspan="3">精通普通话和粤语</td><td>计算机水平</td><td colspan="2">办公软件操作员级</td><td>求职意向</td><td>文员</td></tr>
<tr><td>技能特长</td><td colspan="8">能熟练操作Office办公软件及Photoshop图形图像处理软件</td></tr>
<tr><td>教育经历</td><td colspan="8">1.1998.9-2004.7就读于广东省××实验小学
2.2004.9-2007.7就读于广东省××高级中学
3.2007.9-2010.7就读于广东省××职业技术学校</td></tr>
<tr><td>获奖情况</td><td colspan="8">2007年9月获军训优秀学员称号
2008年6月“优秀学生干部”称号
2009年7月获“三好学生”称号</td></tr>
<tr><td>工作经历</td><td colspan="8">1.在校期间一直从事学校图书馆书籍管理工作
2.2008年暑假参加广州市残联志愿者工作
3.2009年暑假在广州市××公司实习,担任文员一职</td></tr>
<tr><td>自我评价</td><td colspan="8">吃苦耐劳,谦虚谨慎,工作认真负责;有较强的独立性,能够适应快节奏的工作;有较强的实践经验和实际操作能力,工作中能够独当一面</td></tr>
</table>

图5-25 简历表2

6)单元格对齐方式:所有单元格对齐方式为中部居左

7)字体、字形设置:第一列单元格字体为宋体,加粗;“性别”“籍贯”“出生日期”“专业”“毕业学校”“邮编”“电子邮件”“计算机水平”“求职意向”的字体为宋体,加粗;其余单元格字体为楷体。

8)行间距:单元格文字的行间距为1.5倍。

9)边框和底纹:表格外边框为黑色双线,风格线为黑色单线;第一列底纹为图案样式 5%。

简历表最终效果如图 5-26 所示。

<table>
<tr><td>姓名</td><td>张悦</td><td>性别</td><td>女</td><td>籍贯</td><td>广东</td><td>出生日期</td><td>1992 年</td><td rowspan="3">贴照片处</td></tr>
<tr><td>学历</td><td>中专</td><td>专业</td><td>文秘</td><td>毕业学校</td><td colspan="3">广东省××职业技术学校</td></tr>
<tr><td>通信地址</td><td colspan="4">广州省广州市天河区××路 12 号</td><td>邮编</td><td colspan="2">510600</td></tr>
<tr><td>联系电话</td><td colspan="3">13512345678</td><td>电子邮件</td><td colspan="4">Zhangyue1992@126.com</td></tr>
<tr><td>语言水平</td><td colspan="3">精通普通话和粤语</td><td>计算机水平</td><td colspan="2">办公软件操作员级</td><td>求职意向</td><td>文员</td></tr>
<tr><td>技能特长</td><td colspan="8">能熟练操作 Office 办公软件及 Photoshop 图形图像处理软件</td></tr>
<tr><td>教育经历</td><td colspan="8">1. 1998.9 – 2004.7 就读于广东省××实验小学
2. 2004.9 – 2007.7 就读于广东省××高级中学
3. 2007.9 – 2010.7 就读于广东省××职业技术学校</td></tr>
<tr><td>获奖情况</td><td colspan="8">2007 年 9 月获军训优秀学员称号
2008 年 6 月“优秀学生干部”称号
2009 年 7 月获“三好学生”称号</td></tr>
<tr><td>工作经历</td><td colspan="8">1. 在校期间一直从事学校图书馆书籍管理工作
2. 2008 年暑假参加广州市残联志愿者工作
3. 2009 年暑假在广州市××公司实习，担任文员一职</td></tr>
<tr><td>自我评价</td><td colspan="8">吃苦耐劳，谦虚谨慎，工作认真负责；有较强的独立性，能够适应快节奏的工作；有较强的实践经验和实际操作能力，工作中能够独当一面</td></tr>
</table>

图 5-26　简历表 3

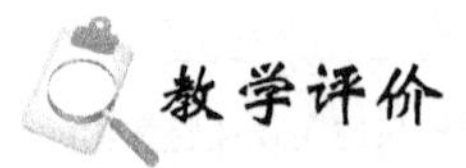

教学评价

请按表 5-3 的要求，对每位同学所完成的工作任务进行教学评价，评价的结果可分为 4 个等级：优、良、中、差。

表 5-3　教学评价表

<table>
<tr><td rowspan="2">评价项目</td><td rowspan="2">评 价 标 准</td><td colspan="3">评价结果</td></tr>
<tr><td>自评</td><td>组评</td><td>教师评</td></tr>
<tr><td rowspan="3">任务完成质量</td><td>1）能正确创建表格，并将简历表的内容录入表中</td><td></td><td></td><td></td></tr>
<tr><td>2）能正确对表格进行行、列的编辑</td><td></td><td></td><td></td></tr>
<tr><td>3）能正确对表格进行格式化，并美化表格</td><td></td><td></td><td></td></tr>
</table>

（续）

评价项目	评 价 标 准	评价结果		
		自评	组评	教师评
任务完成速度	在规定的时间内完成本项任务			
工作与学习态度	1）通过设计简历表，增强了审美意识			
	2）能与小组成员通力合作，认真完成任务			
	3）在小组协作过程中能很好地与其他成员进行交流			
综合评价	评语（优缺点与改进措施）：	总评等级		

任务3　制作简历封面

任务描述

有了求职信、简历表、荣誉证书以及在校考取的各种资格证书，还需要有一张漂亮的封面将个人简历等求职资料装订成册。于是，张悦先上网了解了简历封面的设计思路，然后利用Word 2010强大的图文混排功能制作出一张美观大方的封面。

任务学习目标

1）了解封面设计的思路和制作过程。

2）掌握图片、图形、艺术字、文本框的添加和编辑的操作方法。

4）能熟练对图、文进行混排。

5）提高学生的审美意识及培养学生的创新精神。

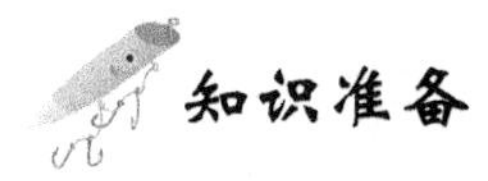

知识准备

在实际的文档编辑排版中，往往需要插入相关的图片，或绘制一些插画，或加入一些背景图案等，达到美化文档的目的。Word 2010的图文混排功能就能满足这一要求。

1. 插入图形和文本框

（1）插入剪贴画　剪贴画是指Word 2010提供的图片库中的图片。插入剪贴画的操作步骤如下：

1）将插入点移到要插入剪贴画的位置。

2）执行“插入”→“插图”→“剪贴画”命令，在Word界面的右边会出现如图5-27所示的对话框。

图5-27　“剪贴画”对话框

3）在“搜索文字”文本框内输入内容（如“动物”）。

4）单击“搜索”按钮，则在搜索结果栏内会显示所有符合条件的剪贴画。

5）单击所需剪贴画，即在文档的当前插入点处插入了所选的剪贴画，关闭对话框。

（2）插入来自文件的图片　操作步骤如下：

1）将插入点移到要插入图片的位置。

2）执行“插入”→“插图”→“图片”命令，打开“插入图片”对话框，如图5-28所示。

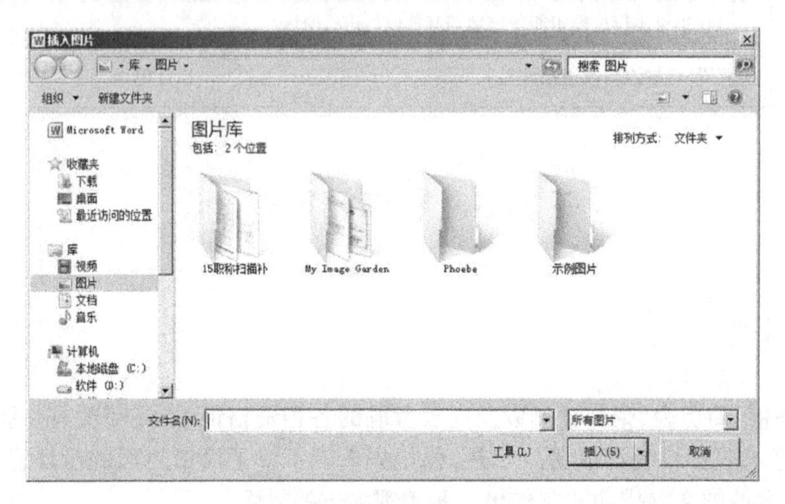

图5-28　“插入图片”对话框

3）找到要插入的图片文件。

4）双击需要插入的图片文件，或者单击“插入”按钮，即在文档的当前插入点处插入了所选的图片。

（3）插入自选图形　操作步骤如下：

1）将插入点移到要插入自选图形的位置。

2）执行“插入”→“插图”→“形状”命令，在“自选图形”面板中选择各种图形和形状，如图5-29所示。

3）如果要插入一个预定义大小的图形，则单击文档即可；如果要插入一个自定义大小的图形，则将图形拖动至所需大小即可。要保持图形的长宽的比例，在拖动图形时须按下 <Shift> 键。

补充：绘制图形

1）用绘制直线、箭头和双箭头工具可以绘制出直线、箭头和双箭头。

2）用自选图形可以绘制出曲线、任意多边形等图形。

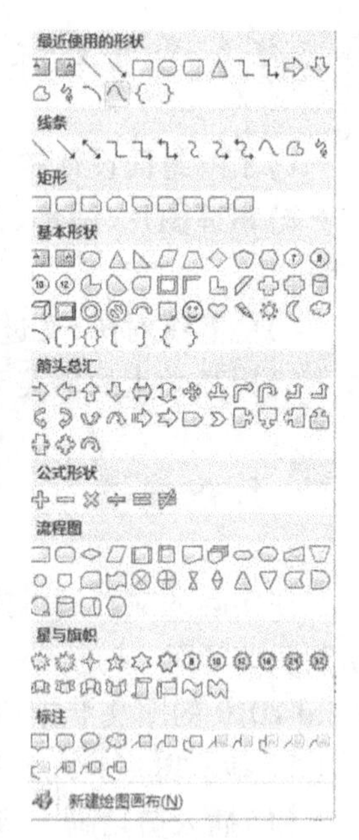

图5-29　“自选图形”面板

（4）插入艺术字　操作步骤如下：

1）执行“插入”→“文本”→“艺术字”命令。

2）在下拉展开的“形状样式”面板中选择一个样式（见图5-30），会出现如图5-31所示的艺术字文字编辑框。

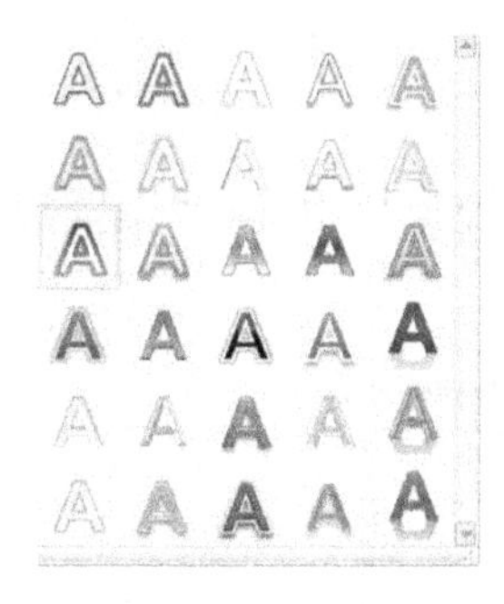

图 5-30 “形状样式”面板

请在此放置您的文字

图 5-31 艺术字文字编辑框

3)在艺术字文字编辑框中输入要设置为“艺术字”格式的文字,设置所需的其他选项,如字体为隶书、字号为 80、加粗。

(5)插入文本框 操作步骤如下:

1)单击“插入”功能区中的“文本”选项区中的“文本框”按钮。

2)在打开的内置文本框面板中选择合适的文本框类型,如图 5-32 所示。选择一种文本框,在文档中需要插入文本框的位置单击鼠标或进行拖动,即在文档中插入了一个文本框,其中出现插入点光标和一个段落标记符,可在文本框内输入文本等内容。

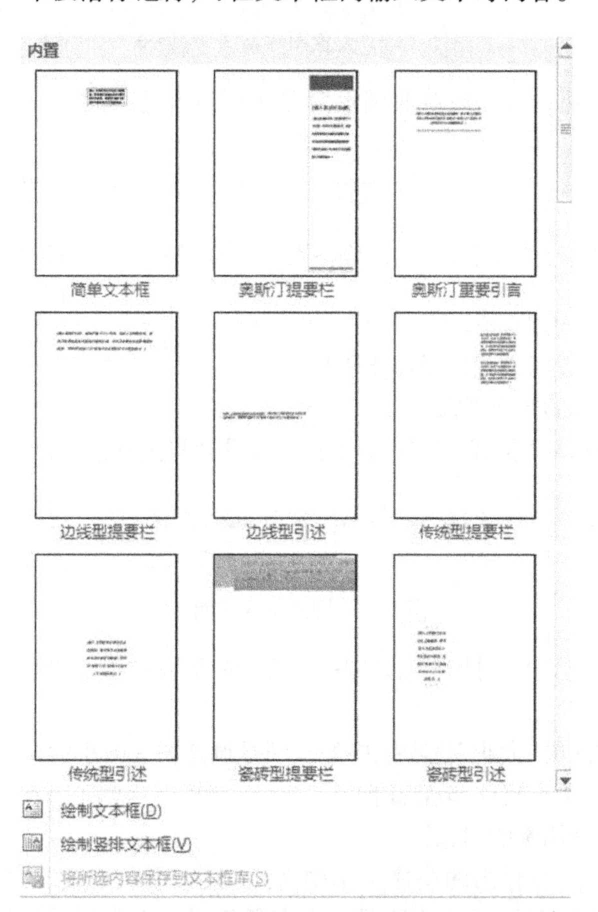

图 5-32 内置文本框面板

2. 图形和文本框的格式设置

(1)图片的格式设置　操作步骤如下:

1)选择要设置格式的图片,用鼠标右键单击,在弹出的快捷菜单中选择“设置图片格式”命令,打开“设置图片格式”对话框,如图5-33所示。

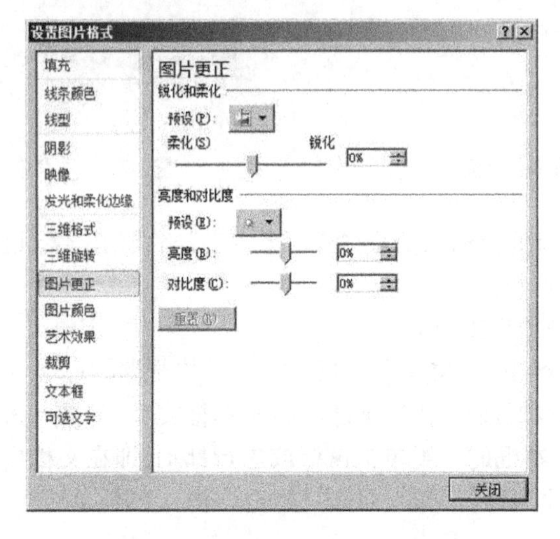

图5-33　“设置图片格式”对话框

2)通过该对话框,可以添加或修改图形对象中的过渡色、图案、纹理或填充图片、设置三维效果以及边框等。

提示:

自选剪贴画、图形、艺术字、文本框的格式设置与图片格式的设置相似,这里不再进行详细介绍。

(2)图片大小及位置的设置　操作步骤如下:

1)单击选定要修改的图形对象。

2)执行“图片工具”→“格式”命令,会下拉出来图片格式功能区。

图5-34　图片格式功能区

3)在图片格式功能区中“排列”选项区中的“位置”和“自动换行”按钮是设置图片位置的。

4)图片格式功能区中“大小”选项区中的按钮是设置图片大小的。

(3)为对象添加阴影　操作步骤如下:

1)选定要为其添加阴影的对象。

2)用鼠标右键单击,在弹出的快捷菜单中选择“设置形状格式”或“设置图片格式”命令(根据对象是插入自选图形的形状还是图片而有所不同),在弹出的如图5-35所示的对话框中，选择阴影设置中相应的预设、颜色、透明度等相关设置参数。

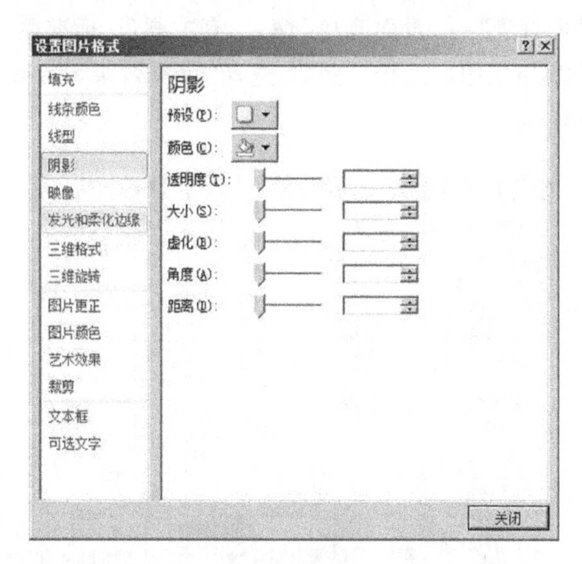

图 5-35　“设置图片格式”中的“阴影”选项卡

(4)添加或改变图形对象的三维效果　操作步骤如下：

1)用鼠标右键单击，在弹出的快捷菜单中选择“设置图片格式”命令，打开“设置图片格式”对话框，如图 5-33 所示。

2)单击“设置图片格式”对话框左侧的“三维格式”或“三维旋转”选项卡，再单击右边相应的所需选项可添加三维效果，如图 5-36 所示

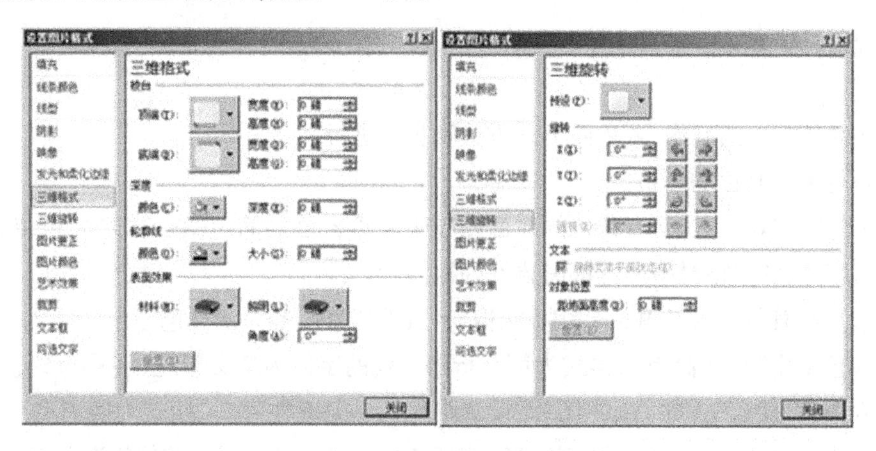

图 5-36　“设置图片格式”对话框中的“三维格式”和“三维旋转”选项卡

补充：编辑图片

1)选定要编辑的图片。

2)选择“图片格式”功能区中相应的选项。例如，单击“图片格式”功能区中的“裁剪”按钮可对图片进行裁剪，单击“重设图片”按钮可将其复原。单击“更正”按钮，可以调整图片的对比度或亮度。单击“图片效果”按钮，可以快速设置图片的效果，包括阴影的效果设置。

3. 设置页面背景

执行“文件”→“页面背景”→“页面颜色”命令，有主题色、标准色、无颜色、其他颜色、填充效果5种背景设置方案可供用户选择。例如，选择“填充效果”，有4个选项卡可达到不同的填充效果，如图5-37所示。

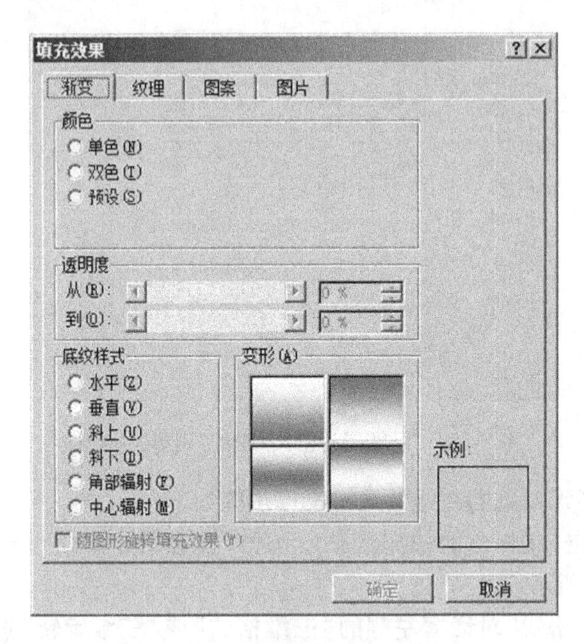

图5-37 “填充效果”对话框

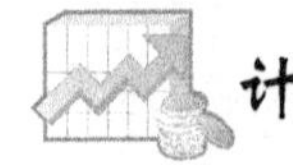

计划与实施

要完成简历封面的制作，可参照下列方法和步骤进行：

1）准备好制作封面的素材。

制作一份既美观大方，又有特色的封面相当于是给自己的简历做一次好的包装。封面的颜色、图片、字体、图文格局等内容都需要好好地设计。

2）设置页面背景。打开Word 2010文档，将页面背景设置为浅黄色。

3）插入艺术字“个人简历”，样式为第5行第6列的字体为华文新魏、字号为96。

4）插入图片，插入“人物.png”图片，设置图片大小为缩放70%，版式为四周型。

5）插入自选图形：插入一个圆角矩形（高为10cm、宽为12cm），填充色为白色，线条色为2.25磅灰色-80%。

6）添加文字：在圆角矩形内添加文字，文字的字体为黑体、字号为三号。

7）绘制图形：在页面绘制两条直线，竖线为单细线，横线为3磅双实线。

8）插入文本框：在页面对应位置处使用文本框输入“2010届毕业生”（四号、隶书）及“个人简历”（五号、华文行楷）字样，文本框设置为无填充色、无线条色。

简历封面的最终效果如图5-38所示。

图5-38 个人简历封面

教学评价

请按表5-4要求，对每位同学所完成的工作任务进行教学评价，评价的结果可分为4个等级：优、良、中、差。

表5-4 教学评价表

评价项目	评 价 标 准	评价结果		
		自评	组评	教师评
任务完成质量	1）能正确设置页面背景			
	2）能正确插入艺术字、图片、文本框、自选图形等对象			
	3）能正确设置艺术字、图片、文本框、自选图形等对象的格式			
任务完成速度	在规定时间内完成本项任务			
工作与学习态度	1）通过设计简历封面，提高审美意识和创新意识			
	2）能与小组成员通力合作，认真完成任务			
	3）在小组协作过程中能很好地与其他成员进行交流			
综合评价	评语（优缺点与改进措施）：	总评等级		

任务 4　制作公司组织结构图

任务描述

组织结构图是最常见的表示一个公司或组织人员、业务部门、职责和活动间关系的一种图形。它形象地反映了组织内各机构、岗位之间的相互关系。合理的组织结构有利于发挥团队管理的作用。

在办公室主任孙凯的带领下，张悦查看了公司的相关资料，找到了该公司的组织结构图和部门职责表，如图 5-39 和图 5-40 所示。通过分析，她弄清楚了各部门之间的关系，开始着手准备制作广州市大业信息科技有限公司的组织结构图。

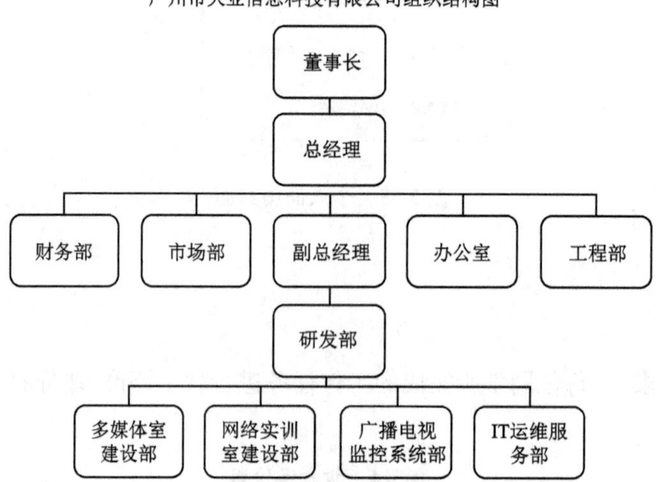

图 5-39　公司组织结构图

部门职责表

部门		职责
董事长兼总经理		全面主持公司的工作，直接管理市场部和财务部的工作
副总经理		分管研发部的工作
办公室		负责行政、后勤、人事、接待、外联等
财务部		负责财务报销、项目审计、工商税务、工资统计等
市场部		负责承接各类集成项目工程
工程部		负责数据/语音/图像系统集成项目的工程实施
研发部	多媒体室建设部	负责数据/语音/图像系统产品的设计及研发
	网络实训室建设部	
	广播电视监控系统部	
	IT 运维服务部	

图 5-40　部门职责表

任务学习目标

1)掌握建立组织结构图的方法。

2)能熟练设置组织结构图的文本、版式、大小、颜色、环绕方式、自动套用等格式。

3)具有一定的编辑、美化组织结构图的能力。

4)能体会到组织结构图在揭示事物联系中的作用。

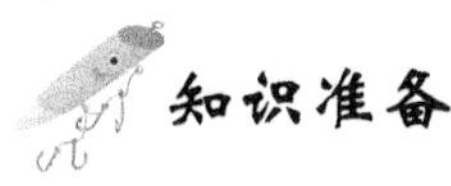

知识准备

1. 组织结构图的构成

组织结构图一般由标题、结构图和说明文字组成。

1)标题一般为公司或组织名称。

2)结构图主要表示各组织层次中人员、业务、职责和活动间的关系。

3)说明文字是可选部分,一般会在说明文字中列出结构图中各职位、各部门的职责。

2. 插入组织结构图的方法

执行“插入”→“插图”→“SmartArt”→“层次结构”→“组织结构图”命令。

3. 选定数据块及选定所有数据块的方法

(1)选定数据块　单击要选定的数据块,当被选中的数据块四周出现8个编辑点时,表示该数据块被选中。

(2)选定所有数据块的方法　选中上级数据块,执行“组织结构图”→“选择”→“分支”命令,当所有数据块四周都出现⊗图标时,表示所有数据都被选中了。

计划与实施

张悦查看了公司的有关资料之后,弄清楚了各部门之间的关系,现在她选定用Word 2010制作该公司的组织结构图。

1)打开Word 2010,创建一个新文件,保存为“广州市大业信息科技有限公司组织结构图”,在编辑窗口中输入“广州市大业信息科技有限公司组织结构图”,并设置字体为黑体、字号为三号、对齐方式为居中,如图5-41所示。

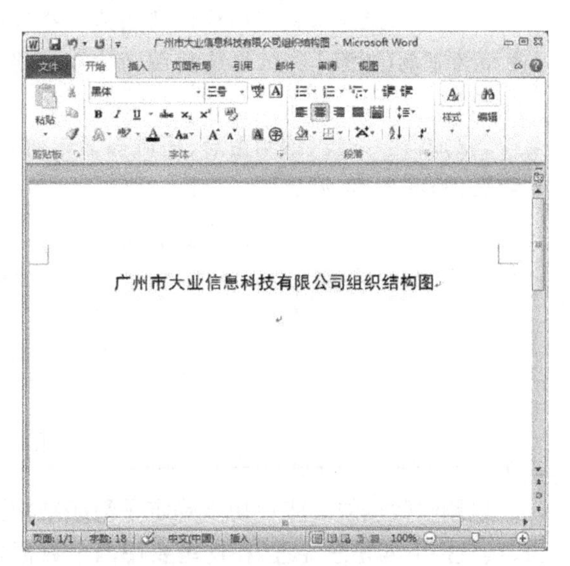

图5-41　Word 2010编辑区

2)插入组织结构图。执行“插入”→“插图”→“SmartArt”命令,在弹出的对话框中单击“层次结构”→“组织结构图”,然后单击“确定”按钮,如图5-42和图5-43所示。

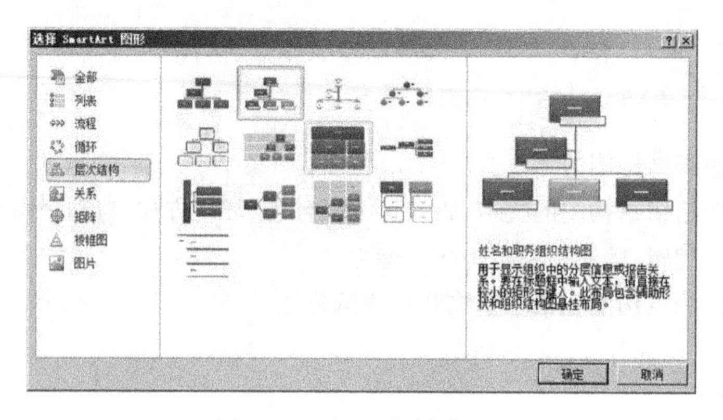

图 5-42　插入组织结构图 1

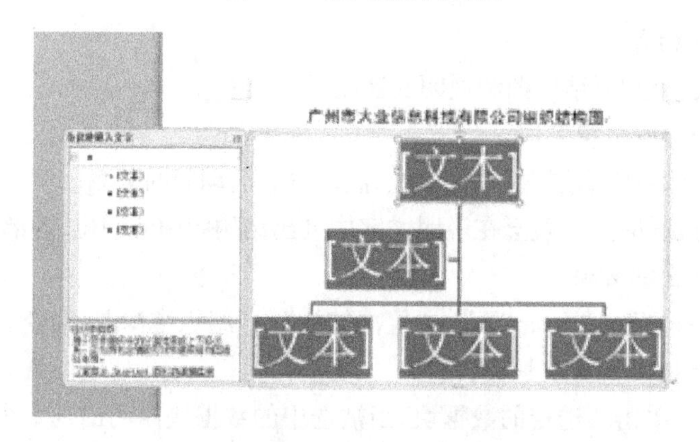

图 5-43　插入组织结构图 2

提示：

1）插入组织结构图的默认状态为 5 个数据块。排列在上面的一个称为上级，下面的 4 个为下属（助理）。组织结构图的中心任务就是把默认组织结构图编辑成我们需要的结构。

2）在插入组织结构图后，同时会显示组织结构图的 SmartArt 选项卡的设计或格式功能区，如图 5-44 所示。

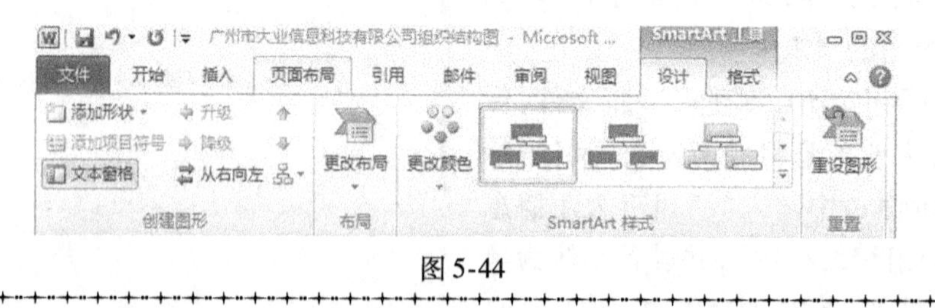

图 5-44

3）删除数据块。张悦初步确定了组织结构图的样式，公司组织结构中的最高级别是董事长，其直接下属是总经理，在这里要用两个数据块来表示。默认组织结构图有 5 个数据块，删除 3 个数据块。选中要删除的数据块，直接按 <Delete> 键就可以删除不需要的数据块。删除 3 个数据块后的效果如图 5-45 所示。

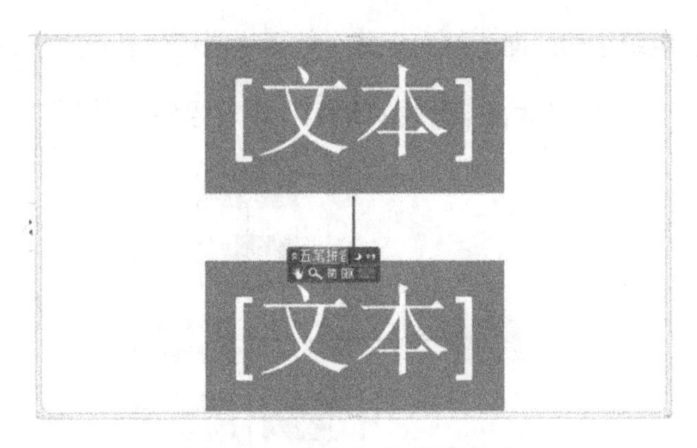

图 5-45　删除不需要的数据块

4)在数据块中输入文本。张悦将董事长和总经理的数据块制作好后,开始在数据块中输入文本。将光标移动到要输入文字的数据块上,单击鼠标左键,就可以在数据块中输入文字,如图 5-46 所示。

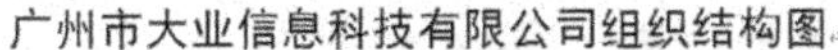

图 5-46　输入文字

5)添加数据块。公司的组织结构中,在董事长和总经理下设有副总经理、办公室、财务部、市场部、工程部、研发部等,其中研发部又包括 4 个部门,因此张悦又添加了 10 个数据块。

①选择总经理数据块。单击"组织结构图"工具栏中的"插入形状"按钮,在下拉选项中选择"助理",添加两个数据块,分别输入"市场部"和"财务部",因为总经理直接分管市场部和财务部,故有两个"助理"。

②继续选择总经理数据块,添加 3 个"助理",即副总经理、办公室、工程部,并在相应的数据块中输入文本。

③选中副总经理数据块,添加 1 个"助理",输入"研发部",因为副总经理分管研发部。

④选中研发部数据块,添加 4 个"助理",分别输入"多媒体室建设部""网络实训室建设部""广播电视监控系统部"和"IT 运维服务部",因为这 4 个部门是研发部的分属部门。

所有数据块添加完成后的效果如图 5-47 所示。

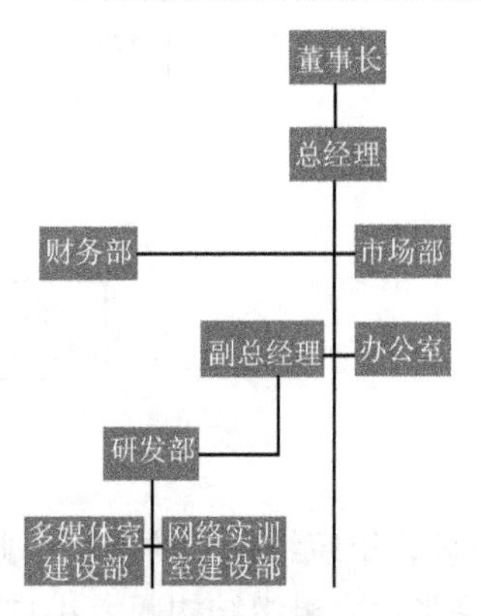

图 5-47　公司组织结构图

6)设置组织结构图的大小。单击组织结构图,此时出现 8 个控制点,选中下边中间的控制点,并向下拖动,组织结构图就变大了。将组织结构图向下拉大至每个数据块能清楚显示文字，如图 5-48 所示。

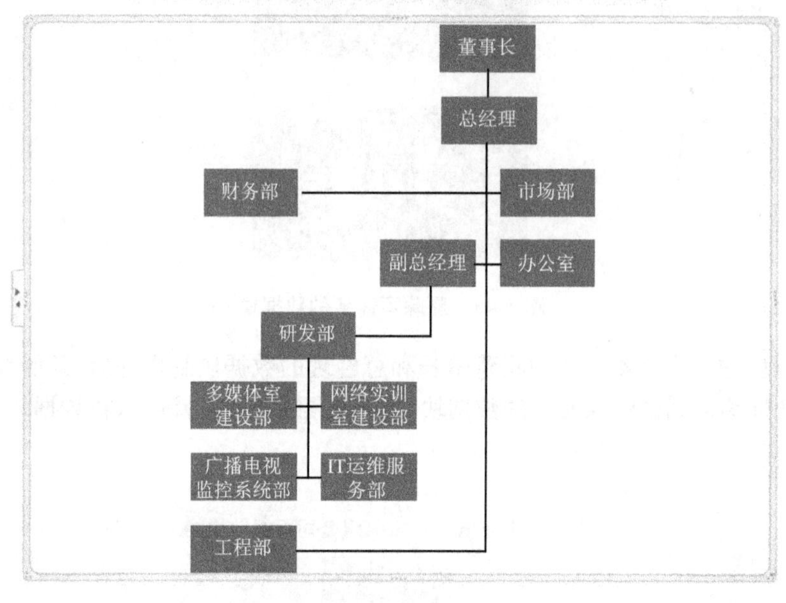

图 5-48　字体调整

7）调整布局版式。张悦觉得这种默认的标准布局版式不好看，于是对组织结构图进行布局的调整。选中总经理数据块，执行"SmartArt"→"设计"→"布局"→"层次结构"，效果如图 5-49 所示。

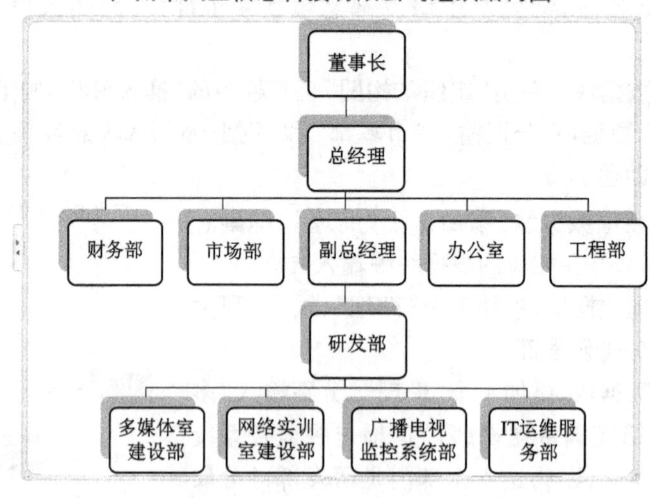

图 5-49　版式调整

8）设置组织结构图的大小。此时的组织结构图中的数据块和字体都变小了，一点都不美观，于是张悦对组织结构图大小进行调整。单击组织结构图，此时出现 8 个控制点，选中下边中间的控制点,并向下拖动,组织结构图就变大了,如图5-50所示。

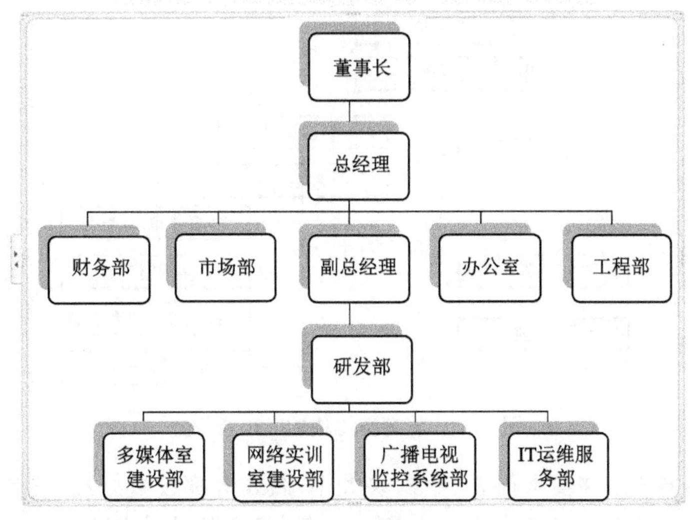

图5-50 设置结构图大小

9)改变组织结构图的颜色。调整好文本格式后,张悦觉得组织结构图的默认颜色不好看,而且觉得组织结构图与标题不太对称,所以又进行了调整。选中所有数据块,然后双击其中一个数据块的边框,弹出"设置自选图形格式"对话框,选择"颜色与线条"选项,将颜色设置为浅绿,线条设置为深蓝色、1.5磅的粗实线。效果如图5-51所示。

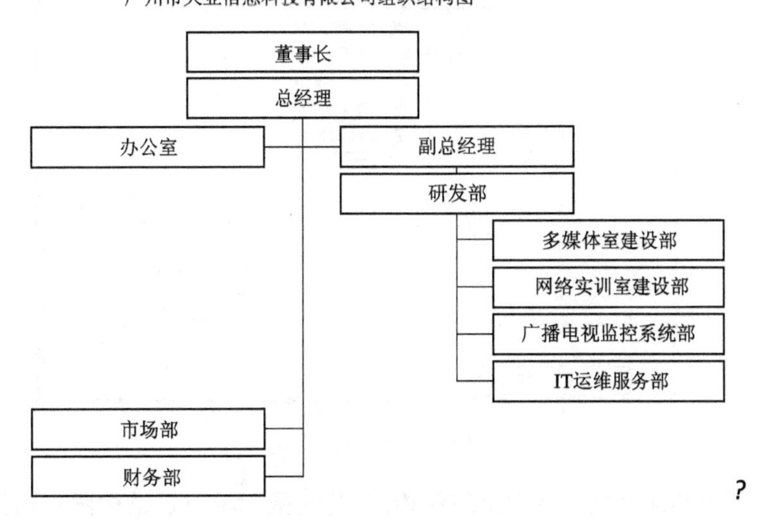

图5-51 改变组织结构图的颜色

10)设置数据块的大小及位置。版式、结构图的大小设置好后,数据块与数据块之间的间距不太合理,于是张悦又开始着手进行调整。选择要调整的数据块,执行"组织结构图"→"版式"→"自动版式"命令,然后调整文本框的大小即可。直接拖动文本框即可调整位置,调整后的效果如图 5-52 所示。

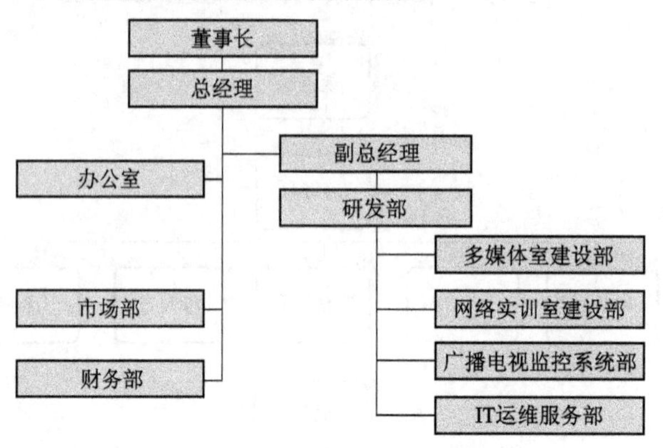

图 5-52　设置数据块的大小及位置

11）设置环绕方式。在文本格式、数据块大小、版式等都设置好后，张悦发觉标题与组织结构图没有对齐，而且无法直接移动进行调整。张悦想到要对版式进行调整。

①单击组织结构图，执行“组织结构图”→“文字环绕”命令，在弹出的下拉选项中选择“四周环绕”命令，如图 5-53 所示。

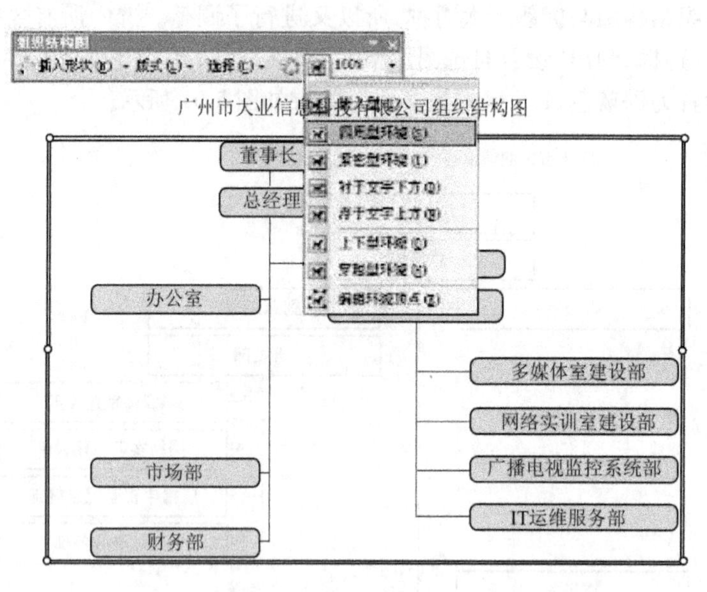

图 5-53　设置环绕方式

②设置了“四周环绕”之后，选中组织结构图，拖动鼠标将组织结构图移动到标题的正下方，如图 5-54 所示。

12）自动套用格式。此时组织结构图基本上已经设计好了，但张悦总是觉得这样设计很呆板，她又想到了自动套用格式功能里有很多美观而且可以直接套用的格式，于是又着手设计起来。单击组织结构图，执行“组织结构图”→“自动套用格式”命令，弹出“组织结构图样式库”对话框，然后选择“斜面渐变”样式，效果如图 5-55 所示。

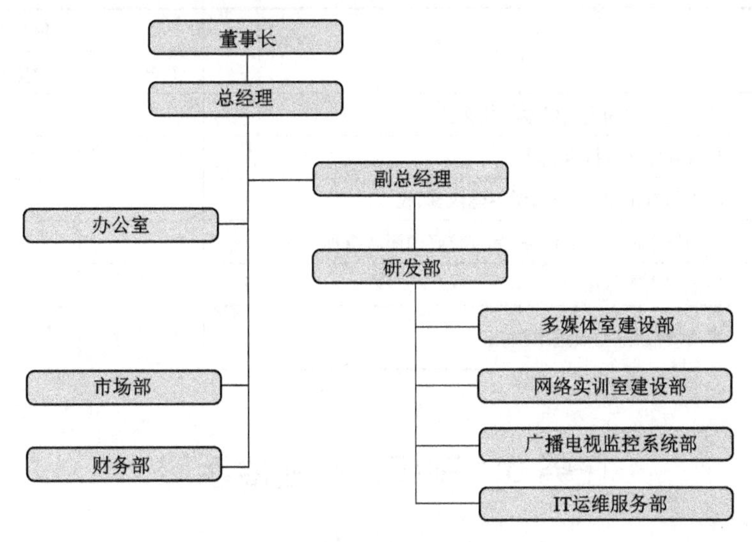

图 5-54 位置调整

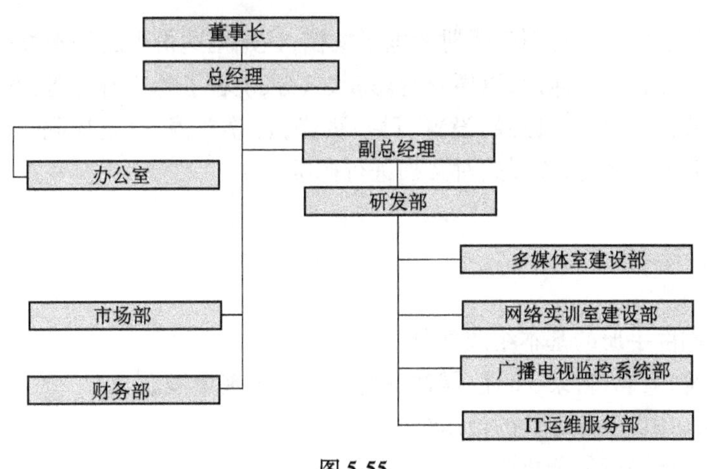

图 5-55

教学评价

请按表 5-5 的要求进行教学评价，评价结果可分 4 个等级：优、良、中、差。

表 5-5 教学评价表

评价项目	评 价 标 准	评价结果		
		自评	组评	教师评
任务完成质量	1）能按要求设置文本格式和版式			
	2）能按要求设置指定的套用格式			
	3）组织结构图结构合理，外表美观			

(续)

评价项目	评价标准	评价结果		
		自评	组评	教师评
任务完成速度	1)在规定时间内完成本项任务			
	2)提前完成或推迟完成			
工作与学习态度	1)课前有预习和准备,课中能认真、投入			
	2)与同学协作完成任务,具有较好的团队精神			
	3)能起表率作用			
综合评价	评语(优缺点与改进措施):	总评等级		

任务5　制作公司制度手册

任务描述

王经理交给张悦一份公司制度手册的电子文档,让她把这份手册编辑好,同时交代张悦对制度手册编辑的地方必须有标识,以便查看修改处。张悦看了看这份手册,发现需要做很多工作:制作封面、封底,插入尾注、目录,设置页眉、页脚,合并文档,设置权限等,幸好 Word 2010 都能提供这些功能。于是,张悦开始对文档进行排版。

任务学习目标

1)了解公司制度手册的基本组成部分。

2)理解分隔符、页码、目录、批注、尾注、题注、公式等基本概念。

3)掌握 Word 2010 多种工具的使用方法。

4)能熟练对文档进行复杂排版。

5)培养学生的职业道德和遵纪守法意识。

知识准备

在任务 3 中,已经学会了 Word 2010 的简单排版,有时会使用到一些不常用的工具,如使用样式,插入目录、分隔符等功能来实现 Word 更复杂的排版。

1. 设置项目符号和编号

1)使用快捷菜单添加项目符号和编号。

①如果要添加的是项目符号,则选定要添加项目符号或编号的段落(1 个或多个)。

②用鼠标右键单击,在弹出的快捷菜单中选择“项目符号”或“编号”命令。

③如果要添加的是项目符号,则在弹出的“项目符号”面板中单击选定一种即可,如图 5-56

所示。如果要修改它，则可以单击“定义新项目符号”按钮，打开对话框自定义新的项目符号，最后单击“确定”按钮。如果要用图片作为项目符号，则可以单击“图片”按钮，打开“图片符号”对话框，单击选中其中一个插入即可。

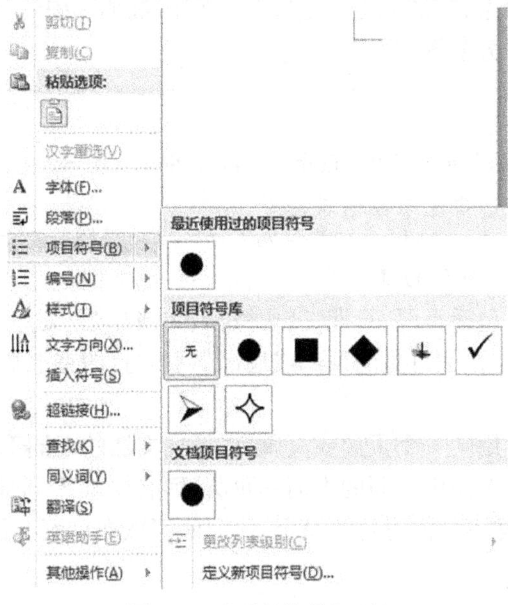

图 5-56 “项目符号”面板

类似地，单击“编号”面板中的选项可以添加编号。

2）执行“开始”→“段落”→“项目符号”或“编号”命令，可以给段落添加项目符号或编号。

①选定要添加项目符号或编号的段落（1 个或多个）。

②如果要添加项目符号，则执行“开始”→“段落”→“项目符号”命令即可；如果要添加编号，则执行“开始”→“段落”→“编号”命令即可。

3）取消段落（列表）的项目符号或编号的操作步骤。

①选中要取消项目符号或编号的段落。

②用鼠标右键单击，在弹出的快捷菜单中选择“项目符号”或“编号”命令，在相应的面板中单击选中“无”选项。或者执行“开始”→“段落”→“项目符号”或“编号”命令，使它弹起来。

2. 文档的行、段、节与页

一个文档可以有多节，一节可以有多个段落，一个段落可以有多行。文档是一页一页地显示和打印的。

（1）分行　通常情况下，在一个段落中，当一行的字符数达到指定的数值或者一行的字符到达段落右边界时会自动换行。如果需要提前换行，则可输入人工分行符。方法是：执行“页面布局”→“页面设置”→“分隔符”命令，在弹出的“分隔符”面板中，选择“自动换行符”命令，单击“确定”按钮，在当前插入点处就输入了换行符，如图 5-57 所示。

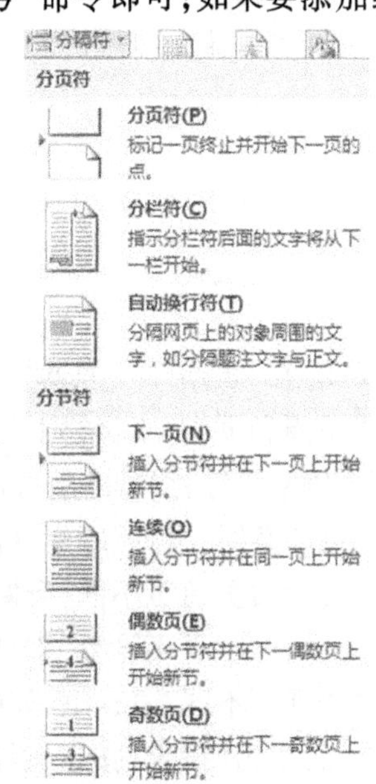

图 5-57 分隔符面板

（2）分页　文档在按页面显示和打印时，当一页的行数达到指定的数值或者到达页面的下边距时会自动分页。如果要提前分页，则可插入分页符。在图5-57中选择“分页符”选项，单击“确定”按钮，在当前插入点处就输入了分页符。

(3)分节　一般的文档只有一节，如果需要分节（文档各页面需要设置不同的页眉或页脚），则应按各部分进行分节，方法同上。选择“分节符”选项区中的某一项，单击“确定”按钮，在当前插入点处就插入了分节符。

提示：

可以通过单击“开始”功能区中“段落”选项区中的“显示/隐藏编辑标记”按钮↲，对分页符、分行符、分节符进行显示或隐藏设置。

3. 页眉、页脚的设置与页码的插入

在页眉和页脚中可以包括页码、日期、公司徽标、文档标题、文件名或作者姓名等文字或图形，这些信息通常打印在文档中每页的顶部或底部。页眉打印在上页边距中，而页脚打印在下页边距中。

在文档中可自始至终用同一个页眉或页脚，也可在文档的不同部分用不同的页眉和页脚，还可以在奇数页和偶数页上使用不同的页眉和页脚，而且文档不同部分的页眉和页脚也可以不同，但都必须先对文档按不同部分进行分节。例如，可以在首页上使用与众不同的页眉或页脚或者不使用页眉和页脚。

(1)设置页眉和页脚

1)执行“插入”→“页眉和页脚”→“页眉”或“页脚”命令，在相应的下拉面板中选择“编辑页眉”或“编辑页脚”，如图5-58所示。

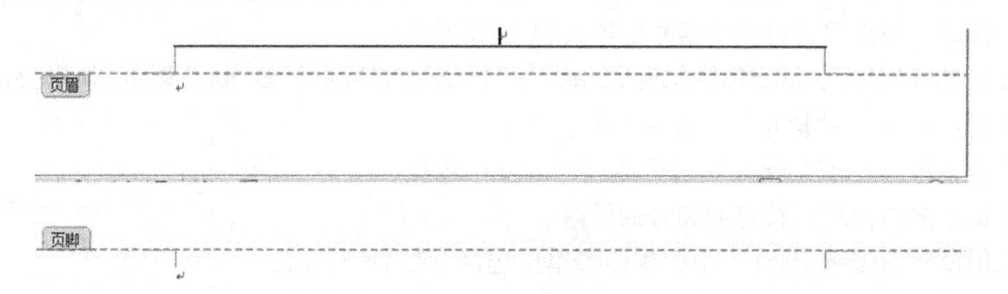

图5-58　页眉/页脚编辑区

2)在“页眉”或“页脚”编辑区中可以输入文本（如文章标题等）、插入图片、绘制图形，单击“页眉和页脚”工具栏上的相关按钮可以插入页码、页数、日期时间及自动图文集条目，并设置页码格式等，编辑排版方法与正文的相同。单击“页眉和页脚”工具栏上的“转至页脚”按钮，可切换到“页脚”编辑区。

(2)设置首页不同/奇偶页不同/各节不同的页眉或页脚

1)打开“页面设置”对话框，在“版式”选项卡的“页眉和页脚”选择区中勾选“首页不同”和“奇偶页不同”复选框，如图5-59所示。

2)单击“确定”按钮，返回到页眉或页脚编辑状态，这时，编辑区左上角上会出现“首页页眉”“首页页脚”“奇数页页眉”“奇数页页脚”“偶数页页眉”“偶数页页脚”字样，以提醒用户当前处在哪一个编辑区。如果文档有多个节，则还会在前述字样后面增加第几节的提示，如

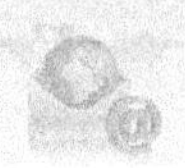

“页眉-第1节-”。

3)单击“页眉和页脚”工具栏上的“上一节”“下一节”和“转至页脚”按钮选择进入不同的编辑区创建不同内容。如果后一节的页眉或页脚的设置要与前一节的不同,则要单击工具栏上的“链接到前一个页眉”按钮,使它弹起来,接着创建不同的页眉或页脚。

4)单击“页眉和页脚”工具栏上的“关闭”按钮,完成设置。

(3)插入页码

1)执行“插入”功能区“页眉和页脚”选项区中的“页码”命令,弹出“页码”面板,如图5-60所示。

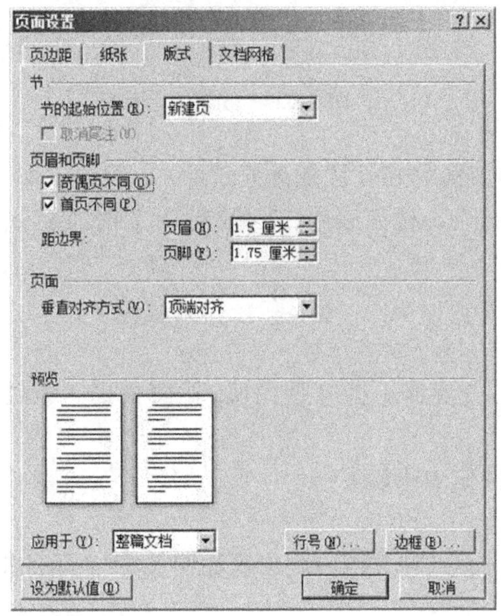

图5-59 【页面设置】对话框(【版式】选项卡)

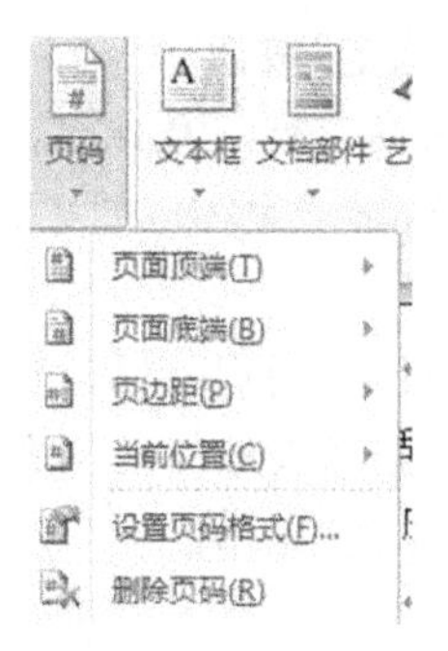

图5-60 “页码”面板

2)选择相应的插入页码的位置,从相应的页面位置(顶端或底端)列表中单击相应的样式。

3)在“页码”面板中也可在页边距的选项中选择一个样式。

4)单击“格式”按钮,打开“页码格式”对话框,如图5-61所示。对“编号格式”和“页码编号”进行设置后,单击“确定”按钮,则应用格式设置;单击“取消”按钮,则放弃格式设置。页码的默认数字格式是阿拉伯数字。

5)单击“确定”按钮。

4. 分栏

在分栏前要确定或选定分栏所应用的范围,即确定或选定对文档的哪个部分进行分栏。

1)确定分栏范围,即根据需要移到插入点位置或选定文本或节。

2)执行“页面布局”→“页面设置”→“分栏”命令,在弹出的“分栏”对话框中选择所需的分栏方式,如图5-62所示(分两栏)。

3)选择“预设”选项区中的分栏格式,或在“栏数”数值框中输入或调整栏数,在“宽度”和“间距”数值框中设置栏宽和间距。勾选“栏宽相等”复选框,则各栏的栏宽相等,并有相同的栏间距;取消勾选“栏宽相等”复选框,则可以逐栏设置宽度和间距。

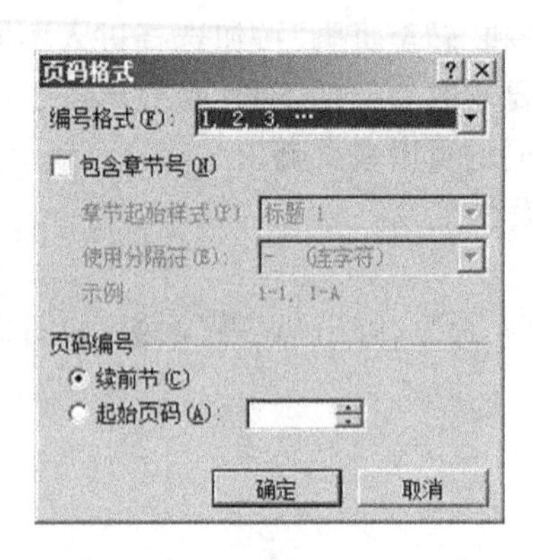

图 5-61 “页码格式”对话框

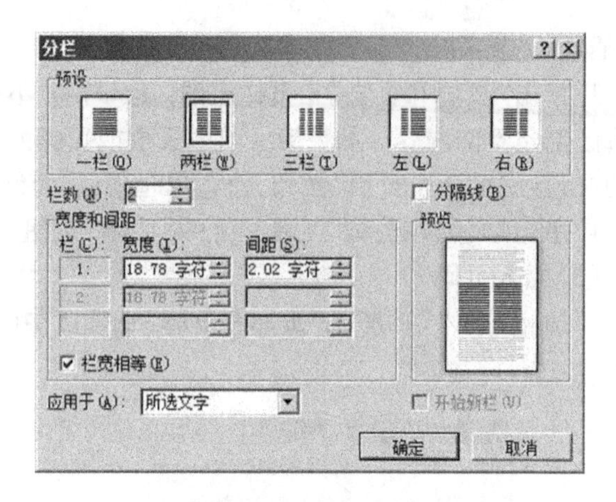

图 5-62 “分栏”对话框

4)如果要在各栏之间加一条分隔线,则勾选“分隔线”复选框。

5)根据前面确定的分栏范围,在“应用于”下拉列表中,选择“整篇文档”或“所选文字”选项。

6)单击“确定”按钮。

5. 插入批注、脚注、尾注、题注、目录

在编辑 Word 文档中,如果对某些文本内容作一些文字说明,就需要插入批注、脚注或尾注。

(1)插入批注 批注是修订的一种,其操作步骤如下:

1)选中需要插入批注的文本内容。

2)执行“审阅”→“批注”→“新建批注”命令,在文档右侧出现如图 5-63 所示的批注框。

图 5-63 批注框

3)在批注框内输入批注内容。

4)若要删除批注,则用鼠标右键单击批注框,在弹出的快捷菜单中选择“删除批注”命令即可。

(2)插入脚注和尾注 操作步骤如下:

1)选中需要插入脚注或尾注的文本内容。

2)单击“引用”功能区的“脚注”选项区中的“插入脚注”或“插入尾注”按钮,直接在相应的位置写入脚注或尾注。或者单击“引用”功能区的“脚注”选项区中的功能扩展按钮,会弹出“脚注和尾注”对话框,如图 5-64 所示。

3)选择位置,脚注位于当前页面的底部或所选文字的下方,尾注位于当前文档或节的结尾处。可修改脚注和尾注的格式,单击“插入”按钮。

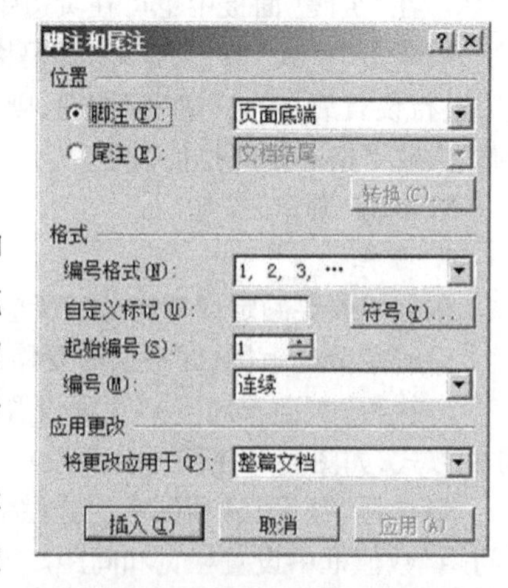

图 5-64 “脚注和尾注”对话框

4）输入脚注或尾注内容。

（3）插入题注　在书籍中经常要在文档中插入图形、表格等内容，为了便于排版时查找和便于读者阅读，通常要在图形、表格的上方或下方添加一行诸如“图1”“表1”等文字说明。

插入题注的操作步骤如下：

1）选中需要插入题注的文本内容。

2）单击“引用”功能区的“题注”选项区中的“插入题注”按钮，弹出“题注”对话框，如图5-65所示。

3）根据需要修改选项，单击“确定”按钮。

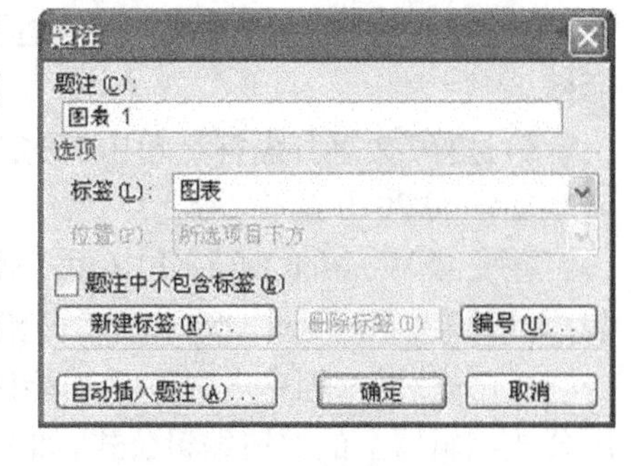

图5-65　“题注”对话框

（4）插入目录　在一篇长文档中有很多页（如书稿），通常需要插入目录，通过目录可以快速浏览文档的各章节内容。

插入目录的操作步骤如下：

1）设置大纲等级。将文档切换至“大纲”视图，在“大纲”工具栏内按照需要设置等级，大标题通常为一级标题，其下一级小标题为二级标题，以此类推，设置完所有标题的等级。

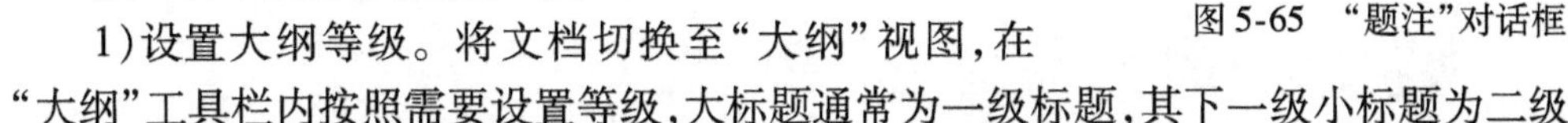

2）插入目录。返回“页面”视图，把光标定位在文档的开始位置，单击“引用”功能区中“目录”选项区的目录下拉面板中的“插入目录”按钮，打开“目录”对话框，设置好选项，单击“确定”按钮，如图5-66所示。

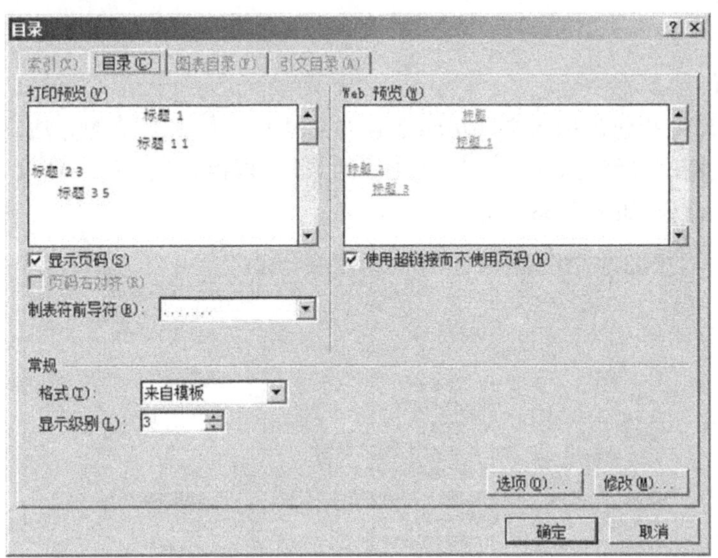

图5-66　“目录”对话框

6. 文本与表格的转换

（1）将文本转换为表格　操作步骤如下：

1）将要转换为表格的文本进行分隔。对应表格每一行的单元格顺序，或直接在对应表格单元格的内容后按<Enter>键。

2）选定分隔好的文本。

3）单击“插入”功能区的“表格”选项区中“表格”下拉面板中的“文本转换成表格”按钮，

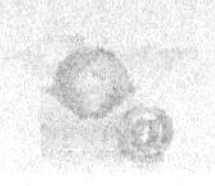

打开“将文本转换成表格”对话框。

4)对“列数”“分隔符”等进行设置后,单击“确定”按钮即可。

(2)将表格转换为文本　操作步骤如下:

1)选定要转换为文本的表格,或者将插入点移到表格任意单元格内。

2)执行“表格”→“布局”→“数据”→“转换成文本”命令,打开“将表格转换成文本”对话框。

3)选择“文字分隔符”,单击“确定”按钮。

7. Word 2010 编辑公式

在安装 Microsoft Office 2010 办公软件时,要将 Microsoft 公式 3.0 编辑器安装好,若没有安装,则请插入 Microsoft Office 2010 安装光盘,自定义安装。

若已安装好,则单击“插入”功能区中“符号”选项区的“公式”按钮,打开公式编辑器。使用公式编辑器上的按钮编辑公式,如图 5-67 所示。编辑好公式后单击页面空白处。

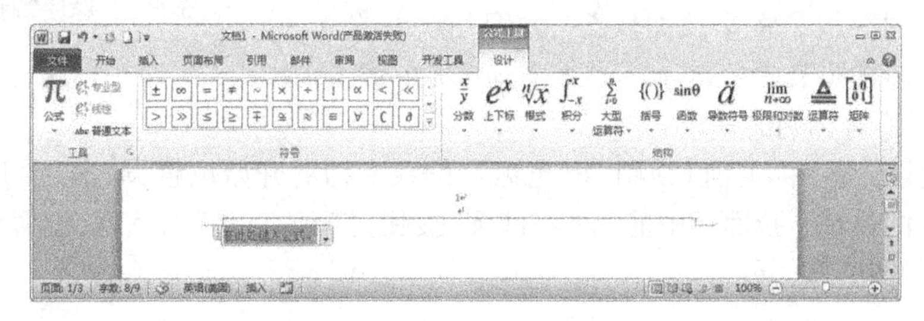

图 5-67　公式编辑器

8. 文档合并

使用 Word 2010 提供的插入文件功能来合并文档是一种最简单的方法。合并文档时,首先打开第一个文档,然后将插入点定位到文档的末尾,再执行“插入”→“文本”→“对象”→“文件中的文字”命令,如图 5-68 所示。

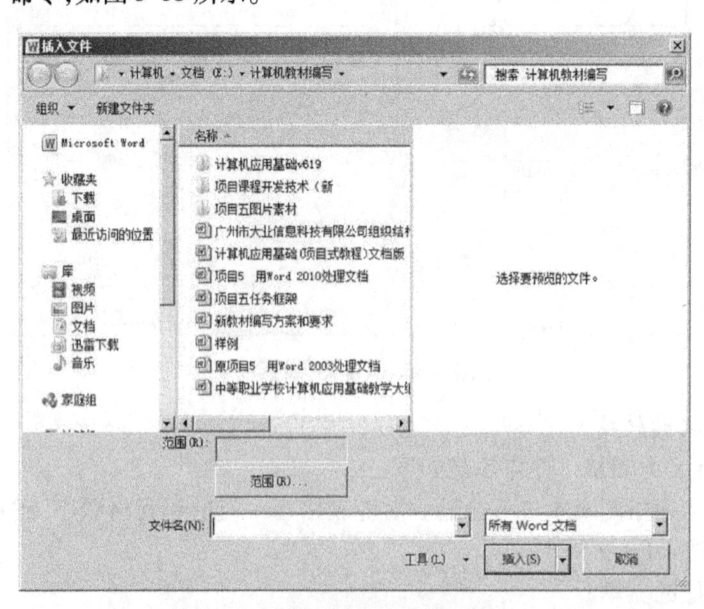

图 5-68　“插入文件”对话框

在“插入文件”对话框中的“名称”列表中找到要合并到当前文档中的文档，双击，即可将整个文档的内容插入到光标所在位置。针对所有要合并起来的文档进行同样的操作，即可达到将多个文档合并起来的目的。

9. 修订

(1)设置修订 在文档中将插入的文本、删除的文本、修改过的文本以特殊的颜色显示或加上一些特殊标记，便于以后再对修订过的内容进行审阅。

设置修订的操作步骤如下：

1)执行“审阅”→“修订”→“修订选项”命令按钮，如图5-69所示。

2)分别设定“插入的文字”“删除的文字”“修改过的格式”“修改过的行”的标记和颜色。

3)直接单击“修订”按钮，使之处于选定状态，即进入修订状态。再次单击“修订”按钮即可取消修订状态。

(2)接受/拒绝修订 单击“审阅”功能区的“更改”选项区中的“接受”或“拒绝”按钮。

10. 设置文档权限

设置文档权限的操作步骤：

1)执行“审阅”→“保护”→“限制编辑”命令，打开“限制格式和编辑”窗口，如图5-70所示。勾选“仅允许在文档中进行此类型的编辑”复选框，并在下拉列表中选择“不允许任何更改(只读)”选项。

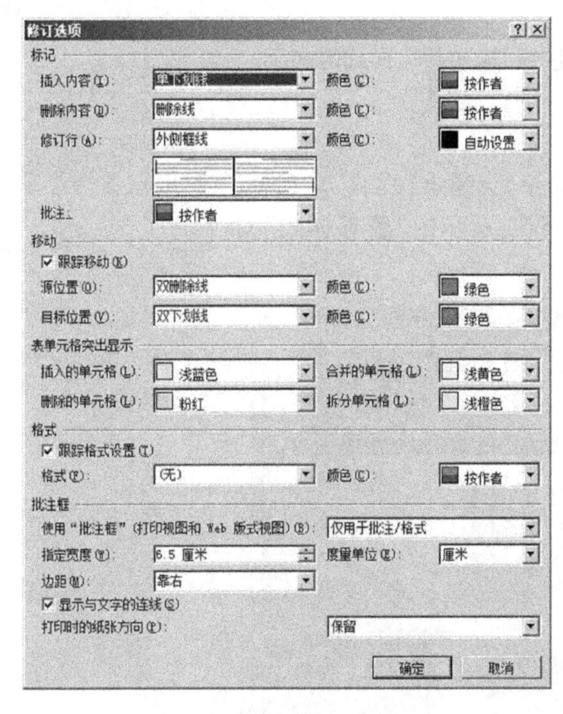

图5-69 “修订选项”对话框

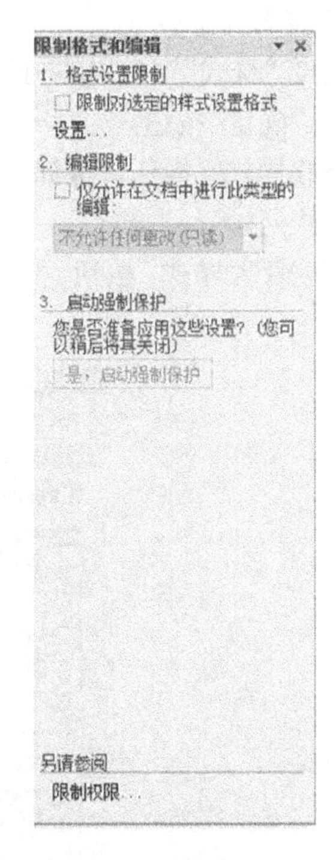

图5-70 “限制格式和编辑”对话框

2)单击“更多用户”链接打开“添加用户”对话框，输入用户姓名。

3)单击“是，启动强制保护”按钮，设置相应的密码。设置完成后只有指定的用户才可以对选定的文档进行编辑操作,而其他用户则无权操作,如图 5-71 所示。

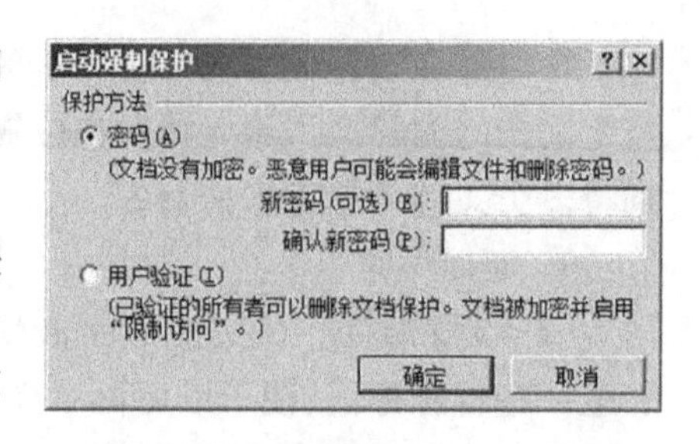

图 5-71 "启动强制保护"对话框

11. 样式

样式是应用于文本的一组格式特征,利用它可以快速改变文本的外观。简单地说,一个样式就是一组格式。当使用样式时,只需执行一步操作就可应用一组格式,不必分几步来设置,当然事先要创建这一样式。

Word 2010 已创建了一些样式,称为内置样式。当新建一个空白文档后,开始输入文本时,Word 使用名为"正文"的样式给输入的文本设置格式,执行"开始"→"样式"→"样式"命令,会弹出"样式"对话框,如图 5-72所示。

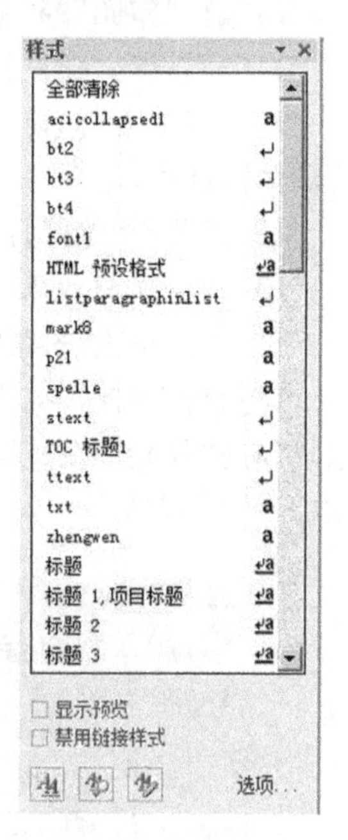

图 5-72 "样式"对话框

(1)应用样式 操作步骤如下:

1)如果要应用段落样式,则单击此段落或者选定要修改的一组段落。如果要应用字符样式,则选定要设置格式的字符。

2)从"开始"功能区的"样式"选项区中的"样式"下拉列表中选择段落样式或者字符样式。

(2)新建样式 操作步骤如下:

1)在文档中设置一个段落的格式。

2)选定该段落。

3)单击在"样式"窗口中的"新样式"按钮,输入新建样式的名字。

4)单击"确定"按钮。

(3)修改样式 操作步骤如下:

1)执行"开始"→"样式"→"样式"命令,会弹出"样式"对话框,单击底部的"管理样式"按钮,弹出如图 5-73 所示的"管理样式"对话框。

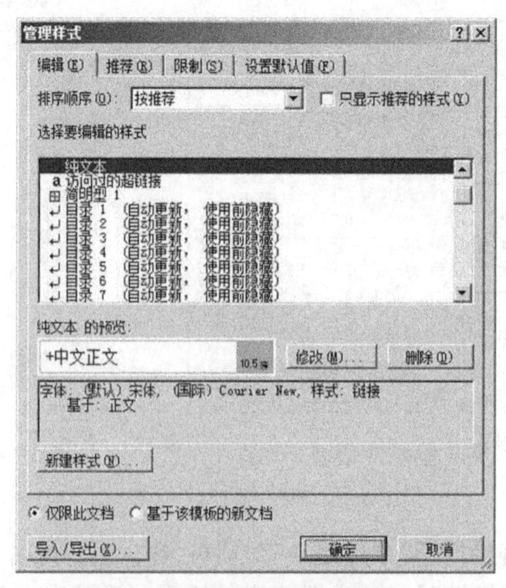

图 5-73 "管理样式"对话框

2)在“管理样式”对话框中,先选择要编辑的样式,再单击“修改”按钮,打开“修改样式”对话框,如图 5-74 所示。

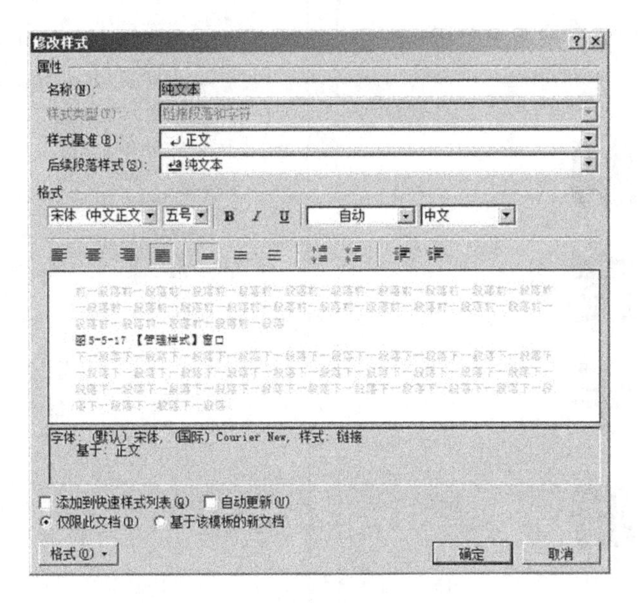

图 5-74 “修改样式”对话框

3)对样式的格式和属性进行修改。

4)修改完属性之后,单击“确定”按钮。

(4)删除样式

1)在“管理样式”窗口中选择要编辑的样式。

2)单击“删除”按钮即可删除样式。

计划与实施

要完成公司制度手册的制作,可以参照下列方法和步骤进行:

1)简单排版。设置制度手册电子文档的字体、字号、字型、段落等格式。

2)设置页面背景。在手册第一页制作一个封面,并以广州市大业信息科技有限公司的 Logo 背景,设置成水印效果,如图 5-75 所示。

3)使用大纲视图,对手册细则标题分等级。

4)插入目录,效果如图 5-76 所示。

4)设置项目符号和编号。为手册中所有列表式的内容设置项目符号,如图 5-77 所示。

6)将光标定位于目录页的位置,然后单击“页面布局”功能区的“分隔符”命令,打开“分隔符”下拉面板,选中“分节符”中的“下一页”按钮。

7)用同样的方法,在手册细则最后一页(将用于合并封底页)插入分节符,这样将手册文档内容分成了 3 节。

8)进入页眉编辑模式,第 1 节是封面和目录页,页眉和页脚处不需要输入内容。

9)在“页眉与页脚”工具栏中单击“下一节”按钮,跳转到下一节(即手册细则)的页眉处。

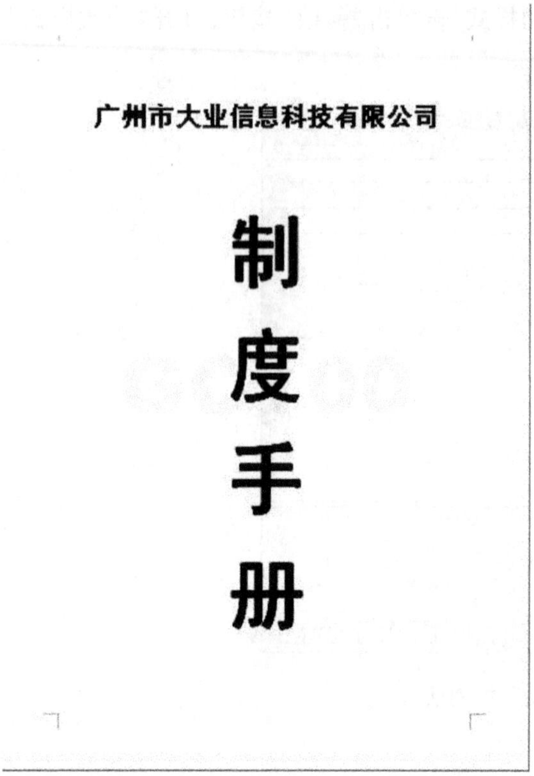

广州市大业信息科技有限公司

制

度

手

册

图 5-75　公司制度手册封面

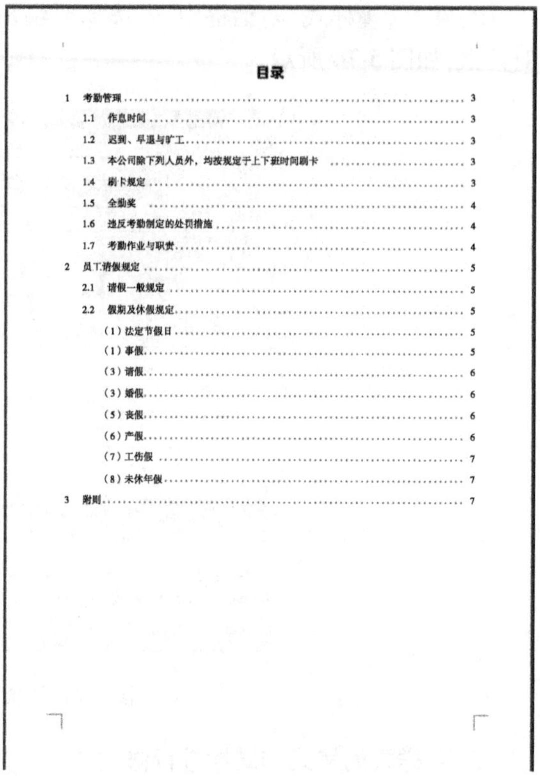

目录

1 考勤管理 3
1.1 作息时间 3
1.2 迟到、早退与旷工 3
1.3 本公司除下列人员外，均按规定于上下班时间刷卡 3
1.4 刷卡规定 3
1.5 全勤奖 4
1.6 违反考勤制定的处罚措施 4
1.7 考勤作业与职责 4
2 员工请假规定 5
2.1 请假一般规定 5
2.2 假期及休假规定 5
（1）法定节假日 5
（1）事假 5
（3）请假 6
（3）婚假 6
（5）丧假 6
（6）产假 6
（7）工伤假 7
（8）未休年假 7
3 附则 7

图 5-76　公司制度手册目录

1、部首部分：要注意写明双方的全称、签约时间和签约地点；

2、正文部分：产品合同应注明产品名称、技术标准和质量、数量、包装、运输方式及运费负担、交货期限、地点及验收方法、价格、违约责任等；

3、结尾部分：注意双方都必须使用合同专用章，原则上不使用公章，严禁使用财务章或业务章，注明合同有效期限。

图 5-77　项目编号举例

10）单击“页眉与页脚”工具栏中的“链接到前一条页眉”按钮切断第 2 节与前一节的页眉内容联系，输入如图 5-78 所示的页眉内容。

11）页脚设置方法同页眉。页眉与页脚设置效果如图 5-78 所示。

广州市大业信息科技公司管理制度手册

第 2 页共 25 页

图 5-78　页眉和页脚

12）插入脚注。在“作息时间”文字上插入脚注，输入“如因季节变化或其他原因需要调整

作息时间，以人力资源部公告为准。”字样。

13）制作一个封底文档，将大业公司的相关信息录入封底。

14）将封底页合并到制度手册的最后一页中，如图 5-79 所示。

图 5-79　公司制度手册封底

15）对文档的内容进行修订（此操作要求为可选）。

16）新建样式。打开“样式”窗口，单击“新建样式”按钮，打开“新建样式”对话框，设置属性，将文字格式设置为四号、黑体，单击“确定”按钮，一级标题的样式就设置好了，如图 5-80 所示。

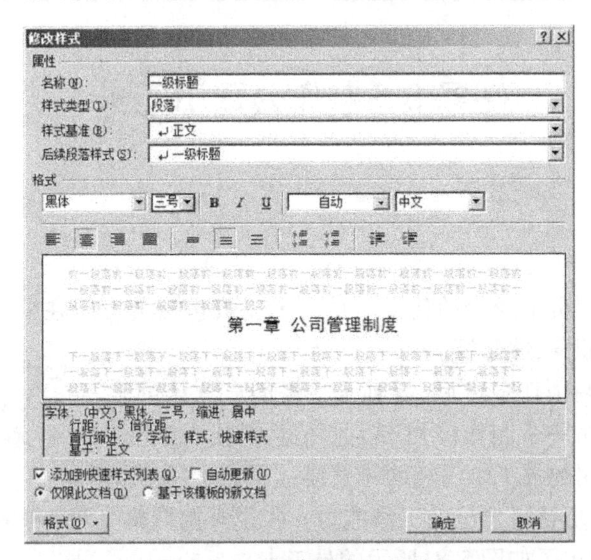

图 5-80　“新建样式”对话框

17）使用样式：把光标定位在文档中的一级标题位置，应用上一步新建的“一级标题”样式。

18）设置权限。对公司制度手册设置保护密码，密码为123456。

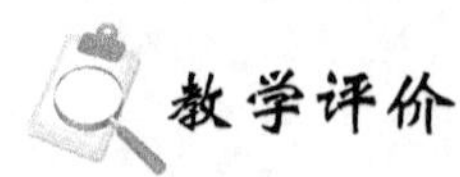

教学评价

请按表5-6的要求，对每位同学所完成的工作任务进行教学评价，评价的结果可分为4个等级：优、良、中、差。

表5-6 教学评价表

评价项目	评 价 标 准	评价结果		
		自评	组评	教师评
任务完成质量	1）能正确插入目录，并设置好目录文本格式			
	2）能在手册中的不同页插入不同的页眉与页脚			
	3）会插入脚注			
	4）能将文本转换为表格			
	5）能将封底页合并到手册最后一页中			
	6）能正确设置文档保护密码			
任务完成速度	在规定时间内完成本项任务			
工作与学习态度	1）通过制作公司制度手册，培养学生的职业道理和遵纪守法意识			
	2）能与小组成员通力合作，认真完成任务			
	3）在小组协作过程中能很好地与其他成员进行交流			
综合评价	评语（优缺点与改进措施）：	总评等级		

任务6 制作公司员工卡

任务描述

公司员工卡是公司员工身份的凭证。员工卡一般包括员工所在公司的名称、公司Logo、员工姓名、所在部门、职务、编号等。

张悦在完成了前两项任务之后，得到了主任的充分认可，并开始着手第三个任务——制作广州市大业信息科技有限公司的员工卡。刚好公司的员工卡已经两年没换过了，张悦想要设计得好一点，让领导更认可自己的工作能力。张悦开始搜集所有员工的信息，制作出了如图5-81所示的员工卡。

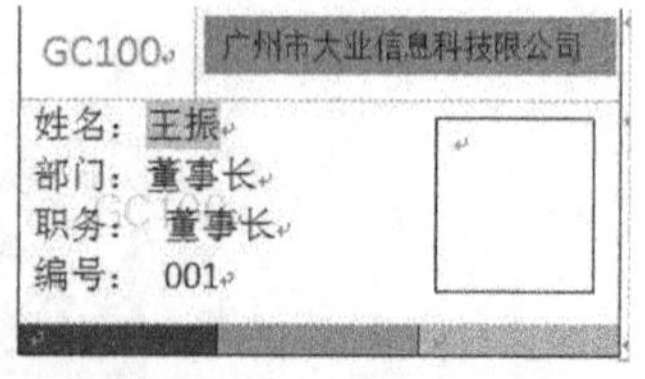

图5-81

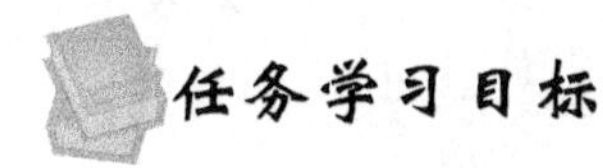

任务学习目标

1)掌握使用 Excel 录入员工信息的方法。

2)能熟练运用 Word 表格、文本框等工具来制作员工卡的版式。

3)掌握邮件合并批量制作员工卡的操作方法。

4)具有一定的设计能力和创新精神。

知识准备

1. 邮件合并的概述

邮件合并功能用于创建套用信函、邮件标签、信封、目录以及批量电子邮件和传真分发。在 Office 中,先建立两个文档:一个包括所有文件共有内容的主文档(Word 文档)(如未填写的信封等)和一个包括变化信息的数据源(Excel 文件,如填写的收件人、发件人、邮编等),然后使用邮件合并功能在主文档中插入变化的信息,合成后的文件用户可以保存为 Word 文档,可以打印出来,也可以以邮件形式发送出去。

2. 邮件合并应用的范围

批量制作信封、请柬、工资条、员工卡、个人简历、成绩单、准考证、获奖证书、明信片等。

3. 基本的合并过程

邮件合并的基本过程包括以下几个步骤,只要理解了这些过程,就可以得心应手地利用邮件合并功能来完成批量作业。

(1)选择文档类型　执行“邮件”→“开始邮件合并”→“开始邮件”命令,在下拉列表中选择“邮件合并分步向导”命令,如图 5-82 所示。在打开的“邮件合并”对话框中选择要设置的文档类型,如图 5-83 所示。

(2)选择主文档　“邮件合并”对话框中单击“下一步:正在启动文档”,进入邮件合并向导的第二步:选取文档类型,如图 5-84 所示。

主文档是指邮件合并内容的固定不变的部分,如信函中的通用部分、员工卡的版式等。建立主文档的过程与平时新建一个 Word 文档一样,在进行邮件合并之前它只是一个普通的文档。

如果主文档已打开,则直接选中“邮件合并”对话框中的“使用当前文档”单选按钮即可。

(3)选取数据源　数据源就是数据记录表,其中包含着相关的字段和记录内容。一般情况下,考虑使用邮件合并来提高效率是因为已经有了相关的数据源,如 Excel 表格、Outlook 联系人或 Access 数据库。如果没有现成的,则可以重新建立一个数据源。下面以 Excel 为例,讲述如何建立一个数据源。

1)创建一个工作簿文件。执行“开始”→“所有程序”→“Microsoft Office”→“Microsoft Office Excel 2010”命令,自动创建一个工作簿文件。

2)在工作簿中录入信息。选中要录入信息的单元格,输入文字即可。

3)保存工作簿文件。执行“文件”→“保存”/“另存为”命令,选中要保存的路径,输入文件名即可。

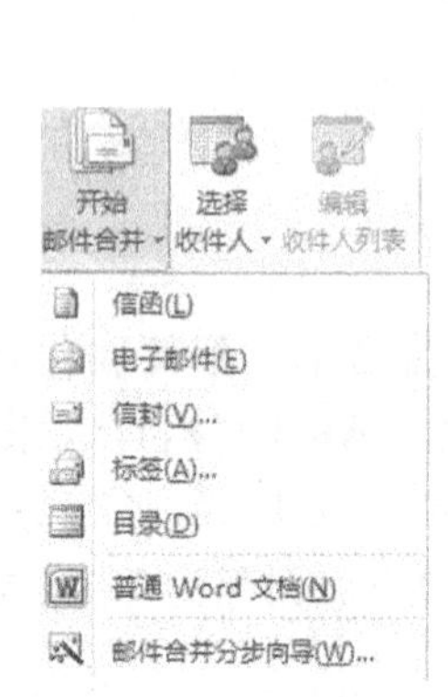

图 5-82 “开始邮件合并”下拉列表

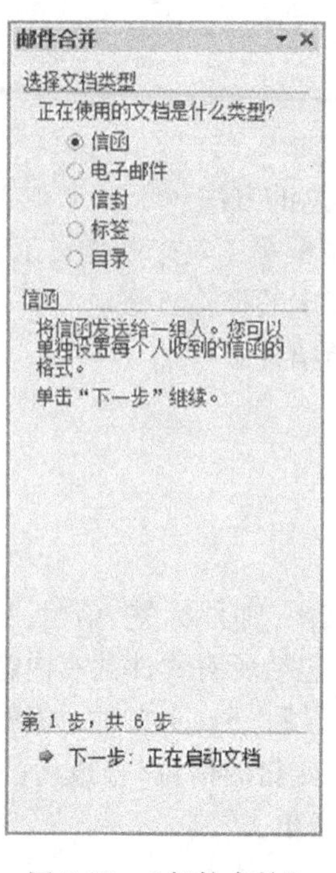

图 5-83 “邮件合并”对话框

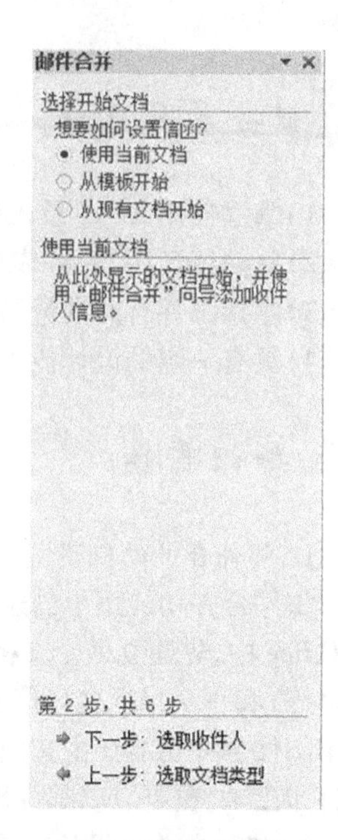

图 5-84 选取文档类型

(4)将数据源合并到主文档中　利用邮件合并工具,可以将数据源连接到主文档中,得到目标文档。合并完成的文档的份数取决于数据表中记录的条数。

连接数据源的方法如下:

方法 1:执行“邮件”→“选择收件人”→“使用现有列表”命令,会弹出“选取数据源”对话框,如图 5-85 所示。选择好数据文件后,单击“打开”按钮,弹出如图 5-86 所示的对话框。选择里面相应的工作表,单击“确定”按钮。

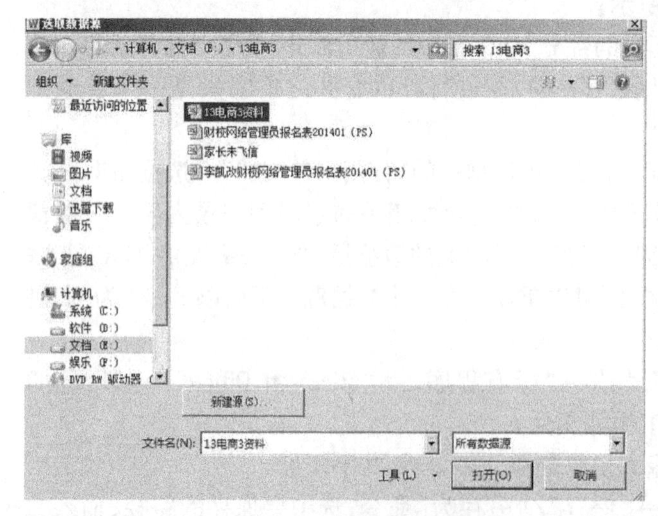

图 5-85 “选取数据源”对话框

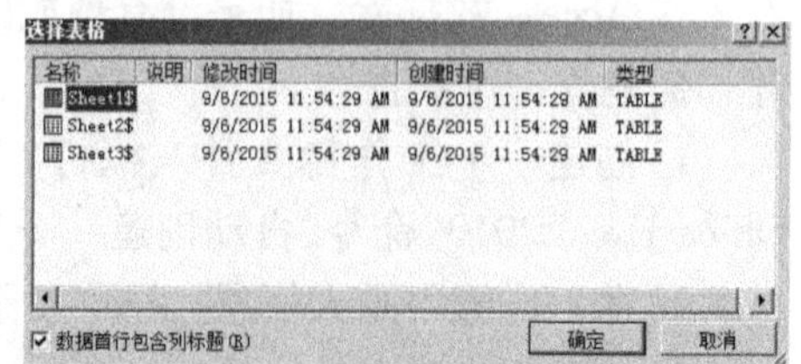

图 5-86 “选择表格”对话框

方法2:在完成步骤(2)后,单击“邮件合并”对话框中的“下一步:选择收件人”,在弹出的下一步向导窗口中单击“浏览”按钮,然后在弹出的对话框中选择要连接的数据源,如图5-87所示。

(5)插入合并域　先将光标定位在文档的相应空白位置。

方法1:完成邮件合并向导步骤(4)后,单击下一步,单击“邮件合并”对话框中的“其他项目”(见图5-88),在弹出的“插入合并域”对话框中选择相应的数据库域,如图5-89所示。

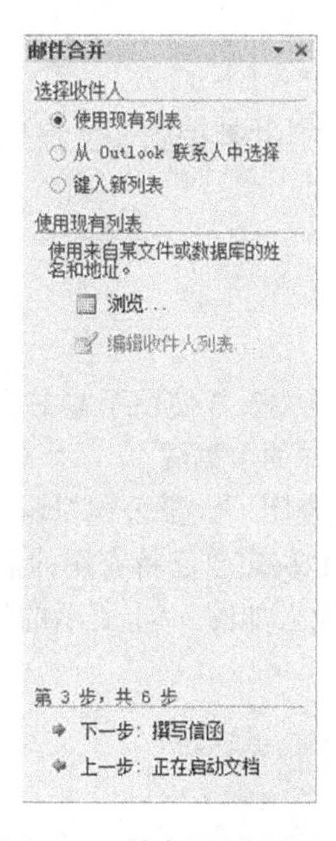

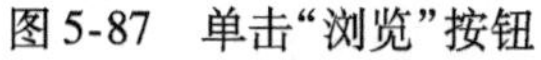
图5-87　单击“浏览”按钮

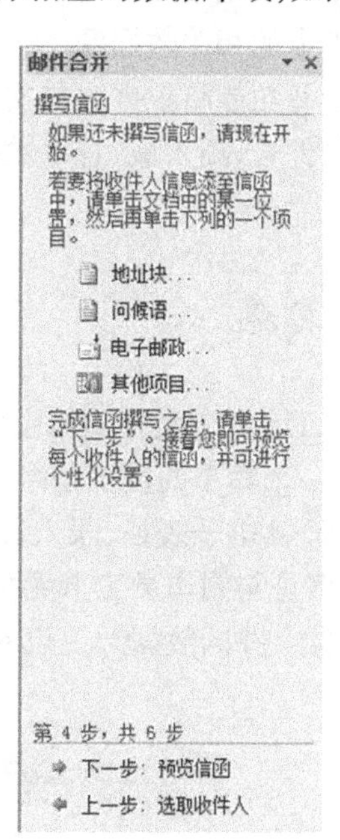

图5-88　单击“其他项目”

方法2:执行“邮件”→“编写和插入域”→“插入合并域”命令,在弹出的下拉列表中选择相应的数据库域,如图5-90所示。

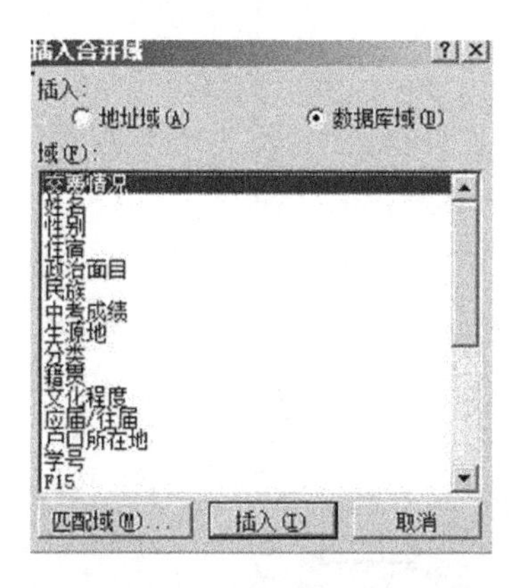

图5-89　“插入合并域”对话框

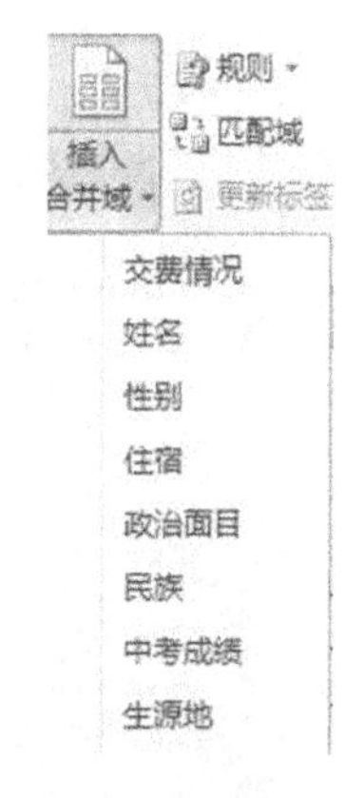

图5-90　“插入合并域”下拉列表

(6)预览合并完成　插入合并域后,单击“邮件合并”对话框底部的“下一步:预览信函”按钮即可预览数据合并情况,如图5-91所示。单击“下一步:完成合并”按钮即可完成数据的合并,如图5-92所示。

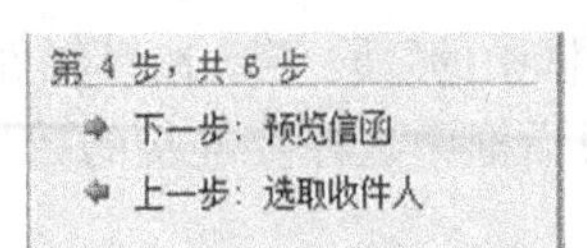

图 5-91

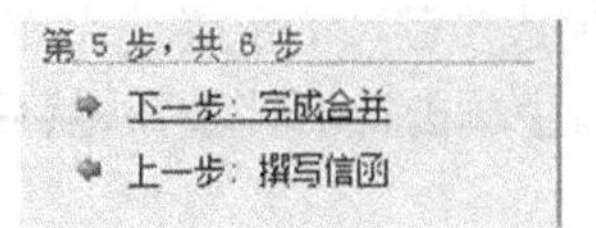

图 5-92

4. 批量制作员工卡的要求

1）准备好员工卡的相关数据源。

2）使用邮件合并功能将数据表与文档建立联系。

3）通过确定收件人、插入域、合并数据、扩散标签或合并数据到新文档最终完成批量员工卡的制作。

计划与实施

张悦在制作员工卡的过程中，使用了邮件合并这个功能，并使用了本书项目 6 即将介绍的 Excel 2010 建立了一个简单的员工信息表，作为邮件合并的数据源。

1）建立一个 Excel 电子表格，录入员工信息。张悦查阅了大量公司资料，找到了员工的信息表，但是该表大多是与制作员工卡无关的内容，于是她决定自己将有用的信息重新录入到电子表格中，作为邮件合并的数据源。启动 Excel 2010，录入如图 5-93 所示的信息，然后保存为员工信息表 . xls。

	A	B	C	D
1	姓名	部门	编号	职务
2	王振	董事长	001	董事长
3	李俊明	副总经理	002	副总经理
4	张凯	办公室	003	主任
5	李莉莉	财务部	004	经理
6	钟笑媚	财务部	005	会计
7	方芳	财务部	006	出纳
8	刘煜锋	研发部	007	经理
9	杜智标	研发部	008	工程师
10	郭伟聪	研发部	009	工程师
11	单梓阳	研发部	010	工程师
12	潘荣华	研发部	011	工程师
13	高家明	研发部	012	工程师
14	范一飞	工程部	013	经理
15	黎灿明	工程部	014	技术员
16	姚兆康	工程部	015	技术员
17	林嘉彬	工程部	016	技术员
18	张楚林	工程部	017	技术员
19	刘安	工程部	018	技术员
20	许飞扬	工程部	019	技术员
21	黄源锋	市场部	020	经理
22	高小源	市场部	021	业务经理
23	李嘉敏	市场部	022	业务经理
24	钟玲	市场部	023	业务经理
25	钟萌萌	销售部	024	经理
26	黄嘉丽	销售部	025	销售主管
27	王振锋	销售部	026	销售主管
28	李洁	销售部	027	销售主管
29	董瑞珊	办公室	028	秘书
30	张悦	办公室	029	秘书

图 5-93　员工信息表

2）设计员工卡的大小。数据源准备好后，张悦开始利用 Word 表格、文本框等工具来设计

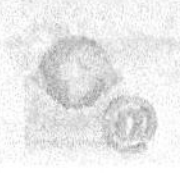

员工卡的版式。

①新建一个 Word 文档，执行“邮件”→“开始邮件合并”→“标签”命令，如图 5-94 所示。

②在弹出的“标签选项”对话框中选择“产品编号”下拉列表中的“北美尺寸”选项，在“标签信息”选项区中可以看到标签的高度和宽度。如图 5-95 所示。

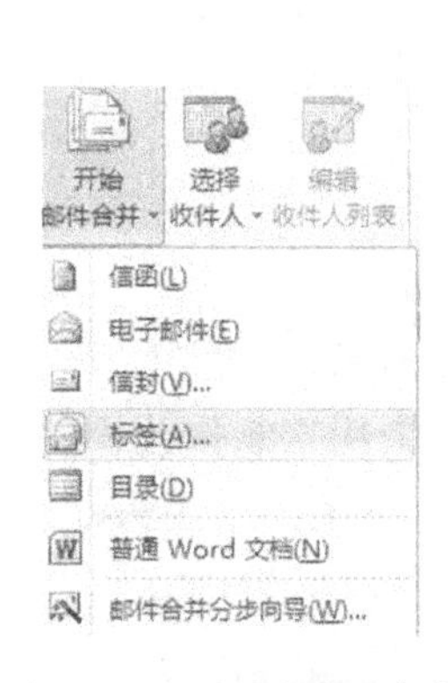

图 5-94　选择“标签”命令

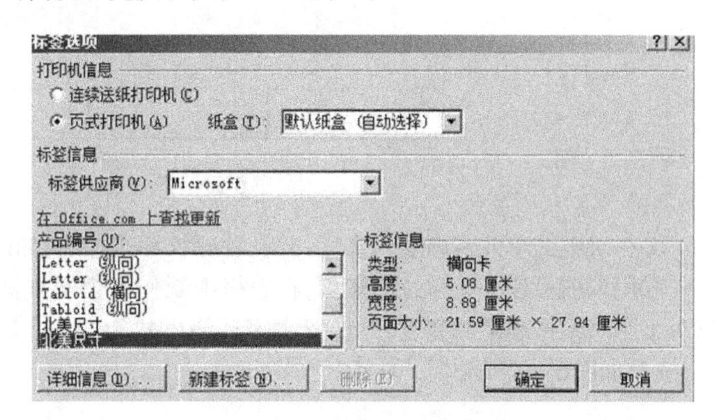

图 5-95　“标签选项”对话框

③单击“确定”按钮后，文档的页面出现了 10 个小的标签区域，表明一个页面就可以做 10 个员工卡。

3）制作员工卡的内容。张悦开始在第一个小标签中制作员工卡的版式。

①首先按 <Backspace> 键将小标签中的一个回车符删除，用本项目任务 2 所学的知识，在标签内插入一个行高为 4.8 厘米、列宽为 8.5 厘米的表格，将表格设置为水平居中，然后将表格进行拆分，如图 5-97 所示。

图 5-96　文档的页面布局

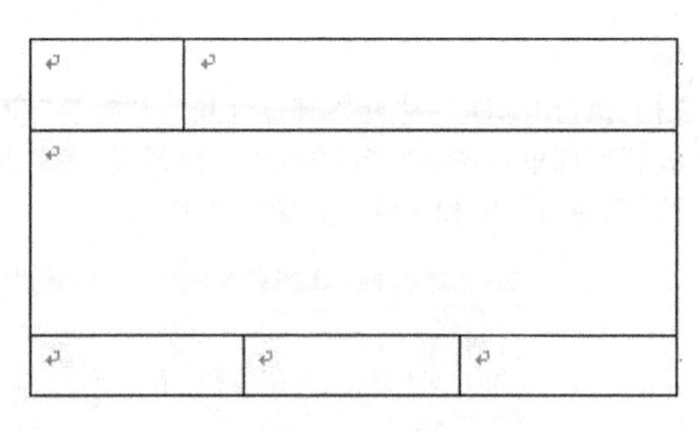

图 5-97　折分表格

②在对应的单元格内输入文字，并设置底纹和边框线，如图 5-98 所示。

③用本项目任务 3 学过的知识，在表格中制作 3 个文本框，第 1 个用来制作公司的名称；第 2 个用来制作表格的底纹，并设置文字环绕方式为“衬于文字下方”；第 3 个用来制作照片框，效果如图 5-99 所示。

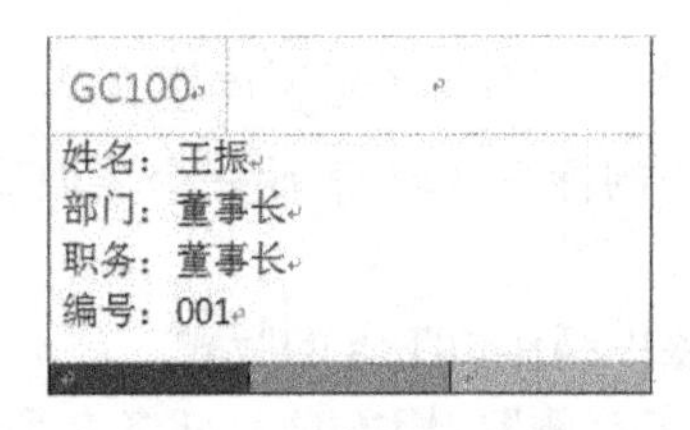

图 5-98　在单元内输入文字

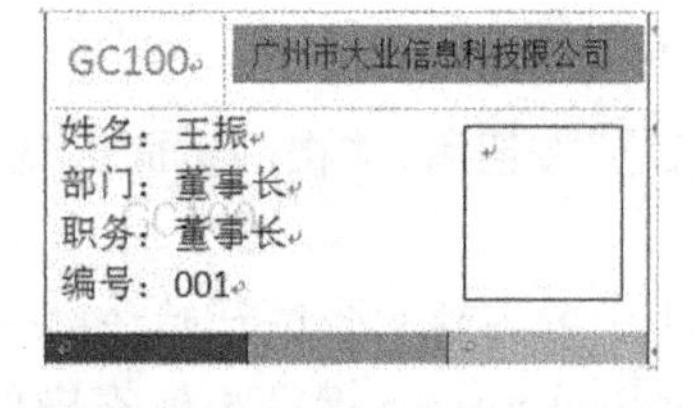

图 5-99　在表格中制作 3 个文本框

4）邮件合并。通过以上操作，员工卡的版式就设置完毕了。下面将数据源打开，然后将版式与数据联系在一起。

①执行“邮件”→“选择收件人”→“使用现有列表”命令，在弹出的对话框中找到前面已制作好的“员工信息表”，单击“打开”按钮，如图 5-100 所示。

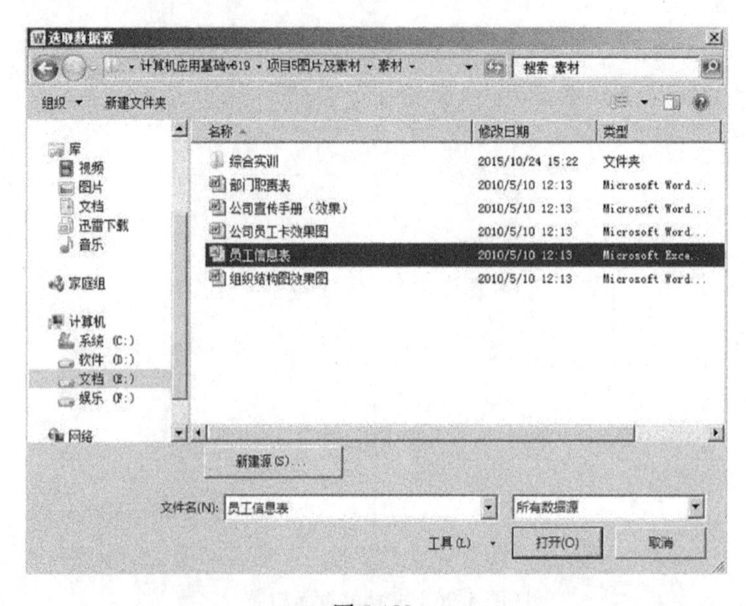

图 5-100

②在弹出的“选择表格”对话框中选择“Sheet1 $”，然后单击“确定”按钮，如图 5-101 所示。

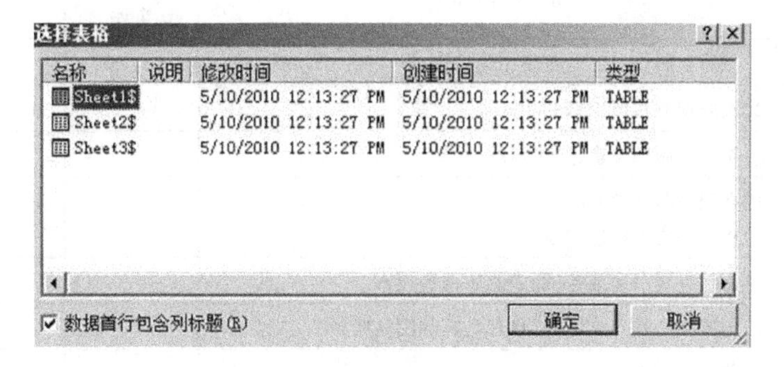

图 5-101

5)插入合并域。为了使员工的相关信息能显示在版面内，需要插入合并域，即将相关数据插入到相关的区域内。

将光标置于“姓名”的后面，执行“邮件”→“插入合并域”→“姓名”命令，如图 5-102 所示。用同样的方法，分别插入“部门”“职务”和“编号”对应的域，如图 5-103 所示。

6)预览查看数据。现在，只要通过合并方式，把数据表与标签合并起来，就可以看到员工卡的相关信息了。

执行“邮件”→“预览结果”命令，员工相关信息就显示出来了，如图 5-104 所示。

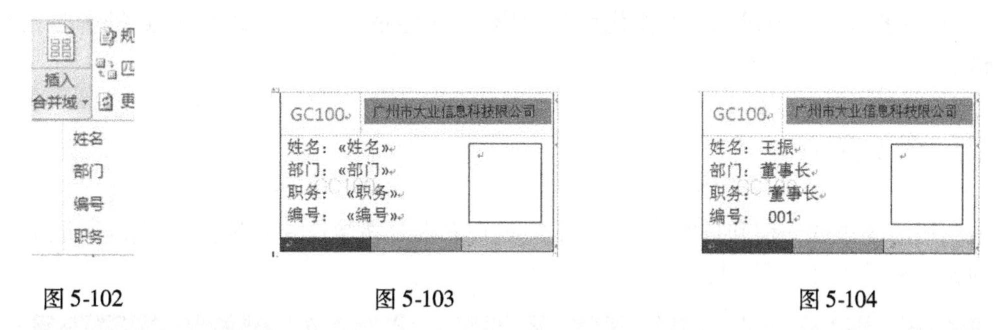

图 5-102　　图 5-103　　图 5-104

7)更新标签，完成批量制作。现在只能看到一个员工卡，下面介绍如何在其他标签内显示出其他员工卡。

①执行“邮件”→“编写和插入域”→“更新标签”命令，这时在其他 9 个标签内也可以看到其他员工的员工卡了。

②执行“邮件”→“完成”→“合成并合并”→“编辑单个文档”命令，在“合并到新文档”对话框中选择“全部”，单击“确定”按钮后，所有的员工卡都显示在同一个新文档中。至此，批量员工卡制作完成了。

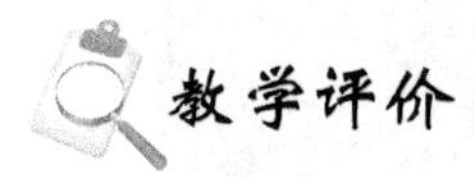

教学评价

请按表 5-7 的要求进行教学评价，评价结果可分 4 个等级：优、良、中、差。

表 5-7　教学评价表

评价项目	评价标准	评价结果		
		自评	组评	教师评
任务完成质量	1）按要求制作员工信息表作为数据源			
	2）按要求制作员工卡的版式			
	3）员工卡版面美观，颜色搭配得当			
任务完成速度	1）在规定时间内完成 2）提前完成或推迟完成			
工作与学习态度	1）课前有预习和准备，课中能认真和投入			
	2）与同学协作完成任务，具有良好的团队精神			
	3）能起表率作用			
综合评价	评语（优缺点与改进措施）：	总评等级		

综合实训　制作公司宣传手册

项目引入

公司宣传手册是公司的名片。一本精美的公司宣传手册可以浓缩一个公司的发展历程和发展方向，向公众展示公司的企业文化和公司形象，还能吸引公众的眼球，达到推销公司产品的宣传效果。

项目任务描述

请利用已学过的知识和技能，为广汽本田汽车有限公司制作一本精美的宣传手册，并要求达到图 5-105 所示的效果。具体要求如下：

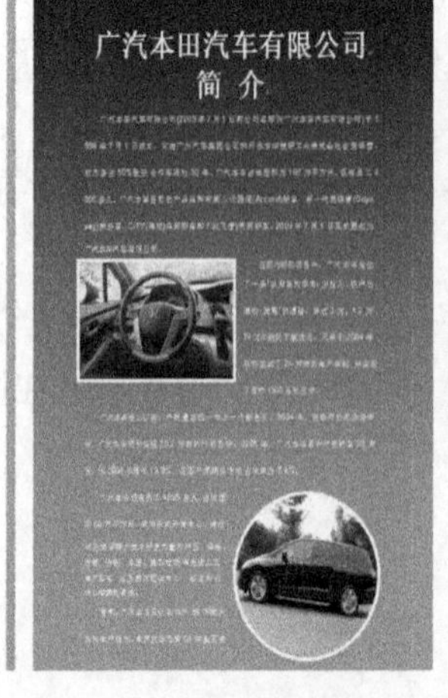

广汽本田主要生产的车型

图 5-105　广汽本田汽车有限公司的宣传手册

图 5-105 广汽本田汽车有限公司的宣传手册(续)

1)在版面规划上,要求第1页为封面,第2页为公司简介,第3~6页为产品介绍,第7页为封底。

2)在页面设置上,要求纸张大小为A4,纵向,上、下页边距为1.5厘米,左、右页边距也为1.5厘米。

3)在文字处理上,要求根据提供的文字素材,利用所学过的Word知识制作表格、文本框及艺术字。

4)在插入艺术字时,要求将封面和封底的艺术字的填充颜色设置为纯色,而产品介绍页的艺术字的填充颜色设置为黑色或黑白渐变颜色,使其有倒影的效果。

5)在图片处理时,要求根据提供的图片素材,利用所学过的Word知识进行图片处理。

6)在绘制自选图形时,要求根据版面的需要,绘制出矩形框和圆形框,其填充颜色设置为纯色或者渐变色,填充效果设置为图案或者图片。

项目学习目标

本项目的学习目标如下:

1)熟练设置Word文档的页面。

2)熟练应用Word的知识和技能,在文档中能根据需要插入艺术字、图片、自选图形、表格及文字,并能处理好相互之间的位置关系。

3)熟练运用Word知识进行图片处理。

4)具有一定的审美能力和创意设计能力。

5)具有一定的职业意识和企业文化素养。

项目分解

本项目可分解为以下几项具体任务,见表5-8。

表5-8　任务学时分配表

项目分解	学习任务名称	学　时
任务1	制作公司宣传手册封面	4
任务2	制作公司简介	
任务3	制作公司产品介绍	
任务4	制作公司宣传手册封底	

教学评价

请按表5-9的要求进行教学评价,评价结果可分4个等级:优、良、中、差。

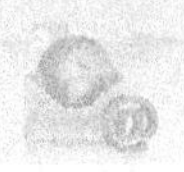

表 5-9 教学评价表

<table>
<tr><th rowspan="2">评价项目</th><th rowspan="2">评 价 标 准</th><th colspan="3">评价结果</th></tr>
<tr><th>自评</th><th>组评</th><th>教师评</th></tr>
<tr><td rowspan="3">任务完成质量</td><td>1)能按具体要求完成学习任务</td><td></td><td></td><td></td></tr>
<tr><td>2)内容完整,版面布局合理,设计精美</td><td></td><td></td><td></td></tr>
<tr><td>3)有新意,有特色</td><td></td><td></td><td></td></tr>
<tr><td>任务完成速度</td><td>1)能按时完成学习任务
2)能提前完成学习任务</td><td></td><td></td><td></td></tr>
<tr><td rowspan="3">工作与学习态度</td><td>1)能认真学习,有钻研精神</td><td></td><td></td><td></td></tr>
<tr><td>2)能与同学协作完成任务,具有良好的团队精神</td><td></td><td></td><td></td></tr>
<tr><td>3)有创新精神</td><td></td><td></td><td></td></tr>
<tr><td>综合评价</td><td>评语(优缺点与改进措施):</td><td>总评等级</td><td colspan="2"></td></tr>
</table>

项目6 公司销售数据的管理——Excel 2010的应用

Excel 2010 是微软公司办公软件套件 Microsoft Office 2010 的重要组件之一。它可以进行各种数据的处理、统计、分析和辅助决策等一系列的操作，广泛应用于数据管理、财务、金融等众多领域。

项目引入

广州市大业信息科技有限公司是一个提供软件开发与产品销售的大型公司，一天，经理对秘书张悦说："年末了，我想了解一下今年销售部门各个销售小组及销售人员的工作业绩，你做个销售报表给我。"张悦听后心想，可以先去公司财务部查询一下本年度销售部门各小组软件及产品的销售情况，然后用办公软件 Excel 2010 来制作销售报表。

项目任务描述

张悦去财务部门收集各个销售小组今年的销售数据，然后利用 Excel 2010 对数据进行整理、加工及分析，最后将统计分析出来的结果以销售报表、销售图表的形式上报给经理。

项目学习目标

本项目的学习目标如下：
1）能熟练创建、编辑、保存电子表格文件。
2）能熟练运用 Excel 2010 对数据进行公式、函数的运算，以及对数据进行排序、筛选和汇总。
3）能根据电子表格文件创建形象的数据图表并将其打印出来。

项目分解

本项目分为 4 个学习任务和 1 个综合实训，每个学习任务的学时分配见表 6-1。

表 6-1 任务学时分配表

项目分解	学习任务名称	学 时
任务 1	创建及修饰公司部门销售业绩报表	4
任务 2	统计销售报表的数据	6
任务 3	分析管理销售报表	4
任务 4	制作与打印销售业绩图表	6
综合实训	制作与分析上市公司日报表	4

任务1 创建及修饰公司部门销售业绩报表

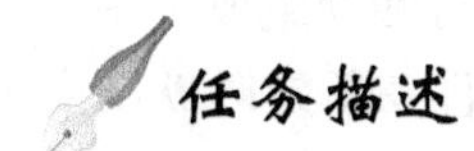

任务描述

张悦从公司财务部门收集软件及产品销售资料，利用 Excel 2010 创建部门销售业绩报表文件，然后输入、编辑业绩报表中的文字和数据。在制作报表的过程中，由于销售数据会有修改，因此要求掌握在销售业绩报表文件中插入新的单元格、行、列和工作表的操作。完成以上操作后，利用 Excel 2010 的格式化及自动套用格式操作来修饰销售业绩报表。

任务学习目标

1)理解工作簿、工作表、单元格的基本概念。
2)掌握创建、编辑和保存电子表格文件的方法。
3)掌握格式化工作表的方法，会使用自动套用格式功能。
4)在学习过程中，提高学生对数据重要性的认识，提高审美观念。

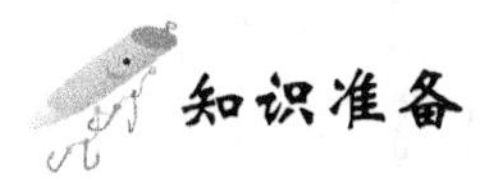

知识准备

1. 熟悉 Excel 2010 的工作界面

Excel 2010 的工作界面如图 6-1 所示。

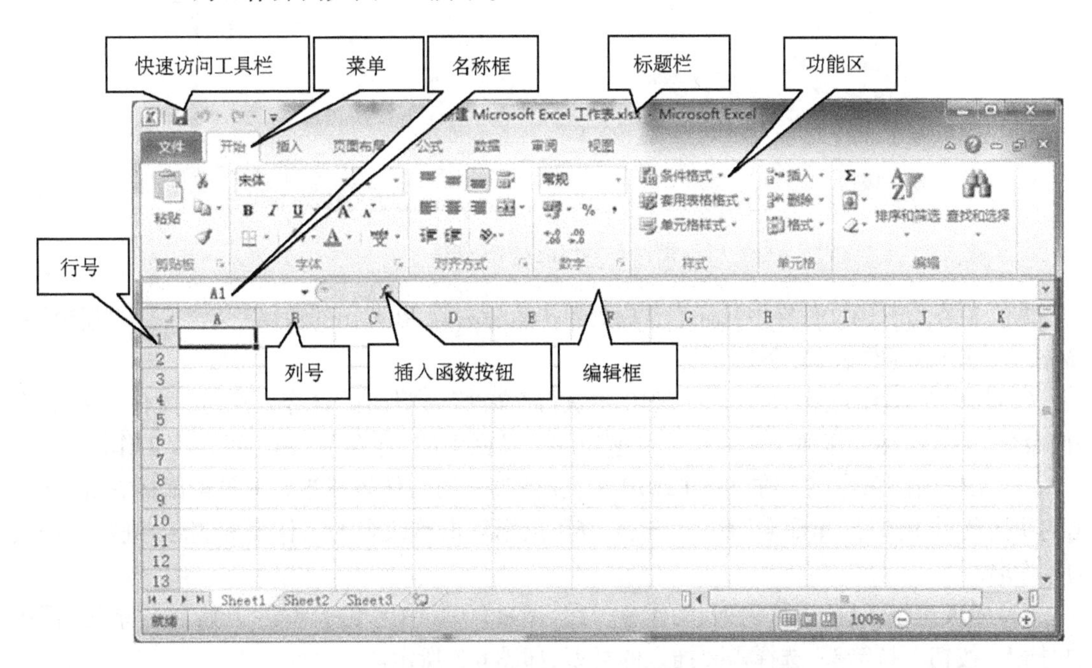

图 6-1 Excel 2010 工作界面

2. Excel 2010 的基本概念

(1)工作簿　在 Excel 2010 中,工作簿(又称 Excel 文件)是处理和存储数据的文件,其扩展名为“. xlsx”。

(2)工作表　工作表是工作簿窗口中的表格,用于存储和处理数据,由行和列组成。每张工作表的行号用 1,2,3,4…表示,列号用 A,B,C,D…表示。一个工作簿文件在新建时默认由标签名为 Sheet1、Sheet2 和 Sheet3 的 3 个工作表组成。

(3)单元格　单元格是由 Excel 里的横线和竖线分隔成的格子,是工作表的最基本存储数据的单元,由列号和行号构成,如 A1 单元格。

3. Excel 2010 的基本操作

(1)新建工作簿文件

方法 1:启动 Excel 2010 后,系统自动产生一个名为“工作薄 1”的默认工作簿。

方法 2:在 Excel 2010 中执行“文件”→“新建”命令,单击“空白工作簿”按钮,然后单击右侧的“创建”按钮,如图 6-2 所示。

图 6-2　新建空白工作簿

方法 3:在打开的文件夹中的任意空白处单击鼠标右键,在弹出的快捷菜单中选择“新建”→“Microsoft Excel 工作表”命令。

(2)保存工作簿文件　在 Excel 2010 中执行“文件”→“保存”命令或执行“文件”→“另存为”命令,可以保存工作簿文件。单击快速访问工具栏中的“保存”按钮也可保存工作簿。

(3)工作表的重命名　在 Excel 2010 中,在待改名的工作表标签名上单击鼠标右键,在弹出的快捷菜单中选择“重命名”命令。也可以用鼠标双击待改名的工作表标签名,进行工作表的重命名。

(4)插入工作表行、工作表列、工作表　在 Excel 2010 中用鼠标单击“开始”→“单元格”中的“插入”按钮下拉箭头,选择需要插入的类型,如图 6-3 所示。

也可按下列方式插入:

行：选中某行后，单击鼠标右键，在弹出的快捷菜单中选择“插入”命令，可在所选行上方插入一空白行。

列：选中某列后，单击鼠标右键，在弹出的快捷菜单中选择“插入”命令，可在所选列左方插入一空白列。

工作表：单击工作表标签名最右侧的“插入工作表”按钮，可新建一个空白工作表。

图6-3　插入工作表行、工作表列、工作表

(5)在单元格中输入、编辑数据　当用鼠标单击或用键盘选中单元格时，该单元格称为活动单元格或当前单元格，同时在编辑栏的单元格名称框中会显示出该单元格的名称，如B2、C5等。选中单元格后，即可在该单元格中输入文字和数字，输入完毕后按<Enter>键结束输入。可以使用Excel的编辑栏对数据进行修改。

(6)清除工作表数据　可以用鼠标直接选定需要清除数据的单元格，然后再按<Delete>键或<Backspace>键，或者对选定的单元格单击鼠标右键，在弹出的快捷菜单中选择“清除内容”命令。

4. 设置单元格格式

单元格不仅包含数据信息和内容，还包含格式信息。格式信息决定着显示的方式，如字体、大小、颜色、对齐方式等。

(1)字符格式化　为使表格美观或突出数据，应该对有关单元格进行字符格式化操作。可以通过单击“开始”选项卡中“字体”功能区中的各种字符格式化工具按钮进行设置，也可以利用“设置单元格格式”对话框方式进行设置，其操作步骤如下：

1)选定需要字符格式化的单元格或单元格区域。

2)在选定对象上单击鼠标右键，在弹出的快捷菜单中选择“设置单元格格式”命令，打开“设置单元格格式”对话框，选择“字体”选项卡，如图6-4所示。

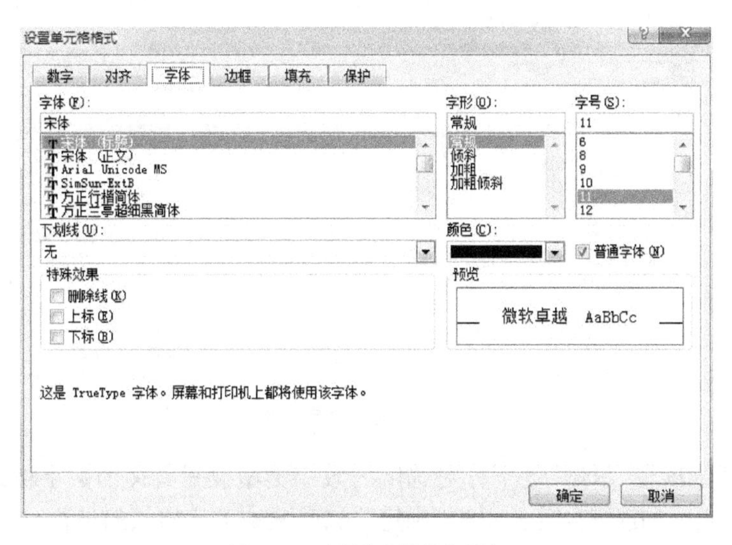

图6-4　选择“字体”选项卡

3)改变字体设置后，单击“确定”按钮。

(2)数字显示格式的设置　Excel 2010为单元格内的数字提供了多种显示格式。操作步

骤如下：

1）在需要数字格式化的单元格或单元格区域单击鼠标右键，在弹出的快捷菜单中选择"设置单元格格式"命令，打开"设置单元格格式"对话框，选择"数字"选项卡，如图 6-5 所示。

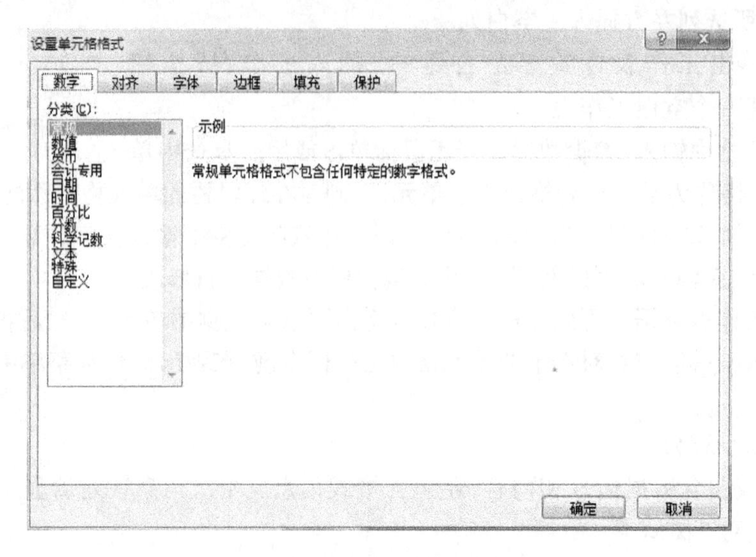

图 6-5　选择"数字"选项卡

2）在"数字"选项卡的"分类"下拉列表中选择一种数字类型，如图 6-6 所示。

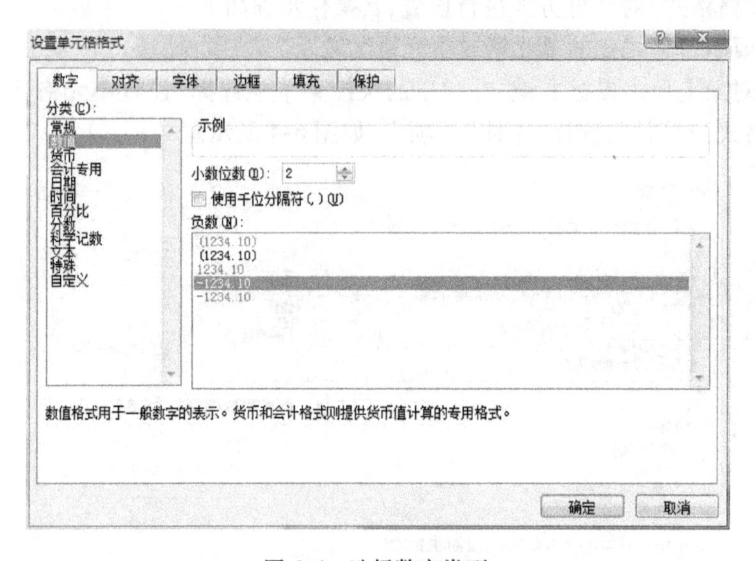

图 6-6　选择数字类型

3）在"数字"选项卡"示例"的下方对选定的数字类型设置具体的数字格式（如小数位数可通过工具按钮来增加或减少等），单击"确定"按钮，完成数字格式的设置。

（3）对齐方式的设置

1）标题对齐的设置。表格的标题可以设置为水平居中、垂直居中，然后再勾选"合并单元格"复选框并居中，如图 6-7 所示。

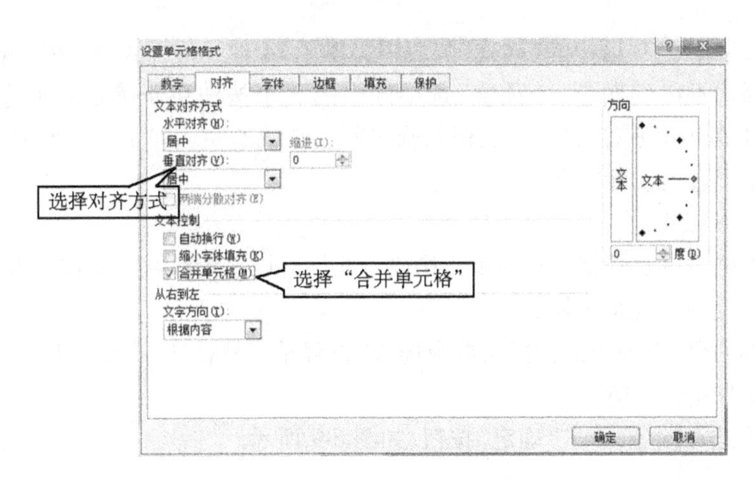

图 6-7　设置标题对齐方式

提示：

也可通过单击“开始”→“对齐方式”中的合并及居中工具按钮，快速设置单元格的合并及居中。

2)数据对齐的设置。选择单元格区域，单击鼠标右键，在弹出的快捷菜单中选择“设置单元格格式”命令，打开“设置单元格格式”对话框，选择“对齐”选项卡，如图 6-7 所示。单元格中的数据在水平方向可以左对齐、居中或右对齐，在垂直方向可以靠上、居中或靠下对齐。

5. *表格边框的设置*

工作表中显示的灰色网格线不是实际的表格线，在表格中增加实际表格线(加边框)才能打印出表格线。有以下两种加边框的方法。

(1)使用工具按钮　用鼠标单击“开始”→“字体”功能区中的“边框”工具按钮，右边的下拉按钮“▾”，可以根据需要选择一种加边框的方式，如单击“所有框线”按钮田，可使所选单元格区域全部加上边框。

(2)使用选项卡　选定需要设置边框的单元格区域，单击鼠标右键，在弹出的快捷菜单中选择“设置单元格格式”命令，打开“设置单元格格式”对话框，选择“边框”选项卡，如图 6-8 所示。

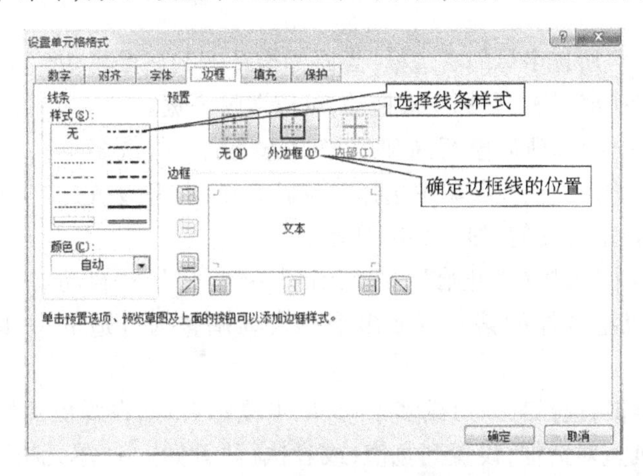

图 6-8　选择“边框”选项卡

在左侧的“线条”选项区中的“样式”列表中提供了14种线形样式,供用户选择;“颜色”下拉列表用于选择边框线的颜色。“预置”选项区中的3个按钮用于确定添加边框线的位置;“边框”选项区中提供了8种边框形式,用来确定所选区域的左、右、上、下及内部的框线形式。预览区用来显示设置的实际效果。

6. 单元格底纹设置

通常会在表格中没有数据的空白单元格或单元格区域设置底纹。操作步骤如下:

1)选择单元格或单元格区域。

2)单击鼠标右键,在弹出的快捷菜单中选择“设置单元格格式”命令,打开“设置单元格格式”对话框,选择“填充”选项卡。

3)根据需要选择颜色,单击“确定”按钮,如图6-9所示。

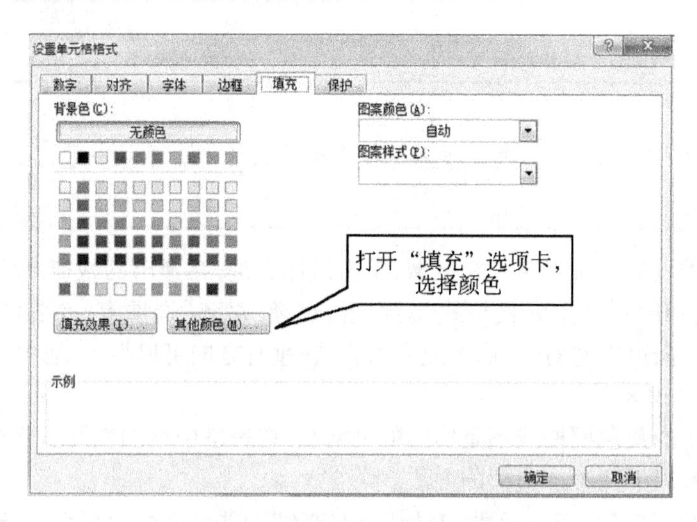

图6-9 选择“填充”选项卡

7. 设置行高和列宽

(1)用鼠标调整行高和列宽 将鼠标移至行号区所选数字的下边框,当鼠标指针变为一条黑短线和两个反向的垂直箭头时,按住鼠标左键拖动,可以调整行高。

将鼠标移至列标区所选字母的右边框,当鼠标指针变为一条黑短线和两个双向水平箭头时,按住鼠标左键拖动,可以调整列宽。

(2)用快捷菜单中的选项调整行高和列宽 选择某一行或多个行,单击鼠标右键,在弹出的快捷菜单中选择“行高”命令,打开设置行高对话框,可设置具体的行高值,如图6-10所示。

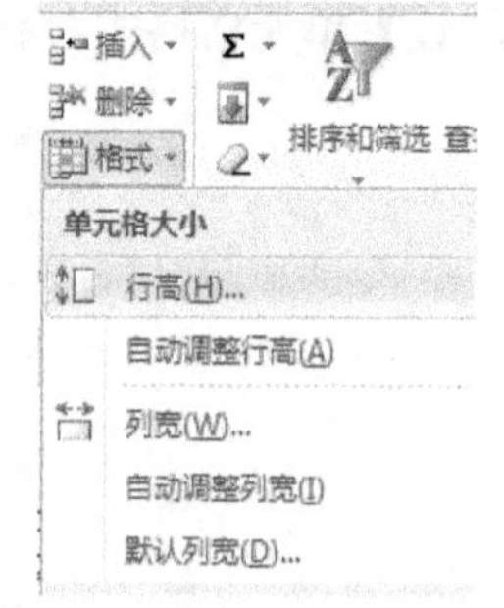

图6-10 设置行高

选择某一行或多个行,执行“开始”→“单元格”→“格式”→“自动调整行高”命令,可以把选择的某一行或多个行自动调整为合适的行高。

与设置行高相类似,选择某一列或多个列,单击鼠标右键,在弹出的快捷菜单中选择“列宽”命令,打开设置列宽对话框,设置列宽值;或者执行“开始”→“单元格”→“格式”→“自动调整列宽”命令,可以自动调整为合适的列宽。

提示：

1）对所选列和行的边线双击，可以快速进行调整。

2）在“行高”和“列宽”对话框中输入的数值单位是磅。

8. 套用表格格式

Excel 2010 提供了许多的表格格式，用户可以套用提供的表格格式来格式化自己的表格，从而提高工作效率。套用表格格式的方法如下：

1）选定需要套用表格格式的单元格区域。

2）单击“开始”选项卡中的“样式”功能区中的“套用表格格式”下拉按钮，如图 6-11 所示。

3）根据需要选择一种表格格式并单击“确定”按钮。

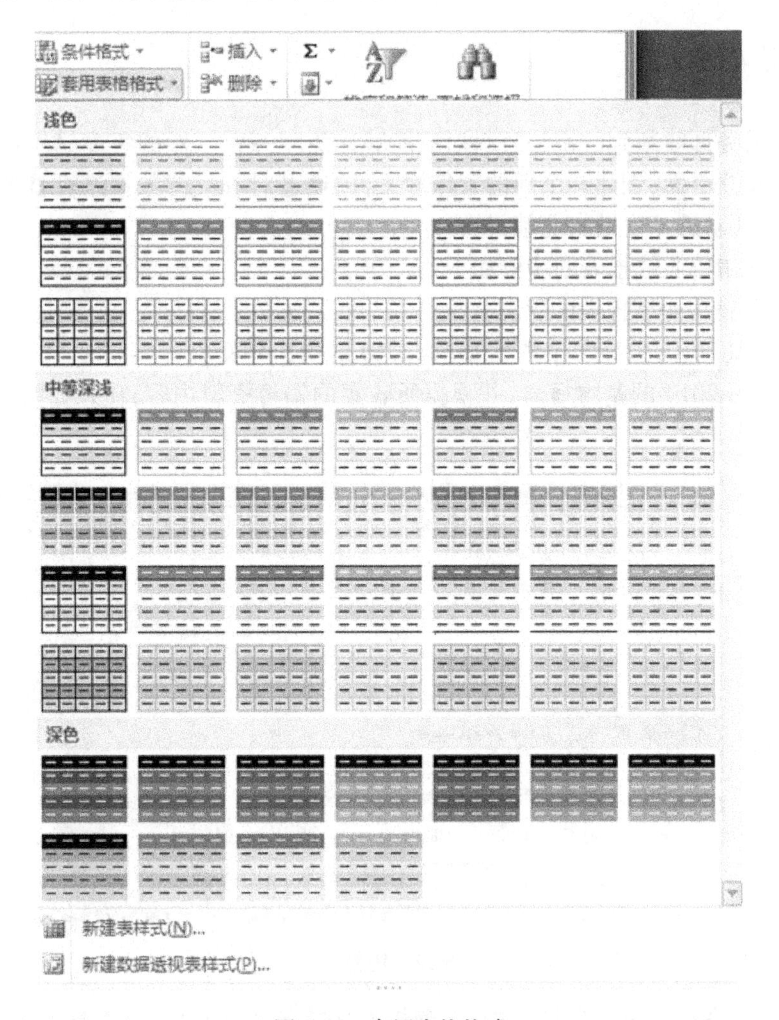

图 6-11　套用表格格式

9. 复制格式与建立模板

（1）复制格式　单击“开始”选项卡的“剪贴板”功能区中的“格式刷”按钮，把工作表中单元格或区域的格式复制到另一单元格或区域，可以节省大量格式化表格的时间和精力。

首先选定要复制的源单元格区域，单击“格式刷”按钮，然后选取目标单元格区域即可。

(2)建立模板　若某工作簿文件的格式以后需要经常使用，为了避免每次都重复设置格式，则可以把工作簿的格式做成模板并存储，快速建立相同格式的工作簿文件，需要时直接调用该模板即可。

1)首先创建工作簿文件并将其格式化。执行“文件”→“另存为”命令，在弹出的“另存为”对话框中的“保存类型”下拉列表中选择“Excel 模板”选项，输入模板的文件名，保存在系统默认存放模板的“Templates”文件夹中，单击“保存”按钮。

2)执行“文件”→“新建”命令，在“可用模板”选项区中单击“我的模板”，其中就有用户建立的模板。选择该模板，并单击“确定”按钮。

这样，产生新工作簿文件，其工作表个数及其格式与所建立的模板一致。

计划与实施

要想把从财务部收集到的销售资料形成能够让经理一目了然的年度销售业绩报表，可以先启动 Excel 2010 界面，创建一个新的工作簿文件，通过对收集的数据进行整理、输入、修改、编辑，创建符合要求的年度销售业绩报表。

创建和修饰销售业绩报表的步骤如下：

1)理解公司销售业绩报表的意义。

2)启动 Excel 2010，引导学生熟悉 Excel 2010 的操作界面。

3)理解 Excel 2010 的基本概念，并根据所收集的销售资料内容，输入如图 6-12 所示的销售数据。

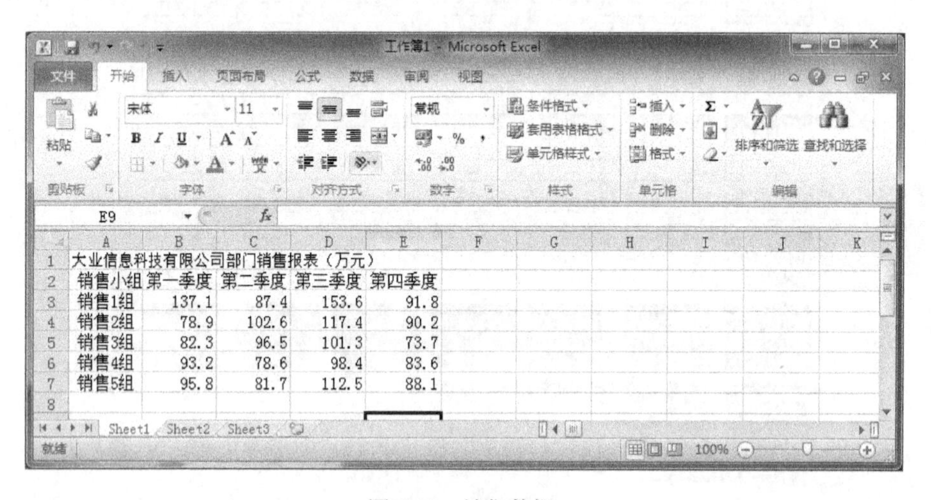

	A	B	C	D	E
1	大业信息科技有限公司部门销售报表（万元）				
2	销售小组	第一季度	第二季度	第三季度	第四季度
3	销售1组	137.1	87.4	153.6	91.8
4	销售2组	78.9	102.6	117.4	90.2
5	销售3组	82.3	96.5	101.3	73.7
6	销售4组	93.2	78.6	98.4	83.6
7	销售5组	95.8	81.7	112.5	88.1

图 6-12　销售数据

4)选择第一行整行，单击鼠标右键，在弹出快捷菜单中选择“插入”命令，插入标题行，内容编辑为“大业信息科技有限公司部门销售报表(万元)”，如图 6-13 所示。

5)分别在 F2 单元格中输入“年销售总额”、G2 单元格中输入“平均销售额”、H2 单元格中输入“销售等级”、A8 单元格中输入“最高销售额”、A9 单元格中输入“最低销售额”，如图 6-14 所示。

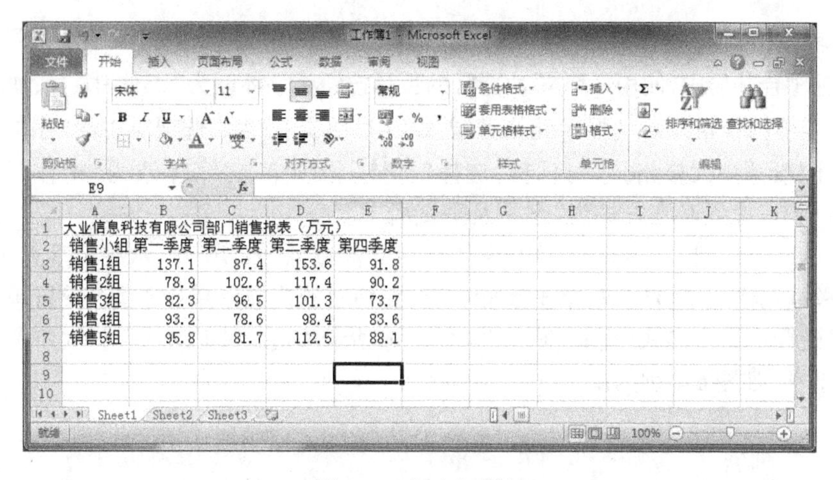

图 6-13 插入标题行

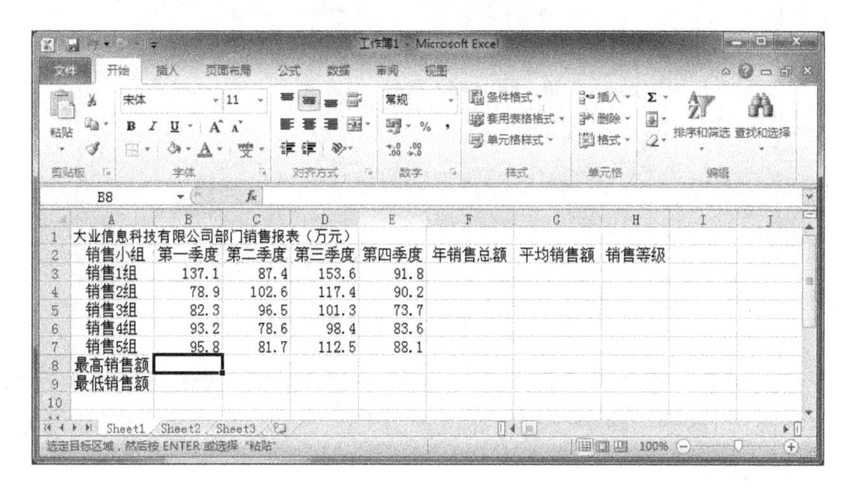

图 6-14 输入单元格内容

6)用鼠标右键单击工作表标签名“Sheet1”,在弹出的快捷菜单中选择“重命名”命令,将工作表重命名为“销售报表”,如图 6-15 所示。

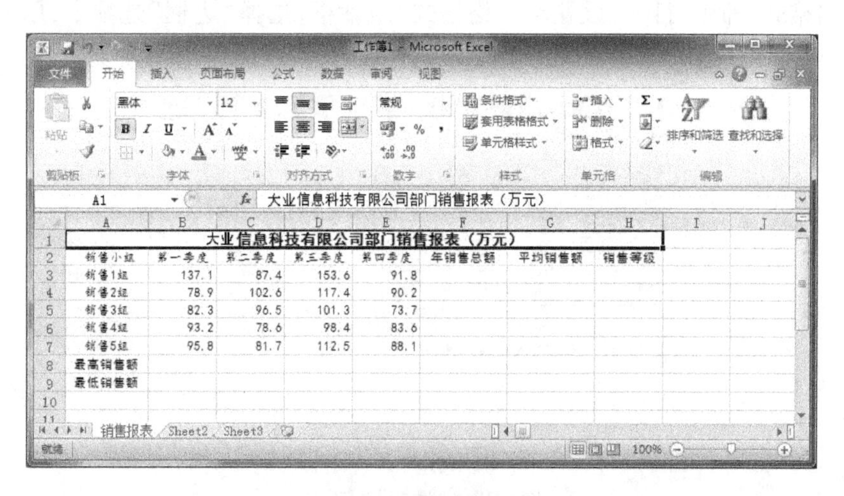

图 6-15 重命名工作表

7）设置单元格格式。选择单元格区域 A1: H1，单击“开始”选项卡中“对齐方式”功能区中的按钮，将标题合并居中，使用“字体”功能区的工具按钮将字体改为“黑体、12 号、加粗”。

8）设置表格内容格式。选择单元格区域 A2: E7，单击“开始”选项卡中的“字体”功能区的按钮，打开“设置单元格格式”对话框，选择“字体”选项卡，将字体改为“楷体”“10 号”；选择“对齐”选项卡，设置对齐方式为“水平及垂直居中”。

9）选择单元格区域 F2: H2、A8: A9，将其分别设置为“黑体、10 号、水平及垂直居中”。

10）选择单元格区域 B3: E7，单击鼠标右键，在弹出的快捷菜单中选择“设置单元格格式”命令，弹出“设置单元格格式”对话框，在“对齐”选项卡中的“水平对齐”下拉列表中选择“靠右（缩进）”选项，如图 6-16所示。

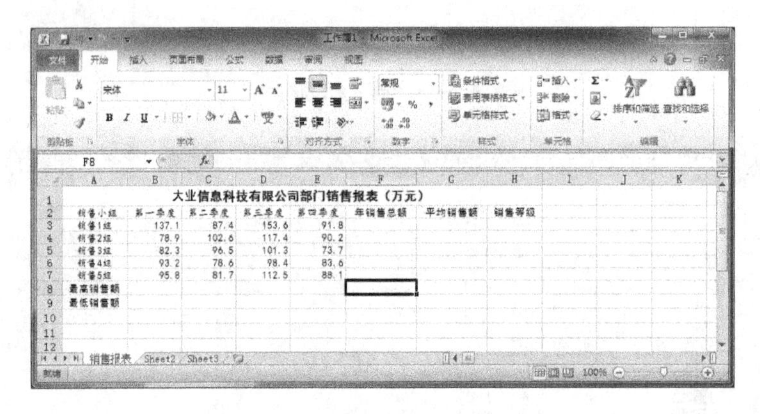

图 6-16 “靠右（缩进）”的效果

11）设置行高、列宽。选中指定的行，单击鼠标右键，在弹出的快捷菜单中选择“行高”选项，在出现的“行高”对话框中将标题行行高设置为“20”，将第 2 ~ 7 行的行高设置为“12”、将第 8 ~ 9 行的行高设置为“14”。

12）为 A ~ H 列设置合适的列宽。选择 A ~ H 列，用鼠标双击每列的列边线会自动调整为合适的列宽。

13）设置表格边框。选择单元格区域 A2: H9，单击鼠标右键，在弹出的快捷菜单中选择“设置单元格格式”命令，打开“设置单元格格式”对话框，选择“边框”选项卡，用鼠标单击单元格外边框和内部，即可将制作的表格加上框线，如图 6-17和图 6-18 所示。

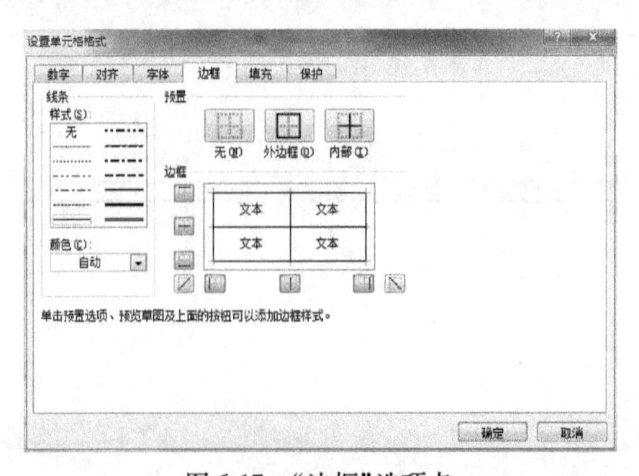

图 6-17 “边框”选项卡

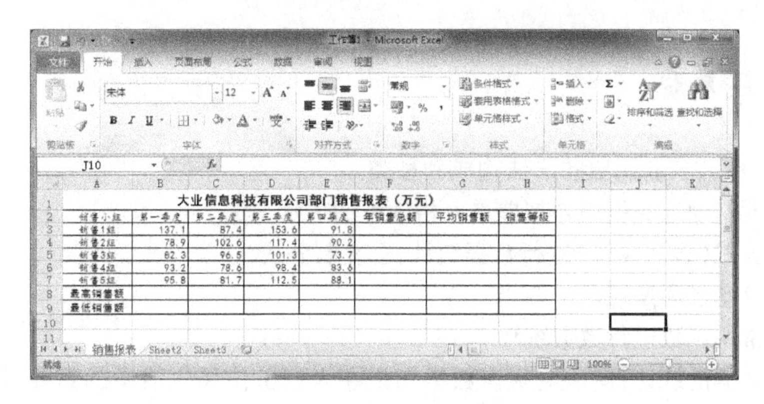

大业信息科技有限公司部门销售报表（万元）							
销售小组	第一季度	第二季度	第三季度	第四季度	年销售总额	平均销售额	销售等级
销售1组	137.1	87.4	153.6	91.8			
销售2组	78.9	102.6	117.4	90.2			
销售3组	82.3	96.5	101.3	73.7			
销售4组	93.2	78.6	98.4	83.6			
销售5组	95.8	81.7	112.5	88.1			
最高销售额							
最低销售额							

图 6-18 加边框的效果

14）完成以上操作后，执行“文件”→“保存”命令，将文件保存在我的文档中，并命名为“大业信息科技有限公司部门销售报表.xlsx”。

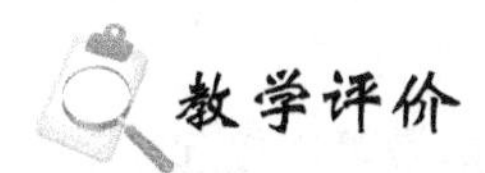

教学评价

请按表 6-2 的要求，对每位同学所完成的工作任务进行教学评价，评价的结果可分为 4 个等级：优、良、中、差。

表 6-2 教学评价表

评价项目	评价标准	评价结果		
		自评	组评	教师评
任务完成质量	1）能正确理解电子表格的作用及其基本概念			
	2）能正确创建、编辑、保存电子表格文件			
	3）能正确使用表格格式化操作美化表格			
任务完成速度	在规定时间内完成本项任务			
工作与学习态度	1）通过学习，增强了职业意识			
	2）能与小组成员通力合作，按时完成任务			
	3）在小组协作过程中能很好地与其他成员进行交流			
综合评价	评语（优缺点与改进措施）：	总评等级		

任务 2 统计销售报表的数据

任务描述

张悦收集好了各个部门的销售数据后，接着就要统计数据了。Excel 2010 提供了各种统计计算功能，用户可以根据系统提供的运算符和函数构造计算公式，系统将按计算公式自动进行计算。张悦根据上个任务所创建的公司销售报表，利用 Excel 2010 的公式及函数功能，统计公司的销售数据，了解销售情况。

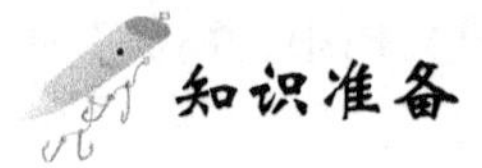

任务学习目标

1）理解 Excel 公式和函数的语法构成和种类。

2）理解单元格地址的引用并掌握单元格地址的表示方法。

3）会使用公式（含运算符）进行数据统计，会复制公式。

4）会使用自动求和按钮。

5）会使用常用函数进行数据统计。

6）通过对数据的统计，使学生认识数学知识在人们工作和生活中的重要性，同时体会信息技术对人们工作和生活的帮助。

知识准备

1. 创建公式

（1）公式形式　即表达式，表达式由运算符、常量、单元格地址、函数及括号等连接起来。

（2）运算符　在 Excel 公式中，运算符可以分为以下 4 种类型。

1）算术运算符（+、-、*、/等）：使用算术运算符可以对参与运算的元素进行基本的数学运算，如加、减等。

2）比较运算符（=、>、<、>=、<=）：比较两个数值，并给出逻辑值 TRUE 或 FALSE。

3）文本运算符（&）：将两个以上文本连接为一个组合文本。

4）引用运算符（冒号、逗号、空格）：标示引用的单元格区域。

例如：统计学生成绩表中的数据，如图 6-19 所示。

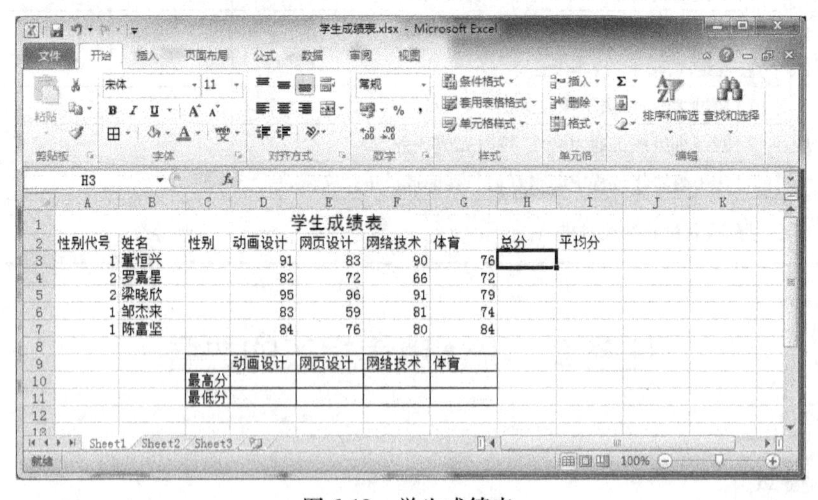

图 6-19　学生成绩表

（3）在单元格中直接输入公式　选定单元格 H3，输入“=D3+E3+F3+G3”，按 <Enter> 键，计算出总分。

（4）在编辑栏中输入公式　选定单元格 I3，单击工作表标题上方的编辑栏，输入“=(D3+E3+F3+G3)/4”，按 <Enter> 键，计算出平均分。

2. 复制公式

对于一些计算方法类似的单元格，不必逐一输入公式，可以采用复制公式的方法进行计算。如本例中，H3 与 H4、H5、H6、H7 的计算范围类似，I3 与 I4、I5、I6、I7 的计算范围类似，都可以采取复制公式的方法。

公式的自动填充方法如下：

1）选择单元格 H3，移动鼠标到单元格的右下角小黑点处。

2）当鼠标指针变成黑十字时，按住鼠标左键，向下拖拉至单元格 H7，自动填充计算出 H4: H7的总分。

用同样的方法计算出 I4: I7 的平均分，如图 6-20 所示。

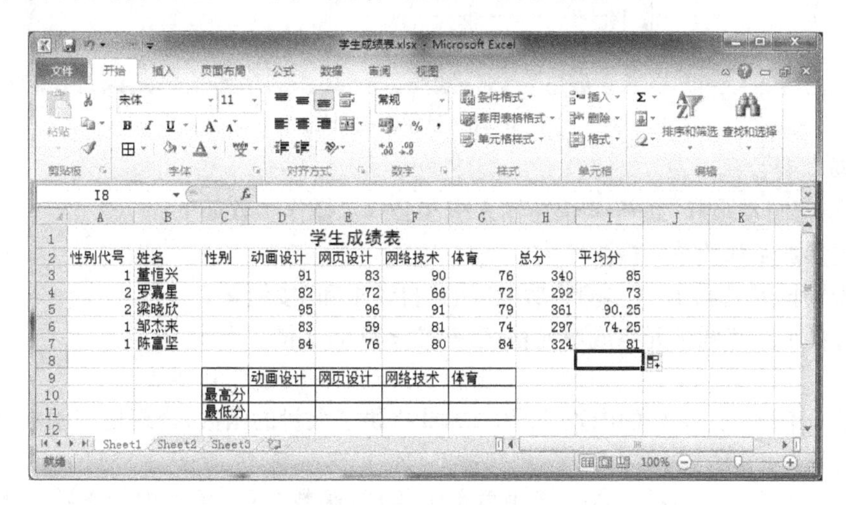

图 6-20 计算总分与平均分

3. 单元格的引用

单元格或单元格区域引用的格式如下：

[工作簿名]工作表名！单元格引用

在引用同一工作簿单元格时，工作簿可以省略；在引用同一工作表时，工作表可以省略。

例如：[学生成绩表]sheet1！A1 表示引用工作簿文件“学生成绩表”中表 Sheet1 中单元格 A1。

（1）相对引用　相对引用是指当公式在复制过程中根据公式移动的位置自动调整公式中引用单元格的地址。

如图 6-21 中，在 H3 单元格中输入公式“ = D3 + E3 + F3 + G3”，复制公式至 H4，H4 中的公式为“ = D4 + E4 + F4 + G4”。

（2）绝对引用　输入公式时，在行号、列号前都加上美元符号“$”（如“$ A $ 1”），用这种方法标识的单元格地址叫作绝对地址。公式复制时引用此类单元格的地址将不随公式位置的变化而变化。

（3）混合引用　混合引用是相对地址与绝对地址的混合使用。输入公式时，在行号或列号前面加上美元符号“$”。公式复制时单元格地址要根据有无“$”符号而变化或保持不变。

例如，将公式“ = $ A1 + A $ 1”输入单元格 C1，再将公式复制到 C2，公式的形式为“ = $ A2 + A&1”。如果将公式复制到 D1，则公式的形式为“ = $ A1 + B $ 1”。

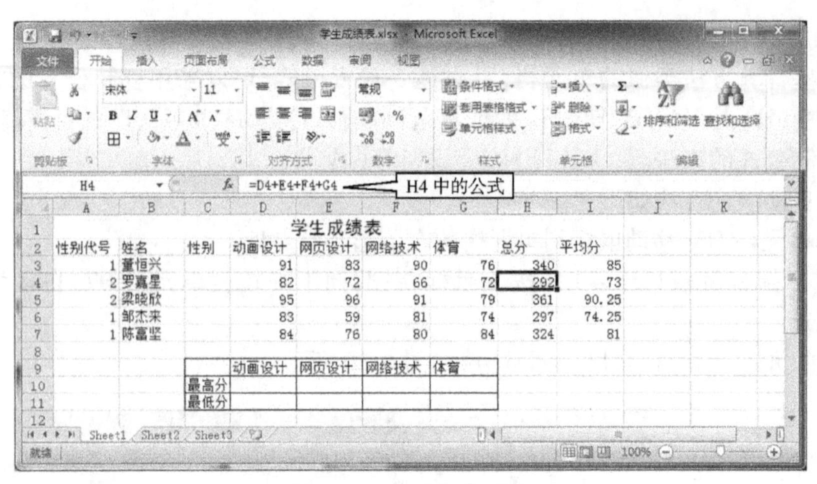

图 6-21　单元格的引用

4. 自动求和按钮

可以单击“自动求和”按钮 Σ 快速输入求和公式。操作步骤如下：

1）选定参加求和的单元格。

2）单击“开始”选项卡中“编辑”功能区的“自动求和”按钮 Σ。

3）选择参加运算的单元格或单元格区域，按 <Enter> 键。

5. 函数

函数是一个预先定义好的内置公式。Excel 提供了大量的函数，合理使用函数将大大提高表格计算的效率。

（1）函数的构成　Excel 函数一般由两部分组成：函数名称、括号内的参数。函数的参数可以是数字、文本、单元格引用等，给定的参数必须能够产生有效的值。

（2）输入函数　输入函数的步骤如图 6-22 和图 6-23 所示。

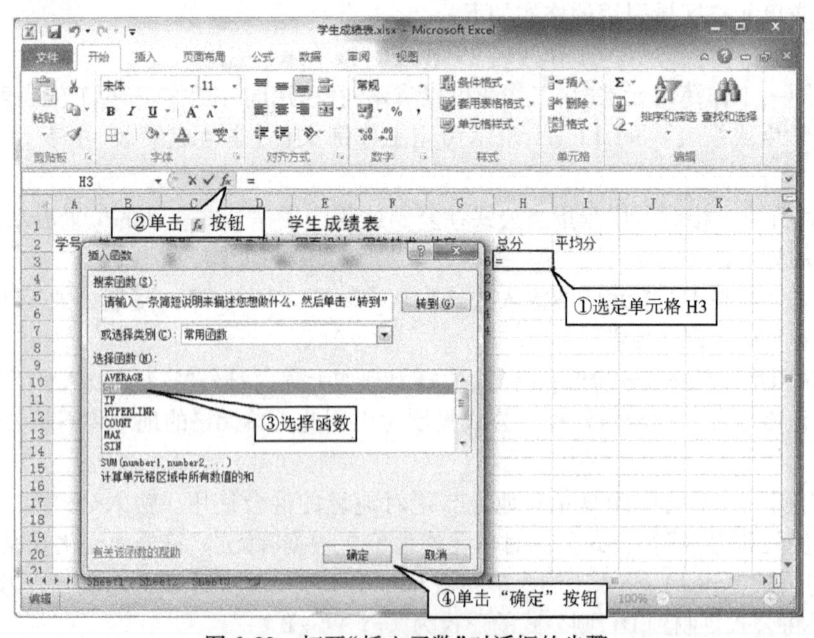

图 6-22　打开“插入函数”对话框的步骤

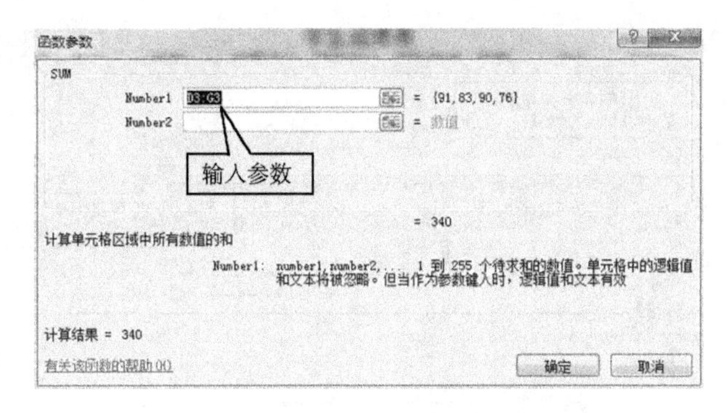

图 6-23　输入函数内容

(3)常用函数介绍

1)SUM(参数1,参数2,…)的功能:求各参数的和。

2)AVERAGE(参数1,参数2,…)的功能:求各参数的平均值。

3)MAX(参数1,参数2,…)的功能:求各参数的最大值。

4)MIN(参数1,参数2,…)的功能:求各参数的最小值。

5)IF(参数1,参数2,参数3)的功能:根据逻辑测试的真假值,返回不同的结果。

参数1:可以产生TRUE或FALSE结果的数值或表达式。

参数2:逻辑判断为TRUE时返回的结果。

参数3:逻辑判断为FALSE时返回的结果。

例如,IF(A1 > A2,"F","G"),如果A1 =3,A2 =5,则结果为“G”。

(4)常用函数使用实例　使用函数分别统计出前面的例子中“学生成绩表”(见图6-19)中的“总分”“平均分”,4门课程的“最高分”和“最低分”以及学生“性别”等各项数据。

1)使用SUM函数求出总分。选择单元格H3,插入SUM函数,打开“函数参数”对话框,如图6-24~图6-26所示。

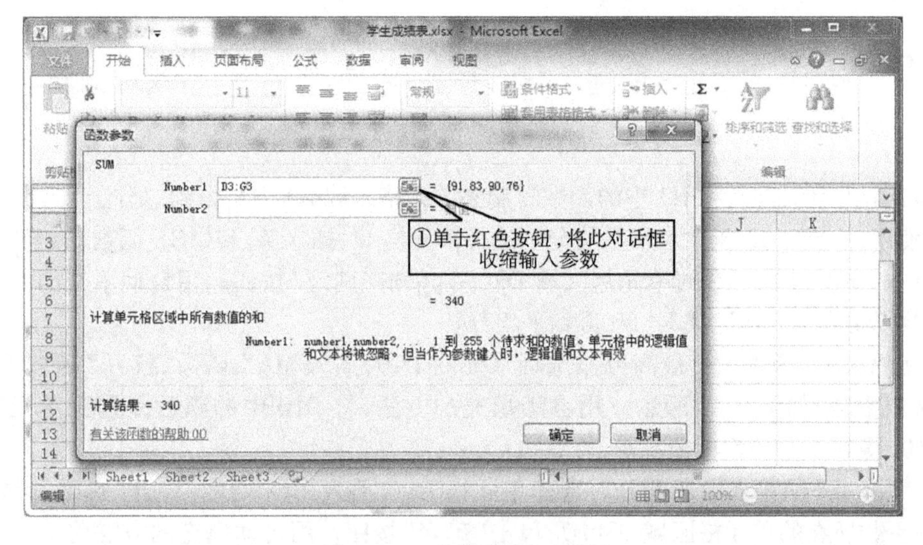

图 6-24　“函数参数”对话框

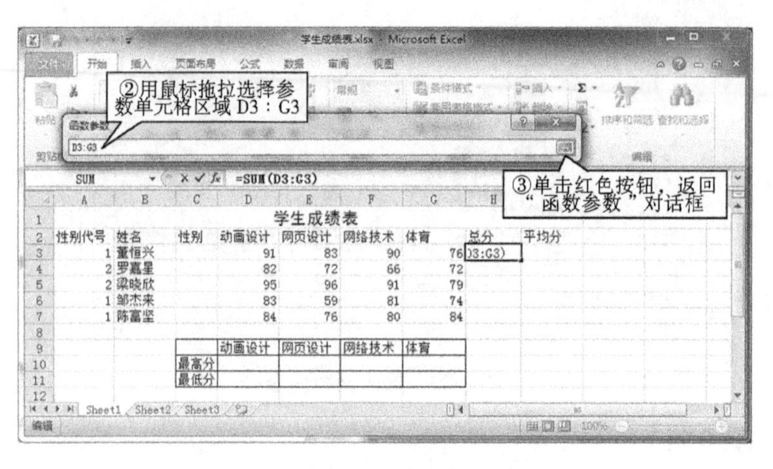

图 6-25　选择数据区域

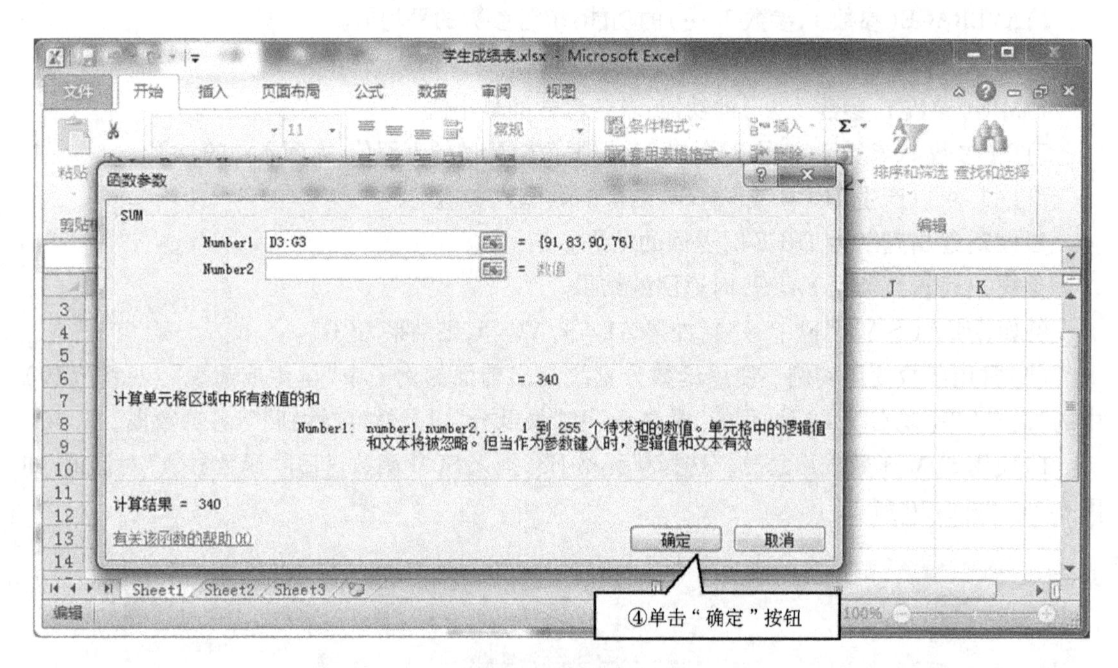

图 6-26　确定内容

用自动填充的方法,将 H3 中的函数复制到单元格区域 H4: H7,得到总分。

2)使用 AVERAGE 函数求出平均分。选择单元格 I3,插入 AVERAGE 函数,打开“函数参数”对话框,选择参数所在的单元格区域 D3: G3,单击“确定”按钮。用自动填充的方法将 I3 中的函数复制到单元格区域 I4: I7,得到平均分。

3)使用 MAX 函数求出最高分。选择单元格 D10,插入 MAX 函数,打开“函数参数”对话框,选取参数,如图 6-27 所示。用自动填充的方法,将 D10 中的函数复制到单元格区域 E10: G10,得到 4 门课程的最高分。

4)使用 MIN 函数求出最低分。选择单元格 D11,插入 MIN 函数,打开“函数参数”对话框,选择参数所在的单元格区域 D3: D7,单击“确定”按钮。用自动填充的方法将 D11 中的函数复制到单元格区域 E11: G11,得到 4 门课程的最低分。

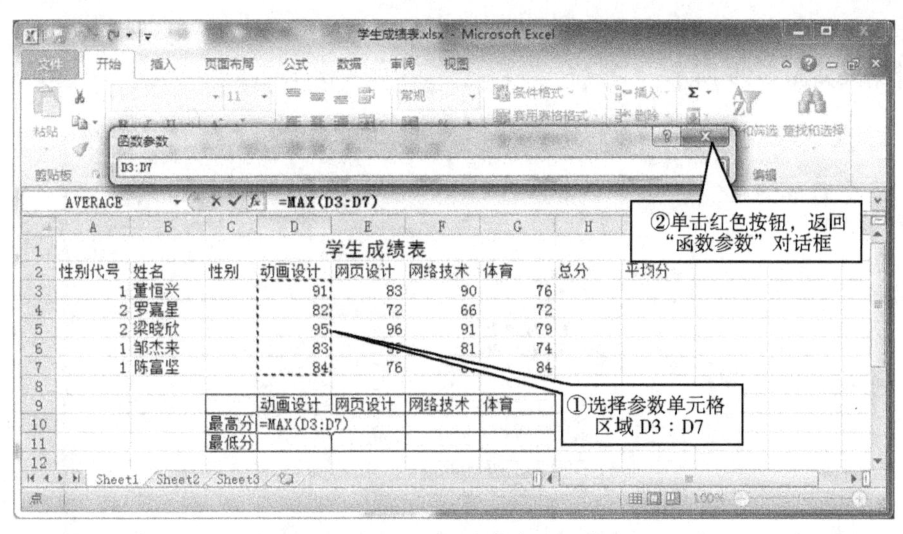

图 6-27 用 MAX 函数求出最高分

5)使用 IF 函数得到学生性别(已知性别代号 1—男,2—女)。分析 IF(参数 1,参数 2,参数 3)函数的含义:假如参数 1 的值逻辑上为真(或表达式成立),则函数的返回值为参数 2;否则函数的返回值为参数 3。

本例子中,学生性别是由性别代号决定的,所以参数 1 应当是对性别代号进行判断的表达式。分析得到公式:

=IF(性别代号=1,"男","女")

或=IF(性别代号=2,"女","男")

提示:

在函数实际使用时,要将表达式中的名称换成单元格的地址名称。

操作步骤如下:

①选择单元格 C3,输入 IF 函数,打开“函数参数”对话框,如图 6-28 所示。

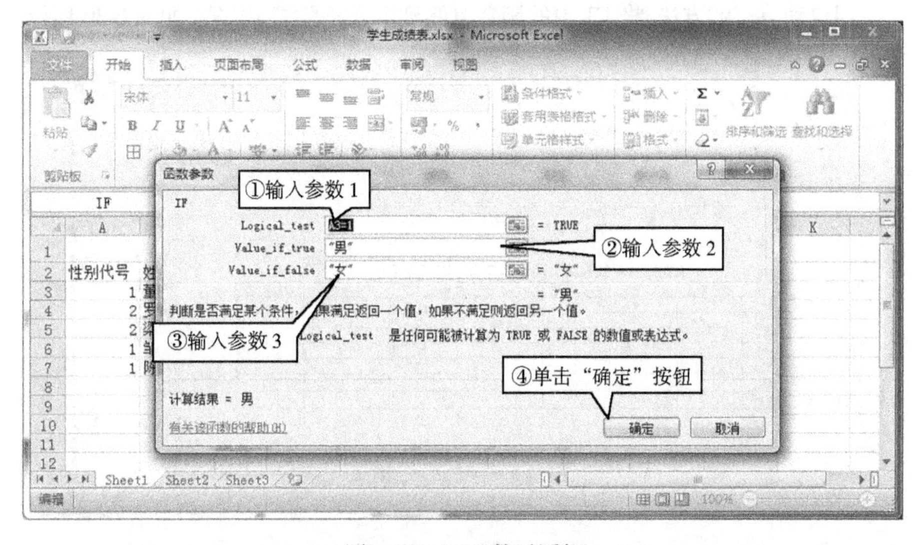

图 6-28 IF 函数对话框

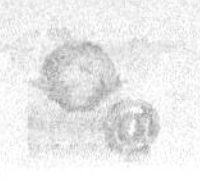

②用自动填充的方法,将 C3 中的函数复制到单元格区域 C4:C7,得到学生性别。学生成绩表统计结果如图 6-29 所示。

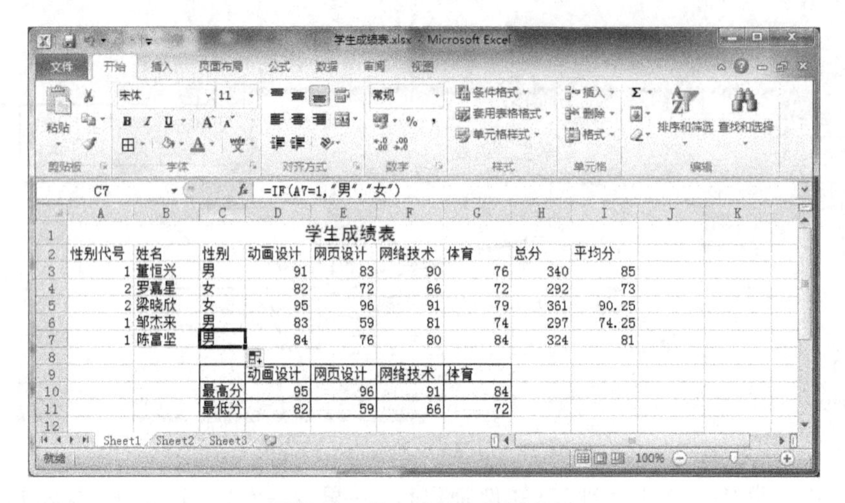

图 6-29　学生成绩表统计结果

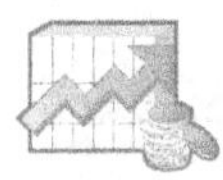

计划与实施

根据前面所创建的销售报表,对相关数据进行函数的运算,得出需要的结果。那就出现了以下问题:总销售额和平均销售额怎么算?最高销售额和最低销售额怎么快速选出来?怎么评定每个小组的销售情况?根据前面的知识,参考以下具体步骤:

1)组织学生了解 Excel 的统计功能,掌握公式和函数的使用方法。

2)理解单元格的引用方法(绝对引用、相对引用、混合引用)。

3)打开文件"大业信息科技有限公司部门销售报表.xlsx"。

4)用 SUM 函数统计出单元格区域 F3:F7 内的年销售总额。选择单元格 F3,输入函数"=SUM(B3:E3)",使用自动填充的方法,将 F3 中的函数复制到单元格区域 F4:F7,如图 6-30 所示。

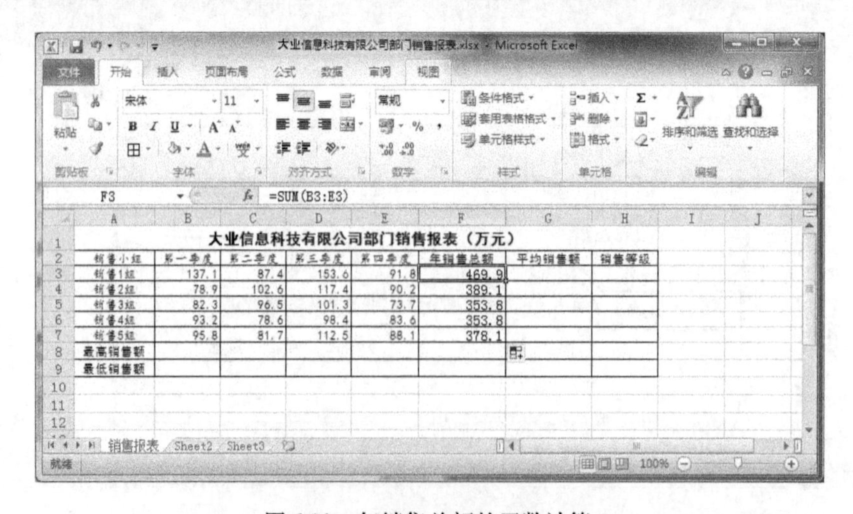

图 6-30　年销售总额的函数计算

5)用 AVERAGE 函数统计出单元格区域 G3: G7 内的年平均销售额。选择单元格 G3,输入函数“ = AVERAGE(B3: E3)”。使用自动填充的方法,将 G3 中的函数复制到单元格区域 G4: G7,如图 6-31 所示。

G3 =AVERAGE(B3:E3)

大业信息科技有限公司部门销售报表(万元)

销售小组	第一季度	第二季度	第三季度	第四季度	年销售总额	平均销售额	销售等级
销售1组	137.1	87.4	153.6	91.8	469.9	117.475	
销售2组	78.9	102.6	117.4	90.2	389.1	97.275	
销售3组	82.3	96.5	101.3	73.7	353.8	88.45	
销售4组	93.2	78.6	98.4	83.6	353.8	88.45	
销售5组	95.8	81.7	112.5	88.1	378.1	94.525	
最高销售额							
最低销售额							

图 6-31 平均销售额的函数计算

6)用 MAX 函数统计出单元格区域 B8: E8 内的最高销售额。选择单元格 B8,输入函数“ = MAX(B3: B7)”。使用自动填充的方法,将 B8 中的函数复制到单元格区域 C8: E8,如图 6-32所示。

B8 =MAX(B3:B7)

大业信息科技有限公司部门销售报表(万元)

销售小组	第一季度	第二季度	第三季度	第四季度	年销售总额	平均销售额	销售等级
销售1组	137.1	87.4	153.6	91.8	469.9	117.475	
销售2组	78.9	102.6	117.4	90.2	389.1	97.275	
销售3组	82.3	96.5	101.3	73.7	353.8	88.45	
销售4组	93.2	78.6	98.4	83.6	353.8	88.45	
销售5组	95.8	81.7	112.5	88.1	378.1	94.525	
最高销售额	137.1	102.6	153.6	91.8			
最低销售额							

图 6-32 最高销售额的函数计算

7)用 MIN 函数统计出单元格区域 B9: E9 内的最低销售额。选择单元格 B9,输入函数“ = MIN(B3: B7)”。使用自动填充的方法,将 B9 中的函数复制到单元格区域 C9: E9,如图 6-33所示。

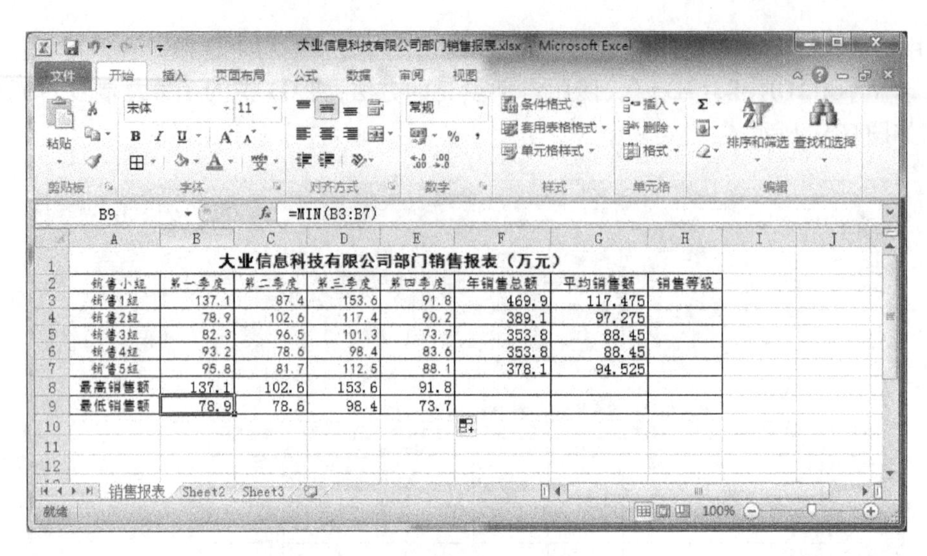

B9 =MIN(B3:B7)

大业信息科技有限公司部门销售报表（万元）							
销售小组	第一季度	第二季度	第三季度	第四季度	年销售总额	平均销售额	销售等级
销售1组	137.1	87.4	153.6	91.8	469.9	117.475	
销售2组	78.9	102.6	117.4	90.2	389.1	97.275	
销售3组	82.3	96.5	101.3	73.7	353.8	88.45	
销售4组	93.2	78.6	98.4	83.6	353.8	88.45	
销售5组	95.8	81.7	112.5	88.1	378.1	94.525	
最高销售额	137.1	102.6	153.6	91.8			
最低销售额	78.9	78.6	98.4	73.7			

图 6-33　最低销售额的函数计算

8）用 IF 函数统计出单元格区域 H3: H7 内的销售等级（要求平均销售额≥100，销售等级为“A”；平均销售额＜100，销售等级为“B”）。选择单元格 H3，输入函数“ = IF(G3 > = 100, "A","B")”。使用自动填充的方法，将 H3 中的函数复制到单元格区域 H4: H7，如图 6-34 所示。

H3 =IF(G3>=100,"A","B")

大业信息科技有限公司部门销售报表（万元）							
销售小组	第一季度	第二季度	第三季度	第四季度	年销售总额	平均销售额	销售等级
销售1组	137.1	87.4	153.6	91.8	469.9	117.475	A
销售2组	78.9	102.6	117.4	90.2	389.1	97.275	B
销售3组	82.3	96.5	101.3	73.7	353.8	88.45	B
销售4组	93.2	78.6	98.4	83.6	353.8	88.45	B
销售5组	95.8	81.7	112.5	88.1	378.1	94.525	B
最高销售额	137.1	102.6	153.6	91.8			
最低销售额	78.9	78.6	98.4	73.7			

图 6-34　销售等级的 IF 函数计算

9）按住 <Ctrl> 键，选择表格范围 F3: G7 和 B8: E9，单击鼠标右键，在弹出的快捷菜单中选择“设置单元格格式”命令，在弹出的对话框中选择“数字”选项卡，设置数值为保留 1 位小数，如图 6-35 所示。

10）选择 H3: H9，将该区域内的数据居中；选择 B3: G9，单击鼠标右键，在弹出的快捷菜单中选择“设置单元格格式”命令，在弹出的对话框中选择“字体”选项卡，设置字体为 Times New Roman，字号为 9 号，如图 6-36 所示。

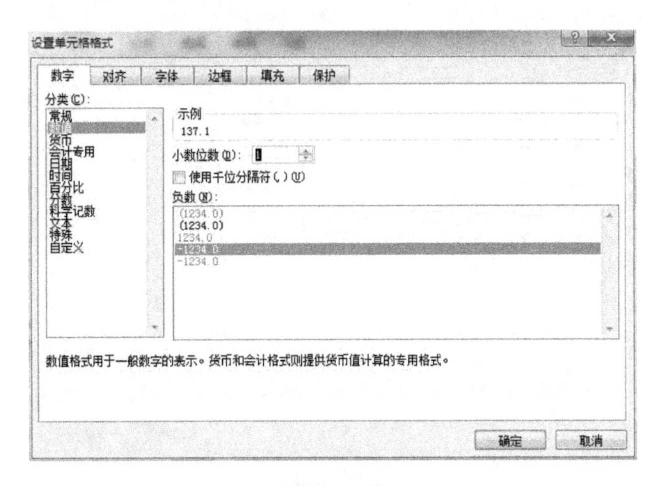

图 6-35 “设置单元格格式”对话框

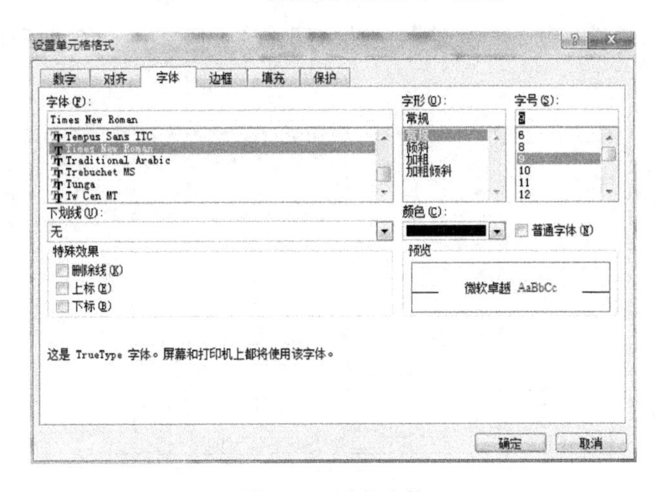

图 6-36 设置字体

11）设置单元格边框与底纹。选择单元格区域 F8:H9，对无数据单元格设置外边框和底纹，如图 6-37 和图 6-38 所示。

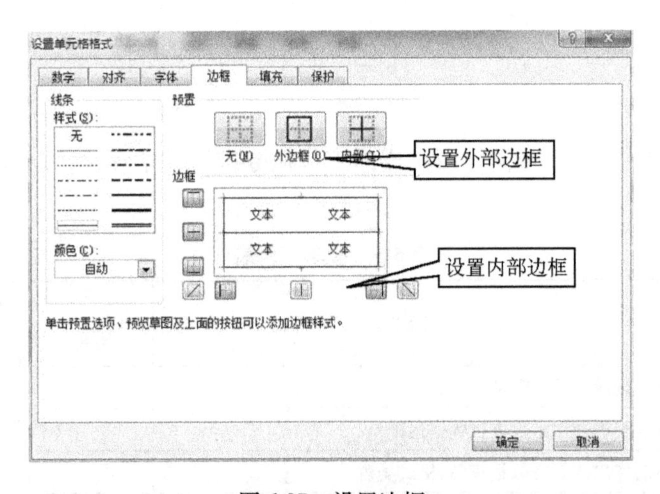

图 6-37 设置边框

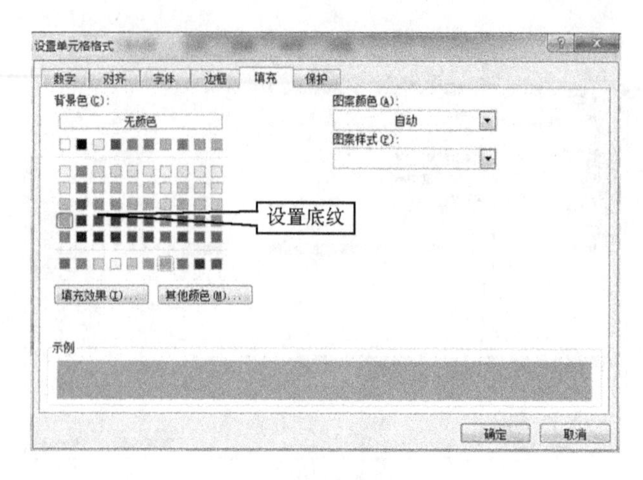

图 6-38　设置底纹

12）保存工作簿文件。执行“文件”→“保存”命令，将文件保存在我的文档，如图 6-39 所示。

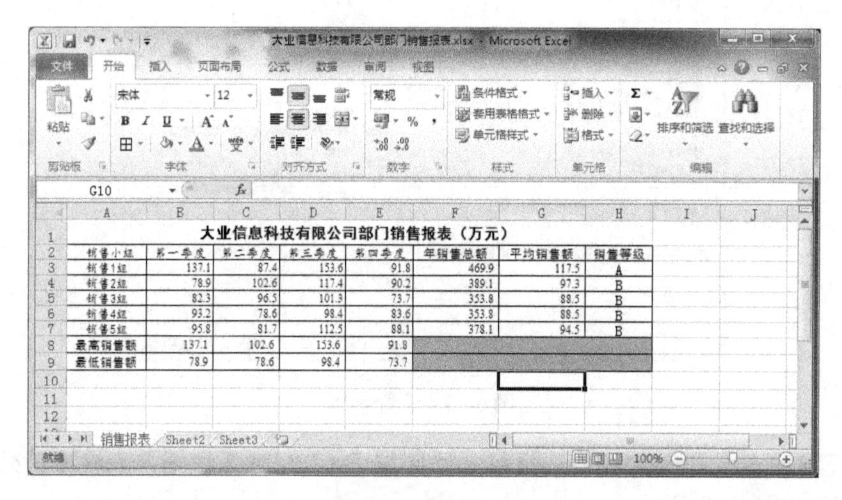

大业信息科技有限公司部门销售报表（万元）

销售小组	第一季度	第二季度	第三季度	第四季度	年销售总额	平均销售额	销售等级
销售1组	137.1	87.4	153.6	91.8	469.9	117.5	A
销售2组	78.9	102.6	117.4	90.2	389.1	97.3	B
销售3组	82.3	96.5	101.3	73.7	353.8	88.5	B
销售4组	93.2	78.6	98.4	83.6	353.8	88.5	B
销售5组	95.8	81.7	112.5	88.1	378.1	94.5	B
最高销售额	137.1	102.6	153.6	91.8			
最低销售额	78.9	78.6	98.4	73.7			

图 6-39　最终效果

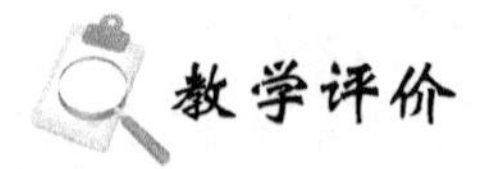

教学评价

请按表 6-3 的要求，对每位同学所完成的工作任务进行教学评价，评价的结果可分为 4 个等级：优、良、中、差。

表 6-3　教学评价表

评价项目	评 价 标 准	评价结果		
		自评	组评	教师评
任务完成质量	1）能理解公式的含义			
	2）能正确使用函数进行数据运算			
	3）制作出的表格数据正确、格式美观			

（续）

评价项目	评 价 标 准	评价结果		
		自评	组评	教师评
任务完成速度	在规定时间内完成本项任务			
工作与学习态度	1）通过学习，增强了职业意识			
	2）能与小组成员通力合作，按时完成任务			
	3）在小组协作过程中能很好地与其他成员进行交流			
综合评价	评语（优缺点与改进措施）：	总评等级		

任务3 分析管理销售报表

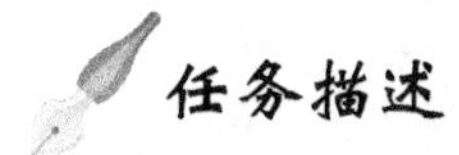

任务描述

根据前面任务所给的表格，张悦统计了每个销售小组的情况，现在还需要了解每个业务员的销售情况。这就需要添加业务员列，编辑每个业务员的季度销售额。通过对业绩报表进行排序、筛选、分类汇总的操作，总结公司各销售小组及人员年度销售业绩的情况。

任务学习目标

1）理解数据排序中主要、次要关键字的含义，能正确地对数据进行升序和降序排序。

2）理解筛选的含义和种类，能熟练使用自动筛选功能，了解高级筛选的操作。

3）理解分类汇总的含义，能熟练进行分类汇总的操作。

4）通过对数据的管理，启发学生探寻数据内部蕴含的规律，培养学生在研究中学习、在学习中探索的意识。

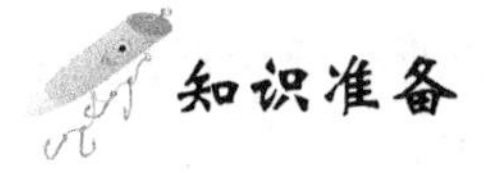

知识准备

1. 数据分析管理的基本概念

（1）数据的排序　Excel 2010 的排序功能是指按照规定的顺序来排列数据记录，排序可以根据数值、字符等进行升序或降序排列。在排序的过程中，首先按主要关键字对应列中的值进行升序或降序排列，对原有记录次序进行调整。若是降序则关键字值较大的记录被调整到工作表的上部，关键字值较小的记录则被调整到下部；若是升序则相反。若存在次要关键字，则还要对主要关键字值相同的记录按相应的次要关键字值的大小进行升序或降序排序。

（2）数据的筛选　Excel 2010 的筛选功能是指按一个或几个条件，只显示出符合筛选条件的记录，隐藏不符合筛选条件的记录。Excel 有两种筛选方法：自动筛选和高级筛选。

（3）数据的分类汇总　Excel 2010 的分类汇总功能是指按类别分别统计各类指标，如总和、平均值等。分类汇总的前提条件是先排序后汇总，即必须按照分类字段进行排序，针对排

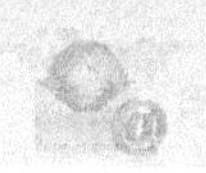

序后数据记录再进行分类汇总。

2. 数据分析管理的基本操作

(1)数据的排序　启动 Excel,首先通过鼠标拖曳选择要排序的单元格区域,然后单击“数据”选项卡中的“排序和筛选”功能区的“排序”按钮,弹出“排序”对话框,如图 6-40和图 6-41所示。

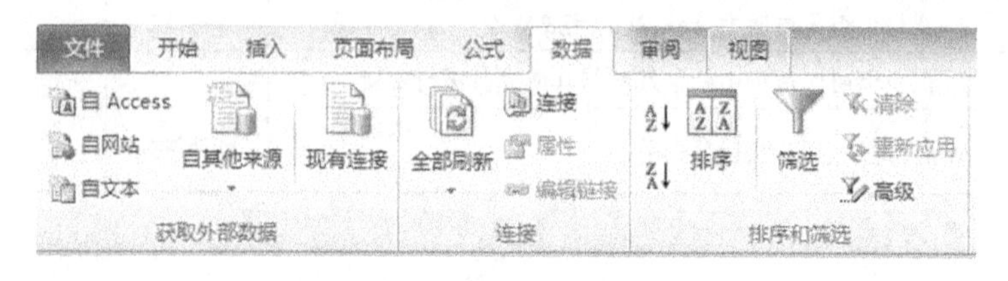

图 6-40　“排序”按钮

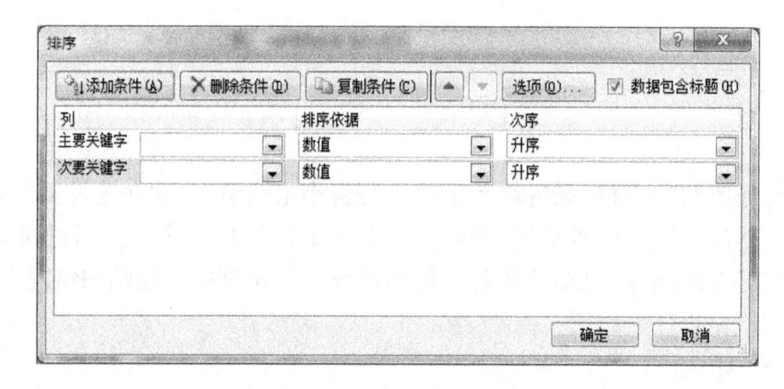

图 6-41　“排序”对话框

选择需要进行排序的关键字及升序、降序后,单击“确定”按钮即可对数据进行排序。在功能区中也可以对数据进行排序的操作,用鼠标单击需要进序的列,单击功能区中的“升序”按钮或者“降序”按钮,此时会打开一个“排序提醒”对话框,只要单击“排序”按钮,即可按此属性值对所有记录进行排序。

(2)数据的筛选　数据的筛选分为自动筛选和高级筛选。

1)自动筛选需要首先选择要筛选的数据表,通常包括标题行和其后的所有记录行,然后单击“数据”选项卡中的“排序和筛选”功能区的“筛选”按钮,如图 6-42 所示。

此时数据表中每一列的标题(属性名)右边都有一个三角按钮,单击该按钮可以打开一个下拉列表。每个标题所对应的下拉列表的结构都相同,第一行和第二行是按此关键字进行升序或降序排列的选项;在“数字筛选”下拉列表中可以选择设置不同的条件选出需要的内容;在“搜索”文本框中可以直接输入内容筛选出需要的内容;“搜索”文本框下面的选项为“(全选)”,勾选“(全选)”复选框将筛选出全部记录,或者勾选下面任意需要的内容。设置好后,单击“确定”按钮即可筛选出规定的记录条数,如图 6-43 所示。

在“数字筛选”下拉列表中选择“自定义筛选”选项,可以打开“自定义自动筛选方式”对话框,可以设置筛选的具体条件,如果是两个条件,则可以利用逻辑关系“与”或者“或”来进行条件的设置。“与”关系即表示需要两个条件都满足,“或”关系表示需要两个条件满足其一,如图 6-44 所示。

图 6-42 “筛选”工具

图 6-43 “筛选”的选项

当按照一个属性值筛选后，还可以在此基础上继续按照其他属性值筛选，直到筛选出满意的记录为止。当筛选结束后，再单击“数据”选项卡中的“排序和筛选”功能区的“筛选”按钮，将取消自动筛选状态，如图 6-45 所示。

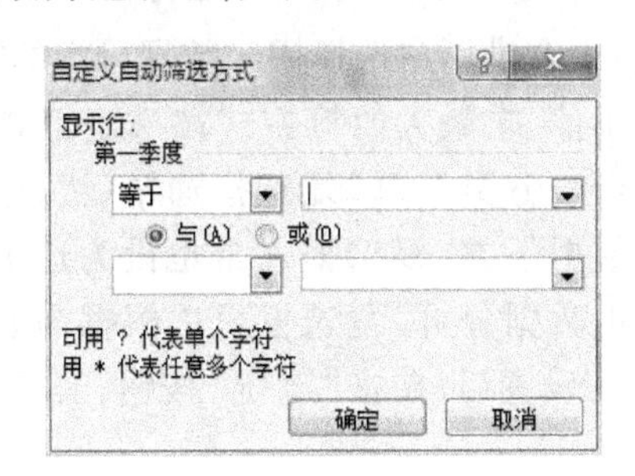

图 6-44 “自定义自动筛选方式”对话框

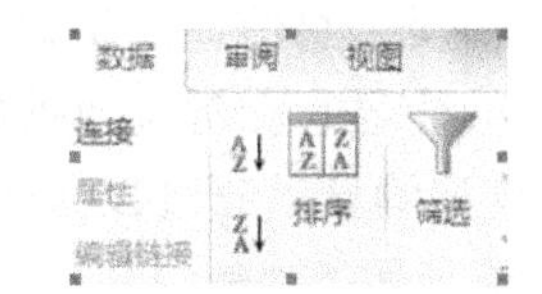

图 6-45 取消“自动筛选”操作

2) 自动筛选只能筛选出条件较为简单的记录，如果条件比较复杂，则需要使用高级筛选来完成筛选的工作。在做高级筛选之前，必须在数据表之外的空白处建立好高级筛选的条件区域。它包括属性名和满足属性的条件。如果条件编辑在同一行，则表示条件之间是逻辑“与”关系；如果条件不在同一行，则表示条件之间是“或”关系。完成条件编写后，单击“数据”选项卡中“排序和筛选”功能区的“高级”按钮，弹出“高级筛选”对话框，如图 6-46 和图 6-47 所示。

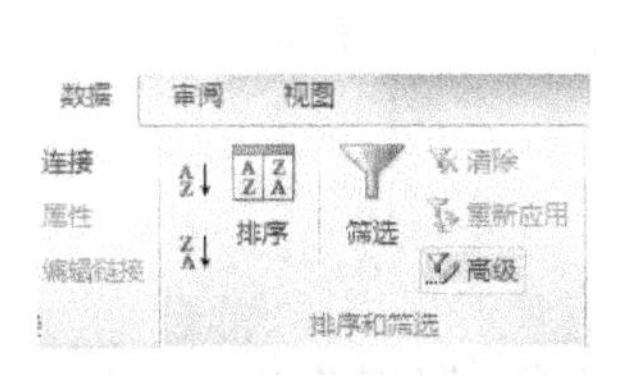

图 6-46 单击“高级”按钮

图 6-47 “高级筛选”对话框

在“高级筛选”对话框中，“方式”选项区包含两个单选按钮供用户选择，默认情况选中“在原有区域显示筛选结果”单选按钮，也可以选中“将筛选结果复制到其他位置”单选按钮。“列表区域”是要处理的工作表的数据筛选范围，“条件区域”是刚才所有编写的筛选条件。完成后，单击“确定”按钮，即可按条件进行高级筛选。

当自动筛选和高级筛选结束后，如果需要显示出全部记录，则单击“数据”选项卡中“排序和筛选”功能区的“清除”按钮即可，如图 6-48 所示。

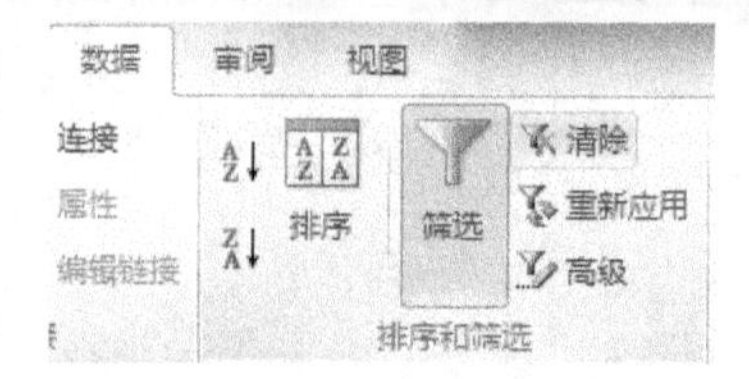

图 6-48　清除“筛选”

(3)数据的分类汇总　数据的汇总需要首先按某个属性进行分类(排序)，单击“数据”选项卡中“分级显示”功能区的“分类汇总”按钮，弹出“分类汇总”对话框，如图 6-49 所示。

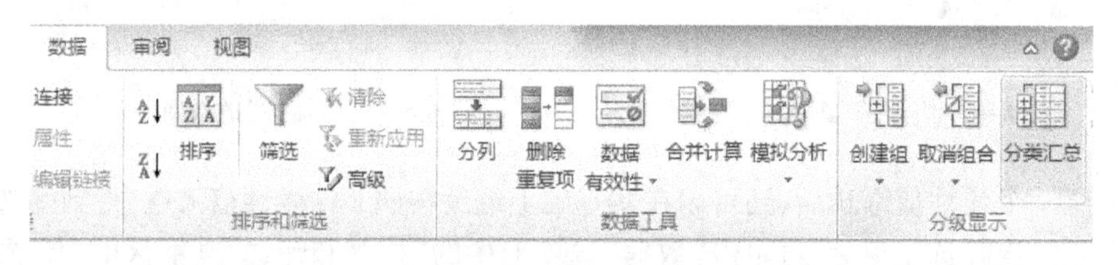

图 6-49　单击“分类汇总”按钮

在“分类汇总”对话框中，“分类字段”下拉列表中有供用户选择用于数据分类的字段；“汇总方式”下拉列表中有求和、计数、求平均值、求最小值、求最大值等方式；“选定汇总项”下拉列表中有供用户选择用于数据汇总的字段；“替换当前分类汇总”复选框通常设为选中状态，以便消除以前的分类汇总信息；“汇总结果显示在数据下方”复选框通常也设为选中状态，否则其汇总结果信息将显示在对应数据的上方；“每组数据分页”复选框可以根据需要设置，假如采用默认值，即连续显示分组数据信息。完成所有设置后，单击“确定”按钮，实现分类汇总的操作，如图 6-50 所示。

分类汇总后，单击工作表最左边的加号或减号按钮，可以显示或隐藏相关的汇总结果，如图 6-51所示。

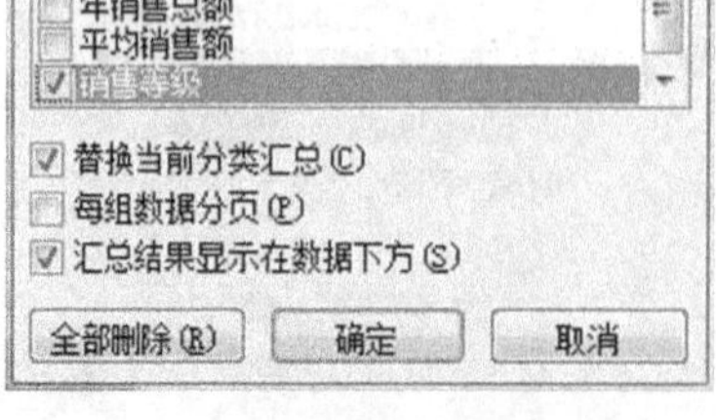

图 6-50　“分类汇总”对话框

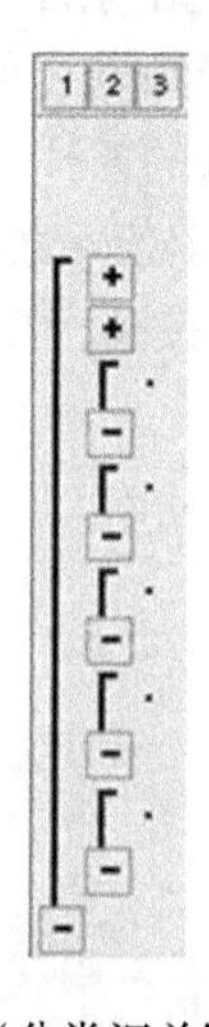

图 6-51　“分类汇总”增减显示

当分类汇总处理结束后，若要删除汇总信息，则首先选定分类汇总表中任意单元格或区域，接着单击“数据”选项卡的“分级显示”功能区中的“分类汇总”按钮，在弹出的“分类汇总”对话框后单击“全部删除”按钮，此时数据表就可以恢复为汇总前的状态，如图 6-52 所示。

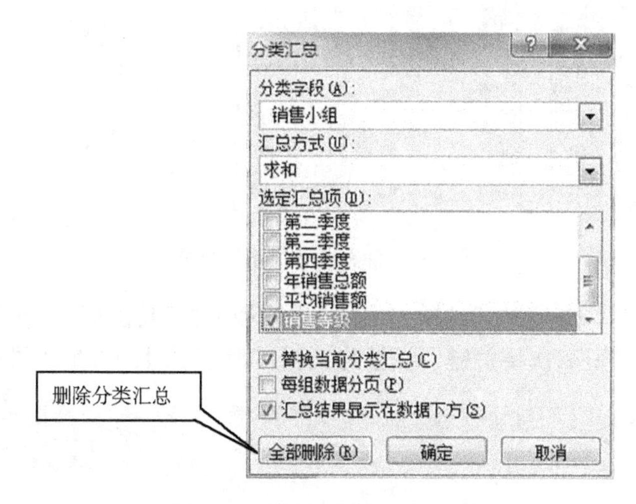

图 6-52　删除“分类汇总”操作

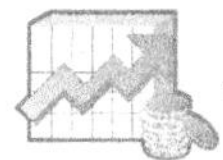

计划与实施

为了体现出公司各个小组销售员的销售状况，需要将表格进一步编辑。

1）打开任务 2 完成的“大业信息科技有限公司部门销售报表 . xlsx”文件，选择工作表 Sheet2，如图 6-53 所示。

	A	B	C	D	E	F
1	大业信息科技有限公司部门销售报表（万元）					
2	销售小组	业务员	第一季度	第二季度	第三季度	第四季度
3	销售1组	李根华	58.8	22.7	64.5	26.5
4	销售1组	冯嘉敏	45.9	29.2	48.9	37.1
5	销售1组	梁锦文	32.4	35.5	40.2	28.2
6	销售2组	麦嘉敏	27.2	20.2	30.8	22.5
7	销售2组	黄嘉明	26.1	42.7	40.2	36.3
8	销售2组	梁敏宜	25.6	39.7	46.4	31.4
9	销售3组	周淑霞	35.6	47	24.6	26.4
10	销售3组	张淑怡	31.2	23.8	42.2	19.2
11	销售3组	吴嘉敏	15.5	25.7	34.5	28.1
12	销售4组	黄美珊	39.7	21.8	31.7	33.6
13	销售4组	陈海成	36.3	23.2	46.3	21.6
14	销售4组	郭志成	17.2	33.6	20.4	28.4
15	销售5组	何潮锋	40.5	28.5	31.7	34.1
16	销售5组	梁嘉俊	32.7	15.4	42.2	30.8
17	销售5组	林华南	22.6	37.8	38.6	23.2
18						

图 6-53　建立业务员数据

2）在 G2 单元格输入“合计”，利用求和函数，计算每位业务员的年销售总额，如图 6-54 所示。

大业信息科技有限公司部门销售报表（万元）						
销售小组	业务员	第一季度	第二季度	第三季度	第四季度	合计
销售1组	李根华	58.8	22.7	64.5	26.5	172.5
销售1组	冯嘉敏	45.9	29.2	48.9	37.1	161.1
销售1组	梁锦文	32.4	35.5	40.2	28.2	136.3
销售2组	麦嘉敏	27.2	20.2	30.8	22.5	100.7
销售2组	黄嘉明	26.1	42.7	40.2	36.3	145.3
销售2组	梁敏宜	25.6	39.7	46.4	31.4	143.1
销售3组	周淑霞	35.6	47	24.6	26.4	133.6
销售3组	张淑怡	31.2	23.8	42.2	19.2	116.4
销售3组	吴嘉敏	15.5	25.7	34.5	28.1	103.8
销售4组	黄美珊	39.7	21.8	31.7	33.6	126.8
销售4组	陈海成	36.3	23.2	46.3	21.6	127.4
销售4组	郭志成	17.2	33.6	20.4	28.4	99.6
销售5组	何潮锋	40.5	28.5	31.7	34.1	134.8
销售5组	梁嘉俊	32.7	15.4	42.2	30.8	121.1
销售5组	林华南	22.6	37.8	38.6	23.2	122.2

图 6-54　计算业务员销售总额

3）选择表格内容，单击“数据”选项卡中的“排序和筛选”功能区的“排序”按钮，主要关键字设置为“第一季度”降序，次要关键字设置为“合计”降序，如图 6-55 和图 6-56 所示。

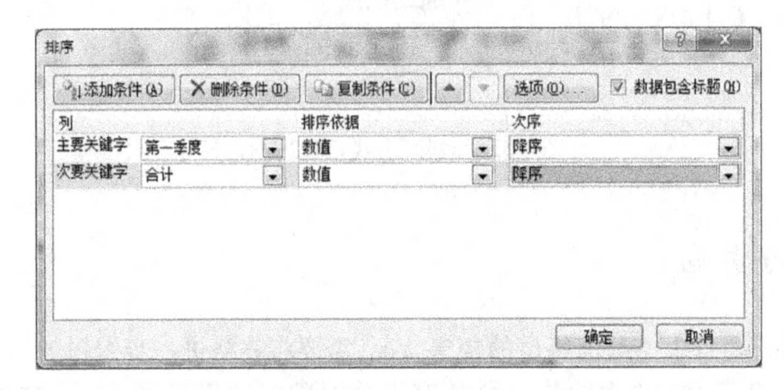

图 6-55　设置排序

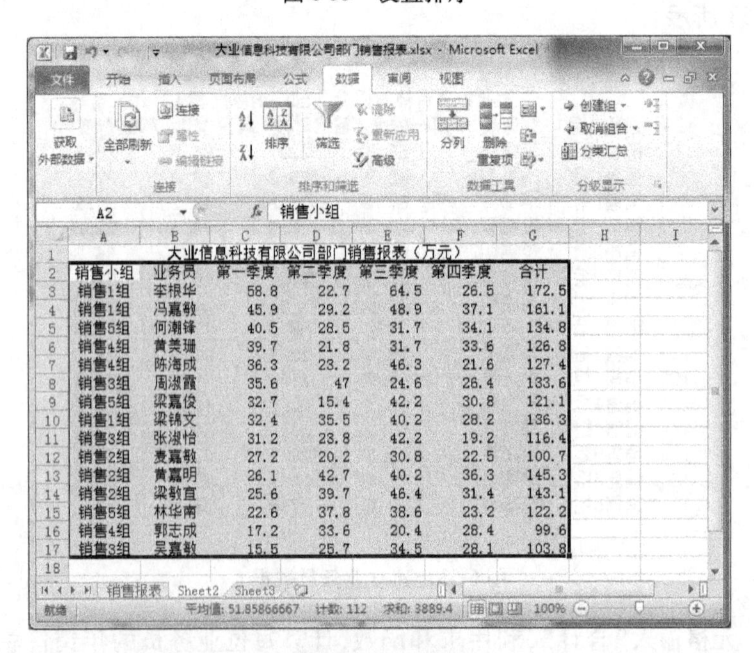

大业信息科技有限公司部门销售报表（万元）						
销售小组	业务员	第一季度	第二季度	第三季度	第四季度	合计
销售1组	李根华	58.8	22.7	64.5	26.5	172.5
销售1组	冯嘉敏	45.9	29.2	48.9	37.1	161.1
销售5组	何潮锋	40.5	28.5	31.7	34.1	134.8
销售4组	黄美珊	39.7	21.8	31.7	33.6	126.8
销售4组	陈海成	36.3	23.2	46.3	21.6	127.4
销售3组	周淑霞	35.6	47	24.6	26.4	133.6
销售5组	梁嘉俊	32.7	15.4	42.2	30.8	121.1
销售1组	梁锦文	32.4	35.5	40.2	28.2	136.3
销售3组	张淑怡	31.2	23.8	42.2	19.2	116.4
销售2组	麦嘉敏	27.2	20.2	30.8	22.5	100.7
销售2组	黄嘉明	26.1	42.7	40.2	36.3	145.3
销售2组	梁敏宜	25.6	39.7	46.4	31.4	143.1
销售5组	林华南	22.6	37.8	38.6	23.2	122.2
销售4组	郭志成	17.2	33.6	20.4	28.4	99.6
销售3组	吴嘉敏	15.5	25.7	34.5	28.1	103.8

图 6-56　排序结果

4）对表格数据进行自动筛选操作。选择表格数据区域 A2:F17，单击“数据”选项卡中的“排序和筛选”功能区的“筛选”按钮，如图 6-57 所示。

	A	B	C	D	E	F	G
1	大业信息科技有限公司部门销售报表（万元）						
2	销售小组	业务员	第一季度	第二季度	第三季度	第四季度	合计
3	销售1组	李根华	58.8	22.7	64.5	26.5	172.5
4	销售1组	冯嘉敏	45.9	29.2	48.9	37.1	161.1
5	销售5组	何潮锋	40.5	28.5	31.7	34.1	134.8
6	销售4组	黄美珊	39.7	21.8	31.7	33.6	126.8
7	销售4组	陈海成	36.3	23.2	46.3	21.6	127.4
8	销售3组	周淑霞	35.6	47	24.6	26.4	133.6
9	销售5组	梁嘉俊	32.7	15.4	42.2	30.8	121.1
10	销售1组	梁锦文	32.4	35.5	40.2	28.2	136.3
11	销售3组	张淑怡	31.2	23.8	42.2	19.2	116.4
12	销售2组	麦嘉敏	27.2	20.2	30.8	22.5	100.7
13	销售2组	黄嘉明	26.1	42.7	40.2	36.3	145.3
14	销售2组	梁敏宜	25.6	39.7	46.4	31.4	143.1
15	销售5组	林华南	22.6	37.8	38.6	23.2	122.2
16	销售4组	郭志成	17.2	33.6	20.4	28.4	99.6
17	销售3组	吴嘉敏	15.5	25.7	34.5	28.1	103.8

图 6-57 筛选

用鼠标单击“销售小组”单元格的箭头，选择销售 1 组，如图 6-58 所示。

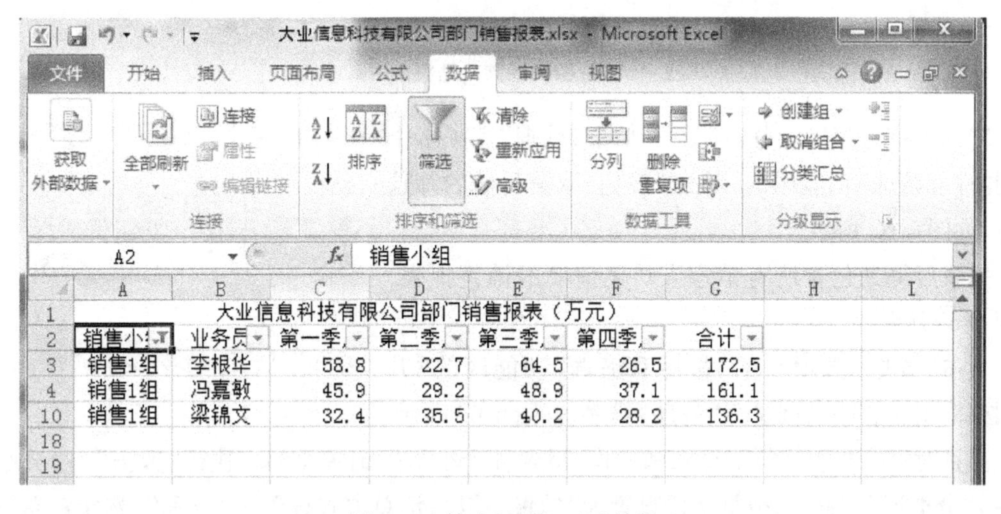

	A	B	C	D	E	F	G
1	大业信息科技有限公司部门销售报表（万元）						
2	销售小组	业务员	第一季度	第二季度	第三季度	第四季度	合计
3	销售1组	李根华	58.8	22.7	64.5	26.5	172.5
4	销售1组	冯嘉敏	45.9	29.2	48.9	37.1	161.1
10	销售1组	梁锦文	32.4	35.5	40.2	28.2	136.3

图 6-58 筛选“销售 1 组”结果

进一步进行自动筛选，筛选出第三季度销售额大于45（万元）并且小于50（万元）的记录。用鼠标单击第三季度单元格的箭头，如图6-59所示。选择"数字筛选"→"自定义筛选"命令，编辑"自定义自动筛选方式"，如图6-60所示。

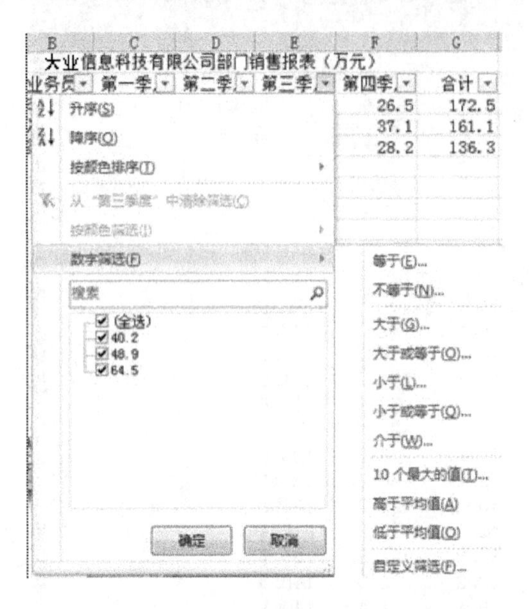

图6-59 "自动筛选"对话框

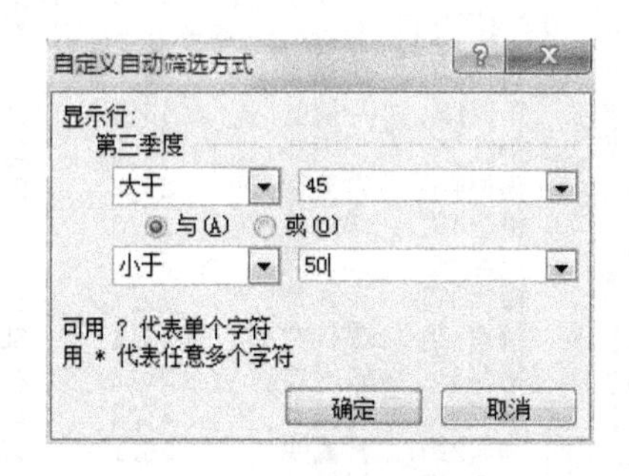

图6-60 "自定义自动筛选方式"对话框

单击"确定"按钮，筛选出结果，如图6-61所示。

A2 销售小组

	A	B	C	D	E	F	G	H
1	大业信息科技有限公司部门销售报表（万元）							
2	销售小组	业务员	第一季	第二季	第三季	第四季	合计	
4	销售1组	冯嘉敏	45.9	29.2	48.9	37.1	161.1	
18								
19								

图6-61 筛选结果

5）对表格数据进行分类汇总。单击"数据"选项卡中的"排序和筛选"功能区的"筛选"按钮，取消目前的筛选状态，如图6-62所示。

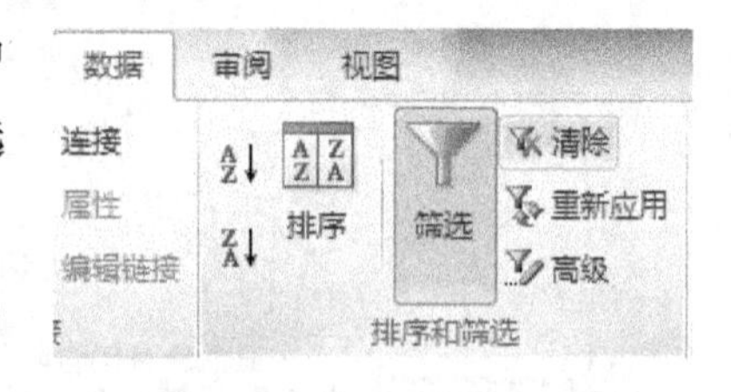

图6-62 恢复筛选前状态

完成后得到包含所有销售人员销售额的销售报表，如图6-63所示。

单击"数据"选项卡中"排序和筛选"功能区的"升序"按钮，对销售小组列进行"升序"排序，如图6-64所示。

分别对每个小组进行汇总求和操作，得到各个小组的销售总和。执行"数据"→"分级显示"→"分类汇总"命令，分类字段设置为"销售小组"，汇总方式设置为"求和"，选定汇总项设置为"合计"，如图6-65所示。

	A	B	C	D	E	F	G
1		大业信息科技有限公司部门销售报表（万元）					
2	销售小组	业务员	第一季度	第二季度	第三季度	第四季度	合计
3	销售1组	李根华	58.8	22.7	64.5	26.5	172.5
4	销售1组	冯嘉敏	45.9	29.2	48.9	37.1	161.1
5	销售5组	何潮锋	40.5	28.5	31.7	34.1	134.8
6	销售4组	黄美珊	39.7	21.8	31.7	33.6	126.8
7	销售4组	陈海成	36.3	23.2	46.3	21.6	127.4
8	销售3组	周淑霞	35.6	47	24.6	26.4	133.6
9	销售5组	梁嘉俊	32.7	15.4	42.2	30.8	121.1
10	销售1组	梁锦文	32.4	35.5	40.2	28.2	136.3
11	销售3组	张淑怡	31.2	23.8	42.2	19.2	116.4
12	销售2组	麦嘉敏	27.2	20.2	30.8	22.5	100.7
13	销售2组	黄嘉明	26.1	42.7	40.2	36.3	145.3
14	销售2组	梁敏宜	25.6	39.7	46.4	31.4	143.1
15	销售5组	林华南	22.6	37.8	38.6	23.2	122.2
16	销售4组	郭志成	17.2	33.6	20.4	28.4	99.6
17	销售3组	吴嘉敏	15.5	25.7	34.5	28.1	103.8

图 6-63 包含所有销售人员销售额的销售报表

	A	B	C	D	E	F	G
1		大业信息科技有限公司部门销售报表（万元）					
2	销售小组	业务员	第一季度	第二季度	第三季度	第四季度	合计
3	销售1组	李根华	58.8	22.7	64.5	26.5	172.5
4	销售1组	冯嘉敏	45.9	29.2	48.9	37.1	161.1
5	销售1组	梁锦文	32.4	35.5	40.2	28.2	136.3
6	销售2组	麦嘉敏	27.2	20.2	30.8	22.5	100.7
7	销售2组	黄嘉明	26.1	42.7	40.2	36.3	145.3
8	销售2组	梁敏宜	25.6	39.7	46.4	31.4	143.1
9	销售3组	周淑霞	35.6	47	24.6	26.4	133.6
10	销售3组	张淑怡	31.2	23.8	42.2	19.2	116.4
11	销售3组	吴嘉敏	15.5	25.7	34.5	28.1	103.8
12	销售4组	黄美珊	39.7	21.8	31.7	33.6	126.8
13	销售4组	陈海成	36.3	23.2	46.3	21.6	127.4
14	销售4组	郭志成	17.2	33.6	20.4	28.4	99.6
15	销售5组	何潮锋	40.5	28.5	31.7	34.1	134.8
16	销售5组	梁嘉俊	32.7	15.4	42.2	30.8	121.1
17	销售5组	林华南	22.6	37.8	38.6	23.2	122.2

图 6-64 “销售小组”列排序

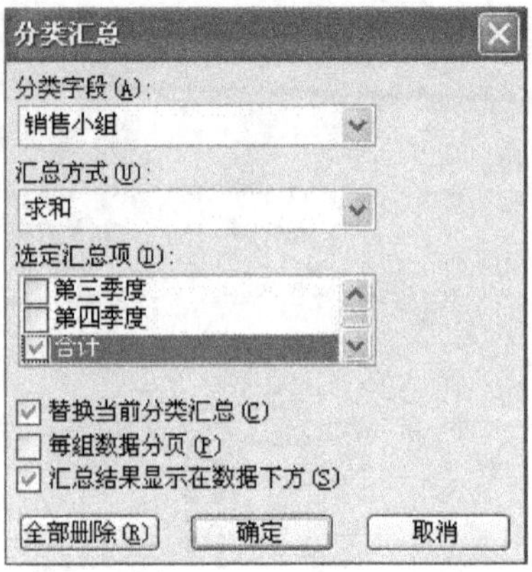

图 6-65 “分类汇总”对话框

单击“确定”按钮，汇总出结果，如图 6-66 所示。

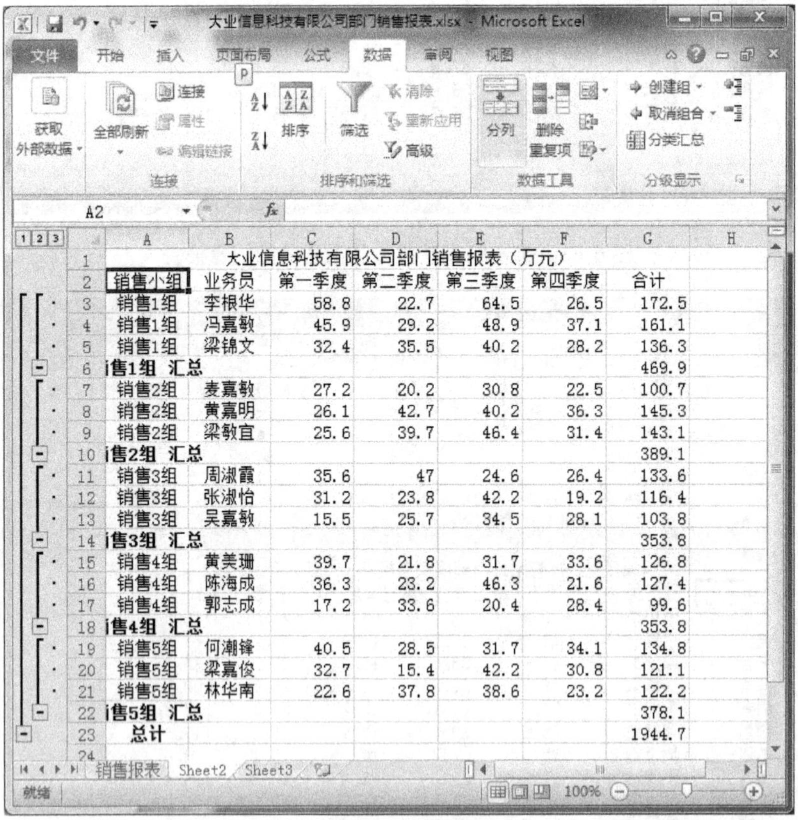

	A	B	C	D	E	F	G
1	大业信息科技有限公司部门销售报表（万元）						
2	销售小组	业务员	第一季度	第二季度	第三季度	第四季度	合计
3	销售1组	李根华	58.8	22.7	64.5	26.5	172.5
4	销售1组	冯嘉敏	45.9	29.2	48.9	37.1	161.1
5	销售1组	梁锦文	32.4	35.5	40.2	28.2	136.3
6	售1组 汇总						469.9
7	销售2组	麦嘉敏	27.2	20.2	30.8	22.5	100.7
8	销售2组	黄嘉明	26.1	42.7	40.2	36.3	145.3
9	销售2组	梁敏宜	25.6	39.7	46.4	31.4	143.1
10	售2组 汇总						389.1
11	销售3组	周淑霞	35.6	47	24.6	26.4	133.6
12	销售3组	张淑怡	31.2	23.8	42.2	19.2	116.4
13	销售3组	吴嘉敏	15.5	25.7	34.5	28.1	103.8
14	售3组 汇总						353.8
15	销售4组	黄美珊	39.7	21.8	31.7	33.6	126.8
16	销售4组	陈海成	36.3	23.2	46.3	21.6	127.4
17	销售4组	郭志成	17.2	33.6	20.4	28.4	99.6
18	售4组 汇总						353.8
19	销售5组	何潮锋	40.5	28.5	31.7	34.1	134.8
20	销售5组	梁嘉俊	32.7	15.4	42.2	30.8	121.1
21	销售5组	林华南	22.6	37.8	38.6	23.2	122.2
22	售5组 汇总						378.1
23	总计						1944.7

图 6-66 分类汇总结果

6）保存工作簿文件。执行“文件”→“保存”命令，将文件保存在“我的文档”。

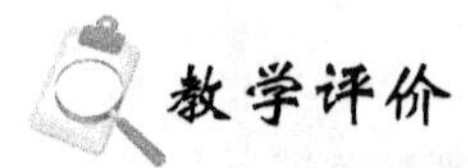

教学评价

请按表 6-4 的要求，对每位同学所完成的工作任务进行教学评价，评价的结果可分为 4 个

等级:优、良、中、差。

表 6-4 教学评价表

评价项目	评价标准	评价结果		
		自评	组评	教师评
任务完成质量	1)能使用排序功能进行排序			
	2)能使用筛选功能筛选出要求的结果			
	3)能使用分类汇总功能			
任务完成速度	在规定时间内完成本项任务			
工作与学习态度	1)通过学习,增强了职业意识			
	2)能与小组成员通力合作,按时完成任务			
	3)在小组协作过程中能很好地与其他成员进行交流			
综合评价	评语(优缺点与改进措施):	总评等级		

任务4 制作与打印销售业绩图表

任务描述

张悦利用 Excel 提供的图表功能制作销售业绩图,可以更加生动、直观地显示销售业绩数据间的差异,从而更快速、简洁地说明公司销售业绩问题。图表生成后还要经过编辑和修饰,这样才能使整个图表的内容更加丰富,画面更加漂亮。张悦要给经理汇报销售情况,还需要最后一道工序——图表的打印输出。要制作的销售业绩图需要包含图表标题、横坐标和纵坐标内容,为了美观,还需要设置图表背景相关情况。图 6-67 所示为“销售业绩图”效果。打印的销售业绩图表如图 6-68 所示。

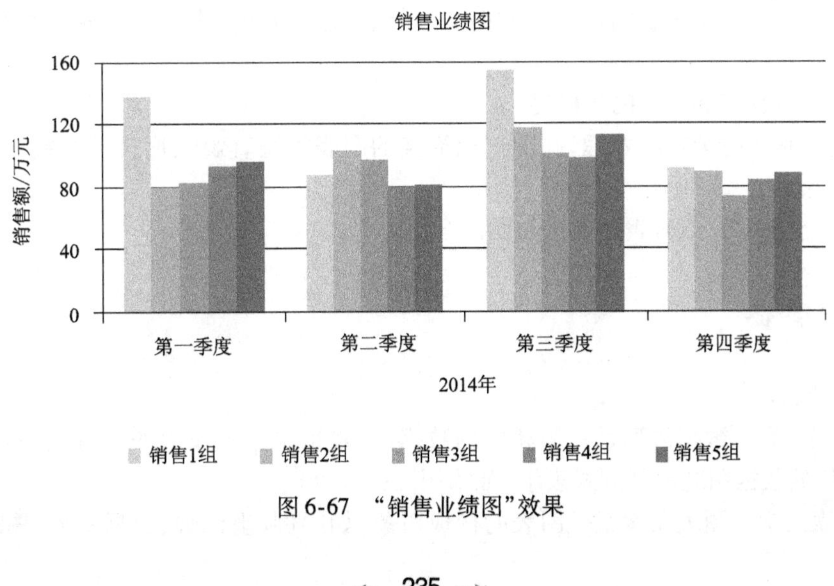

图 6-67 “销售业绩图”效果

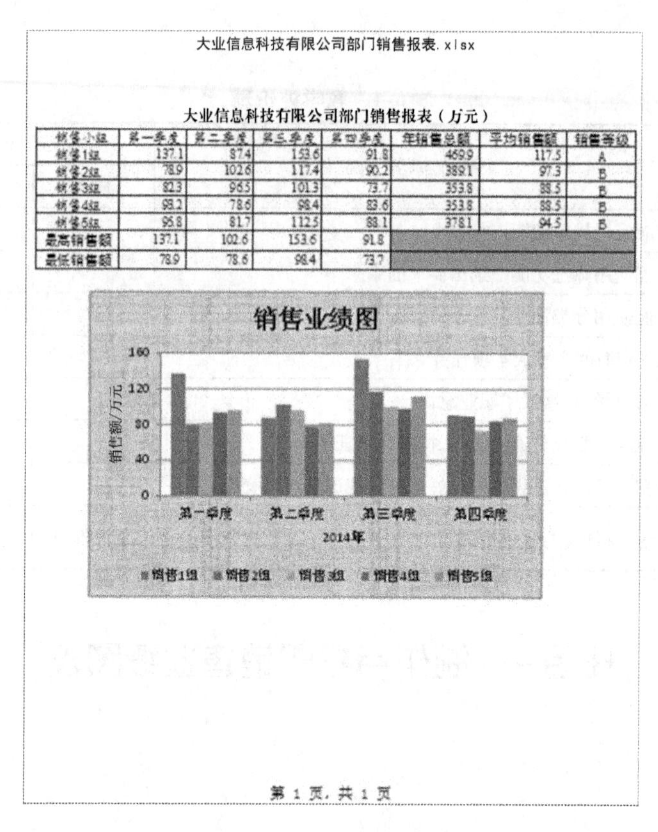
大业信息科技有限公司部门销售报表.xlsx

大业信息科技有限公司部门销售报表（万元）

销售小组	第一季度	第二季度	第三季度	第四季度	年销售总额	平均销售额	销售等级
销售1组	137.1	87.4	153.6	91.8	469.9	117.5	A
销售2组	78.9	102.6	117.4	90.2	389.1	97.3	B
销售3组	82.3	96.5	101.3	73.7	353.8	88.5	B
销售4组	93.2	78.6	98.4	83.6	353.8	88.5	B
销售5组	95.8	81.7	112.5	88.1	378.1	94.5	B
最高销售额	137.1	102.6	153.6	91.8			
最低销售额	78.9	78.6	98.4	73.7			

第 1 页，共 1 页

图 6-68　打印的销售业绩图表

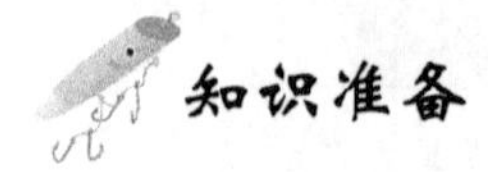

任务学习目标

1）了解常见图表类型的功能和使用方法。

2）能熟练创建与编辑数据图表。

3）能熟练格式化数据图表。

4）能根据输出要求设置图表打印方向与边界、页眉和页脚，设置打印属性并会对图表进行预览和打印。

5）体会数据加工和表达的多样性。

6）能对数据进行分析和处理，并能选用恰当的图表类型直观表达自己对数据分析、处理的想法与结论。

7）培养交往能力、语言表达能力与团队合作能力。

知识准备

1. 基本概念

（1）数据系列　数据系列是一组相关的数据，通常来源于工作表的一行或一列。在图表中，同一系列的数据用同一种方式表示（如采用同一颜色）。

（2）图表元素　图表元素就是图表的构成对象，如图例、坐标轴、数据系列、图表标题、图

表区、数据标志等,如图 6-69 所示。

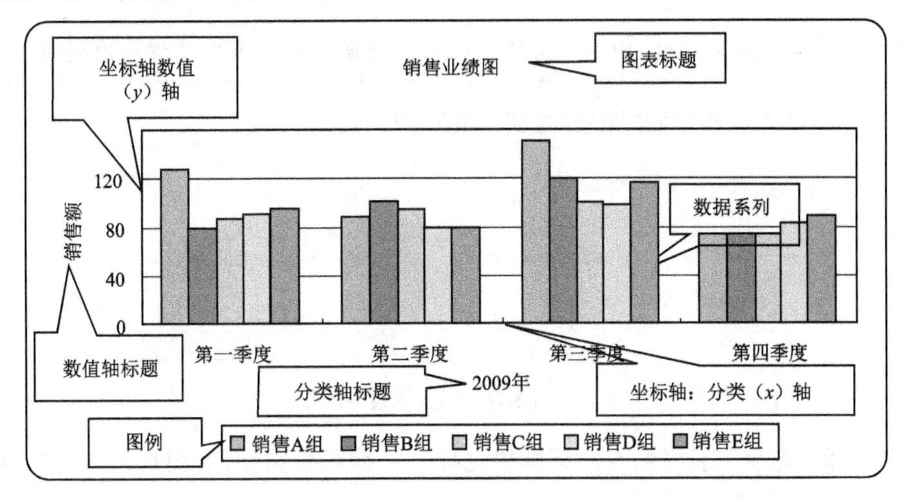

图 6-69 图表元素

2. 常见图表的类型和使用方法

(1)常见图表的类型 Excel 2010 系统提供了 11 种图表类型,每种类型又提供了若干个子类型。这 11 种图表类型中包含了二维图表和三维图表两大类。

(2)常用图表的使用方法

1)柱形图通常用来比较数据之间的差异情形。

2)条形图和柱形图的作用相似,只是条形图是横向的,可表示在给定的时间点的值。

3)折线图可显示数据系列之间的连续关系,可直观地反映数值随时间的变化和趋势。

4)饼图以在圆形图中所占面积的方式来分析每个数据点所占数据系列总和的比例,可用于反映具有比重关系的数据。

3. 利用“插入”选项卡的“图表”功能区创建图表

对于已建立的工作表,在 Excel 2010 中一般执行“插入”→“图表”命令创建图表。生成的图表嵌入到工作表中,称为内嵌图表。无论创建哪种类型的图表,都要以源工作表中的数据作为依据,选定创建图表的数据区域。选定的数据区域既可以是连续的,也可以是不连续的。当工作表上的数据改变时,图表也随之自动更新以反映数据的变化。

图表插入的操作步骤如下:

1)选择要生成图表的数据区域,如果图表中要包含这些数据的标题,则标题也要被包含在所选区域内,如图 6-70 所示。

	A	B	C	D	E	F	G	H
1	大业信息科技有限公司部门销售报表(万元)							
2	销售小组	第一季度	第二季度	第三季度	第四季度	年销售总额	平均销售额	销售等级
3	销售1组	137.1	87.4	153.6	91.8	469.9	117.5	A
4	销售2组	78.9	102.6	117.4	90.2	389.1	97.3	B
5	销售3组	82.3	96.5	101.3	73.7	353.8	88.5	B
6	销售4组	93.2	78.6	98.4	83.6	353.8	88.5	B
7	销售5组	95.8	81.7	112.5	88.1	378.1	94.5	B
8	最高销售额	137.1	102.6	153.6	91.8			
9	最低销售额	78.9	78.6	98.4	73.7			
10								

图 6-70 选择图表数据

提示：

若选定数据区域不连续，则第二区域应和第一区域所在行或列具有相同矩形。

2）单击“插入”选项卡中的“图表”按钮，如图6-71所示。

图6-71　插入图表

3）弹出“插入图表”对话框，在对话框中选择某一种图表类型，如图6-72所示。单击“确定”按钮，生成的图表如图6-73所示。

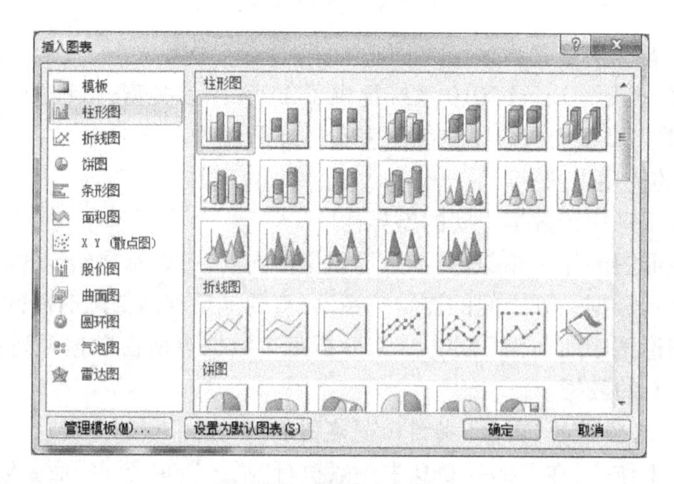

图6-72　选择图表类型

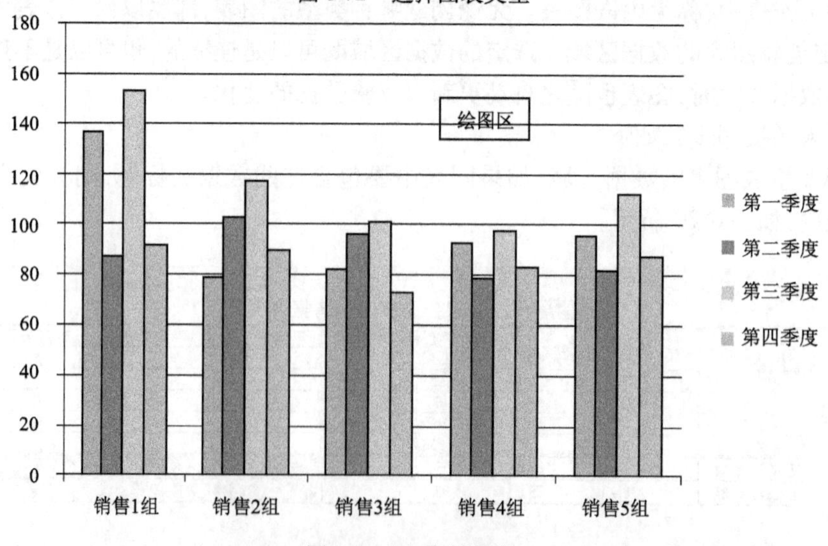

图6-73　生成的图表

4)得出结果中行与列的位置互换了,可以通过单击“图表工具”的“设计”选项卡中的“数据”功能区的“切换行/列”按钮,调整结果,如图 6-74 和图 6-75 所示。

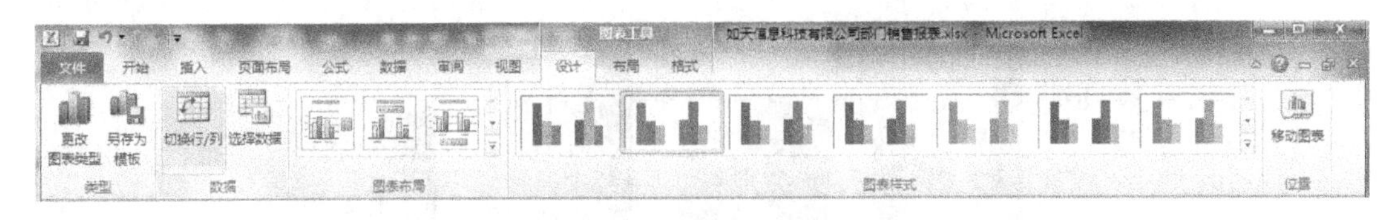

图 6-74 “切换行/列”操作

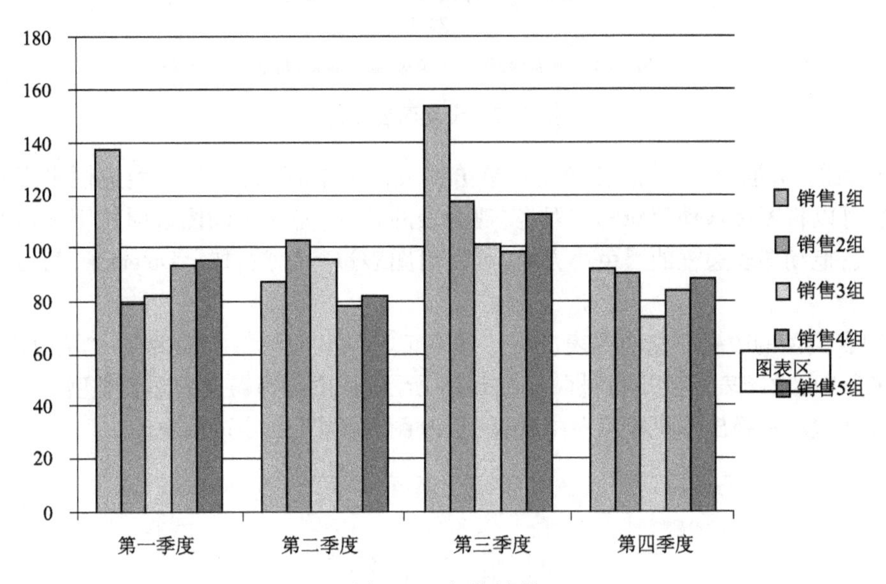

图 6-75 切换结果

5)选中图表,在生成的“图表工具”的“布局”选项卡中的“标签”和“坐标轴”功能区完成不同功能(包括图表标题、坐标轴标题、图例、数据标签、模拟运算表、坐标轴、网格线等功能)的选择,如图 6-76 所示。

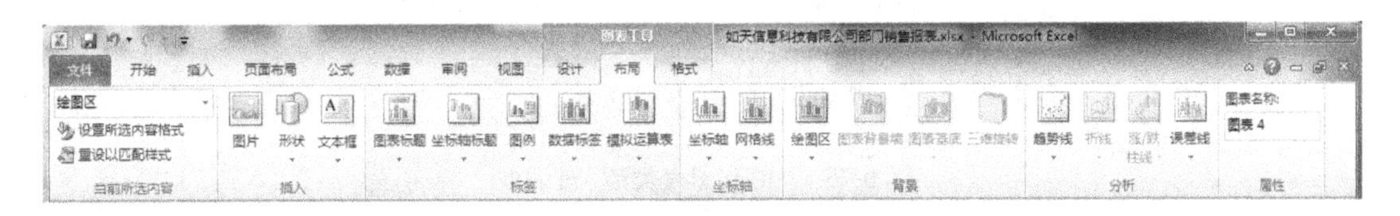

图 6-76 图表布局

按如下要求设置格式,在“图表上方”设置图表标题为“销售业绩图”,在坐标轴下方设置横坐标轴标题为“2014 年”,在图表左侧设置纵坐标轴为旋转过的标题“销售额”,在底部显示图例,结果如图 6-77 所示。

4. 编辑图表

编辑图表包括图表的移动、复制、缩放和删除,图表类型的改变,数据系列的增减以及图表格式化等。单击图表,选项卡上会增加“图表工具”选项卡,其下有“设计”“布局”和“格式”选项卡。

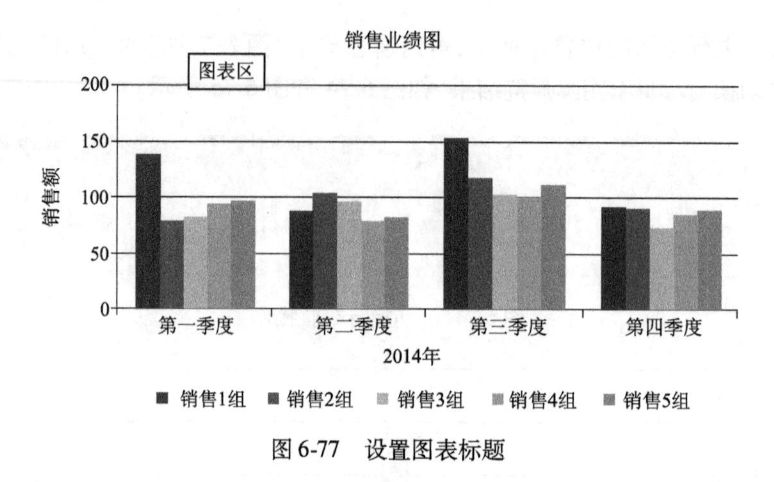

图 6-77　设置图表标题

（1）图表的移动、复制、缩放和删除　单击图表区中的任何位置，图表边框出现 8 个空心的小方块，可以将图标拖动到新的位置，实现图表的移动；若在拖动图表时按下 <Ctrl> 键，则可复制图表；拖动图表边框的黑色小方块，可以对图表进行缩放；按 <Delete> 键，可以删除该图表。

（2）图表类型的改变　选中图表，执行“图表工具”→“设计”→“类型”→“更改图表类型”命令，会弹出“更改图表类型”对话框，如图 6-78 所示，从中选择需要的图表类型。也可以用鼠标右键单击图表，在弹出的快捷菜单中选择“更改图表类型”命令进行更改。

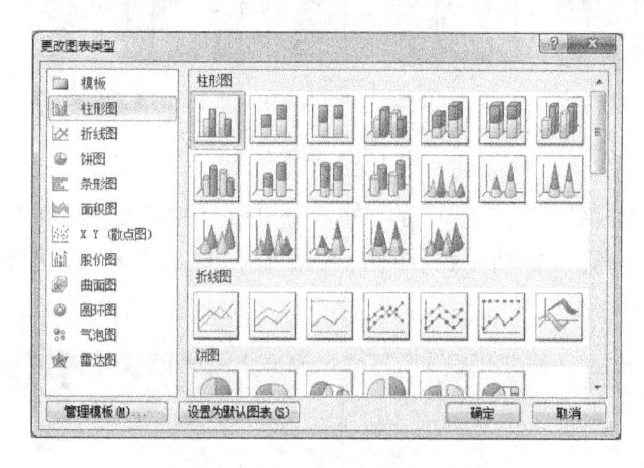

图 6-78　“更改图表类型”对话框

（3）数据系列的增减　选中图表，执行“图表工具”→“设计”→“数据”→“选择数据”命令，弹出“选择数据源”对话框，如图 6-79 所示，从中进行数据的删减。也可以用鼠标右键单击图表，在弹出的快捷菜单中选择“选择数据”命令进行更改。

（4）格式化图表　根据需要，可以设置或修改图表的形状样式、艺术字样式、排列、大小等选项，如图 6-80 所示。

格式化图表是对图表的各对象进行格式设置，包括文字和数值的格式、颜色、外观等。要进行图表格式化，则应选中图表，在“形状样式”功能区上单击 按钮；或用鼠标右键单击图表，在弹出的快捷菜单中选择“设置图表区域格式”选项；或双击图表对象，对弹出的格式设置对话框进行相应的格式设置。

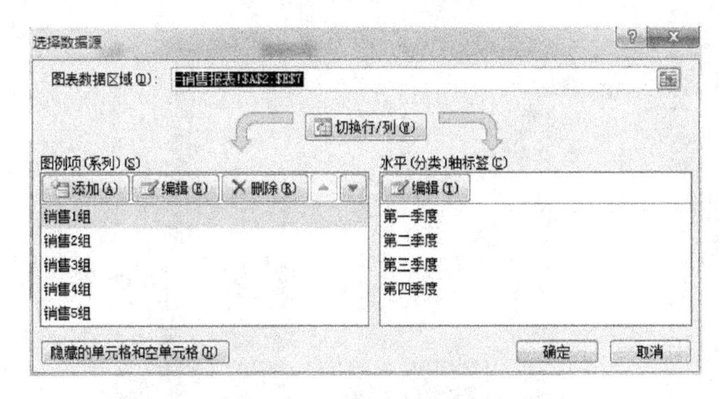

图 6-79　增减数据系列

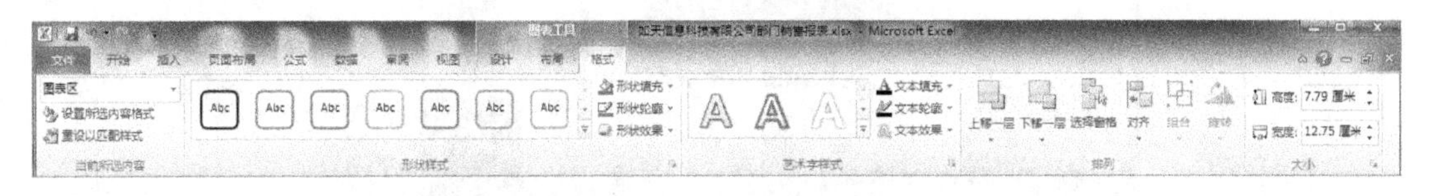

图 6-80　格式化图表

如果双击图表区,弹出“设置图表区格式”对话框,则可以为整个图表区域设置图案(如边框颜色、边框样式、图表区域填充图案和颜色等),设置属性(如三维格式、对象位置和大小等),如图 6-81 所示。

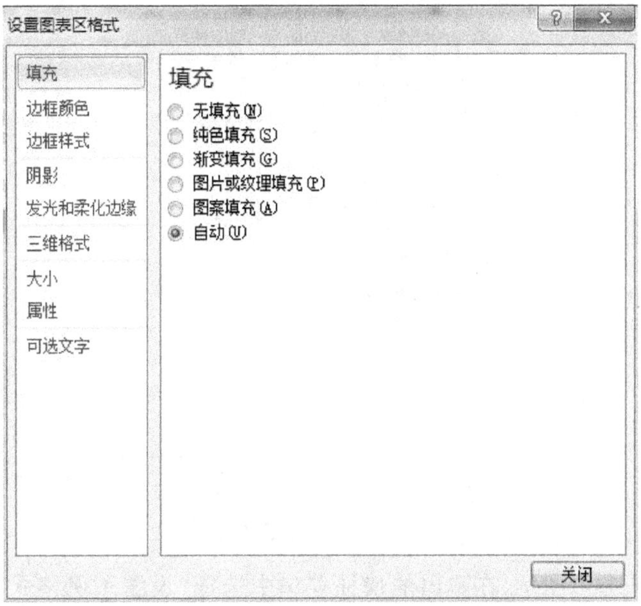

设置图表区格式
填充
边框颜色
边框样式
阴影
发光和柔化边缘
三维格式
大小
属性
可选文字
填充
无填充(N)
纯色填充(S)
渐变填充(G)
图片或纹理填充(P)
图案填充(A)
自动(U)
关闭

图 6-81　“设置图表区格式”对话框

如果双击数值轴或分类轴,或右击数值轴或分类轴,在弹出的快捷菜单中选择“设置坐标轴格式”选项,弹出“设置坐标轴格式”对话框,则可以对坐标轴的刻度、数字、填充、线条颜色和对齐方式等进行设置。

按照图 6-67 所示,把图案填充设置成如图 6-82 所示,把刻度设置成如图 6-83 所示。

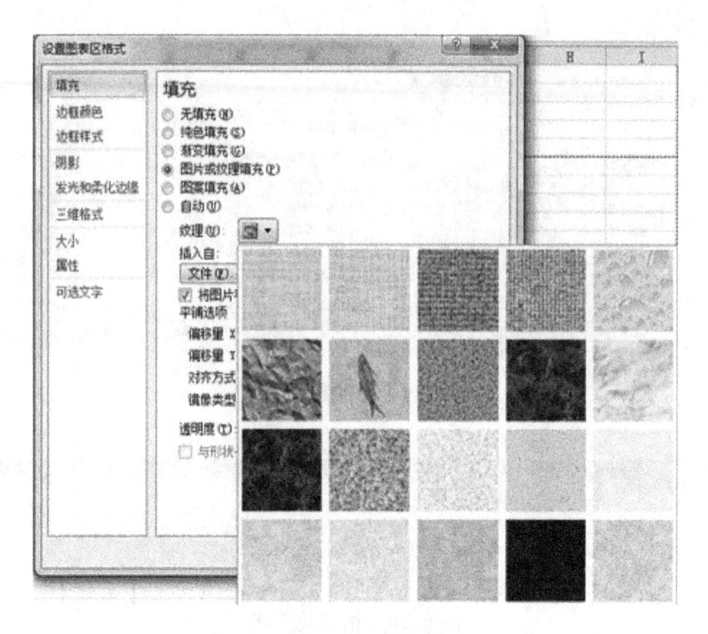

图 6-82　设置图案填充

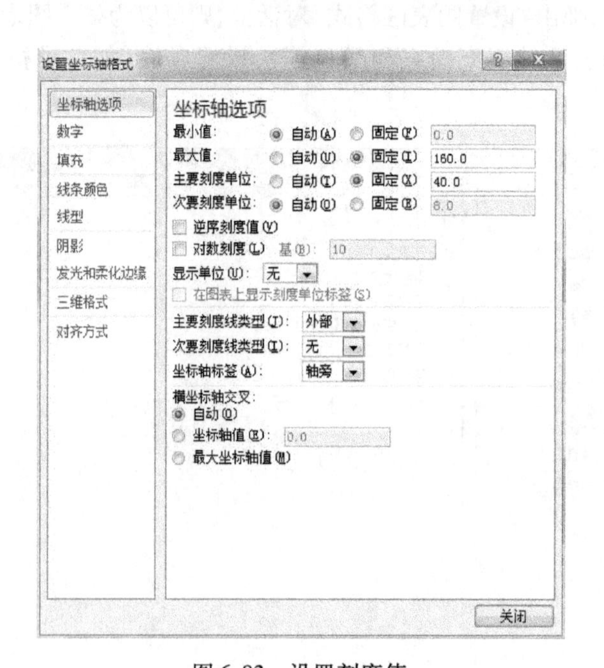

图 6-83　设置刻度值

如果双击图例或右击图例，在弹出的快捷菜单中选择“设置图例格式”选项，则在弹出的“设置图例格式”对话框中可以对图例的图案、边框和位置进行设置，如图 6-84 所示。

5. 工作表及图表的打印输出

工作表和图表建立后，可以将其打印出来，一般的操作方法与步骤是先进行页面设置，然后是打印预览，最后才打印输出。

(1)工作表的打印输出

1)工作表的页面设置：打印工作表前，需要对工作表进行页面设置。执行“页面布局”→

“页面设置”命令，弹出“页面设置”对话框，如图 6-85 所示。在“页面设置”对话框中可以对页面、页边距、页眉/页脚和工作表进行设置。

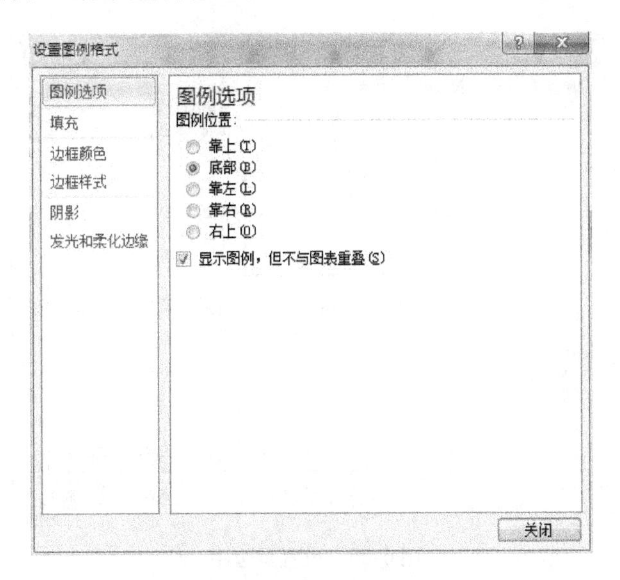

图 6-84　设置图例格式

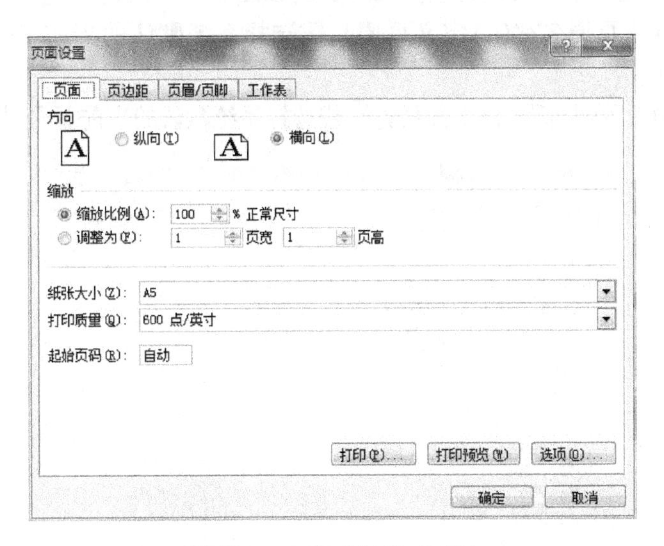

图 6-85　“页面设置”对话框

在“页面”选项卡中可以对以下项目进行设置。

①方向：可以设置打印方向为横向打印或纵向打印。

②缩放：设置表格打印时的缩放比例。

③纸张大小：选择打印机允许的打印纸的规格。

④打印质量：给出打印机允许使用的分辨率。

⑤起始页码：指定打印首页的页号。

在“页边距”选项卡中可以对以下项目进行设置，如图 6-86 所示。

①上、下、左、右：给出表格各边距离纸边的距离。

②页眉、页脚：给出页眉、页脚距离纸边的距离。

③居中方式：给出表格在纸上的位置（水平居中或垂直居中）。

页面设置
页面
页边距
页眉/页脚
工作表
上(T):
0
页眉(A):
0.8
左(L):
1.8
右(R):
1.8
下(B):
0
页脚(F):
0.8
居中方式
水平(Z)
垂直(V)
打印(P)...
打印预览(W)
选项(O)...
确定
取消

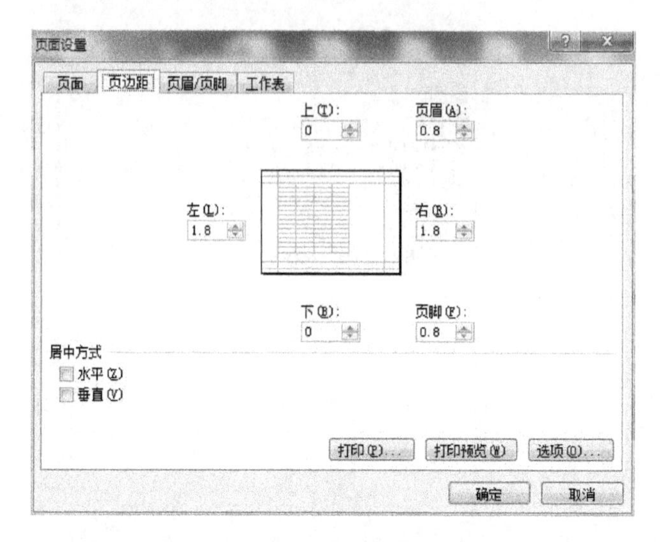

图 6-86　设置页边距

在“页眉/页脚”选项卡中可以建立页眉/页脚，如图 6-87 所示。

①页眉：可以输入页眉名称（自定义页眉），或选择系统默认的当前工作表或工作簿的名字，打印在顶端居中。

②页脚：可以输入页脚名称（自定义页脚），或选择系统默认的当前页号，打印在底端居中。

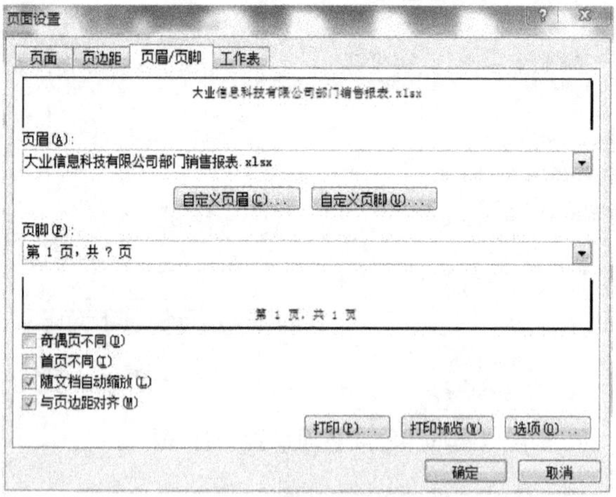

页面设置
页面
页边距
页眉/页脚
工作表
大业信息科技有限公司部门销售报表.xlsx
页眉(A):
大业信息科技有限公司部门销售报表.xlsx
自定义页眉(C)...
自定义页脚(U)...
页脚(F):
第 1 页，共 ? 页
第 1 页，共 1 页
奇偶页不同(D)
首页不同(I)
随文档自动缩放(L)
与页边距对齐(M)
打印(P)...
打印预览(W)
选项(O)...
确定
取消

图 6-87　设置页眉/页脚

在“工作表”选项卡中可以对工作表设置以下项目，如图 6-88 所示。

①打印区域：选择打印整个工作表或打印工作表的部分区域。

②打印标题：如果工作表需分多页打印，则可以在各页都打印一个同样的表头（顶端标题行或左端标题列）。

③打印：可以选择打印网格线、批注、草稿品质、单色打印、行号列标打印等。

④打印顺序：可以选择先列后行或先行后列打印。

提示：

一旦设置好，系统将在工作簿中保存该页面设置，再次打印时不必再进行设置。

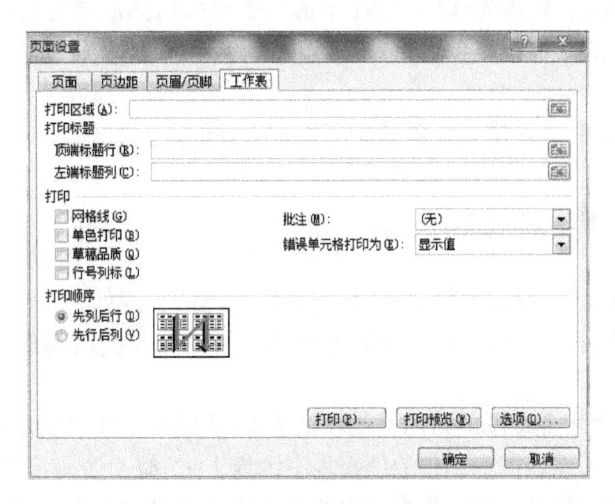

图 6-88　设置工作表相关数据

2）工作表的打印预览。执行“文件”→“打印”命令，可以在对话框右侧预览工作表打印出来的大致样子，如发现不合适，找到页面设置可以进行调整，重新进行页面设置，直到满意后再打印。在预览窗口顶部单击“关闭”按钮可返回工作表。

3）设置打印机和打印。执行“文件”→“打印”命令，可以设置打印机、查找打印机、选择打印范围（全部或指定页数）、选择打印内容（选定区域、选定工作表或整个工作簿）、设置打印份数等，如图 6-89 所示。单击“打印”按钮开始打印。

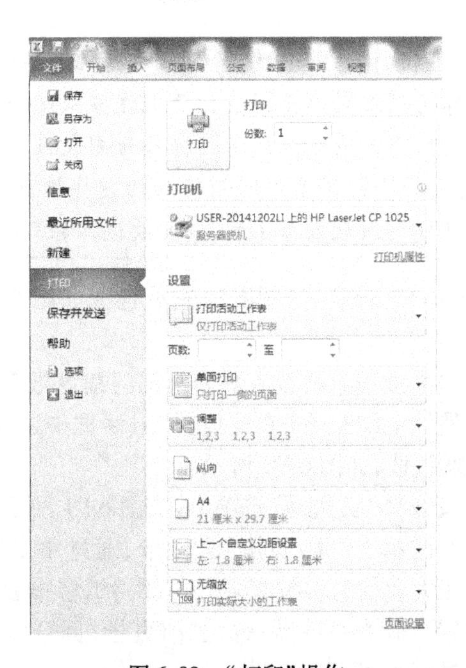

图 6-89　“打印”操作

(2)图表的打印输出　图表的打印输出与工作表的打印输出相似。要注意，对于内嵌式图表的预览、打印会有两种选择：一是要同时预览、打印工作表及其内嵌的图表；另一种是只预览、打印图表而不需要工作表。

若只预览、打印图表，则需先选中图表（单击图表即可），然后再进行预览操作。

若选中除图表外的其他任意单元格或区域再进行预览操作，则可同时预览工作表及其内嵌图表。

对于独立式图表，由于其建立在单独的工作表上，图表与数据工作表是分开预览、打印的。

计划与实施

完成销售业绩图表的制作、编辑、格式化与打印输出的步骤如下：

1)分析销售业绩报表，了解所制作销售业绩图的目的与制图所需的数据及图表所包含的元素构成。

本任务所制作的销售业绩图的目的是比较销售1~5组4个季度的组与组之间销售额差异情况。因此，本次任务所需数据为销售业绩报表中销售1~5组4个季度的销售额，其他无关数据不需要；学生要了解数据系列在销售报表中的对应位置；要求学生知道图表中图例，坐标轴（分类轴、数值轴），数据系列，网格线，图表标题，绘图区，图表区，数据标志等的含义和所指对象。

2)在销售业绩报表中选择制表所需的数据源，选择“销售报表”工作表中的A2:E7区域。

3)创建图表。单击“插入”选项卡中的图表按钮，如图6-71所示。

4)选择需要的图表类型，如图6-72所示；切换行/列的位置，如图6-74所示；在“图表上方”设置图表标题为“销售业绩图”，在坐标轴下方设置横坐标轴标题为“2014年”，在图表左侧设置纵坐标轴为旋转过的标题“销售额”，在底部显示图例，结果如图6-77所示。

> **提示：**
>
> 对话框中选择系列产生在行，表示图表是以行数据作为图表数据系列；系列产生在列，表示图表是以列数据作为图表数据系列。由于本任务是比较小组间销售额的差异，而每一小组销售数据产生在行，因此图表是以行数据作为图表数据系列，故要选择系列产生在行。如果制表的目的是比较小组季度之间销售额的差异情况，而每一季度销售数据产生在列，则图表是以列数据作为图表数据系列，因此要选择系列产生在列。

5)格式化图表效果如图6-67所示，把图案填充设置成如图6-82所示，把刻度设置成如图6-83所示。

6)打印图表。打开文件“大业信息科技有限公司部门销售报表.xlsx”，执行“文件”→“页面设置”命令，打开“页面设置”对话框，在“页面设置”对话框中选择“页边距”选项卡，设置打印方向为横向，其他项均为默认值，如图6-90所示。

在“页面设置”对话框中，选择“页边距”选项卡，按图6-91所示设置“页边距”。

在“页面设置”对话框中，选择“页眉/页脚”选项卡，通过单击“页眉”下拉列表设置页眉为系统默认的工作簿的名字（大业信息科技有限公司部门销售报表），页眉打印默认为顶端居中；单击“页脚”下拉列表设置页脚为系统默认的当前页号，页号样式为“第1页，共？页”，页脚打印默认为底端居中，如图6-92所示。

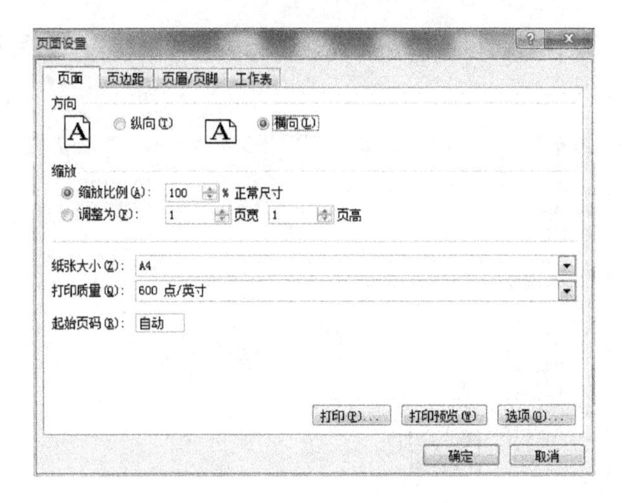

图 6-90 “页面设置”对话框

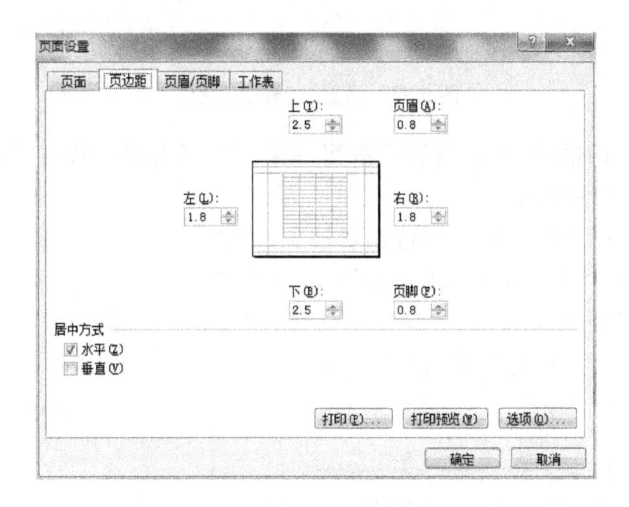

图 6-91 设置“页边距”操作

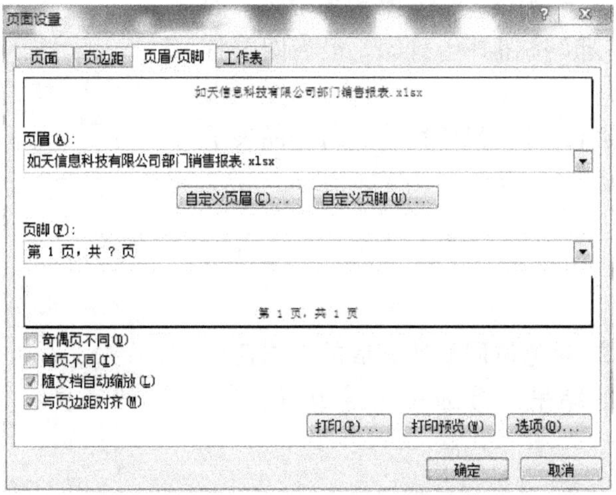

图 6-92 设置“页眉/页脚”操作

在“页面设置”对话框中，选择“工作表”选项卡，勾选“行号列标”复选框，其他项均为默认值，如图 6-93 所示。

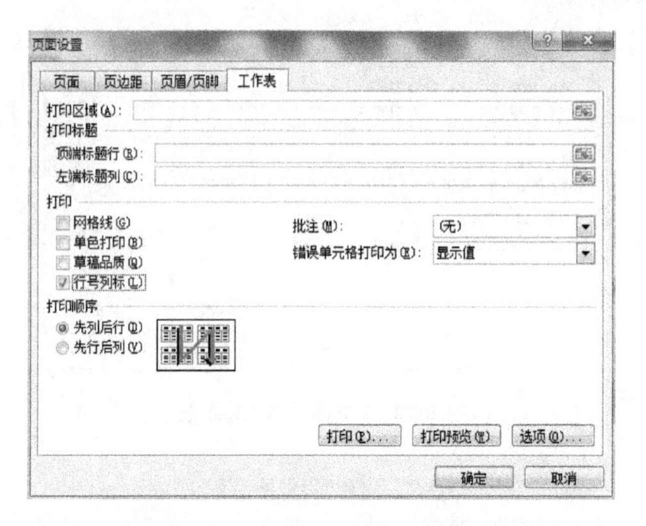

图 6-93　设置“工作表”操作

在“页面设置”对话框中，单击“确定”按钮，系统将在工作簿中保存该页面设置，再次打印该文件时则不必再进行页面设置。

7）执行“文件”→“打印”命令，预览销售报表，发现打印行号列标不合适，进行调整。单击预览模式下的“页面设置”按钮重新进行页面设置，在页面设置的“工作表”选项卡中去掉“行号列标”，直到预览满意。

提示：

页面设置对话框中也有“打印预览”按钮。

8）执行“文件”→“打印”命令，选择打印机，设置打印机名称，设置打印份数为 3，其他项为默认值，如图 6-94所示。单击“打印”按钮开始打印。最后图表打印效果如图 6-68 所示。

9）以小组为单位进行打印，打印完毕进行作品展示与交流，本次任务结束。

教学评价

请按表 6-5 的要求，对每位同学所完成的工作任务进行教学评价，评价的结果可分为 4 个等级：优、良、中、差。

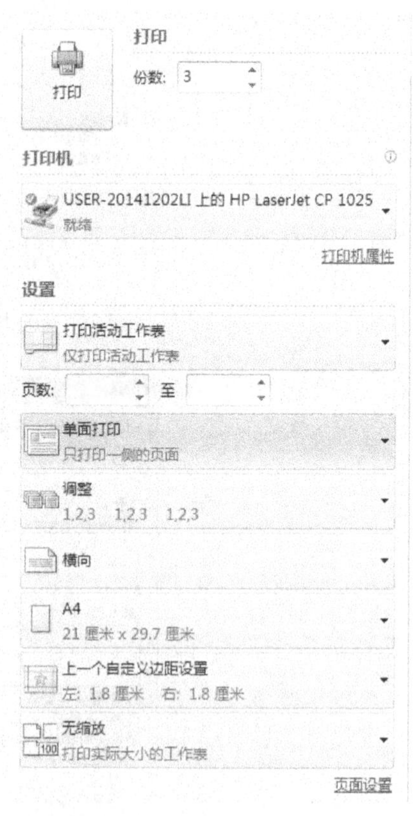

图 6-94　设置打印机

表 6-5 教学评价表

评价项目	评价标准	评价结果		
		自评	组评	教师评
任务完成质量	1)能正确使用图表向导制作 Excel 图			
	2)能通过格式化图表来修饰美化图表			
	3)能正确打印输出图表			
任务完成速度	在规定时间内完成本项任务			
工作与学习态度	1)通过学习,增强了职业意识			
	2)能与小组成员通力合作,按时完成任务			
	3)在小组协作过程中能很好地与其他成员进行交流			
综合评价	评语(优缺点与改进措施):	总评等级		

综合实训 制作与分析上市公司日报表

项目引入

Excel 2010 是电子表格软件,它的基本职能是对数据进行记录、计算和分析。

项目任务描述

请利用已学过的知识和技能,制作并分析上市公司日报表,具体要求如下:

1)根据提供的活动素材,制作“2010 年 5 月 10 日深交所日报表”,如图 6-95 所示。

2010年5月10日深交所日报表

代码	简称	板块	成交均价(元)	成交量(股)	成交金额(万元)
2	万科A	地产	7.30	56704400	
6	深振业A	地产	8.85	8334900	
22	深赤湾A	港口	13.00	1781500	
31	中粮地产	地产	7.06	12259100	
66	长城电脑	电子	18.54	5569100	
69	华侨城	旅游	11.72	27122200	
88	盐田港	港口	7.07	4380000	
527	美的电器	电子	16.62	15089300	
582	北海湾	港口	13.19	696200	
602	金马集团	通信	20.92	2874100	
651	格力电器	电子	19.83	13241400	
802	北京旅游	旅游	13.00	1720900	
888	峨眉山A	旅游	18.08	2174800	
892	ST星美	通信	6.09	2353400	
2148	北纬通信	通信	36.47	896900	

图 6-95 深交所日报表

2）将工作表 Sheet1 重命名为“深交所日报表”，使用公式计算出成交金额（成交金额 = 成交均价 * 成交量/10000），如图 6-96 所示。

F4　=D4*E4/10000

2010年5月10日深交所日报表

代码	简称	板块	成交均价（元）	成交量（股）	成交金额（万元）
2	万科A	地产	7.30	56704400	41394.21
6	深振业A	地产	8.85	8334900	7376.39
22	深赤湾A	港口	13.00	1781500	2315.95
31	中粮地产	地产	7.06	12259100	8654.92
66	长城电脑	电子	18.54	5569100	10325.11
69	华侨城	旅游	11.72	27122200	31787.22
88	盐田港	港口	7.07	4380000	3096.66
527	美的电器	电子	16.62	15089300	25078.42
582	北海湾	港口	13.19	696200	918.29
602	金马集团	通信	20.92	2874100	6012.62
651	格力电器	电子	19.83	13241400	26257.70
802	北京旅游	旅游	13.00	1720900	2237.17
888	峨眉山A	旅游	18.08	2174800	3932.04
892	ST星美	通信	6.09	2353400	1433.22
2148	北纬通信	通信	36.47	896900	3270.99

深交所日报表　Sheet2　Sheet3

图 6-96　计算“成交金额”

3）美化工作表。将“深交所日报表”中的数据复制到工作表 Sheet2 和 Sheet3 中，将 Sheet2 和 Sheet3 重命名为“分析表”和“汇总表”，如图 6-97 所示。

H12

2010年5月10日深交所日报表

代码	简称	板块	成交均价（元）	成交量（股）	成交金额（万元）
2	万科A	地产	7.30	56704400	41394.21
6	深振业A	地产	8.85	8334900	7376.39
22	深赤湾A	港口	13.00	1781500	2315.95
31	中粮地产	地产	7.06	12259100	8654.92
66	长城电脑	电子	18.54	5569100	10325.11
69	华侨城	旅游	11.72	27122200	31787.22
88	盐田港	港口	7.07	4380000	3096.66
527	美的电器	电子	16.62	15089300	25078.42
582	北海湾	港口	13.19	696200	918.29
602	金马集团	通信	20.92	2874100	6012.62
651	格力电器	电子	19.83	13241400	26257.70
802	北京旅游	旅游	13.00	1720900	2237.17
888	峨眉山A	旅游	18.08	2174800	3932.04
892	ST星美	通信	6.09	2353400	1433.22
2148	北纬通信	通信	36.47	896900	3270.99

深交所日报表　分析表　汇总表

图 6-97　美化工作表

4）利用“深交所日报表”内的数据在新工作表中创建统计图，将图表格式化成如图 6-98 所示。

5）对“深交所日报表”进行数据的查询、汇总。将“汇总表”中的数据按板块升序排列，分类汇总各板块的成交均价和平均成交量，如图 6-99和图 6-100 所示。

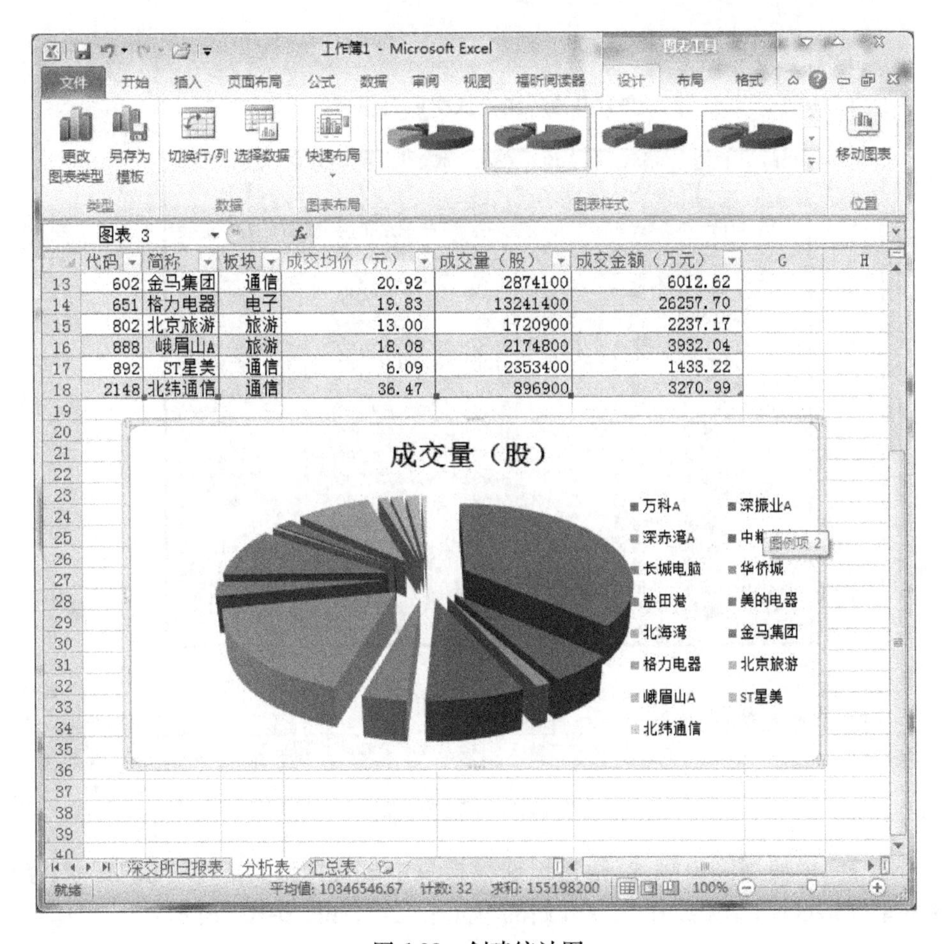

图 6-98　创建统计图

H8

2010年5月10日深交所日报表

代码	简称	板块	成交均价（元）	成交量（股）	成交金额（万元）
2	万科A	地产	7.30	56704400	41394.21
6	深振业A	地产	8.85	8334900	7376.39
31	中粮地产	地产	7.06	12259100	8654.92
66	长城电脑	电子	18.54	5569100	10325.11
527	美的电器	电子	16.62	15089300	25078.42
651	格力电器	电子	19.83	13241400	26257.70
22	深赤湾A	港口	13.00	1781500	2315.95
88	盐田港	港口	7.07	4380000	3096.66
582	北海湾	港口	13.19	696200	918.29
69	华侨城	旅游	11.72	27122200	31787.22
802	北京旅游	旅游	13.00	1720900	2237.17
888	峨眉山A	旅游	18.08	2174800	3932.04
602	金马集团	通信	20.92	2874100	6012.62
892	ST星美	通信	6.09	2353400	1433.22
2148	北纬通信	通信	36.47	896900	3270.99

深交所日报表　分析表　汇总表

就绪　100%

图 6-99　升序排列

A3

2010年5月10日深交所日报表

代码	简称	板块	成交均价（元）	成交量（股）	成交金额（万元）
2	万科A	地产	7.30	56704400	41394.21
6	深振业A	地产	8.85	8334900	7376.39
31	中粮地产	地产	7.06	12259100	8654.92
	地产 平均值		7.74	25766133.33	
66	长城电脑	电子	18.54	5569100	10325.11
527	美的电器	电子	16.62	15089300	25078.42
651	格力电器	电子	19.83	13241400	26257.70
	电子 平均值		18.33	11299933.33	
22	深赤湾A	港口	13.00	1781500	2315.95
88	盐田港	港口	7.07	4380000	3096.66
582	北海湾	港口	13.19	696200	918.29
	港口 平均值		11.09	2285900	
69	华侨城	旅游	11.72	27122200	31787.22
802	北京旅游	旅游	13.00	1720900	2237.17
888	峨眉山A	旅游	18.08	2174800	3932.04
	旅游 平均值		14.27	10339300	
602	金马集团	通信	20.92	2874100	6012.62
892	ST星美	通信	6.09	2353400	1433.22
2148	北纬通信	通信	36.47	896900	3270.99
	通信 平均值		21.16	2041466.667	
	总计平均值		14.52	10346546.67	

深交所日报表 分析表 汇总表

就绪 平均值: 3020267.385 计数: 114 求和: 217459251.7 100%

图 6-100　汇总结果

在“分析表”中使用高级筛选，筛选出通信板块中成交均价大于 15 元的记录，条件放在 H5 开始的单元格区域，结果放在 A20 开始的单元格区域，如图 6-101 所示。

J17

2010年5月10日深交所日报表

代码	简称	板块	成交均价（元）	成交量（股）	成交金额（万元）
2	万科A	地产	7.30	56704400	41394.21
6	深振业A	地产	8.85	8334900	7376.39
22	深赤湾A	港口	13.00	1781500	2315.95
31	中粮地产	地产	7.06	12259100	8654.92
66	长城电脑	电子	18.54	5569100	10325.11
69	华侨城	旅游	11.72	27122200	31787.22
88	盐田港	港口	7.07	4380000	3096.66
527	美的电器	电子	16.62	15089300	25078.42
582	北海湾	港口	13.19	696200	918.29
602	金马集团	通信	20.92	2874100	6012.62
651	格力电器	电子	19.83	13241400	26257.70
802	北京旅游	旅游	13.00	1720900	2237.17
888	峨眉山A	旅游	18.08	2174800	3932.04
892	ST星美	通信	6.09	2353400	1433.22
2148	北纬通信	通信	36.47	896900	3270.99

板块	成交均价（元）
通信	>15

代码	简称	板块	成交均价（元）	成交量（股）	成交金额（万元）
602	金马集团	通信	20.92	2874100	6012.62
2148	北纬通信	通信	36.47	896900	3270.99

深交所日报表 分析表 汇总表

就绪 100%

图 6-101　“高级筛选”结果

6)将工作簿文件命名为“深交所日报表统计”并保存。

项目学习目标

本项目的学习目标如下：

1)掌握建立工作簿及编辑工作表的操作方法。

2)掌握公式的使用方法。

3)掌握自动套用格式、数据格式化的方法。

4)掌握图表的创建与修改。

5)掌握数据列表的维护、排序、筛选。

6)掌握数据的汇总统计。

7)具有一定的审美能力和设计能力。

项目分解

本项目可分解为5项具体任务，任务学时分配见表6-6。

表6-6 任务学时分配表

项目分解	学习任务名称	学　时
任务1	创建与编辑工作簿文件	4
任务2	统计工作表	
任务3	美化工作表	
任务4	制作图形分析	
任务5	工作表数据的查询和汇总	

教学评价

请按表6-7的要求，进行教学评价，评价结果可分4个等级：优、良、中、差。

表6-7 教学评价表

评价项目	评价标准	评价结果		
		自评	组评	教师评
任务完成质量	1)能按具体要求完成学习任务			
	2)内容完整，版面布局合理，设计精美			
	3)有新意，有特色			
任务完成速度	1)能按时完成学习任务			
	2)能提前完成学习任务			
工作与学习态度	1)能认真学习，有钻研精神			
	2)能与同学协作完成任务，具有团队精神			
	3)有创新精神			
综合评价	评语(优缺点与改进措施)：	总评等级		

项目7 PowerPoint 2010演示文稿制作

PowerPoint 是 Microsoft Office 系列办公软件的核心组件之一，集设计、制作和演示电子幻灯片的功能于一身，能将文字、图片、声音和视频图像等多媒体元素整合于电子幻灯片中进行展示，广泛应用于企事业单位的日常工作中。用户可以在投影仪或者计算机上进行演示，也可以将演示文稿打印出来，制作成胶片，以便应用到更广泛的领域中。利用 Microsoft Office PowerPoint不仅可以创建演示文稿，还可以在互联网上召开面对面会议、远程会议或在网上给观众展示演示文稿。

项目引入

张悦是一名应届毕业生，她想应聘广州大业信息科技有限公司行政部文员的职位，她已经与公司的人事部进行了联系，并提交了自己的求职简历。由于还有许多其他的应聘者都来竞聘这个职位，公司要求他们制作一个简明的个人简介演示文稿，以便他们在面试时更好地介绍自己，以获得更好的竞争优势。于是张悦用 PowerPoint 2010 制作自我展示演示文稿，准备面试。

经过努力，张悦最终通过了公司的面试，成了广州大业信息科技有限公司的行政部文员，她负责公司多个部门专业文稿的设计制作工作，最近人事部需要对公司新入职的员工进行培训，人事部主管给了张悦许多关于公司的信息资料，要求她制作新员工入职培训的演示文稿。张悦主要使用的 Microsoft Office 系列办公软件中的 PowerPoint 2010 组件来完成文稿的设计制作。

最近有重要的客户要来公司参观洽谈，为了更好地向客户展示公司的情况，张悦的上司要求她尽快完成公司产品展示的 PowerPoint 2010 演示文稿制作，以更好地展示公司的产品，给客户留下好的印象。

项目任务描述

本项目是以制作“自我展示演示文稿、公司入职前培训演示文稿和公司产品展示演示文稿”3 个任务为例，从演示文稿的基本创建，图文、图表的创建，幻灯片动态效果的制作等来完成整个项目。项目的第一个任务主要完成工作应聘自我展示文稿的创建，任务中应当把自己的个人信息、兴趣与特长及应聘的意向通过演示文稿展示给公司，要求演示文稿简洁，排版合理；项目的第二个工作任务是创建入职前培训演示文稿，在演示文稿中为公司的新员工展示培训的时间安排、公司的基本情况、组织结构、公司的主要业务情况及公司的一些规章制度情况，

演示文稿要求工整规范，应该尽量用图形、图表来更直观地呈现信息；项目的第三个任务是制作公司产品展示演示文稿，以产品分类的方式向客户展示自己公司的主要产品，要求演示文稿画面动感美观，有广告展示视频，有优美的背景音乐。

项目学习目标

本项目的学习目标如下：

1)能够掌握 PowerPoint 2010 演示文稿的制作过程。

2)能掌握演示文稿中图文混排的方法与技巧。

3)掌握在演示文稿中插入图形、图表及 SmartArt 图形的方法。

4)能掌握演示文稿中幻灯片的动态演示效果的设置方法。

5)培养学生在制作演示文稿过程中的创意能力及修饰美化幻灯片能力。

项目分解

本项目分为 3 个学习任务和 1 个综合实训，项目学习任务的学时分配见表 7-1。

表 7-1 任务学时分配表

项目分解	学习任务名称	学 时
任务 1	制作自我展示演示文稿	2
任务 2	制作公司入职前培训演示文稿	4
任务 3	制作公司产品展示演示文稿	2
综合实训	制作电子杂志	4

任务 1 制作自我展示演示文稿

任务描述

要求制作一份用于工作竞聘的自我展示演示文稿。在文稿中包括个人基本信息、教育和实践经历、求职意向、爱好与特长、自我评价等。要求文稿版面简洁清新，符合时代主题。该任务要求完成 7 张幻灯片的制作，文稿共分为封面、个人基本信息、教育和实践经历、求职意向、爱好与特长、自我评价和结束语 7 个部分。

任务学习目标

1)理解演示文稿的基本概念。

2)掌握演示文稿的创建、打开、保存和关闭等方法。

3)掌握新幻灯片的插入方法。

4）能够利用项目符号对文字进行排版。

5）掌握幻灯片的版式、主题的设置方法。

6）能在文稿中插入图片，并能对其进行样式设置。

7）能插入或绘制图形、艺术字，并能对其属性进行设置。

8）会设置幻灯片的放映方式。

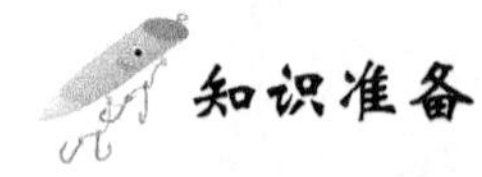

知识准备

1. 熟悉 PowerPoint 2010 的工作界面

PowerPoint 2010 的工作界面如图 7-1 所示。

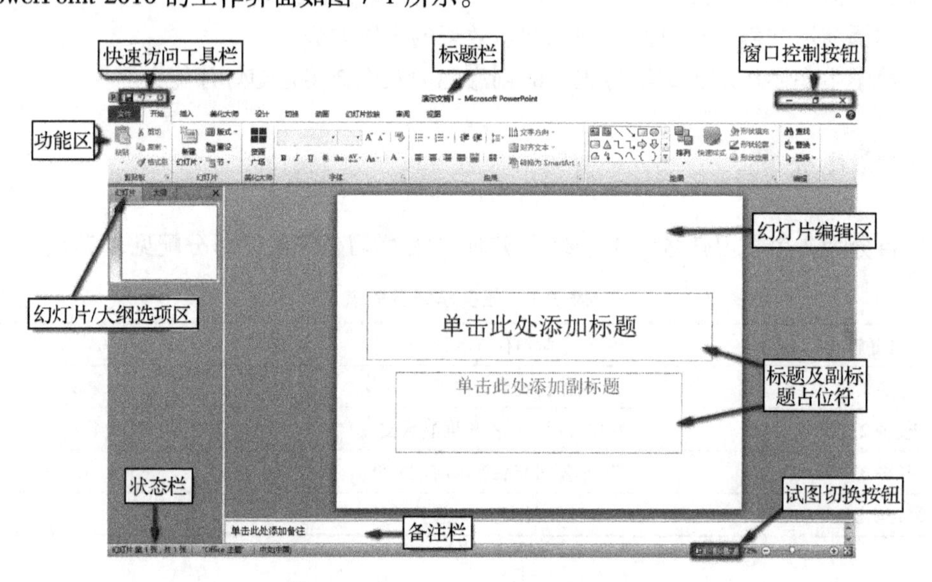

图 7-1　PowerPoint 2010 工作界面

2. 演示文稿和幻灯片

一个 PowerPoint 文件称为一个演示文稿，通常它由一组幻灯片构成。制作演示文稿的过程实际上就是制作一张张幻灯片的过程。幻灯片中可以包含文字、表格、图片、声音、视频等内容。使用 PowerPoint 2010 制作的演示文稿的文件扩展名为 . pptx。

> **小提示：**
>
> 由于. pptx 文件在 Word 2003 前的版本无法打开，因此 PowerPoint 2010 在文件保存时还提供了“PowerPoint 97-2003 演示文稿(. pptx)”。

3. 占位符

占位符是指幻灯片上一种带有虚线或阴影线边缘的框，绝大部分幻灯片版式中都有这种框。在这些框中可以放置标题、正文，或者是图表和图片等对象。

占位符的大小和位置一般取决于幻灯片所用的版式。

4. 幻灯片版式

幻灯片“版式”是指内容在幻灯片中的排列方式。版式由占位符组成，占位符中可放置文

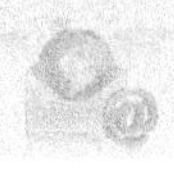

字(如标题和项目符号列表)和幻灯片内容(如表格、图表、图片、形状和剪贴画)等。

5. 幻灯片主题

PowerPoint 提供了多种设计主题,包含协调配色方案、背景、字体样式和占位符位置。使用预先设计的主题,可以轻松快捷地更改演示文稿的整体外观。

默认情况下,PowerPoint 会将普通 Office 主题应用于新的空演示文稿。也可以通过应用不同的主题来轻松地更改演示文稿的外观。

6. PowerPoint 2010 的基本操作

(1)演示文稿的创建　启动 PowerPoint 2010,就会自动新建一个名为“演示文稿 1”的空白文档。除此之外,还有以下两种新建空白文档的方法:

方法 1:执行“文件”→“新建”命令,启动“新建演示文稿”任务窗格,然后单击“空白文档”图标。

方法 2:按 < Ctrl + N > 组合键。

PowerPoint 按新建演示文稿的顺序,依次将文档临时命名为“演示文稿 1”“演示文稿 2”“演示文稿 3”……PowerPoint 2010 给每一个新建的文档都相应打开一个独立的窗口,同时在任务栏中也有相应的按钮,可以单击相应的按钮进行文档间的切换。

小提示:

除了打开 PowerPoint 时能自动创建一个演示文稿并能快速开始演示文稿的设计之外,PowerPoint 的“新建演示文稿”任务窗格中还提供了一系列创建演示文稿的方法。这些方法包括空演示文稿创建、样本模板、主题、根据现有的内容创建或根据 Office. com 的模板创建等。活用模板创建演示文稿,能大大提高工作效率。

(2)演示文稿的保存　单击“常用”工具栏上的“保存”按钮或按 < Ctrl + S > 组合键执行“文件”→“保存”或“另存为”命令,打开“另存为”对话框,就可以把演示文稿保存到指定的目录中。

(3)编辑演示文稿

1)插入幻灯片。

方法 1:执行“开始”→“新幻灯片”命令或按 < Ctrl + M > 组合键,都可以在演示文稿中插入新幻灯片。

方法 2:选中幻灯片选项卡,单击鼠标右键,在弹出的快捷菜单中选择“新幻灯片”命令,或按 < Enter > 键即可在演示文稿中插入新幻灯片。

2)复制/粘贴幻灯片。

方法 1:选中幻灯片选项卡,单击“编辑”下拉菜单中的“复制/粘贴”命令。

方法 2:选中幻灯片选项卡,单击鼠标右键,在弹出的快捷菜单中选择“复制/粘贴”命令,或按 < Ctrl + C > 或 < Ctrl + V > 组合键即可复制/粘贴幻灯片。

3)移动幻灯片:在“大纲”窗格中选中要移动的幻灯片,按住鼠标右键不放,向上或向下拖动至想放的位置上,松开鼠标即可。

4)隐藏幻灯片:选取要隐藏的幻灯片,执行“幻灯片放映”→“隐藏幻灯片”命令,即可隐藏幻灯片。在隐藏的幻灯片旁边显示隐藏幻灯片图标,图标中的数字为幻灯片的编号。如果想取消隐藏,只要再次执行“幻灯片放映”→“隐藏幻灯片”命令即可取消隐藏。

（4）切换幻灯片的视图模式

方法1：单击“视图”菜单中的“普通”“幻灯片浏览”“幻灯片放映”“备注页”及“阅读”即可切换幻灯片视图模式。“普通”视图是系统默认的视图模式。

方法2：单击“幻灯片浏览视图”按钮切换到幻灯片浏览模式，单击“幻灯片放映”按钮切换到幻灯片放映模式。

（5）幻灯片放映

方法1：执行“幻灯片放映”→“放映幻灯片”命令或按<F5>键都可以放映幻灯片。

方法2：单击“幻灯片放映”按钮即可进行幻灯片放映。

（7）设置放映方式　执行“幻灯片放映”→“设置放映方式”命令，弹出“设置放映方式”对话框，如图7-2所示。

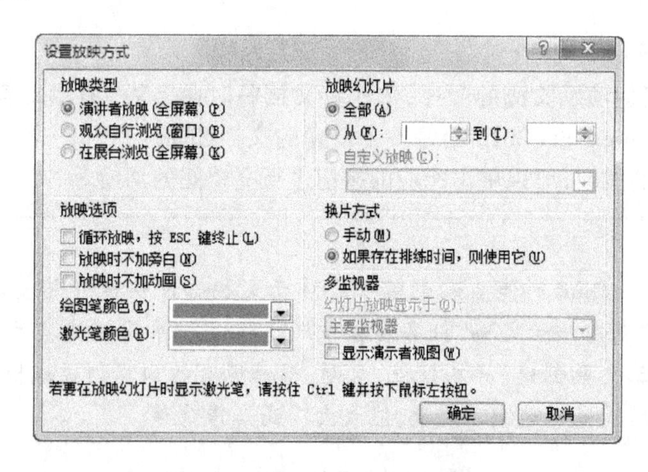

图7-2　“设置放映方式”对话框

（8）应用幻灯片版式　执行“格式”→“幻灯片版式”命令，展开“幻灯片版式”任务窗格，选择一种版式，然后单击其右侧的下拉按钮，在弹出的下拉列表中，选择需要的应用版式即可。

计划与实施

要完成这7张幻灯片的制作，首先要选择一个合适PowerPoint主题创建新的个人简介演示文稿文档，新建7张幻灯片，再为每张幻灯片选定合适的版式，第1张幻灯片为封面制作；第2张幻灯片为基本信息的制作，除了输入个人信息文字外，还要求将自己的照片以图片方式插入到个人基本信息页中；第3张幻灯片为教育实践经历页面，利用项目编号排版；第4张幻灯片为求职意页面，插入云形自选图形，并在图形中输入求职的职位；第5张为兴趣爱好及特长页面，利用图形排版介绍自己的兴趣及特长；第6张幻灯片为自我评价页面；第7张幻灯片用艺术字效果文字致谢观众，最后将制作完成的文稿正确地保存并放映演示文稿。

下面是张悦同学完成任务时的具体做法与步骤：

1）启动PowerPoint 2010，执行“文件”→“新建”→“主题”命令，在主题窗口中选择“奥斯汀”主题样式，如图7-3所示。

图 7-3　选择“奥斯汀”主题样式

在第 1 张标题幻灯片中输入相应的主、副标题，将主标题的字号设置为 96 并加粗，将副标题的字号设置为 40，移动主题的位置，效果如图 7-4 所示，

图 7-4　第 1 张幻灯片的效果

2）单击“开始”选项卡中，“幻灯片”选项区中的“新建幻灯片”按钮，在弹出的列表中选择“两栏内容”版式，插入一张新幻灯片（第 2 张幻灯片），如图 7-5 所示。在标题占位符中输入文字“我的基本情况”，加粗文字，在左边的内容占位符中输入基本信息文字内容，如图 7-6 所

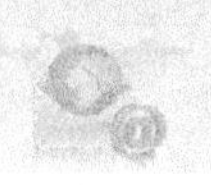

示。在右边的内容占位符中单击“插入来自文件的图片”按钮，选择素材图中的“我的照片.png”文件，把图片插入到幻灯片，单击图片，调整图片的大小与位置到合适的状态，如图 7-6 所示。单击选择图片，单击“格式”菜单项中“图片样式”中的第一种样式效果。

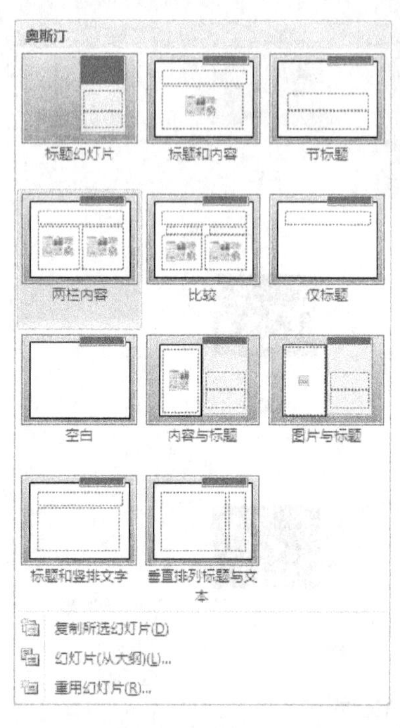

图 7-5 选择“两栏内容”版式

图 7-6 第 2 张幻灯片的效果

3）使用前面相同的方法，再次插入一张“两栏”版式的新幻灯片，在“标题”占位符中输入文字“我的教育/实践经历”，加粗；在左、右两栏分别输入如图 7-7 所示的文字，选择左栏占位符文本，单击“开始”→“段落”中的“项目符号”按钮，选择第一种项目符号；选择右栏占位符文本，设置其为第三种项目符号。

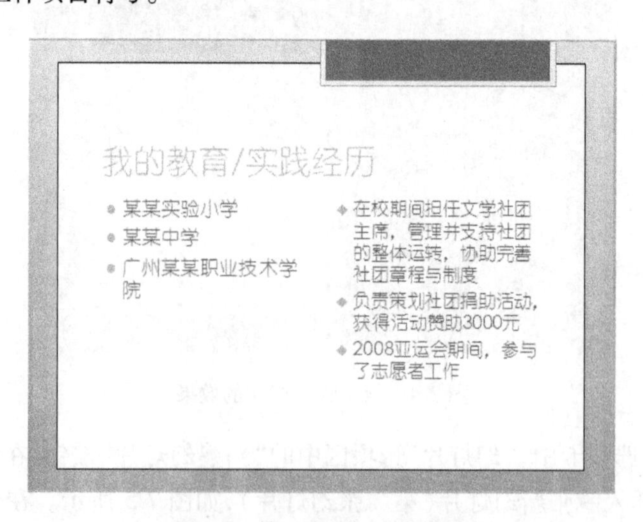

图 7-7 第 3 张幻灯片的效果

4）使用前面相同的方法，再次插入一张“仅标题”版式的新幻灯片，在“标题”占位符中输入文字“求职意向”，加粗。单击“插入”菜单中“插图”功能区中的按钮，单击“基本形状”选项区中的“云形”（见图7-8），插入云形形状，复制4个，并调整它们的大小与位置，如图7-9所示。单击其中一个云形插图，在“格式”菜单中单击“形状填充”按钮，为其设置浅绿颜色，用同样的方法为其他形状设置不同的颜色。分别右击各个云形图，在弹出的快捷菜单中选择“编辑文字”命令，在每个图形中输入相应的文字，如图7-9所示。

在“插入”菜单项中单击按钮，选择横排文本框，在幻灯片右下角输入求职意向描述文字，如图7-9所示。

5）使用前面相同的方法，再次插入一张“仅标题”版式的新幻灯片，在“标题”占位符中输入文字“兴趣爱好及特长”。

6）单击“插入”菜单的“图像”功能区中的“图片”按钮，在素材中分别插入音乐、读书、购物、舞蹈到幻灯片中，同时选择4张图片，在“开始”菜单单击“绘图”功能区中的“排列”按钮，在下拉列表中选择“对齐”中的“底端对齐”和“横向分布”命令，如图7-10所示。在每个图片的正下方插入自选图形中的“圆角矩形”，按住<Ctrl>键的同时拉出一个大小适宜的正圆角矩形，单击矩形复制、粘贴3次，把矩形分别放在另外3张图片下；按住<Ctrl>键，同时选择4个矩形，在“开始”菜单中单击“绘图”功能区中的“排列”按钮，在下拉列表中选择“对齐”中的“底端对齐”和“横向分布”命令；分别单击每一个矩形，在“格式”菜单下利用“颜色填充”把矩形设置成不同的颜色，用鼠标右键单击每个矩形，在弹出的快捷菜单中选择“编辑文字”命令，在每个矩形中输入相应的文字，如图7-11所示。

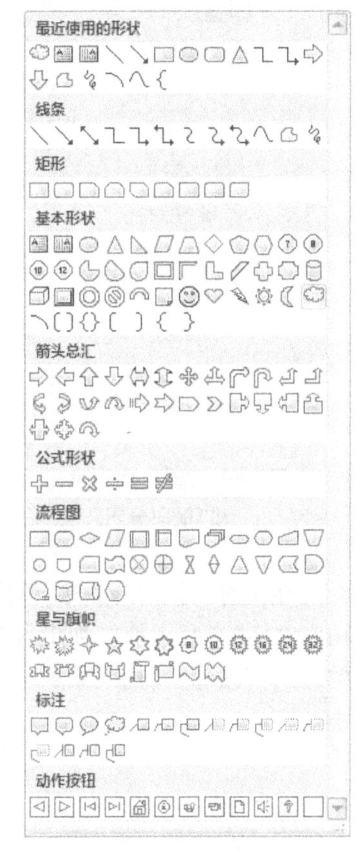

图7-8　选择云形

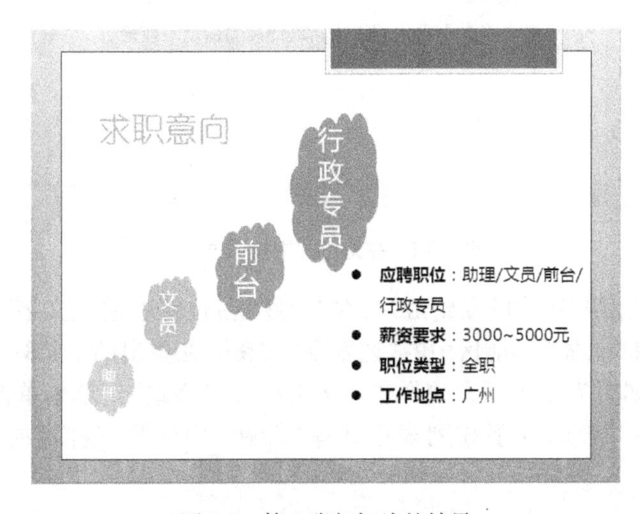

图7-9　第4张幻灯片的效果

图 7-10　选择“底端对齐”和“横向分布”

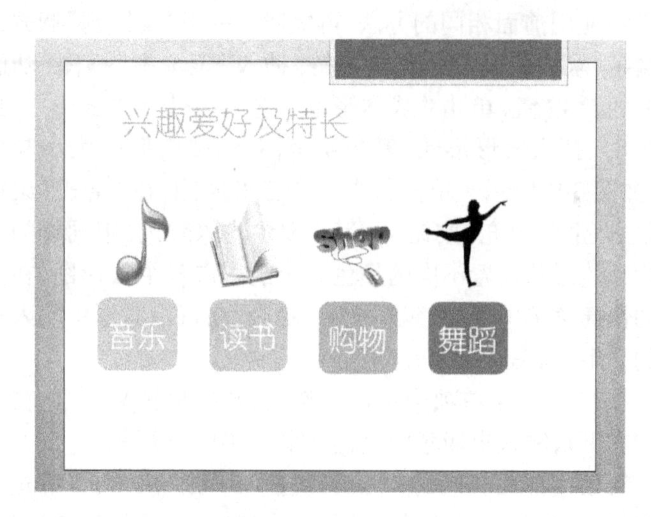

图 7-11　输入文字

7)使用前面相同的方法,再次插入一张“标题和内容”版式的新幻灯片,在“标题”占位符中输入文字“自我评价”,加粗;在内容占位符中输入文字,如图 7-12 所示。单击“插入”菜单中的“图片”按钮,插入素材中的“爬梯 . jpg”,移动图片至幻灯片右下角,调整图片至合适大小。

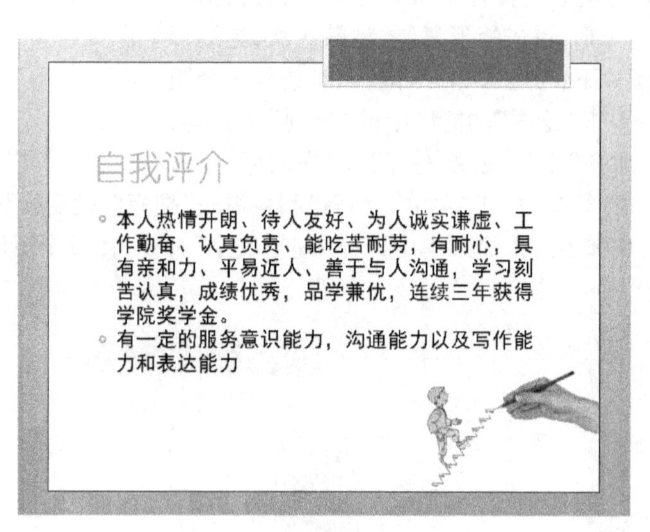

图 7-12　在幻灯片中输入文字

8)插入一张“仅标题”版式的新幻灯片,在“标题”占位符中输入文字“谢谢大家!”,然后在“插入”菜单中单击“文本”功能区中的“艺术字”按钮,在弹出的下拉列表中选择第 6 行第 3 列的艺术字样式,如图 7-13 所示。选择艺术字文本,在“格式”菜单中单击“艺术字样式”功能区中的“文本效果”按钮,在下拉列表中选择“转换”中的第三种弯曲类型,最终得到如图 7-14所示的效果。

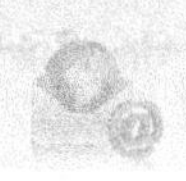

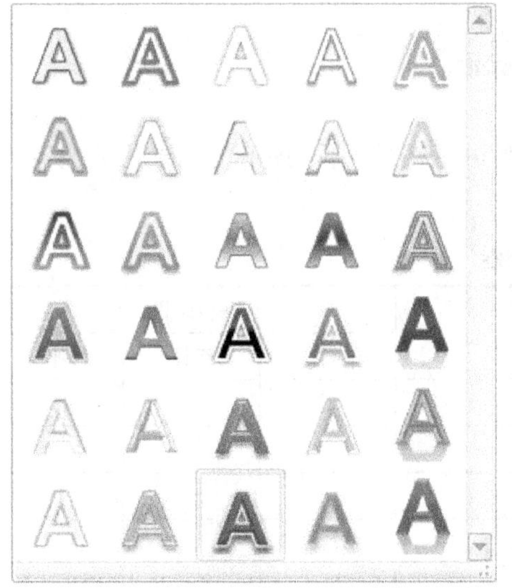

图 7-13　选择艺术字样式

图 7-14　幻灯片效果

9）执行“文件”→“保存”命令，保存为“自我展示 . pptx”，如图 7-15 所示。

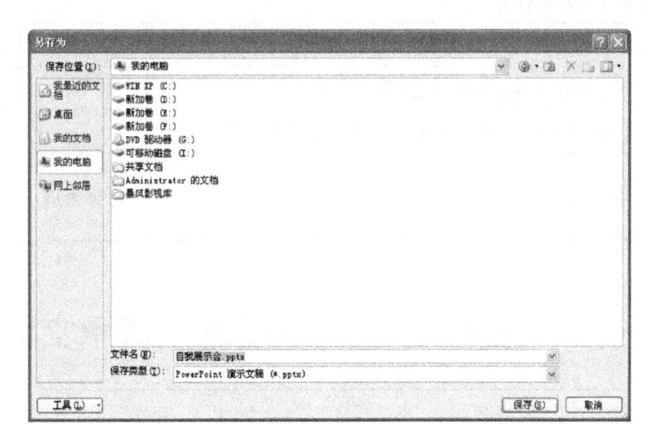

图 7-15　保存幻灯片

10）单击“幻灯片放映”中的“从头开始播放”按钮，放映演示文稿，介绍自己。

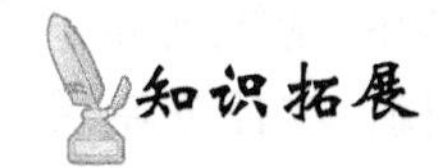

制作幻灯片的过程

多媒体作品是人们表达思想或交流信息的媒体，我们制作 PowerPoint 文稿的过程就是把信息（思想或文字）视觉化的过程。大约 70% 的人属于视觉思维型，对图像的理解速度要远远快于文字。因此，制作演示文稿的过程中需要创意与规划，其过程如下：理解内容→归纳→设计标题→寻找素材→图表化→设置母板→装饰美化→放映查错。

创意与规划常用的方法：

1）提炼关键词，突出关键词。

2)把文字翻译成图。

3)把大段的文字条理化,用多种项目符号和编号标示。

4)利用网格和参考线排版。

请按表7-2的要求,对每位同学所完成的工作任务进行教学评价,评价的结果可分为4个等级:优、良、中、差。

表7-2　教学评价表

评价项目	评价标准	评价结果		
		自评	组评	教师评
任务完成质量	1)能正确创建演示文稿			
	2)能在演示文稿中正确插入、编辑新幻灯片			
	3)会设置幻灯片的版式			
	4)能在幻灯片中插入图片或者图形			
	5)会设置幻灯片的主题			
	6)会设置演示文稿的放映方式			
任务完成速度	1)在规定的时间内完成本项任务			
	2)提前完成本项任务			
工作与学习态度	1)通过学习,增强了职业意识			
	2)能与小组成员通力合作,认真完成任务			
	3)在小组协作过程中能很好地与其他成员进行交流			
综合评价	评语(优缺点与改进措施):	总评等级		

任务2　制作公司入职前培训演示文稿

任务描述

广州大业信息科技有限公司需要对新入职的员工进行培训,让新入职的员工了解公司的过去、现在及未来,了解公司的组织结构、规章制度,让大家明确一些必须要了解的规定,哪些能做、哪些事情不能做。人事部安排张悦做一个新员工入职前培训的演示文稿。本任务使用PowerPoint 2010自带的主题模板制作演示文稿文档,文档共分为封面、培训的内容及安排、培训的时间安排、公司概况、产品销售统计、公司的主营业务、公司架构、公司规章与制度8个部分。

在制作的过程中,要求在培训内容页中应用项目编号对培训内容进行目录编号;要求把培训时间表用SmartArt图形展现出来;要求使用PowerPoint插入结构图的功能设计公司架构图,并隐藏此幻灯片,通过超链接方式来链接此幻灯片;要求绘制图形来表达公司的主营业务;要求使用PowerPoint插入图表的功能,通过输入公司的产品销售数据,自动生成销售情况饼图;要求链接到外部文件“员工守则”;要求为每张幻灯片之间设置切换方式。任务完成之后,各组选出代表,模拟入职前培训,演示PowerPoint课件。

任务学习目标

本任务的学习目标如下：

1)掌握如何在幻灯片中利用项目编号制作目录。

2)会插入或转换 SmartArt 图形。

3)会为幻灯片添加日期和幻灯片编号。

4)会在幻灯片中设置超链接。

5)会插入并设置动作按钮。

6)掌握幻灯片切换效果的设置方法。

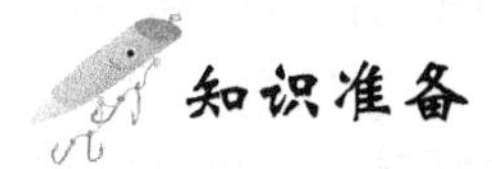

知识准备

1. 插入图表

在 PowerPoint 演示文稿中插入图表，不仅可以快速、直观地表达数字或数据，而且还可以用图表转换表格数据来展示比较、模式和趋势，给观众留下深刻的印象。

成功的图表都具有以下几项关键要素：每一张图表都传达一个明确的信息；图表与标题相辅相成；格式简单明了，并且前后连贯、清晰易读。

如果要执行下列任一操作，请使用图表：

1)创建条形图或柱形图。

2)创建折线图或 XY 散点(数据点)图。

3)创建股价图(用于描绘波动的股价)。

4)创建曲面图、圆环图、气泡图或雷达图。

5)链接到 Microsoft Excel 工作簿中的实时数据。

6)当更新 Microsoft Excel 工作簿中的数据时自动更新图表。

2. 插入 SmartArt 图形

SmartArt 图形是信息和观点的视觉表示形式。可以通过从多种不同布局中进行选择来创建 SmartArt 图形，从而快速、轻松、有效地传达信息。与文字相比，插图和图形更有助于读者理解和记住信息。

创建 SmartArt 图形时，系统会提示选择一种图形类型，如“流程”“层次结构”“循环”或“关系”等。类型类似于 SmartArt 图形的类别，并且每种类型包含几种不同的布局。

因为 PowerPoint 演示文稿通常包含带有项目符号列表的幻灯片，所以当使用 PowerPoint 时，可以将幻灯片文本转换为 SmartArt 图形，还可以使用某一种以图片为中心的新 SmartArt 图形布局快速将 PowerPoint 幻灯片中的图片转换为 SmartArt 图形。此外还可以在 PowerPoint 演示文稿中向 SmartArt 图形添加动画。

SmartArt 图形是信息和观点的可视表示形式，而图表是数字值或数据的可视图示。一般来说，SmartArt 图形是为文本设计的，而图表是为数字设计的。

如果要执行下列任一操作，请使用 SmartArt 图形：

1)创建组织结构图。

2)显示层次结构,如决策树。

3)演示过程或工作流程中的各个步骤或阶段。

4)显示过程、程序或其他事件的流程。

5)列表信息。

6)显示循环信息或重复信息。

7)显示各部分之间的关系,如重叠概念。

8)创建矩阵图。

9)显示棱锥图中的比例信息或分层信息。

10)通过输入或粘贴文本并使其自动放置和排列来快速创建图示。

3. 超链接

放映演示文稿时,默认按顺序播放幻灯片。通过对幻灯片中的对象设置动作按钮和超链接,可以改变幻灯片的放映顺序,提高演示文稿的交互性。

在 PowerPoint 中,超链接可以从一张幻灯片跳转到同一演示文稿的其他幻灯片,也可以跳转到其他演示文稿、文件(如 Word 文档)、电子邮件地址、网页等。

可以利用文本或对象(如图片、图形、形状或艺术字)创建超链接。

同一演示文稿中的幻灯片:

1)在“普通”视图中,选择要用作超链接的文本或对象。

2)单击“插入”菜单中的“链接”功能区中的“超链接”按钮。

3)选择“链接到”选项区中的“本文档中的位置”。

4)在“请选择文档中的位置”选项区中单击要用作超链接目标的幻灯片。

不同演示文稿中的幻灯片:

1)在“普通”视图中,选择要用作超链接的文本或对象。

2)单击“插入”菜单中的“链接”功能区中的“超链接”按钮。

3)选择“链接到”选项区中的“原有文件或网页”。

4)找到包含要链接到的幻灯片的演示文稿。

5)单击“书签”,然后单击要链接到的幻灯片的标题。

Web 上的页面或文件:

1)在“普通”视图中,选择要用作超链接的文本或对象。

2)单击“插入”菜单中“链接”功能区中的“超链接”。

3)选择“链接到”选项区中的“原有文件或网页”,然后单击“浏览 Web”。

4)找到并选择要链接到的页面或文件,然后单击“确定”按钮。

4. 动作按钮

在制作 PowerPoint 幻灯片时,有时候需要使用动作按钮,当播放幻灯片时需要单击动作按钮达到自己想要的效果。下面介绍设置动作按钮的方法。

动作按钮是以图形化的按钮进行超链接,如“前进”“后退”动作按钮分别超链接到“下一张”“上一张”幻灯片,也可以自定义动作按钮。

PowerPoint 2010 插入动作按钮的步骤如下:

1)打开幻灯片文件,执行“插入”→“形状”命令。

2)在弹出的形状列表中选择需要的形状,选择好形状后,自动退回到文件编辑界面中,这

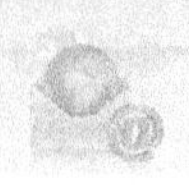

时鼠标变成黑色十字形，按下鼠标左键，然后拖动鼠标就会在幻灯片中画出一个之前选择的形状。

3）如果要在动作按钮上面添加文件，则首先单击动作按钮，选中文件后右键单击“超链接”，进入到超链接的编辑界面中，可以单击“浏览”按钮将页面跳转到一个指定的页面或者指定的文档；选择需要跳转的页面或者是文档页，也可以输入相关的跳转地址进行跳转。

在动作按钮上面单击鼠标右键，在弹出的快捷菜单中选择“编辑文字”命令，这样就可以给动作按钮添加上文字了，同时也可以修改文字的大小和颜色等属性。

5. 幻灯片切换效果

幻灯片切换效果是在演示期间从一张幻灯片移到下一张幻灯片时在“幻灯片放映”视图中出现的动画效果。可以控制切换效果的速度、添加声音，还可以对切换效果的属性进行自定义。

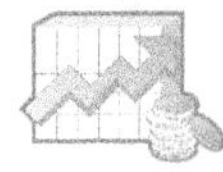

计划与实施

张悦在完成了知识准备和方案设计之后，按以下步骤实施完成任务：

1）启动 PowerPoint 2010，单击“文件”菜单中的“新建”中的“主题”按钮，在打开的窗口中选择“网格”主题。

在第 1 张幻灯片的主标题占位符中输入“广州大业信息科技有限公司”。选择该标题文字，设置其字体大小为 36 磅，白色粗体。在“插入”菜单单击“文本”功能区中的“文本框”按钮，在主标题下方输入“Guangzhou Daye Information & Technology Development CO. ,LTD”，设置英文字体为 Arial Black 字体，18 磅，设置字体颜色为橙色。

在第 1 张幻灯片中的副标题中输入“欢迎加入”文字，选中副标题文本，单击“开始”菜单“段落”功能区的“文字方向”下拉按钮中的竖排文字，设置字体的格式为 48 磅的华文彩云。第 1 张幻灯片的整体效果如图 7-16 所示。

2）单击“开始”菜单“新建幻灯片”下拉列表中的“标题和内容”版式，新建第 2 张幻灯片。在标题占位符中输入“培训内容”。选择内容占位符，单击“开始”菜单“段落”选项区中的“编号”按钮，然后在内容占位符中输入如图 7-17 所示。

图 7-16　第 1 张幻灯片的整体效果

培训内容
1. 公司的过去、现在及未来
2. 公司的主营业务情况
3. 公司各类产品的销售情况
4. 公司的组织构架
5. 公司的规章制度

图 7-17　输入培训内容

3）按上述方法再次新建“标题和内容”版式幻灯片，新建第 3 张幻灯片。在主标题占位符中输入“培训时间安排”，在内容占位符中输入文字，如图 7-18 所示。注意，时间与文字之间按

<Tab>键隔开。选择内容占位符中的所有文字，单击鼠标右键，在弹出的快捷菜单中选择“转换为 SmartArt”命令，选择第一种 SmartArt 图形“垂直项目符号列表”，得到的效果图如图 7-19 所示。

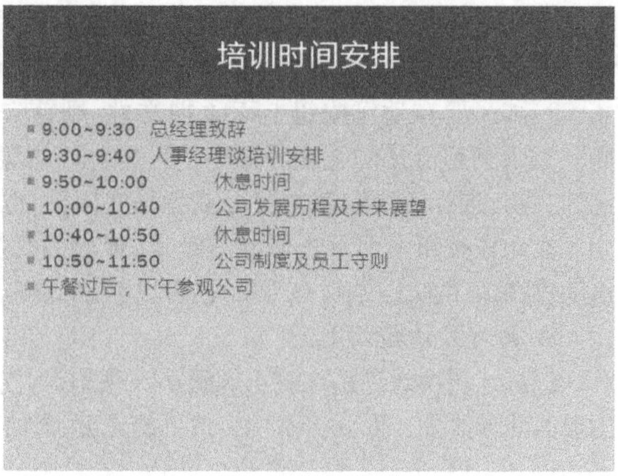

4）按上述方法新建“比较”版式幻灯片，新建第 4 张幻灯片。在标题占位符中输入文字“公司的过去、现在及未来”，设置为 32 磅、黑体、白色字。在中间的左文本占位符中输入文字“公司的主要业务”，在中间的右文本占位符中输入“公司创立”，设置其字体为 20 磅黑体，并加粗。在下面的左、右文本内容占位符中分别输入如图 7-20 所示的内容，设置文字为 20 磅黑体。

图 7-18　输入培训时间安排

图 7-19　幻灯片的效果

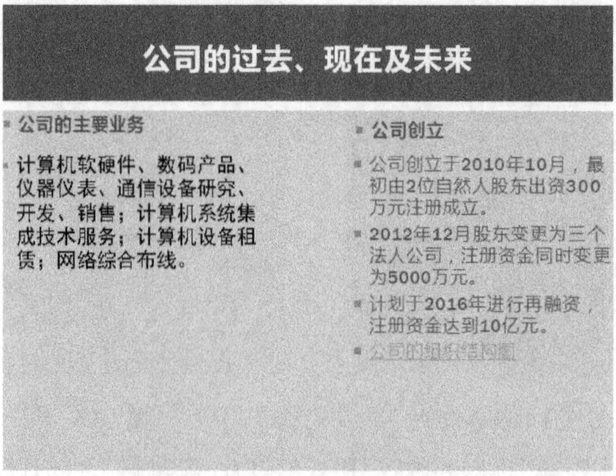

图 7-20　在幻灯片中输入文字

5）使用前面相同的方法，再次插入一张“仅标题”版式的新幻灯片，在“标题”占位符中输入文字“公司的主营业务”。在“插入”菜单单击“插图”功能区中的“形状”下拉按钮，在弹出的下拉列表中选择“基本形状”选项区中的椭圆图形，如图7-21所示。在标题下方的空白处画一个椭圆，选择椭圆，在“格式”选项卡单击“形状样式”功能区中的快速样式，如图7-22所示。单击“形状效果”下拉按钮，选择“三维旋转”中的“适度宽松透视”效果，如图7-23所示。

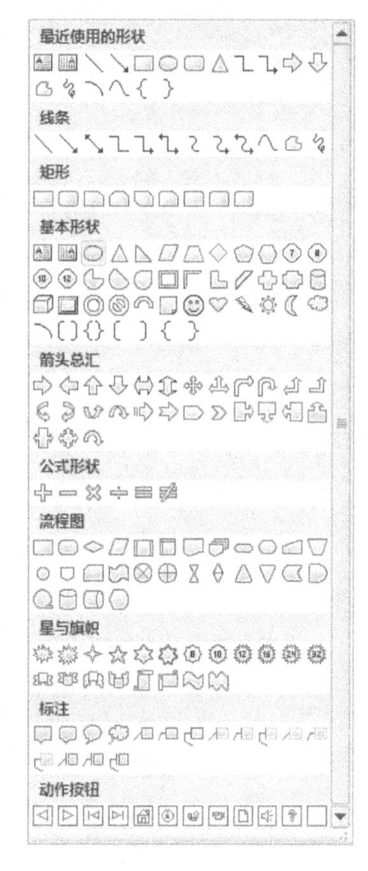

图7-21　选择“椭圆”图形

在上面椭圆的四周再画4个大小不等的椭圆，依次单击选择每一个椭圆，单击“格式”的“形状样式”功能区中的“形状填充”按钮，为其设置想要的颜色；再单“插入”中的“形状”下拉按钮中“箭头总汇”中的“左右箭头”按钮，在幻灯片中画4个箭头，移动并旋转箭头到适当的位置，使5个椭圆相连，如图7-24所示。

分别右击上面的椭圆，在弹出的快捷菜单中选择“编辑文字”命令，输入如图7-24所示的文字，并设置文字颜色为白色。

按住<Ctrl>键，逐个选择5个椭圆及4个箭头，然后右击，在弹出的快捷菜单中选择“组合”中的“组合”命令，使所有的图形成为一个整体（组合图形）。

6）按上述方法再次新建“标题和内容”版式幻灯片，新建第6张幻灯片。在标题占位符中输入“2015年各类产品销售情况”。单击内容占位符中的“插入图表”按钮，在“插入图表”对话框中选择第一种饼图，如图7-25所示，然后在弹出的Excel表中输入如图7-26所示的数据，关闭Excel表。最终完成第6张幻灯片的效果如图7-27所示。

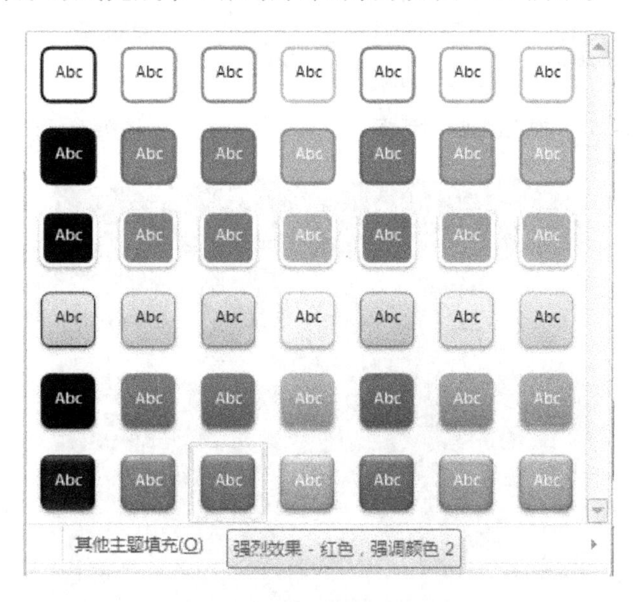

图7-22　选择形状样式

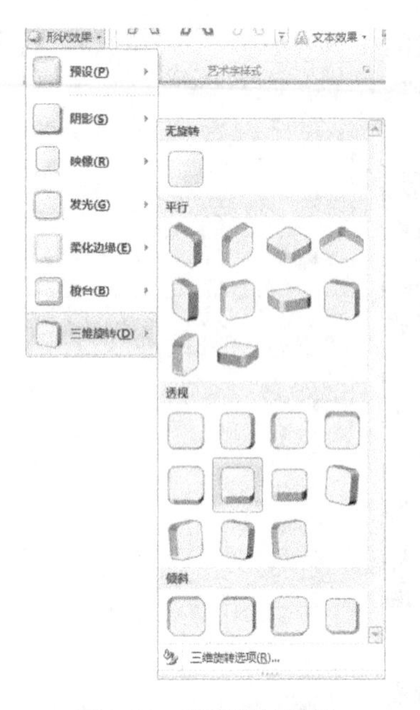

图 7-23　选择旋转效果

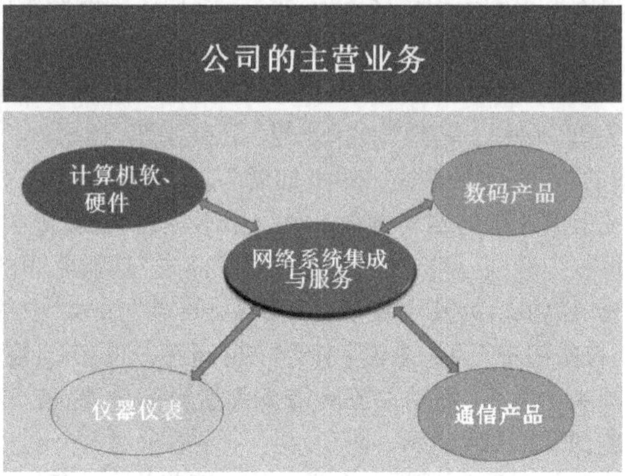

图 7-24　使 5 个椭圆相连

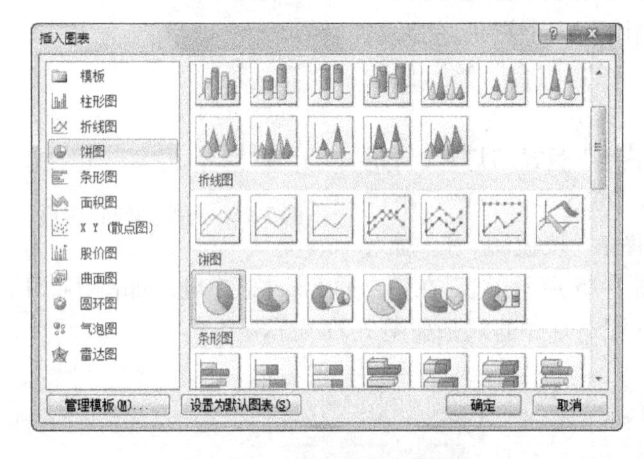

图 7-25　“插入图表”对话框

	A	B	C
1		2015年	
2	仪器仪表	20%	
3	计算机软硬件	40%	
4	数码产品	30%	
5	**通信产品**	10%	
6			
7			

图 7-26　在表中输入数据

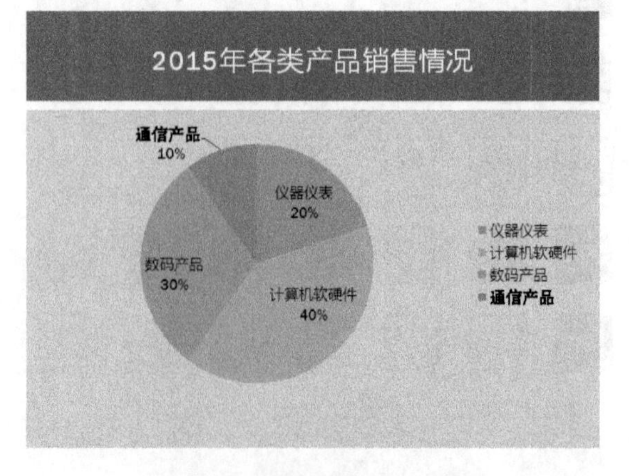

图 7-27　第 6 张幻灯片的效果

7)按上述方法再次新建“标题和内容”版式幻灯片,新建第7张幻灯片。在标题占位符中输入“公司组织结构图”。单击内容占位符中的“插入 SmartArt”按钮,在弹出的窗口中选择“层次结构”中的第一种组织结构图,如图7-28所示。在出现的组织结构图中,用鼠标右键单击最后一个矩形文本框,在弹出的下拉菜单中选择“添加形状”→“在后面添加形状”命令,增加一个矩形文本框。按上述方法,再次添加一个矩形文本框。最后在各个矩形文本框中依次输入公司各个层级的文字,最终效果如图7-29所示。

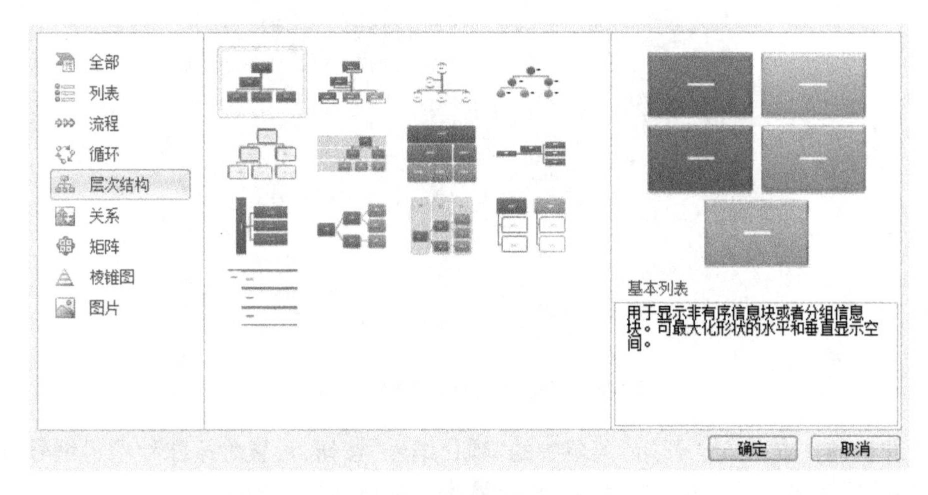

图7-28　选择组织结构图

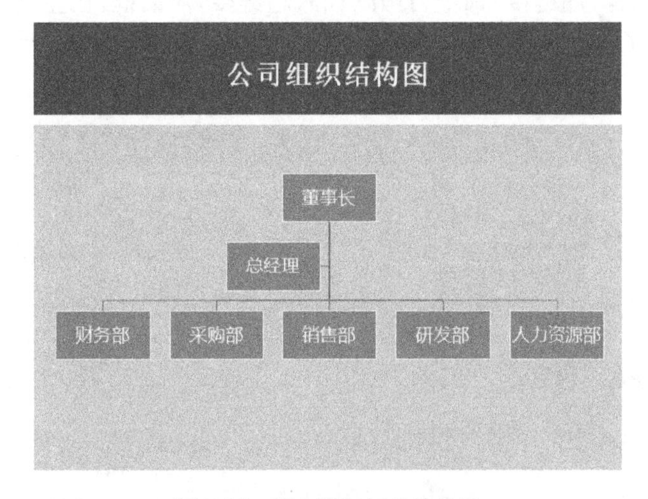

图7-29　第7张幻灯片的效果

8)选择第7张幻灯片,在“插入”菜单中单击“插图”组中的“形状”按钮,在弹出的下拉列表中选择“动作按钮”选项区中的最后一个按钮(动作按钮:自定义),在图片的右下角拖动鼠标,画出一个适当大小的按钮。在打开的“动作设置”对话框中选中“超链接到”单选按钮,并在其下拉列表中选择“幻灯片”命令。在打开的“超链接到幻灯片”对话框中选择“1. 公司的过去、现在及未来”选项,单击“确定”按钮,返回到“动作设置”对话框,再单击“确定”按钮。

右击刚才插入的按钮,在弹出的快捷菜单中选择“编辑文字”命令,在按钮中输入提示符“返回”。在“幻灯片放映”选项卡中,单击“设置”功能区中的“隐藏幻灯片”按钮,隐藏第7张幻灯片(幻灯片放映时不播放该幻灯片)。

9)按上述方法再次新建“两栏内容”版式幻灯片,新建第8张幻灯片。在标题占位符中输入“公司规章与制度”。在左、右两内容栏中分别输入如图7-30所示的文字内容。

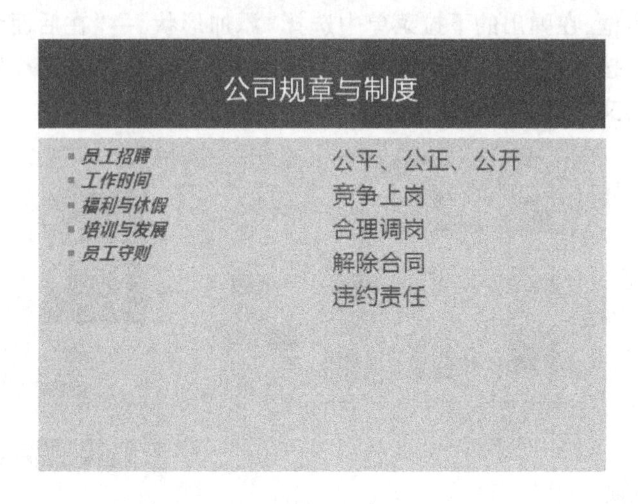

图7-30　第8张幻灯片中输入的文字

设置左栏的文本,单击“开始”菜单中的“项目编号”按钮,设置为第二种项目编号,设置字体为20磅的斜黑体。设置右栏字体为28磅黑体。选择“员工守则”文字,单击鼠标右键,在弹出的快捷菜单中选择“超链接”命令,打开“插入超链接”对话框,在左侧“链接到”选项区中选择“现有文件或网页”,选择素材库中的文件“员工守则.docx”,单击“确定”按钮,如图7-31所示。

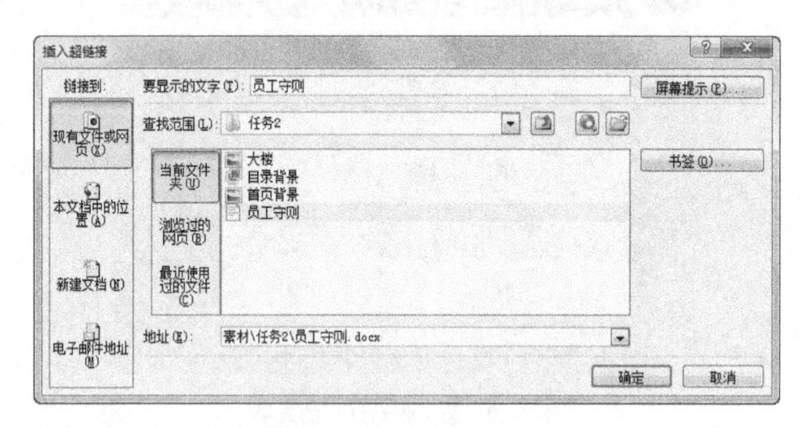

图7-31　“插入超链接”对话框

10)在“插入”菜单中,单击“文本”功能区中的“页眉和页脚”按钮,打开“页眉和页脚”对话框,勾选“日期和时间”和“幻灯片编号”复选框,再选中“自动更新”单选按钮,然后单击“全部应用”按钮,如图7-32所示。

11)在“切换”选项区中,单击“切换到此幻灯片”中的“分割”按钮,在“效果选项”下拉列表中选择“中央向上下展开”命令,在“计时”中的“声音”下拉列表中选择“照相机”命令,再单击“全部应用”按钮,表示所有幻灯片均采用“分割”切换效果进行播放。

12)放映幻灯片。

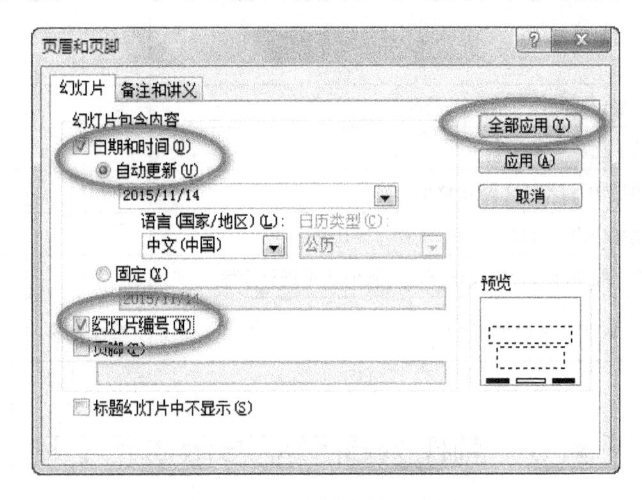

图 7-32 “页眉和页脚”对话框

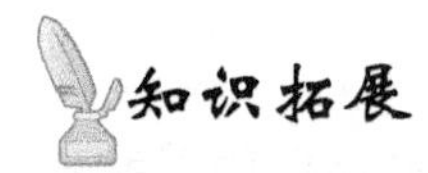

知识拓展

PowerPoint 2010 中参考线的使用

利用参考线能够快速地对齐各个对象。

1)启动 PowerPoint 2010,先调出参考线,执行“开始”→“排列”→“对齐”→“网格设置”命令。

2)弹出网格线和参考线对话框,勾选“屏幕上显示绘图参考线”复选框,单击“确定”按钮。

3)通过横竖参考线,可以将图形进行对齐,按住 <Shift + Ctrl> 键,可以拖动参考线的位置,拖动时会显示移动距离,便于调整。

教学评价

请按表 7-3 的要求,对每位同学所完成的工作任务进行教学评价,评价的结果可分为 4 个等级:优、良、中、差。

表 7-3 教学评价表

评价项目	评 价 标 准	评价结果		
		自评	组评	教师评
任务完成质量	1)能对文本进行项目编号设置			
	2)能插入 SmartArt 图形并进行编辑			
	3)能把文字转换成 SmartArt 图形			
	4)能正确插入、编辑组织结构图			
	5)会设置超级链接及动作按钮			
	6)能对幻灯片的切换效果进行设置			

（续）

评价项目	评 价 标 准	评价结果		
		自评	组评	教师评
任务完成速度	1）在规定时间内完成本项任务			
	2）提前完成本项任务			
工作与学习态度	1）通过学习，增强了职业意识			
	2）能与小组成员通力合作，认真完成任务			
	3）在小组协作过程中能很好地与其他成员进行交流			
综合评价	评语（优缺点与改进措施）：	总评等级		

任务3　制作公司产品展示演示文稿

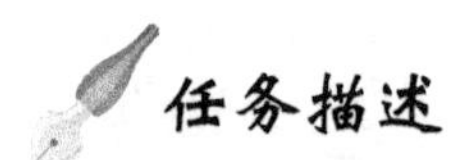

任务描述

本任务计划制作5张幻灯片，第1张幻灯片为封面制作，第2张幻灯片为产品宣传广告展示，第3张幻灯片为公司的产品交换机的展示，第4张幻灯片为公司产品服务的展示，第5张幻灯片为笔记本式计算机的产品展示。在PowerPoint 2010中使用幻灯片母版设置幻灯片的背景，插入公司的Logo图片，让每一张幻灯片显示Logo图片及公司的名称；制作PowerPoint演示文稿绚丽的片头（使用幻灯片动画方案）；插入产品图片，将声音、视频短片等多媒体资料插入到对应产品的介绍页中，并设置自定义动画；将设计完成的文稿保存并打包。

任务学习目标

本任务的学习目标如下：

1）能够对演示文稿进行页面设置。

2）掌握幻灯片母版的设置方法。

3）会插入多媒体文件（视频、声音等），并能对其进行设置。

4）能设置幻灯片自定义动画。

5）能将PowerPoint文稿进行打包，可以在没有安装PowerPoint的计算机上运行。

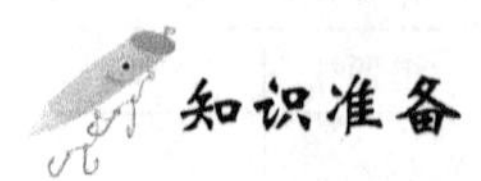

知识准备

1. 幻灯片母版

幻灯片母版是幻灯片层次结构中的顶层幻灯片，用于存储有关演示文稿的主题和幻灯片版式的信息，包括背景、颜色、字体、效果、占位符和位置。版式是幻灯片上标题和副标题文本、列表、图片、表格、图表、自选图形和视频等元素的排列方式。

在演示文稿设计中，除了每一张幻灯片的制作外，最关键、最重要的就是母版设计，因为母

版决定了演示文稿的风格，还是创建演示文稿模板和自定义主题的前提。PowerPoint 2010 提供了幻灯片母版、讲义母版、备注母版3种母版。

每个演示文稿至少包含一个幻灯片母版。修改和使用幻灯片母版的主要优点是，可以对演示文稿中的每张幻灯片（包括以后添加到演示文稿中的幻灯片）进行统一的样式更改。使用幻灯片母版时，由于无须在多张幻灯片上输入相同的信息，因此节省了时间。如果演示文稿非常长，其中包含大量幻灯片，则幻灯片母版会非常方便。

由于幻灯片母版影响整个演示文稿的外观，因此在创建和编辑幻灯片母版或相应版式时，将在“幻灯片母版”视图下操作。

说明：

模板和母版是两个不同的概念，是有区别的。模板是一个专门的页面格式，进去后它会告诉用户什么地方填什么，可以拖动修改。母版是一个系列的，如底色和每页都会显示出来的边框或者日期、页眉页脚之类，设置一次，以后的每一页全部都相同，起到统一、美观的作用。

2. 动画效果

动画效果是指当放映幻灯片时，幻灯片中的一些对象（如文本、图形等）会按照一定的顺序依次显示对象或者使用运动画面。可以将 Microsoft PowerPoint 2010 演示文稿中的文本、图片、形状、表格、SmartArt 图形和其他对象制作成动画，赋予它们进入、退出、大小或颜色变化甚至移动等视觉效果。为幻灯片上的文本、图形、表格和其他对象添加动画效果，可以突出重点、控制信息流，并增加演示文稿的趣味性。

动画效果包括幻灯片之间的切换效果和幻灯片内部的自定义动画效果。为演示文稿中的幻灯片添加切换效果，可以使演示文稿放映过程中幻灯片之间的过渡更加的生动自然。“自定义动画”允许对每一张幻灯片中的各种对象分别设置不同的、更复杂的动画效果。

PowerPoint 2010 中有以下 4 种不同类型的动画效果：

1）“进入”效果，可以使对象逐渐淡入焦点、从边缘飞入幻灯片或者跳入视图中。

2）“退出”效果，包括使对象飞出幻灯片、从视图中消失或者从幻灯片旋出。

3）“强调”效果，包括使对象缩小或放大、更改颜色或沿着其中心旋转。

4）动作路径，可以使对象上下移动、左右移动或者沿着星形或圆形图案移动（与其他效果一起）。

可以单独使用任何一种动画，也可以将多种效果组合在一起。例如，可以对一行文本应用“强调”进入效果及“陀螺旋”强调效果，使它旋转起来。

小提示：

切换是整张幻灯片进入，是画面过渡效果。自定义动画是某张幻灯片中各个对象在这张幻灯片上出现时的动作。幻灯片的切换与自定动画可以给幻灯片带来许多动感和较强的视觉的冲击力，但过多的切换与动画会干扰人们对幻灯片本身信息的注意力，所以要合理地设置。

3. 触发器

在 PowerPoint 2010 中，触发器是一种重要的工具。触发器是指通过设置可以单击指定对

象时播放动画。在幻灯片中只要包含动画效果、电影或声音，就可以为其设置触发器。触器可以实现与用户之间的双向互动。一旦某个对象调协为触发器，单击后就会引发一个或一系列动作，该触发器下的所有对象就能根据预先设定的动画效果开始运动，并且设定好的触发器可以多次重复使用。

4. 演示文稿打包

演示文稿制作完成后，往往不是在同一台计算机上进行放映。如果仅仅将制作好的演示文稿复制到另一台计算机上，而该计算机又没有安装 PowerPoint 软件，或者演示文稿中的链接文件或 TrueType 等字体在该计算机上不存在，则无法保证演示文稿的正常播放。将演示文稿打包成 CD，也可打包演示文稿和所有支持文件，包括链接文件，并从 CD 自动运行演示文稿。

计划与实施

制作公司产品展示演示文稿的步骤如下：

1）启动 PowerPoint 2010，单击“设计”菜单中“页面设置”中的“页面设置”按钮，设置页面的宽度为 25.5cm，高度为 19cm，并以“大业产品展示 . pptx”保存文档。

2）设置幻灯片母版：在“视图”菜单中，单击“母版视图”组中的“幻灯片母版”按钮，进入“幻灯片母版”视图。在左侧的空格中选择第一个母版（Office 主题幻灯片母版），单击“单击此处编辑母版标题样式”占位符，在“开始”菜单中设置其字体格式为黑体、28 磅、橙色，设置其文字对齐方式为“右对齐”。

在“插入”菜单中，单击“图像”中的“图片”按钮，打开“插入图片”对话框，找到并选择素材库中的“背景 . jpg”文件，单击“插入”按钮，如图 7-33 所示。

图 7-33 “插入图片”对话框

3）移动背景图片至母版底部，并调整其大小至母版宽度，右击该背景图片，在弹出的快捷菜单中选择“置于底层”中的“置于底层”命令。继续插入“logo. gif”图片至幻灯片中，移动Logo图片至幻灯片左上角位置；单击“插入”菜单的“文本组”中的文本框按钮，在 Logo 图片旁边插入文本框，输入文字“广州大业信息科技有限公司”，并设置其为黑体、20 磅、白色，如图 7-34所示。在“幻灯片母版”选项中，单击“关闭”中的“关闭母版视图”按钮，返回“幻灯片”视图。

图 7-34 输入文字

说明：

对母版的修改会反映在每张幻灯片上，对母版中相关联幻灯片版式的修改，则会反映在所应用的相应版式上。

4）在第一张幻灯片标题占位符中输入文字“大业新品为你的发展助力”，选择该标题文字，设置其字体为华文隶书、65 磅、白色，并单击“字体”中的“文字阴影”按钮；在“副标题”占位符中输入文字“联系电话：02012345678”，设置其字体为华文隶书、35 磅、橙色，其效果如图 7-35 所示。

图 7-35 输入标题

5）在“开始”菜单中，单击“幻灯片”中的“新建幻灯片”下拉按钮，在弹出的下拉列表中选择“空白”版式，插入一张新幻灯片，单击“插入”菜单中的“媒体”中的“视频”按钮，选择“文件中的视频”命令，在素材库中选择“惠普炫酷广告”视频文件，将视频文件插入到当前的幻灯片，调整视频播放窗口至合适大小，其效果如图 7-36 所示。单击视频窗口，在“播放”菜单中单击“视频选项”中的“开始”下拉列表中的“自动播放”。

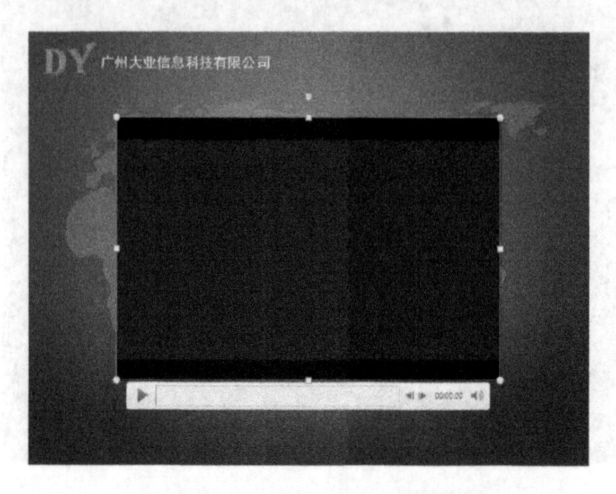

图 7-36　插入新幻灯片的效果

说明：

演示文稿支持 AVI、WMV、MPEG 等视频格式，也可以支持 Flash 动画视频 SWF 格式。

6）继续按上述方法插入第 3 张幻灯片，其版式为“两栏内容”，在标题占位符中输入“服务器”文字，在左侧的内容占位符中，单击“插入来自文件的图片”按钮，打开“插入图片”窗口，找到并选择素材库中的“交换机 . png”文件，单击“插入”按钮，单击图片，在“格式”菜单中单击“删除背景”按钮，适当调整图片的位置与大小。在右侧的内容占位符中输入有关交换机的文字内容，选择刚输入的文字，设置为 19 磅的白色宋体，行间距为 1.5 倍，效果如图 7-37 所示。

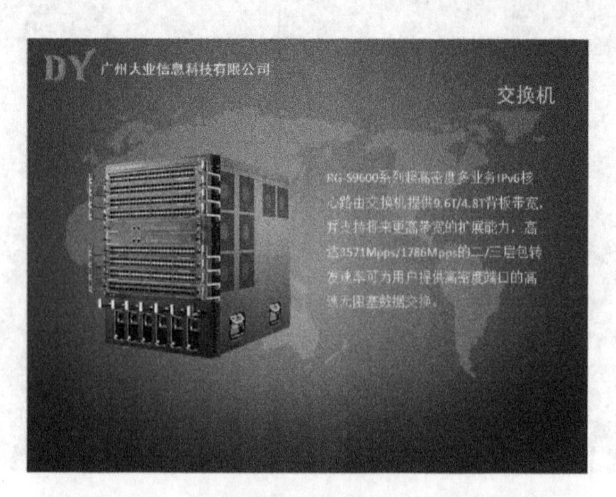

图 7-37　插入第 3 张幻灯片的效果

在“插入”菜单中，单击“媒体”中的“音频”按钮，在弹出的下拉列表中选择“文件中的音

频”命令，打开“插入音频”窗口，找到并选择素材中的“背景音 . mp3”音乐文件，单击“插入”按钮，在“音频工具”的“播放”中，单击“音频选项”中的“开始”下拉按钮，在弹出的下拉列表中选择“自动”命令，并勾选“放映时隐藏”“循环播放，直到停止”和“播完返回开头”复选框，如图 7-38 所示。

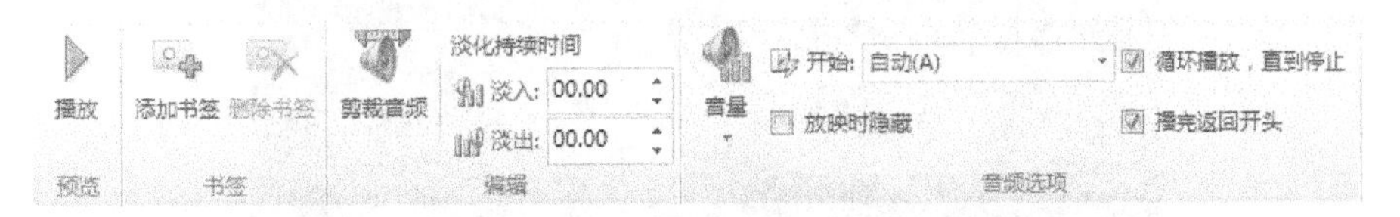

图 7-38　勾选复选框

拖动“喇叭”图标至第 3 张幻灯片的右下角位置，效果如图 7-39 所示。

图 7-39

小技巧：如果想让上述插入的声音文件在多张幻灯片中连续播放，则可以这样设置：在第一张幻灯片中插入声音文件，选中小喇叭符号，在“定义动画”任务窗格中双击相应的声音文件对象，打开“播放声音”对话框，选中“停止播放”下面的“在 X 幻灯片”选项，并根据需要设置其中的“X”值，单击“确定”按钮返回即可。

7）按上述方法新建第 4 张幻灯片，效果如图 7-40 所示。

8）继续插入新的幻灯片，设置其版式为“仅标题”，在标题占位符中输入“笔记本式计算机”文字，依次插入“计算机 1. jpg”和“计算机 2. jpg”至幻灯片，依次调整图片的位置及大小，在其旁边依次插入文本框，输入相应的文字，文字的格式设置为字号 19 磅、白色、宋体，行间距为 1. 5 倍，效果如图 7-41 所示。

9）点击第 1 张幻灯片中的主标题文字，在“动画”选项卡中，单击“高级动画”中的“添加动画”下拉按钮，选择进入效果中的“播放”动画效果，单击“确定”按钮。再选择副标题文字，按照上述方法设置其进入效果为“飞入”，单击“动画”中的“效果选项”下拉按钮，在弹出的下拉列表中选择“自右下部”；单击“计时”中的“开始”下拉按钮，在弹出的下拉列表中选择“上一动画之后”命令。

图 7-40　第 4 张幻灯片的效果

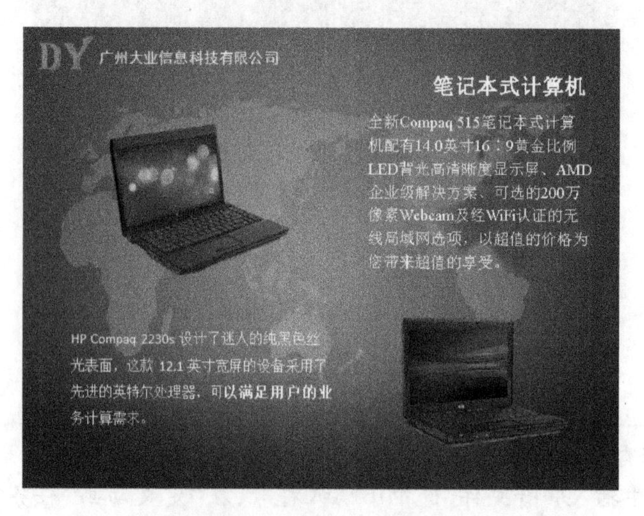

图 7-41　第 5 张幻灯片的效果

10)选择第 3 张幻灯片，设置左图片飞入效果为“切入”“自左侧”，文本框飞入效果为“淡出”“与上一动画同进”，单击“动画”菜单中“动画”功能区中的“显示其他效果选项”按钮，在“淡出”对话框中的“动画文本”下拉列表中选择“按字母”选项，如图 7-42 所示。按照上述类似方法分别设置第 4、5 张幻灯片中图片与文本的动画效果。

11)单击“幻灯片放映”菜单中的“设置幻灯片放映”按钮，在“设置放映方式”对话框中设置幻灯片放映方式为“循环播放，按 ESC 键终止”，如图 7-43 所示。

12)单击快速访问工具栏中的“保存”按钮，保存演示文稿。执行“文件”→“另存为”命令，打开“另存为”对话框，选择“保存类型”为“PowerPoint 放映(*. ppsx)”文件，单击“保存”按钮，然后关闭 PowerPoint 软件。双击保存的“大业产品展示 . ppsx”文件，不必启动 PowerPoint 软件即可观看播放效果。

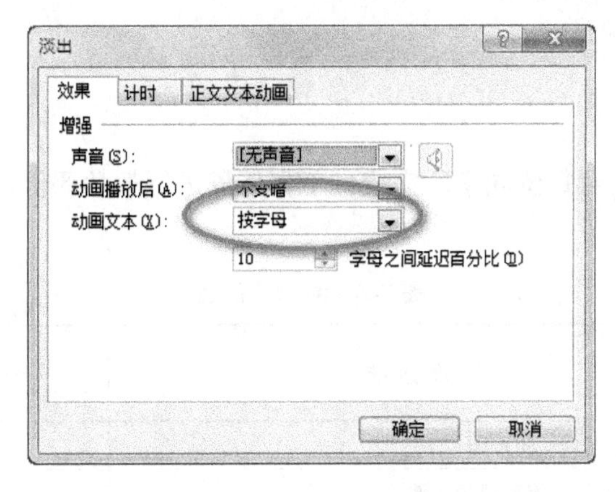

图 7-42 “淡出”对话框

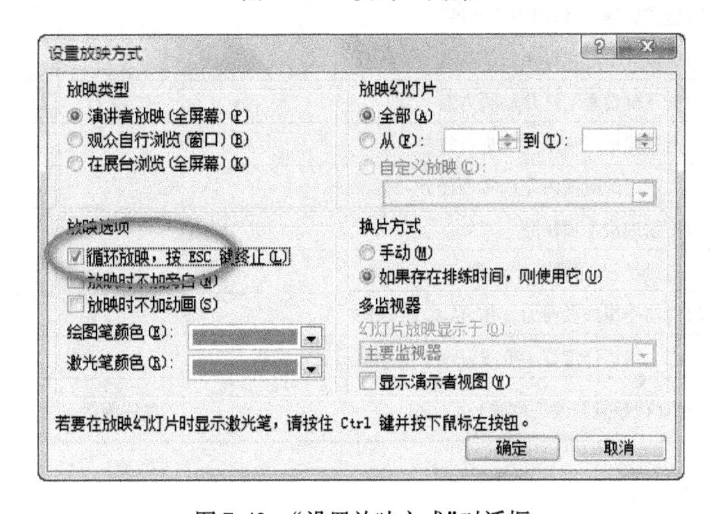

图 7-43 “设置放映方式”对话框

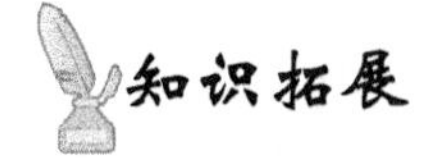

利用控件在 PowerPoint 2010 中插入 SWF 文件

首先要确保 PPTX 与 SWF 文件在同一文件夹下，然后按如下步骤进行：

1）执行“文件”→“选项”→“自定义功能区”命令，在右边的窗口中确认“开发工具”已被勾选。

2）单击“开发工具”菜单“控件”中的“其他控件”按钮，在弹出的其他控件对话框选择“Shockwave Flash Object”命令。

3）当光标变成“十字形”时，在页面中画一个方框，会出现一个信封样的方框。

4）在信封方框上双击，进入对象的属性窗口，也可以单击鼠标右键，在弹出的快捷菜单中选择“属性”命令。

5）在左边找到“Base”，单击右边空白处，输入文件名，如“文件名 . swf”，再往下找到“Movie”，单击右边空白处，输入“文件名 . swf”。

6）回到幻灯片页面，放映一下文件，查看 Flash 动画的效果。

教学评价

请按表7-4的要求，对每位同学所完成的工作任务进行教学评价，评价的结果可分为4个等级：优、良、中、差。

表7-4　教学评价表

评价项目	评价标准	评价结果		
		自评	组评	教师评
任务完成质量	1）能设置幻灯片的页面			
	2）能正确插入、编辑视频文件			
	3）能正确插入、编辑声音文件			
	4）能设置幻灯片母版			
	5）能正确设置幻灯片动画方案			
	6）能正确地对演示文稿进行打包			
任务完成速度	1）在规定的时间内完成本项任务			
	2）提前完成本项任务			
工作与学习态度	1）通过学习，增强了职业意识			
	2）能与小组成员通力合作，认真完成任务			
	3）在小组协作过程中能很好地与其他成员进行交流			
综合评价	评语（优缺点与改进措施）：	总评等级		

综合实训　制作电子杂志

项目引入

电子杂志是随着信息技术的发展而产生的一种富媒体或新媒体，一般是将音频、视频、图片、文字及动画等集成起来，并采用传统杂志的方式表现出来。

随着4G时代的到来，以及技术与营运模式的整合，电子杂志已经可以向手机、PDA（掌上电脑）等无线网络终端发送，并正在向数字电视等终端延伸。

制作电子杂志的工具有很多，其中就包括Office系列办公软件PowerPoint组件，而PowerPoint凭借其良好的操作性和较广泛的普及性，已经成为制作电子杂志的重要工具。

项目任务描述

请利用已学过的知识和技能制作一份介绍岭南风情的电子杂志，并要求达到如图7-44所示的效果。

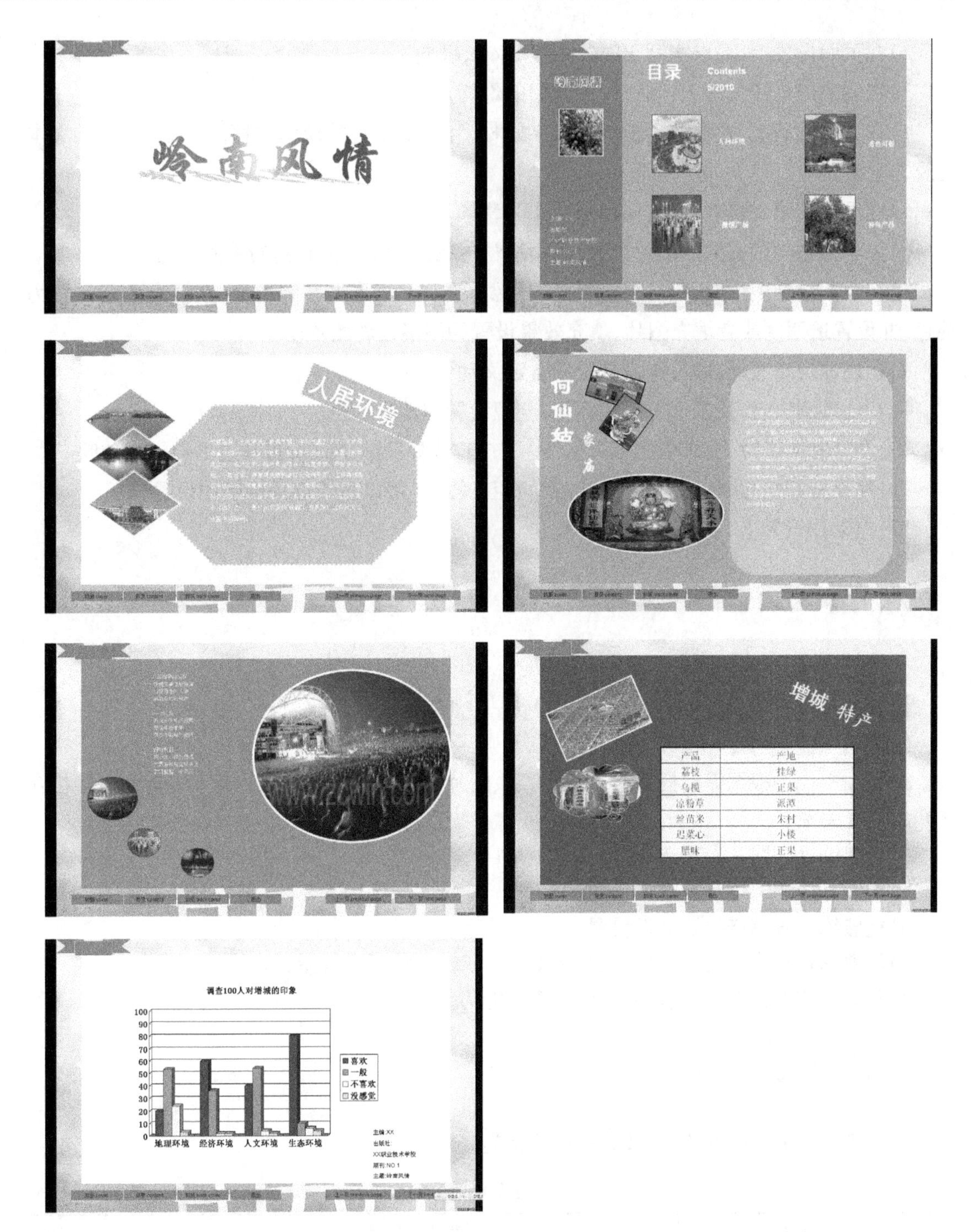

图 7-44　岭南风情电子杂志的效果

具体要求如下：

1) 在版面规划上，要求第 1 页为封面、第 2 页为电子杂志目录、第 3 ~ 6 页为岭南风情介绍、第 7 页为封底。

2）在页面设置上，要求宽度30cm、高度19cm，横向。

3）在创建幻灯片母版上，制作5种类型的幻灯片母版。

4）在文字处理上，根据教师提供的文字素材，利用所学过的演示文稿知识制作表格、文本框及艺术字。

5）在设置演示文稿背景上，使用图片作为背景。

6）要求根据教师提供的图片素材，利用所学过的演示文稿知识进行图片处理。

7）在绘制自选图形时，要求根据版面的需要，绘制出矩形框和圆形框，其填充颜色设置为纯色，并设置透明度或者填充图片，填充效果设置为图案或者图片。

8）在设置自定义动画时，选择合适的自定义动画。

9）在处理图表时，要求加上图表标题，合理设置图例的颜色。

10）在处理声音时，要求单击“开始”下拉按钮，选择“循环播放，直到退出幻灯片放映。”

11）在设置超链接时，要求各个幻灯片间相互转化（可以在幻灯片母版中设置）。

12）在动作设置上，要求使用触发器。

项目学习目标

本项目的学习目标如下：

1）能熟练设置演示文稿的页面。

2）能熟练设置幻灯片母版。

3）能在文档中根据需要插入声音、艺术字、图片、自选图形、表格及文字，并能处理好相互之间的位置关系。

4）能熟练处理图片及自选图形。

5）能熟练应用幻灯片自定义动画。

6）能熟练设置超链接及动作设置。

7）能熟练打包演示文稿，可以在脱离PowerPoint环境下进行播放。

8）具有一定的创新意识、职业意识和审美能力。

项目分解

本项目可分解为以下几项具体任务，见表7-5。

表7-5　任务学时分配表

项目分解	学习任务名称	学　时
任务1	设计电子杂志封面	4
任务2	制作电子杂志目录	
任务3	制作人居环境、激情广场、秀色可餐和颇具特色的产品4个板块	
任务4	制作电子杂志封底	

教学评价

请按表7-6的要求进行教学评价，评价结果可分为4个等级：优、良、中、差。

表7-6　教学评价表

评价项目	评价标准	评价结果		
		自评	组评	教师评
任务完成质量	1）能按具体要求完成学习任务			
	2）内容完整，版面布局合理，设计精美			
	3）有新意，有特色			
任务完成速度	1）能按时完成学习任务			
	2）能提前完成学习任务			
工作与学习态度	1）能认真学习，具有钻研精神			
	2）能与同学协作完成任务，具有良好的团队精神			
	3）有创新精神			
综合评价	评语（优缺点与改进措施）：	总评等级		

参 考 文 献

[1] 李婉靖.计算机组装与维护[M].北京:高等教育出版社,2011.

[2] 杨涛,凌洪洋,董自上.新编计算机组装与维修[M].北京:电子工业出版社,2012.

[3] 刘映春.计算机应用基础(项目式教程)[M].郑州:大象出版社,2014.

[4] 张燕燕.计算机应用基础 Windows 7 + Office 2010(项目式教学)[M].北京:现代教育出版社,2014.

[5] 袁启昌.新编计算机应用基础教程[M].北京:清华大学出版社,2010.

[6] 严剑.计算机应用基础项目实训教程[M].北京:高等教育出版社,2011.

[7] 何志锋,朱文昌,吴德富.计算机应用项目教程(Windows 7 + Office 2010)[M].长春:东北师范大学出版社,2013.

[8] 黄林国,聂菁,康志辉.计算机应用基础项目化教程(Windows 7 + Office 2010)[M].北京:清华大学出版社,2013.

[9] 教育部考试中心.全国计算机等级考试一级教程——计算机基础及 MS Office 应用(2013 年版)[M].北京:高等教育出版社,2013.

[10] 汪燮华,张世正.信息技术基础[M].5 版.上海:华东师范大学出版社,2013.

[11] 张彦,苏红旗.全国计算机等级考试一级教程[M].北京:高等教育出版社,2013

[12] 王锋.教育技术——计算机的教学应用[M].北京:科学出版社,2009.

[13] 许长清,高克红.任务教学法的实施过程及应注意的问题[J].职业技术,2007(24).

[14] 戴慧.任务教学法在高职"多媒体技术与应用"课程教学中的实践与探索[J].中国科教创新导刊,2010(35).

[15] 张松超,张新兰.课堂教学视频的拍摄与制作应用研究[J].中国教育信息化,2013,18:72-73.

[16] 赵迎芳,全国计算机等级考试教程[M].北京:人民邮电出版社.2013.